高等学校交通运输与工程类专业规划教材
高等学校应用型本科系列规划教材

测 量 学

主　　编　朱爱民　曹智翔
副 主 编　温淑莲　余正昊
　　　　　周保兴　邓明镜

人民交通出版社股份有限公司
China Communications Press Co.,Ltd.

内 容 提 要

本书是高等学校应用型本科系列规划教材之一，为满足本科宽口径土木工程专业的需要，适应传统测量向现代测量转变的发展趋势，按照土木工程专业培养高级应用型人才的要求编写而成。

全书共分15章，第1～5章介绍测量基本知识、基本测量仪器的使用技术及测量误差知识；第6、7章介绍电子全站仪及卫星定位技术；第8章介绍控制测量知识；第9、10章介绍大比例尺地形图的测绘方法和应用；第11～14章介绍工程测设放样、道路工程、桥梁和隧道工程测量应用；第15章介绍三维激光扫描技术、航测遥感及地理信息系统(GIS)等测绘新技术。

本书可作为土木工程、道路桥梁与渡河工程等专业测量课程的教材，也可供土木工程技术人员参考使用。

图书在版编目(CIP)数据

测量学 / 朱爱民，曹智翔主编. — 北京 : 人民交通出版社股份有限公司，2018.9

高等学校交通运输与工程类专业规划教材　高等学校应用型本科系列规划教材

ISBN 978-7-114-14748-7

Ⅰ. ①测…　Ⅱ. ①朱… ②曹…　Ⅲ. ①测量学—高等学校—教材　Ⅳ. ①P2

中国版本图书馆CIP数据核字(2018)第107795号

高等学校交通运输与工程类专业规划教材
高等学校应用型本科系列规划教材

书　　名：测量学
著 作 者：朱爱民　曹智翔
责任编辑：林春江　李　喆
责任校对：刘　芹
责任印制：张　凯
出版发行：人民交通出版社股份有限公司
地　　址：(100011)北京市朝阳区安定门外外馆斜街3号
网　　址：http://www.ccpress.com.cn
销售电话：(010)59757973
总 经 销：人民交通出版社股份有限公司发行部
经　　销：各地新华书店
印　　刷：北京印匠彩色印刷有限公司
开　　本：787×1092　1/16
印　　张：19.5
字　　数：463千
版　　次：2018年9月　第1版
印　　次：2018年9月　第1次印刷
书　　号：ISBN 978-7-114-14748-7
定　　价：48.00元
(有印刷、装订质量问题的图书由本公司负责调换)

前言
PREFACE

本书是高等学校应用型本科系列规划教材之一，为满足应用型本科交通运输与工程类专业教学的需要，适应传统测量向现代测量转变的发展趋势，按照培养高级应用型人才的要求编写而成。适用于交通运输与工程类专业的教学，亦可供相关工程技术人员参考使用。

当前，测量技术发展迅速，且在交通工程建设中应用广泛。本书在全面分析交通运输与工程类专业测量知识能力要求的基础上，针对我国高等教育人才培养目标的要求，突出基础性、实用性和先进性，对教材内容体系进行整体优化，在全面论述工程测量必要基础知识和技术的基础上，突出工程应用性和实践性，使测量技术与各种工程紧密结合，同时对现代测绘技术方法做了适当介绍，以利于学生了解测绘新技术的发展及其应用，培养学生开拓和创新能力，以适应现代社会和未来发展的需要。

本书由朱爱民、曹智翔主编，温淑莲、佘正昊、周保兴、邓明镜任副主编，张迎伟、徐颜中、谭林参编。具体编写分工为：第1、13章由曹智翔（重庆交通大学）编写，第2、11章由朱爱民（山东交通学院）编写，第3、5、9章由佘正昊（山东交通学院）编写，第4、12章温淑莲（山东交通学院）编写，第6章由张迎伟（山东省地质测绘院）编写，第7章由谭林（山东省地质测绘院）编写，第8章由徐彦中（济南市勘察测绘研究院）编写，第10章由周保兴（山东交通学院）编写，第14、15章由邓明镜（重庆交通大学）编写。

书中不当之处，谨请使用本书的师生及其他读者批评指正。

编　者

2018年8月

目录
CONTENTS

第1章　绪论……1

本章知识要点……1

1.1　测量学概述……1

1.2　地球的形状及测量基准……3

1.3　测量坐标系统和高程系统……4

1.4　2000国家大地坐标系简介……8

1.5　水平面代替水准面的限度分析……9

1.6　测量工作的基本概念……11

1.7　测量上常用的计量单位……12

本章小结……13

思考题与习题……14

第2章　水准测量……15

本章知识要点……15

2.1　水准测量原理……15

2.2　DS_3水准仪及其使用……16

2.3　水准测量与数据处理……21

2.4　DS_3水准仪的检验与校正……27

2.5　自动安平水准仪……………………………………………………………………… 30
2.6　其他水准仪简介……………………………………………………………………… 31
2.7　水准测量的误差及注意事项………………………………………………………… 35
本章小结 ……………………………………………………………………………… 37
思考题与习题 ………………………………………………………………………… 37
第3章　角度测量 ……………………………………………………………………… 40
本章知识要点 ………………………………………………………………………… 40
3.1　角度测量原理………………………………………………………………………… 40
3.2　光学经纬仪…………………………………………………………………………… 41
3.3　水平角测量…………………………………………………………………………… 44
3.4　竖直角测量…………………………………………………………………………… 47
3.5　经纬仪的检验与校正………………………………………………………………… 49
3.6　角度测量的误差及注意事项………………………………………………………… 52
3.7　电子经纬仪…………………………………………………………………………… 54
本章小结 ……………………………………………………………………………… 56
思考题与习题 ………………………………………………………………………… 56
第4章　距离测量及直线定向 ………………………………………………………… 57
本章知识要点 ………………………………………………………………………… 57
4.1　钢尺量距……………………………………………………………………………… 57
4.2　视距测量……………………………………………………………………………… 63
4.3　光电测距……………………………………………………………………………… 66
4.4　直线定向……………………………………………………………………………… 68
本章小结 ……………………………………………………………………………… 71
思考题与习题 ………………………………………………………………………… 71
第5章　测量误差的基本知识 ………………………………………………………… 72
本章知识要点 ………………………………………………………………………… 72
5.1　测量误差来源及其分类……………………………………………………………… 72

5.2　观测值的算术平均值及改正值…… 75
5.3　衡量精度的指标…… 76
5.4　误差传播定律…… 79
5.5　权及加权平均值…… 81
本章小结 …… 85
思考题与习题 …… 85
第6章　全站仪测量 …… 86
本章知识要点 …… 86
6.1　全站仪的基本知识…… 86
6.2　全站仪操作基础…… 89
6.3　全站仪测量与应用…… 91
本章小结…… 100
思考题与习题…… 100
第7章　卫星定位系统…… 101
本章知识要点…… 101
7.1　概述 …… 101
7.2　卫星定位基本原理 …… 107
7.3　GPS 静态定位 …… 111
7.4　GPS 动态定位 …… 117
7.5　GPS 测量的实施 …… 121
本章小结…… 124
思考题与习题…… 124
第8章　小区域控制测量…… 125
本章知识要点…… 125
8.1　概述 …… 125
8.2　导线测量 …… 127
8.3　交会法测量 …… 136

8.4　坐标换带计算 …………………………………………………………………… 140
8.5　三、四等水准测量…………………………………………………………………… 141
8.6　三角高程测量 …………………………………………………………………… 144
8.7　全站仪三维导线测量 …………………………………………………………… 146
8.8　GPS 控制测量简介 ……………………………………………………………… 148
本章小结……………………………………………………………………………… 150
思考题与习题………………………………………………………………………… 151
第 9 章　大比例尺地形图测绘…………………………………………………… 153
本章知识要点………………………………………………………………………… 153
9.1　地形图的基本知识 ……………………………………………………………… 153
9.2　测图前的准备工作 ……………………………………………………………… 165
9.3　碎部测量的方法 ………………………………………………………………… 167
9.4　地形图的拼接、检查和整饰……………………………………………………… 170
9.5　数字化测图 ……………………………………………………………………… 171
本章小结……………………………………………………………………………… 177
思考题与习题………………………………………………………………………… 178
第 10 章　地形图的应用 ………………………………………………………… 179
本章知识要点………………………………………………………………………… 179
10.1　地形图的识读…………………………………………………………………… 179
10.2　地形图应用的基本内容………………………………………………………… 182
10.3　地形图在工程中的应用………………………………………………………… 185
10.4　数字地面模型及其在线路工程中的应用……………………………………… 190
本章小结……………………………………………………………………………… 193
思考题与习题………………………………………………………………………… 193
第 11 章　测设的基本工作 ……………………………………………………… 195
本章知识要点………………………………………………………………………… 195
11.1　水平距离、水平角和高程的测设 ……………………………………………… 196

11.2　点的平面位置测设…… 199
11.3　坡度线的测设…… 201
本章小结…… 202
思考题与习题…… 203
第12章　道路工程测量 …… 204
本章知识要点…… 204
12.1　道路中线测量…… 204
12.2　圆曲线测设…… 209
12.3　带有缓和曲线的平曲线测设…… 213
12.4　困难地段中线测设…… 218
12.5　复曲线测设…… 219
12.6　回头曲线测设…… 220
12.7　道路中线逐桩坐标计算与测设…… 221
12.8　GPS RTK 技术在公路中线测设中的应用 …… 223
12.9　路线纵、横断面测量 …… 230
12.10　道路施工测量 …… 236
本章小结…… 241
思考题与习题…… 241
第13章　桥梁工程测量 …… 243
本章知识要点…… 243
13.1　概述…… 243
13.2　桥梁控制测量…… 244
13.3　桥轴线纵断面测量…… 248
13.4　河流比降测量…… 250
13.5　桥梁墩、台施工测量 …… 251
13.6　涵洞施工测量…… 255
本章小结…… 256
思考题与习题…… 257
第14章　隧道工程测量 …… 258
本章知识要点…… 258
14.1　概述…… 258

14.2　隧道地面控制测量……………………………………………………………… 261
14.3　竖井联系测量………………………………………………………………………… 266
14.4　地下控制测量………………………………………………………………………… 270
14.5　隧道开挖中的测量工作…………………………………………………………… 272
14.6　隧道贯通误差的控制……………………………………………………………… 274
本章小结…………………………………………………………………………………… 278
思考题与习题……………………………………………………………………………… 279
第15章　现代测绘技术简介 ……………………………………………………………… 280
本章知识要点……………………………………………………………………………… 280
15.1　概述…………………………………………………………………………………… 280
15.2　三维激光扫描技术及应用………………………………………………………… 281
15.3　航空摄影测量基本知识及应用…………………………………………………… 284
15.4　遥感基本知识及应用……………………………………………………………… 290
15.5　地理信息系统基本知识及应用…………………………………………………… 293
本章小结…………………………………………………………………………………… 299
思考题与习题……………………………………………………………………………… 300
参考文献…………………………………………………………………………………… 301

第1章
绪论

【本章知识要点】

本章重点介绍测量学的定义及其任务、大地水准面、参考椭球体、地理坐标、平面直角坐标、高斯—克吕格坐标、水平面代替水准面的限度分析、测量的基本工作和测量工作的基本原则。本章难点是高斯坐标。

1.1 测量学概述

测量学是一门确定地面点位的科学,研究内容包括确定地球的形状、大小和重力场,并在此基础上建立一个统一的坐标系统,利用各种测量仪器、传感器及其组合系统获取地球及其他实体在一定坐标系中有关空间定位和分布的信息,制成各种地形图和专题图,建立地理、土地等各种空间信息系统,为研究地球自然和人文现象,解决人口、资源、环境和灾害等社会可持续发展中的重大问题,为国民经济和国防建设提供技术支撑和数据保障。

测量学主要任务包括测定和测设两个方面。

(1)测定是使用测量仪器和工具,通过测量和计算将地球表面的各种物体的位置按一定的比例尺缩小绘制成地形图或各种图表,供科学研究、国防和工程建设规划设计使用。

(2)测设是将地形图上设计出的工程建筑物和构筑物的位置在实地标定出来,作为施工的依据,也称施工放样。

测量学可大体分为普通测量学、大地测量学、摄影测量与遥感学、地图制图学与地理信息工程、工程测量学和海洋测绘学等主要分支学科。

假如要研究的只是地球自然表面上一个小区域,由于地球半径很大,就可以把这块球面当作平面看待而不考虑其曲率;研究这类小区域地表面各类物体形状和大小的测绘科学是**普通测量学**的范畴。地形测量学研究的内容可以用文字和数字记录下来,也可用图表示。

凡研究的对象是地表上一个较大的区域甚至整个地球时,就必须考虑地球的曲率,这种研究广大地区的测绘科学是**大地测量学**。大地测量学是研究和测定地球的形状、大小和重力场,地球的整体与局部运动和地面点的几何位置以及它们的变化的理论和技术的学科。由于全球定位系统(GNSS)、卫星激光测距(SLR)、甚长基线干涉(VLBI)和卫星测高(SA)等新技术的引进,导致大地测量从分维式发展到整体式,从静态发展到动态,从描述地球的几何空间发展到描述地球的物理—几何空间,从地表层测量发展到地球内部结构的反演,从局部参考坐标系中的地区性大地测量发展到统一地心坐标系中的全球性大地测量。这门学科的基本任务是建立国家大地控制网,测定地球的形状、大小和研究地球重力场的理论、技术和方法。大地控制网是为研究地球有关的各种科学服务的,并且是施测地形图的重要依据。由于人造地球卫星的发射及遥感技术的发展,大地测量学又可分成常规大地测量学与卫星大地测量学。

摄影测量与遥感学是研究利用电磁波传感器获取目标物的影像数据,从中提取语义或非语义的信息,并用图形、图像和数字形式表达的学科,这一学科过去称摄影测量学。摄影测量本身已完成了“模拟摄影测量”与“解析摄影测量”的发展历程,现在正进入“数字摄影测量”阶段。由于现代航天技术和计算机技术的发展,当代遥感技术可以提供比光学摄影所获得的黑白像片更丰富的影像信息,因此在摄影测量中引进了遥感技术。遥感技术不仅自身在飞速发展,而且与卫星定位技术和地理信息技术相集成,成为地球空间信息科学与技术。

地图制图学与地理信息工程是研究用地图图形科学地、抽象概括地反映自然界和人类社会各种现象的空间分布、相互关系及其动态变化,并对空间信息进行获取、智能抽象、存储、管理、分析、处理、可视化及其应用的学科。当今,随着计算机地图制图和地图数据库技术的快速发展,作为人们认知地理环境和利用地理条件的工具,地图制图学已经进入数字(电子)制图和动态制图的阶段,并且成为地理信息系统的支撑技术。地图制图学已发展成为研究空间地理环境信息和建立相应的空间信息系统的学科。

工程测量学是研究工程建设和自然资源开发中各个阶段进行控制测量、地形测绘、施工放样和变形监测的理论和技术的学科。它是测绘学在国民经济和国防建设中的直接应用。而现在工程测量已远远突破了为工程建设服务的狭隘概念,向着所谓“广义工程测量学”发展,即“一切不属于地球测量、不属于国家地图集的陆地测量和不属于公务测量的应用测量,都属于工程测量”。工程测量的发展可概括为“四化”和“十六字”。前者即工程测量一体化、数据获取及处理自动化、测量过程控制和系统行为的智能化、测量成果和产品的数字化;后者为连续、动态、遥测、实时、精确、可靠、快速、简便。

海洋测绘学是以海洋水体和海底为对象研究测量和海图编制的理论和方法的学科。与陆地测绘相比,海洋测绘具有独自的特点,主要包括:测量内容综合性强,要同时完成多种观测项目,需多种仪器配合施测;测区条件复杂,大多为动态作业;肉眼不能通视水域底部,精确测量难度较大等。因此,海洋测绘的基本理论、技术方法和测量仪器设备有许多不同于陆地测量之处。

本书主要属于普通测量学的范畴,同时还包含工程测量学的基本内容。

在国民经济建设中,测量技术的应用十分广泛。例如,铁路、公路在建造之前,为了确定一条最经济最合理的路线,必须预先进行该地带的测量工作,由测量的成果绘制带状地形图,在地形图上进行线路设计,然后将设计路线的位置标定在地面上,以便进行施工。当路线跨越河流时,必须建造桥梁,在建桥之前,要绘制河流两岸的地形图,测定河流的水位、流速、流量和河床地形图以及桥梁轴线长度等,为桥梁设计提供必要的资料,最后将设计的桥台、桥墩的位置用测量的方法在实地标定出来;当路线穿过山地需要开挖隧道时,开挖之前,必须在地形图上确定隧道的位置,并由测量数据来计算隧道的长度和方向,隧道施工通常从隧道两端开挖,这就需要根据测量的成果指示开挖的方向等,使之符合设计要求。又例如,城市规划、给水排水、煤气管道等市政工程的建设,工业厂房和高层建筑的建造,在设计阶段,要测绘各种比例尺的地形图,供结构物的平面及竖向设计之用,在施工阶段,要将设计结构物的平面位置和高程在实地标定出来,作为施工的依据;待工程完工后,还要测绘竣工图,供日后扩建、改建、维修和城市管理应用,对某些重要的建筑物或构筑物,在建设中和建成以后都需要进行变形观测,以保证建筑物的安全。

测量既是一门古老的技艺,同时也是一门高速发展的科学技术。在计算机科学、网络技术、信息科学、计算机视觉技术、自动控制技术、卫星定位、卫星遥感、地理信息技术、云计算等新兴技术的支持下,测绘数据从采集、处理、表达、分析、数据分发和快速决策应用等方面均产生了飞跃式的发展变化,近几年涌现出的三维激光扫描、合成孔径雷达干涉测量(InsAR)、无人机倾斜摄影测量、移动地面可量测实景影像采集系统、远程无人自动监测系统、测量机器人、遥测水深测量船等的应用提高了数据采集和处理的自动化程度,缩短了测绘生产周期、极大提高了测量的生产效率;测绘产品也从过去的纸质地图过渡到现在通过一系列地理信息系统分析处理得到数字线划地图(DLG)、数字正射影像图(DOM)、数字高程模型(DEM)、数字地形模型(DTM)和实时三维实景等信息产品。目前,测量技术正向多学科综合交叉、多技术集成、多源数据融合处理方向快速发展,相信在人工智能技术发展的推动下,测量将成为更加自动化和智能化的技术,为新时代社会建设提供更有力的数据支持和技术保障。

1.2 地球的形状及测量基准

测量工作的主要研究对象是地球的自然表面。但它是不规则的,地球的自然表面极为复杂,有高山、丘陵、平原、盆地、湖泊、河流和海洋等高低起伏的形态,我国西藏与尼泊尔交界处的珠穆朗玛峰 2005 年复测高度达 8 844.43m,而在太平洋西部的马里亚纳海沟深达 11 022m。尽管有这样大的高低起伏,但相对于地球庞大的体积来说仍可忽略不计,地球的表面形状十分复杂,不便于用数学式来表达。通过长期的测绘工作和科学调查,了解到地球表面上的海洋面积约占 71%,陆地面积约占 29%。地球总的形状可看作一个被海水包围的球体,也就是设想有一个静止的平静海水面,向陆地延伸而形成一个封闭的曲面,这个曲面称为水准面。由于海水有潮汐,时高时低,因而水准面有无数多个,其中通过平均海水面的一个被称为大地水准面。大地水准面是测量工作的一个基准面,它所包围的形体称为大地体,作为地球形状和大小的标准。

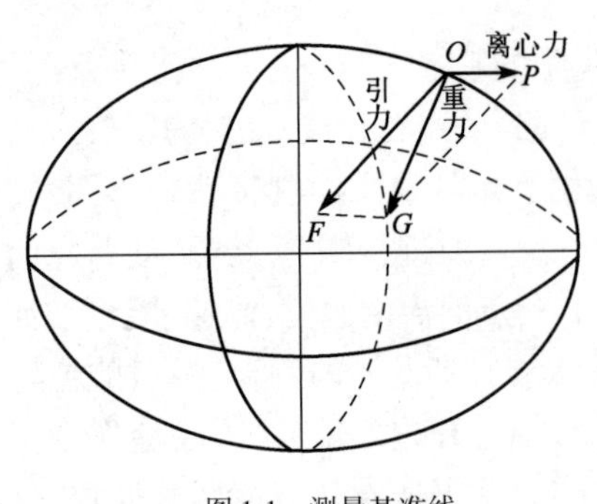

图 1-1　测量基准线

由于地球自转,地球上的任一质点,均受地球引力和离心力的影响。一个质点实际上所受到的力是地球引力与离心力的合力即重力的影响,重力的作用线称为铅垂线,是测量的基准线,如图 1-1 所示。

水准面是一个处处与重力方向垂直的连续曲面。由于地球吸引力的大小与地球内部的质量有关,而地球内部的质量分布又不均匀,引起地面上各点的铅垂线方向产生不规则的变化,因而大地水准面实际上是一个有微小起伏的不规则复杂曲面(图 1-2),人们无法在这样的曲面上直接进行测绘和数据处理。为了解决这个问题,选择一个与大地水准面非常接近的、能用数学方程表示的几何形体来代表地球的形体。这个几何形体是由椭圆绕其短轴 NS 旋转而成的旋转椭球体(图 1-3),其表面称旋转椭球面。

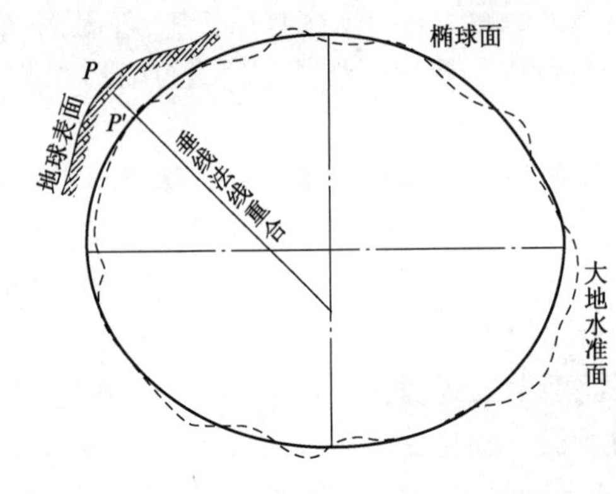

图 1-2　大地水准面

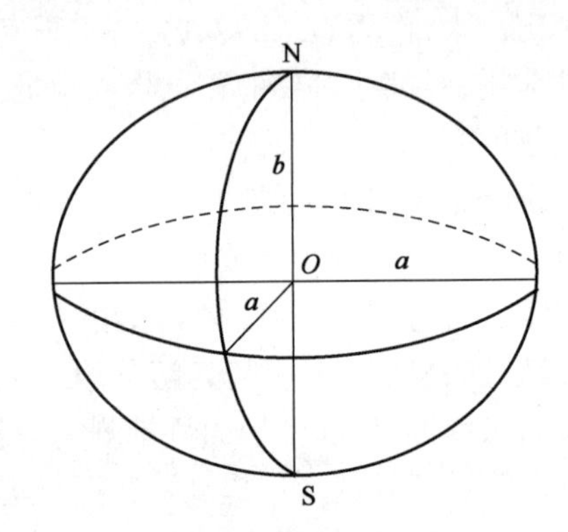

图 1-3　旋转椭球面

决定旋转椭球面形状和大小的元素是椭圆的长半轴 a、短半轴 b 和扁率 α,其关系为:

$$\alpha = \frac{a - b}{a} \tag{1-1}$$

我国 1980 年国家大地坐标系采用的地球椭球体元素值是 1975 年"国际大地测量与地球物理联合会"(IU-GG)通过并推荐的值:

$$a = 6\ 378\ 140\text{m}, b = 6\ 356\ 755\text{m}, \alpha = 1:298.257$$

测量工作就是以椭球面作为基准面,将其作为地球的数学模型建立坐标系统,确定地面点的位置。由于地球椭球体的扁率很小,当测量的区域较小时,可以将地球作为圆球看待,半径为 6 371km。

1.3　测量坐标系统和高程系统

在测量学中无论测定还是测设都需要通过确定地面点的空间位置来实现,即确定地面点位在某个空间坐标系中的三维坐标。考虑到地球是一个椭球体,一般是通过求出该点投影到参考球面上的位置和该点到大地水准面的铅垂距离的方法来实现,为此测量上将空间三维坐标系分解成确定点的球面位置的坐标系和高程系。

1.3.1 确定点的球面位置的坐标系统

确定点的球面位置的坐标系有地理坐标系和平面直角坐标系两类。

1)地理坐标系

按坐标所依据的基本线和基本面的不同以及求坐标方法的不同,地理坐标系又可分为天文地理坐标系和大地地理坐标系两种。

(1)天文地理坐标系。天文地理坐标系又称天文坐标系,其坐标表示地面点在大地水准面上的位置,它的基准是铅垂线和大地水准面,用天文经度 λ 和天文纬度 φ 两个参数来表示。

如图 1-4 所示,过地面上任一点 P 的铅垂线与地球的旋转轴 NS 所组成的平面称为该点的天文子午面,天文子午面与大地水准面的交线称为天文子午线(也称经线)。设 G 点为英国格林尼治天文台的位置,称过 G 点的天文子午面为首子午面。P 点天文经度 λ 的定义是:过 P 点的天文子午面 NPKS 与首子午面 NGMS 的两面角,从首子午线向东或向西计算,取值范围为 0° ~ 180°,在首子午线以东者为东经,以西者为西经。同一子午线上各点的经度相同。过 P 点垂直于地球旋转轴的平面与地球表面的交线称为 P 点的纬线,其所在平面过球心 O 的纬线称为赤道。P 点天文纬度 φ 的定义是:过 P 的铅垂线与赤道平面的夹角,自赤道起向南或向北计算,取值范围为 0° ~ 90°,在赤道以北为北纬,以南为南纬。

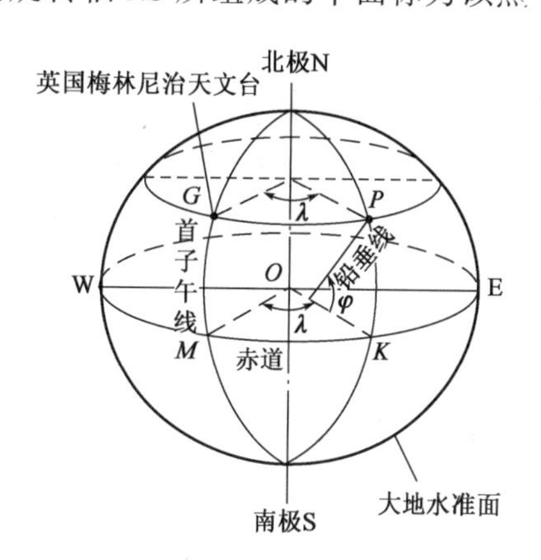

图 1-4 天文地理坐标系

(2)大地地理坐标系。大地地理坐标系又称大地坐标系,其坐标表示地面点在旋转椭球面上的位置,它的基准是法线和旋转椭球面,用大地经度 L 和大地纬度 B 表示。P 点的大地经度 L 是过 P 点的大地子午面和首子午面所夹的两面角,P 点的大地纬度 B 是过 P 点的法线与赤道面的夹角。大地经、纬度是根据一个起始的大地点(又称大地原点,该点的大地经纬度与天文经纬度一致)的大地坐标,再按大地测量所得的数据推算而得的。我国以陕西省泾阳县永乐镇大地原点为起算点,由此建立新的大地坐标系,称为"1980 年国家大地坐标系",简称 80 系。

2)平面直角坐标系

(1)高斯平面直角坐标系。地理坐标对局部测量工作来说是不方便的,例如,在赤道上,1″的经度差和纬度差对应的地面距离约为 30m,因此测量计算最好在平面上进行。但地球是一个不可展的曲面,必须通过投影的方法将地球面上的点位换算到平面上。地图投影有多种方法,我国采用的是高斯投影方法。该方法是由德国数学家和测量学家高斯在 1825 ~ 1830 年首先提出,1912 年德国测量学家克吕格改进后推导出实用的投影公式,因此又称为高斯—克吕格投影。

高斯投影首先是将地球按经线划分成带,称为投影带,投影带是从首子午线起,每隔经度 6°划分一带(称为 6°带),如图 1-5 所示,自西向东将整个地球划分为 60 个带。带号从首子午线开始,用阿拉伯数字表示,位于各带中央的子午线称为该带的中央子午线。第一个 6°带的中央子午线的经度为 3°,任意一个带的中央子午线经度 L_0 与投影带号 N 的关系为:

$$L_0 = 6N - 3° \tag{1-2}$$

反之,已知地面任一点的经度 L,要求计算该点所在的 6°带编号的公式为:

$$N = \text{int}\left(\frac{L+3}{6} + 0.5\right) \tag{1-3}$$

式中:int——取整函数。

投影时设想用一个空心椭圆柱横套在旋转椭球体外面,使椭圆柱与某一中央子午线相切,将球面上的图形按保角投影的原理投影到圆柱体面上,然后将圆柱体沿着过南北极的母线切开,展开成为平面,并在该平面上定义平面直角坐标系,如图 1-6a)所示。

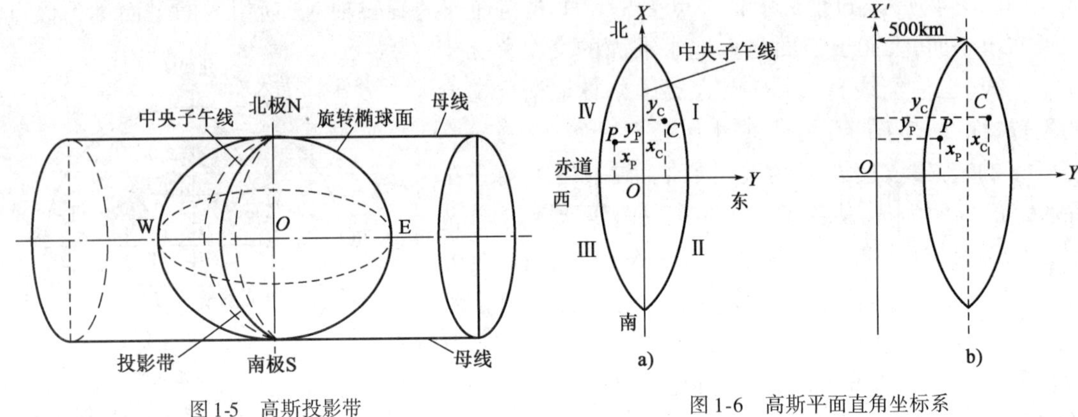

图 1-5　高斯投影带

图 1-6　高斯平面直角坐标系

投影后的中央子午线与赤道均为直线。由于在旋转椭球体面上,中央子午线与赤道相互垂直,所以经保角投影后的中央子午线与赤道也相互垂直。以中央子午线为坐标纵轴(X 轴),向北为正,赤道为坐标横轴(Y 轴),向东为正,中央子午线与赤道的交点为坐标原点 O,组成的平面直角坐标系称为高斯平面直角坐标系。与数学上的笛卡儿坐标系比较,在高斯平面直角坐标系中,为了定向的方便,定义纵轴为 X 轴,横轴为 Y 轴,这与数学上常用的笛卡儿坐标不同。象限按顺时针方向编号,目的是便于数学上定义的各类三角函数公式直接应用到测量计算,不需做任何变换。

我国位于北半球,x 坐标值均为正,y 坐标值则有正有负,当点位于中央子午线以东时为正,以西时为负。

例如,图 1-6 的 P 点位于中央子午线以西,其 y 坐标值为负值。对于 6°带高斯坐标系,最大的 y 坐标负值约为 365km。为了避免 y 坐标值出现负值,我国统一规定将每带的坐标原点向西移 500km,也就是给每点的 y 坐标值加上 500km,使之均为正值,如图 1-6b)所示。

高斯平面直角坐标为了通过横坐标值确定某点位于哪一个 6°带内,还要在 y 坐标值前冠以投影带的编号。将经过加 500km 和冠以带号处理后的横坐标值用 y' 表示。例如,图 1-6b)中的 P 点位于第 19 带内,$y_P = -265\ 214\text{m}$,则 $y'_P = 19\ 234\ 786\text{m}$。

高斯投影是保角投影,它能够保证球面图形的角度与投影后的该平面图形的角度不变,但球面上除中央子午线以外的任意两点间的距离经投影后会产生变形。距离变形的规律是:除了中央子午线以外,其他位置的直线均存在距离变形,且投影在平面上的距离大于球面上的相应距离,离开中央子午线越远,变形越大,投影带边缘部分的距离变形最大。

距离变形过大对于测图尤其是测绘大比例尺地形图是不利的。减少投影带边缘位置距离变形的方法之一就是缩小投影带的带宽,例如可以选择采用3°带或1.5°带进行投影,其中3°带每带中央子午线经度L_0'与投影带号n的关系为:

$$L_0' = 3n \tag{1-4}$$

反之,已知地面任一点的经度L,要求计算该点所在的3°带编号的公式为:

$$n = \mathrm{int}\left(\frac{L}{3} + 0.5\right) \tag{1-5}$$

我国6°带投影的带号范围为13~23,3°带投影的带号范围为25~45。可见,在我国领土范围内,6°带与3°带的投影带号不重复。6°带投影与3°带投影的关系如图1-7所示。

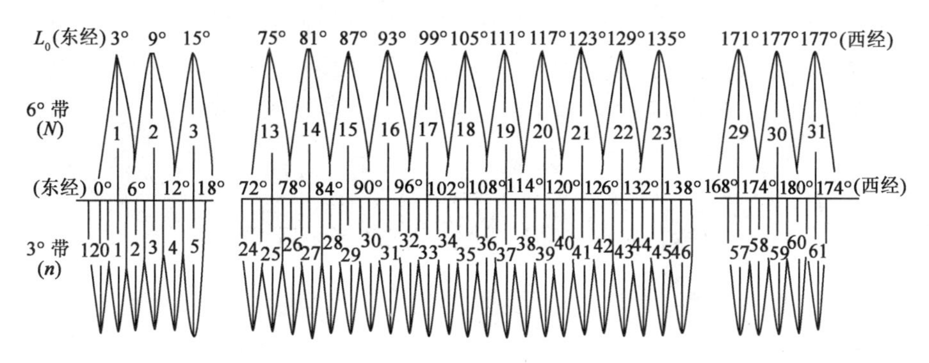

图1-7　6°带投影与3°带投影的关系

(2)独立平面直角坐标系

如图1-8所示,当测区范围较小时(一般要求测区半径小于10km),将测区中心点C沿铅垂线投影到大地水准面上得c点,用过c点的切平面来代替大地水准面,在切平面上建立的测区平面直角坐标系XOY称为独立平面直角坐标系。其坐标原点选在测区西南角,使坐标值均为正值,过测区中心的子午线为X轴方向。将测区内任一点P沿铅垂线投影到切平面上得p点,通过测量计算出的p点坐标(x_p、y_p)就是P点在独立平面直角坐标系中的坐标。

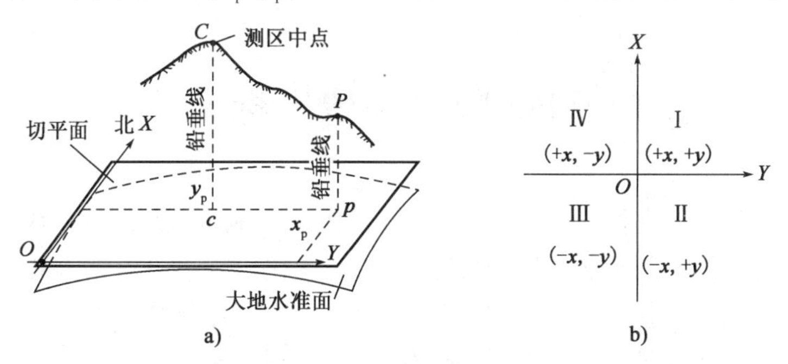

图1-8　独立平面直角坐标系

独立平面直角坐标系的坐标轴方向和象限编号顺序与高斯平面直角坐标系相同。

1.3.2 确定点的高程系

地面点沿铅垂线至大地水准面的距离称为该点的绝对高程或海拔,简称高程,用H加点名作下标表示。图1-9中A、B两点的高程表示为H_A、H_B。

高程基准是大地水准面。由于海水面受潮汐、风浪等影响,它的高低时刻在变化。通常是在海边设立验潮站,进行长期观测,求得海水面的平均高度作为高程零点。通过该点的大地水准面作为高程基准面,也即在大地水准面上高程为零。在我国境内测得的高程以青岛验潮站历年观测的黄海平均海水面为基准面。1954 年在青岛市观象山建立了水准原点,用水准测量的方法将在验潮站确定的高程零点引测到水准原点,也即求出水准原点的高程。1956 年我国采用青岛验潮站的潮汐记录资料推算出的水准原点的高程为 72.289m,以这个大地水准面为高程基准建立的高程系称为“1956 年黄海高程系”。

1985 年,我国又采用青岛验潮站 1952 ~ 1979 年的潮汐观测资料,将计算出的平均海水面作为新的高程基准,此高程系称为“1985 年国家高程基准”,简称“85 高程基准”。根据新的高程基准,水准原点的高程为 72.260m。

在局部地区,也可以假定任一水准面作为高程起算面,地面点到假定水准面的垂直距离,称为假定高程或相对高程,用 H' 加点名作下标表示。图 1-9 中 A、B 两点的相对高程表示为 H'_A、H'_B。地面两点间的绝对高程或相对高程之差称为高差,用 h 加两点点名作下标表示。如 A、B 两点高差为:

$$h_{AB} = H_B - H_A = H'_B - H'_A \tag{1-6}$$

可见,不管采用绝对高程还是假定高程,计算相同两点的高差是相同的。

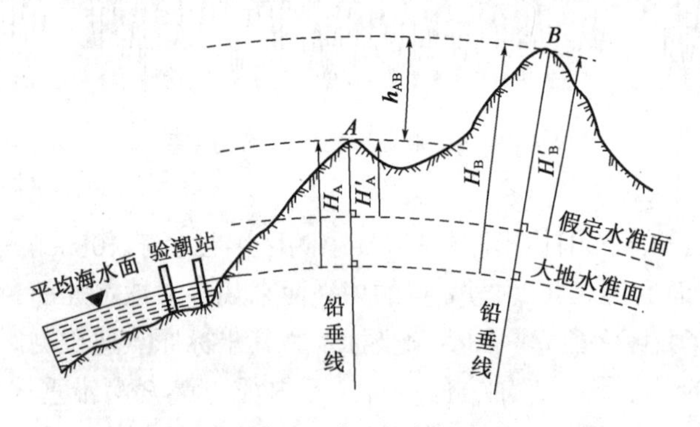

图 1-9 高程的确定

1.4 2000 国家大地坐标系简介

我国于 20 世纪 50 年代和 80 年代,分别建立了国家大地坐标系统——1954 年北京坐标系和 1980 年西安坐标系,测制了各种比例尺地形图,为国民经济和社会发展提供了基础的测绘保障。由于其成果受当时技术条件制约,精度偏低,无法满足新技术的要求。随着社会的进步,国民经济建设、国防建设和社会发展、科学研究等对国家大地坐标系提出了新的要求,同时空间技术的发展成熟与广泛应用迫切要求国家提供高精度、地心、动态、实用、统一的大地坐标系作为各项社会经济活动的基础性保障。从技术和应用方面来看,现行坐标系具有一定的局限性,已不适应发展的需要,需要采用原点位于地球质量中心的坐标系统(简称地心坐标系)作为国家大地坐标系。在这样的背景下,我国自 2008 年 7 月 1 日起,全面启用 2000 国家大地坐标系(China Geodetic Coordinate System 2000,CGCS2000),新的基础测绘和地理信息建设等均应采用 2000 国家大地坐标系。

2000 国家大地坐标系是全球地心坐标系在我国的具体体现,其原点为包括海洋和大气的整个地球的质量中心。Z 轴由原点指向历元 2000.0 的地球参考极方向,该历元的指向由国际时间局(BIH)给定历元为 1984.0 的初始指向推算,X 轴指向格林尼治参考子午线与地球赤道面(历元 2000.0)的交点,Y 轴与 Z 轴、X 轴构成右手坐标系。2000 国家大地坐标系采用的地球椭球参数如下:

长半轴 $a = 6\,378\,137\text{m}$

扁率 $f = 1/298.257\,222\,101$

地心引力常数 $GM = 3.986\,004\,418 \times 10^{14}\text{m}^3/\text{s}^2$

自转角速度 $\omega = 7.292\,115 \times 10^{-5}\text{rad/s}$

根据这 4 个基本参数,可以推算出椭球的其他几何参数和物理参数。

CGCS2000 启用后,解决了多坐标系统共同使用的混乱问题,成果可避免不必要的坐标转换,减少了精度损失,极大地提高了工作效率。采用 CGCS2000 便于卫星定位、卫星遥感、卫星导航,便于提高军事远程武器打击能力;在航天、海洋、地震、气象、水利、建设、规划、地质调查、国土资源管理、军事等领域均采用全国统一的、协调一致的地心坐标系统,来处理国家、区域、海洋与全球化的资源、环境、社会等信息问题,提高了快速反应能力,在我国的科学研究、资源调查、经济生产、社会活动、军事建设等方面产生了极大的作用。

1.5 水平面代替水准面的限度分析

当测区范围较小时,可将大地水准面近似看成为水平面,这样,既可以简化测量计算工作,又不致因曲面和平面的差异过大而产生较大的测量误差。因此,要分析测区在多大范围内,可以用水平面代替大地水准面,而产生的角度、距离和高差变形不会超过测量误差的允许范围。也就是分析用水平面代替水准面的限度。

1.5.1 水平面代替水准面对水平角的影响

由球面三角学知道,同一个多边形在球面上投影的各内角和比在平面上投影的内角和要大一个角度 ε,称为球面角超,其大小与图形的面积成正比,公式为:

$$\varepsilon = \rho'' \frac{P}{R^2} \tag{1-7}$$

式中:P——球面多边形面积;

R——球的半径;

ρ''——弧度的秒值,$\rho'' = 206\,265''$。

当面积为 $P = 100\text{km}^2$ 时,将地球的半径 $R = 6\,371\text{km}$ 代入式(1-7)计算得到 $\varepsilon \approx 0.51''$。可见,在面积为 100km^2 的区域内进行水平角测量,只有最精密的测量才考虑地球曲率的影响,一般的测量工作不必考虑。

1.5.2 水平面代替水准面对水平距离的影响

如图 1-10 所示,地面上 C 点为测区中心点,P 点为测区内的点,两点沿铅垂线投影到大地水准面上的点分别为 c 点和 p 点。过 c 点作大地水准面的切平面,P 点在切平面上的投影为

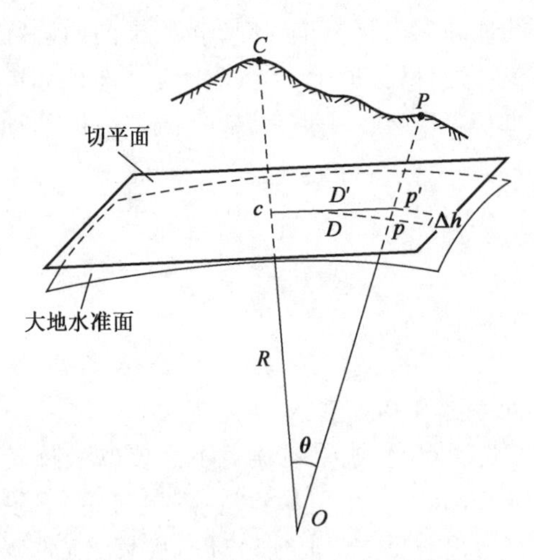

图 1-10　水平面代替水准面对水平距离的影响

P'点。水准面的曲率对水平距离的影响为 $\Delta D = D' - D$，对高程影响为 $\Delta h = pp'$。

$$\Delta D = D' - D = R\tan\theta - R\theta = R(\tan\theta - \theta) \tag{1-8}$$

式中：θ——弧长 D 所对的圆心角，rad；

R——地球的平均曲率半径，可取 $R = 6\,371\text{km}$。

将 $\tan\theta$ 按三角级数展开并省略高次项得：

$$\tan\theta = \theta + \frac{1}{3}\theta^3 + \frac{2}{15}\theta^5 + \cdots \approx \theta + \frac{1}{3}\theta^3 \tag{1-9}$$

将式(1-9)代入式(1-8)并考虑到 $\theta = \frac{D}{R}$，得：

$$\Delta D = \frac{D^3}{3R^2} \text{ 或 } \frac{\Delta D}{D} = \frac{D^2}{3R^2} \tag{1-10}$$

以不同的 D 值代入式(1-10)，求出距离误差 ΔD 和相对误差$\frac{\Delta D}{D}$，列于表 1-1。

用水平面代替水准面的距离误差和距离相对误差　　表 1-1

距离 D(km)	距离误差 ΔD(cm)	距离相对误差 $\Delta D/D$
10	0.8	1∶1 200 000
25	12.8	1∶200 000
50	102.7	1∶49 000
100	821.2	1∶12 000

从表 1-1 可以看出，当距离 D 为 10km 时，所产生的相对误差为 1∶1 200 000，这样小的误差，就是对精密量距来说也是允许的。因此，在 10km 为半径的圆面积之内进行距离测量时，可以用切平面代替大地水准面，而不必考虑地球曲率对距离的影响。

1.5.3　切平面代替大地水准面对高程的影响

由图 1-10 可知：

$$\Delta h = Op' - Op = R\sec\theta - R = R(\sec\theta - 1) \tag{1-11}$$

同理，将 $\sec\theta$ 展开成级数，$\sec\theta = 1 + \frac{1}{2}\theta^2 + \frac{5}{24}\theta^4 + \cdots$，舍去高次项，并以 $\theta = \frac{D}{R}$代入，得：

$$\Delta h = R\left(1 + \frac{1}{2}\theta^2 - 1\right) = \frac{1}{2}R\theta^2 = \frac{D^2}{2R}$$

故

$$\Delta h = \frac{D^2}{2R} \tag{1-12}$$

用不同的距离代入式(1-12)，可得表 1-2 所列的结果。

水平面平面代替水准面的高程误差　　表 1-2

距离 D(km)	0.1	0.2	0.3	0.4	0.5	1	2	5	10
Δh(cm)	0.08	0.3	0.7	1.3	2	8	31	196	785

由表 1-2 可知,用水平面代替水准面作为高程的起算面,即使距离很短,对高程的影响也是很大的。因此,在高程测量中,即使在很小的测区内,也必须考虑地球曲率对高程的影响。

1.6 测量工作的基本概念

地球表面虽然十分复杂,但总体来说可以将复杂的表面看成各种复杂曲面的组合,曲面又可以看成是由各个点所组成的,因此不管多么复杂的测量工作均可以看成是确定地面点的工作。

要确定地面待定点的点位,通常不是直接测出的,而是通过测量与已知点(已知坐标或高程的点)之间的相对位置关系再推算出待定点的坐标或高程。通过测量待定点与已知点方向的水平夹角和它们之间的水平距离就可以计算出它们之间的坐标增量,从而求出待定点的坐标,通过测量待定点与已知点的高差推算出待定点的高程。可见角度、距离、高差是测量定位地面点的基本元素(或称为基本观测量),而角度测量、距离测量和高差测量也就是测量的基本工作。

地球表面的形状可以分为两类:一类是地球表面的各种自然和人工构造物,如河流、湖泊、房屋、桥梁、道路等,这类称为地物;另一类是地球表面的高低起伏形态,如山川、盆地、悬崖等,这类称为地貌。地物和地貌统称为地形。

测定是将地物和地貌按一定的比例尺缩小绘制成地形图。如图 1-11 所示,测区内有山丘、房屋、河流、小桥、公路等。测绘地形图的过程是先测量出这些地物、地貌的特征位置,然后按一定的比例尺缩小展绘在平面图纸上。例如,要在图纸上绘出一幢房屋,就需要在这幢房屋附近、与房屋通视且坐标已知的点(图 1-11 中的 A 点)上安置测量仪器,选择另一个坐标已知的点(图 1-11 中的 F 点或 B 点)作为定向方向,才能测量出这幢房屋角点的坐标。这种能够反映地物和地貌形状和形态的点称为特征点,测量上将测绘地物和地貌特征点坐标的方法与过程称为碎部测量。

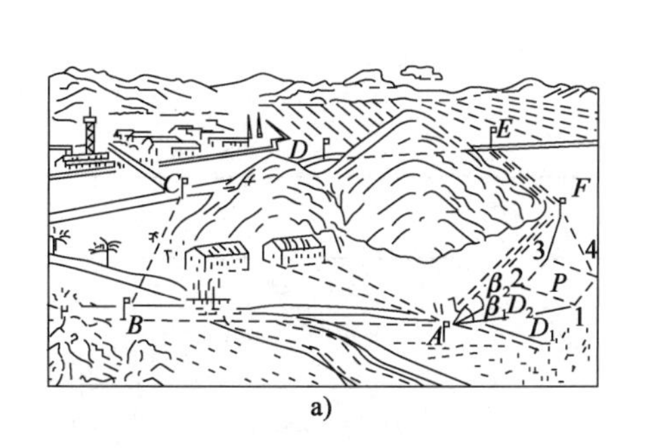

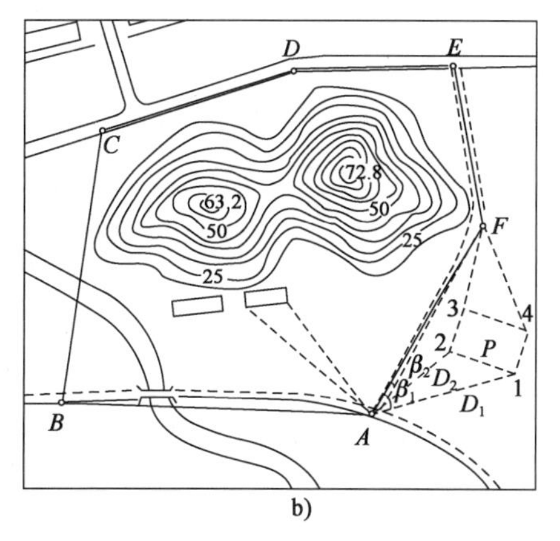

图 1-11　某测区地物地貌透视图

由图1-11可知,在A点安置测量仪器还可以测绘出西面的河流、小桥,北面的山丘,但山北面的工厂区就看不见了。因此,还需要在山北面布置一些点,如图1-11中的C点、D点、E点,这些点的坐标必须已知。由此可知,要测绘地形图,首先要在测区内均匀布置一些点,并测量计算出它们的x、y、H三维坐标。这些点在测量中起控制作用,测量上将这些点称为控制点,测量控制点点位(坐标或高程)的工作称为控制测量。

测设是将在图纸上设计好的工程建筑物和构筑物的位置在实地标定出来。根据需要,设计人员已经在图纸上设计出的建筑物,采用与地形测量相同的方法,只是测定是从地面到图纸,测设是从设计图纸到地面,同样也是在控制点安置仪器,算出建筑物的特征点方向与已知方向的夹角,以及建筑物特征点到控制点的距离,然后用仪器分别定出水平夹角所指的方向,并沿这些方向量出水平距离,即可在实地上定出建筑物的各特征点,它们就是设计建筑物的实地位置。

通过上面的介绍可知,无论测定还是测设都是在控制点上进行的,由此得出测量的工作原则之一是“先控制后碎部”。

我国的控制测量规范规定,测量控制网必须由高级向低级分级布设。如平面三角控制网是按一等、二等、三等、四等、5″、10″和图根网的级别布设,而城市导线网是在国家一等、二等、三等、四等控制网下按一级、二级、三级和图根网的级别布设。一等网的精度最高,图根网的精度最低。控制网的等级越高,网点之间的距离就越大,点的密度也越稀,控制的范围就越大;控制网的等级越低,网点之间的距离就越小,点的密度也越密,控制的范围就越小。如国家一等三角网的平均边长为20~25km,而城市一级导线网的平均边长为300m。由此可知,控制测量是先布设能控制大范围的高级网,再逐级布设次级网加密,我们将这种测量控制网的布设原则称为“从整体到局部”。可见,在测量工作中为防止测量误差的传递和累积达到不能容许的程度,无论是测定还是测设都要求测量工作遵循基本原则:布局上“从整体到局部”,程序上“先控制后碎部”,精度上“由高级到低级”。

1.7 测量上常用的计量单位

本节介绍测量上常用的角度、长度、面积等几种法定计量单位,以及换算关系。

测量常用的角度、长度、面积的度量单位及换算关系分别列于表1-3~表1-5。

角度单位制及换算关系 表1-3

60 进 制	弧 度 制
1圆周=360° 1°=60′ 1′=60″	1圆周=2π弧度 1弧度=180°/π=57.295 8°=ρ° =3 438′=ρ′ =206 265″=ρ″

长度单位制及换算关系 表1-4

公 制	英 制
1km=1 000m 1m=10dm =100cm =1 000mm	1km=0.621 4mile =3 280.8ft 1m=3.280 8ft =39.37in

面积单位制及换算关系　　表 1-5

公　　制	市　　制	英　　制
$1km^2 = 1 \times 10^6 m^2$ $1m^2 = 100dm^2$ $= 1 \times 10^4 cm^2$ $= 1 \times 10^6 mm^2$	$1km^2$ = 1 500 亩 $1m^2$ = 0.001 5 亩 1 亩 = 666.666 666 7m^2 = 0.066 666 67hm^2 = 0.164 7 英亩	$1km^2$ = 247.11 英亩 = 100hm^2 $1m^2 = 10.764ft^2$ $1cm^2 = 0.155\,0in^2$

表 1-3 ~ 表 1-5 的单位及换算是测量工作中经常遇到的。

本章小结

(1)测量学的定义与任务:测量学是一门确定地面点位的科学,其基本任务是测定和测设(施工放样)。

(2)水准面及其特性:自由静止的水面为水准面,其特性是水准面上处处与重力方向线(铅垂线)正交。

(3)大地水准面:指通过平均海平面的水准面。大地水准面是绝对高程的基准面,是具有微小起伏的不规则复杂曲面。

(4)旋转椭球面:椭圆绕其短轴旋转而成的球体称为旋转椭球体,其表面称为旋转椭球面,旋转椭球面处处与法线正交。地球椭球体是代表地球形状和大小的数学模型。椭球面为一规则曲面,是测量计算的基准面。

(5)地理坐标系:指由经度和维度表示地面点位置的球面坐标,分为大地地理坐标系和天文地理坐标系,用于确定点在全球球面坐标系统中的位置。

(6)独立平面直角坐标:在小范围的区域可以采用独立平面直角坐标确定点的位置,其坐标原点一般选在测区西南角,使坐标值均为正,x 轴为南北方向,向北为正,向南为负;y 轴为东西方向,向东为正,向西为负。独立平面直角坐标系的象限顺时针编号。

(7)高斯平面直角坐标:指采用高斯—克吕格分带投影方法建立的一种直角坐标系。每个投影带的中央子午线与赤道的交点为坐标原点,每个投影带以中央子午线为 x 轴,向北为正,向南为负;以赤道投影为 y 轴,向东为正,向西为负。为避免横坐标出现负值,将坐标原点向西移 500km,也就是给每点的 y 坐标值加上 500km,再在 y 坐标值前加上投影带的编号,这样的坐标称为通用值。高斯坐标适用于广大区域内确定点的位置。

(8)高程:

①绝对高程:地面点至大地水准面的铅垂距离,又称海拔。

②相对高程:地面点到假定水准面的铅垂距离,又称假定高程。

(9)高差:地面两点间的高程之差,常以 h 加下标表示,下标表示高差的方向。

(10)水平面代替水准面的限度:当测区范围较小时,可以用水平面代替大地水准面而不用考虑对角度、距离的影响,但必须考虑对高程的影响。

(11)测量的基本工作:角度测量、距离测量和高差测量。

(12)测量的基本原则:布局上“从整体到局部”,程序上“先控制后碎部”,精度上“由高级到低级”。

思考题与习题

1. 何谓测量学? 其主要任务是什么?

2. 什么是水准面? 它有什么特性?

3. 何谓大地水准面?

4. 测量工作的基准面和基准线是什么?

5. “测量工作的实质是确定地面点的位置”这句话,你是怎么理解的?

6. 何谓地理坐标?

7. 测量上的平面直角坐标与数学上的平面直角坐标有何区别?

8. 地面点的高程是否只能从大地水准面算起?

9. 用水平面代替水准面对距离和高程分别有什么影响?

10. 确定地面上一点的位置,常用的坐标系有哪些? 它们如何定义?

11. 高斯平面直角坐标系是怎样建立的? 请写出高斯6°带投影的中央子午线经度与带号的关系式。

12. 已知某点所在高斯6°投影带的中央子午线经度是117°,该点位于轴子午线以西20km,该点的高斯横坐标为多少?

13. 什么是施工放样?

14. 测量工作的基本原则和测量的基本工作分别是什么?

15. 何谓控制测量和碎部测量? 两者有何关系?

第2章

水准测量

【本章知识要点】

通过本章的学习,应在了解水准测量原理和水准仪基本构造的基础上,掌握 DS_3 水准仪的使用方法;掌握水准测量的施测方法和内业计算;能够进行普通光学水准仪的检验校正;了解水准测量的误差及其他水准仪的基本特点。

测量地面点高程的工作,称为高程测量。高程测量按使用的仪器和方法不同,分为水准测量、三角高程测量、气压高程测量和 GPS 测量等。在地形图的测绘和工程勘察设计及施工放样中,都需要测定地面点的高程,在这些测量工作中进行高程测量主要用水准测量的方法。

2.1 水准测量原理

水准测量的基本原理是利用水准仪所提供的水平视线,通过读取竖立在两点上水准尺的读数,测定两点间的高差,从而由已知点高程推求未知高程。

如图 2-1 所示,欲测定 B 点的高程,需先测定 A、B 两点间的高差 h_{AB}。为此,可在 A、B 两点上竖立水准尺,并在其间安置水准仪。若水准仪的水平视线在 A、B 点水准尺上的读数分别为 a、b,则由图 2-1 可知,A、B 两点间的高差为:

$$h_{AB} = a - b \tag{2-1}$$

如果水准测量方向是由已知点 A 到待定点 B 进行的，则 A 点为后视，a 为后视读数；B 点为前视，b 为前视读数。A、B 两点间的高差等于后视读数减去前视读数。当读数 $a > b$ 时，高差为正值，说明 B 点高于 A 点；反之，当读数 $a < b$ 时，则高差为负值，说明 B 点低于 A 点。

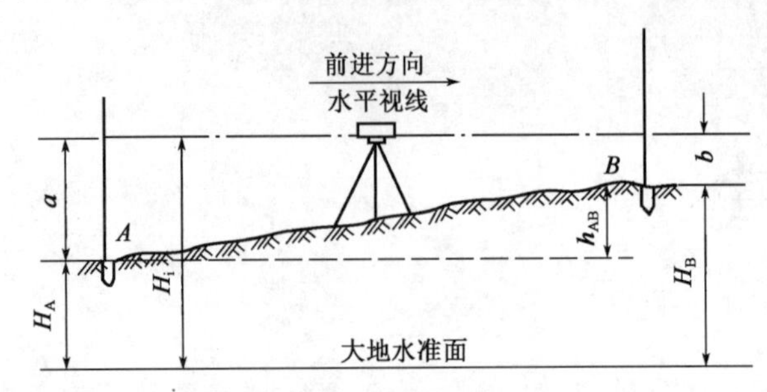

图 2-1　水准测量原理

如果已知 A 点高程为 H_A 和测得的高差为 h_{AB}，则 B 点高程为：

$$H_B = H_A + h_{AB} \tag{2-2}$$

以上利用高差计算高程的方法，称为高差法。由图 2-1 可知，B 点高程也可以通过仪器的视线高 H_i 计算：

$$\begin{aligned} H_i &= H_A + a \\ H_B &= H_i - b \end{aligned} \tag{2-3}$$

由式(2-3)用视线高程计算 B 点高程的方法，称为视线高程法。当安置一次仪器需要测多个前视点高程时，利用视线高程法比较方便。

2.2　DS_3 水准仪及其使用

水准测量所使用的仪器为水准仪。我国水准仪按其精度分为 $DS_{0.5}$、DS_1、DS_3、DS_{10}、DS_{20} 五个等级。“D”和“S”是“大地”和“水准仪”的汉语拼音的第一个字母，其下标数字 0.5、1、3、10、20 表示该类仪器的精度。数字越小，精度越高。DS_3 型水准仪常用在工程测量中，使用该仪器进行水准测量，每千米可达 ±3mm 的精度，本节重点介绍这类仪器。

2.2.1　DS_3 水准仪构造

在水准仪测量中，水准仪的主要作用是提供一条水平视线，并能照准水准尺进行读数。图 2-2所示为我国生产的 DS_3（简称 S_3）型水准仪的外形。水准仪主要由望远镜、水准器及基座三部分组成。

1）望远镜

望远镜是水准仪上的重要部件，用来瞄准远处的水准尺进行读数。它由物镜、调焦透镜、调焦螺旋、十字丝分划板和目镜等组成，如图 2-3 所示。

物镜由两片以上的透镜组组成，作用是与调焦透镜一起使远处的目标成像在十字丝平面上，形成缩小的实像。旋转调焦螺旋，可使不同距离目标的成像清晰地落在十字丝分划板上，称为调焦或物镜对光。目镜也是由一组复合透镜组成，其作用是将物镜所成的实像连同十字丝一起放大成虚像。转动目镜螺旋,可使十字丝影像清晰,称为目镜调焦。

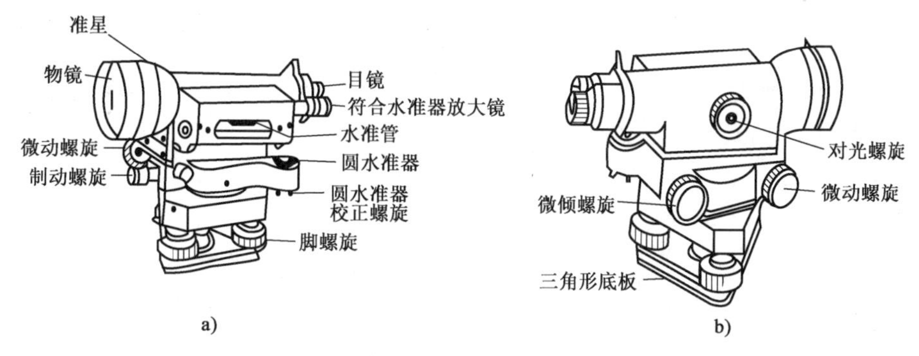

图 2-2 DS_3 型水准仪

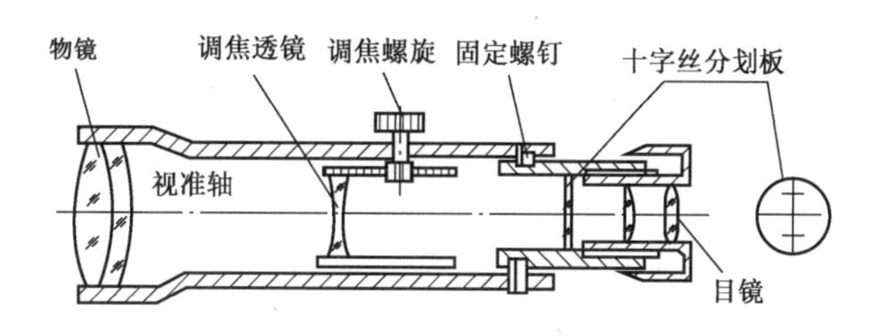

图 2-3 望远镜

十字丝分划板是安装在镜筒内的一块光学玻璃板,上面刻有两条互相垂直的十字丝,竖直的一条称为纵丝,水平的一条称为横丝或中丝,与横丝平行的上、下两条对称的短丝称为视距丝,用以测定距离。水准测量时,用十字丝交叉点和中丝瞄准水准尺并读数。

物镜光心与十字丝交点的连线称望远镜的视准轴。合理操作水准仪后,视准轴的延长线即成为水准测量所需要的水平视线。从望远镜内所看到的目标放大虚像的视角 β 与眼睛直接观察该目标的视角 α 的比值,称为望远镜的放大率,一般用 v 表示:

$$v = \frac{\beta}{\alpha} \tag{2-4}$$

DS_3 型水准仪望远镜的放大率一般为 25 ~ 30 倍。

2)水准器

水准器主要用来整平仪器、指示视准轴是否处于水平位置,是操作人员判定水准仪是否置平正确的重要部件。普通水准仪上通常有圆水准器和管水准器两种。

(1)圆水准器。圆水准器外形如图 2-4 所示,顶部玻璃的内表面为球面,内装有酒精或乙醚溶液,密封后留有气泡。球面中心刻有圆圈,其圆心即为圆水准器零点。通过零点与球面曲率中心连线形成的轴,称为圆水准轴。当气泡居中时,该轴线处于铅垂位置;气泡偏离零点时,轴线呈倾斜状态。气泡中心偏离零点 2mm 所倾斜的角值,称为圆水准器的分划值。DS_3 型水准仪圆水准器分划值一般为 8′ ~ 10′。圆水准器的精度较低,用于仪器的粗略整平。

(2)管水准器。管水准器又称水准管,它是一个管状玻璃管,其纵向内壁磨成一定半径的圆弧,管内装酒精或乙醚溶液,加热融封冷却后在管内形成一个气泡(图 2-5)。由于气泡较液体轻,气泡恒处于管内最高位置。水准管内壁圆弧的中心点(最高点)为水准管的零点,过零点与圆弧相切的切线称为水准管轴(图 2-5 中 $L—L$)。当气泡中点处于零点位置时,称气泡居中,这时水准管轴处于水平位置。在水准管上,一般由零点向两侧刻有数条间隔 2mm 的分划线,相邻分划线2mm圆弧所对的圆心角,称为水准管的分划值,用“τ”表示。

$$\tau = \frac{2\rho}{R} \tag{2-5}$$

式中:R——水准管圆弧半径;

ρ——弧度的秒值,$\rho = 206\ 265''$。

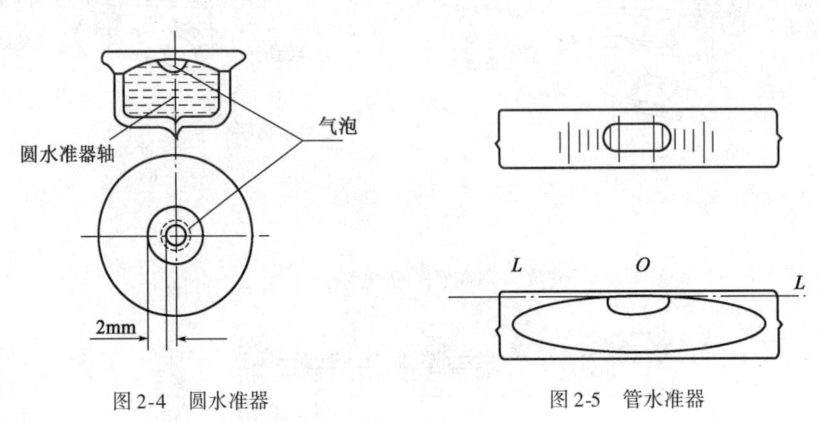

图2-4 圆水准器　　图2-5 管水准器

水准管分划值越小,灵敏度越高。DS_3 水准仪水准管的分划值为20″,记作20″/2mm。由于水准管的精度较高,因而用于仪器的精确整平。

为了便于观测和提高水准管的居中精度,DS_3 水准仪水准管的上方装有符合棱镜,如图2-6a)所示。通过符合棱镜的反射折光作用,将气泡两端的影像同时反映到望远镜旁的观察窗内。通过观察窗观察,当气泡两端半边气泡的影像相吻合时,表明气泡居中,如图2-6c)所示;若两影像错开,则表明气泡不居中,如图2-6b)所示,此时应转动微倾螺旋使气泡影像吻合。这种配有符合棱镜的水准器,称为符合水准器。它不仅便于观察,还可使气泡居中,精度提高。

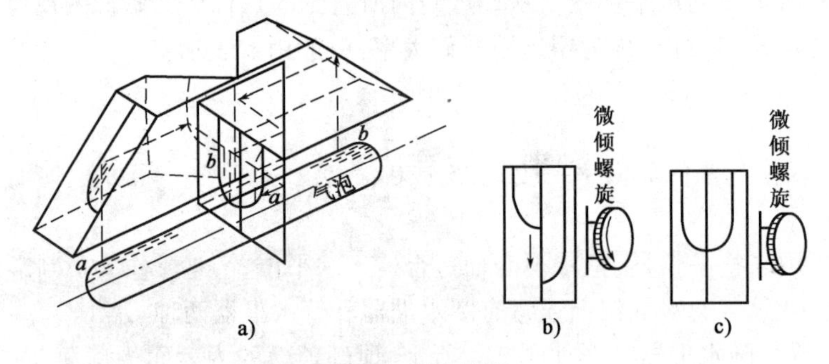

图2-6 符合棱镜

3)基座

基座位于仪器下部,主要由轴座、脚螺旋和连接板等组成。仪器上部通过竖轴插入轴座内,由基座承托;脚螺旋用于调节圆水准气泡,使气泡居中;连接板通过连接螺旋与三脚架相连接。

水准仪除上述部分外,还装有制动螺旋、微动螺旋和微倾螺旋。拧紧制动螺旋时,仪器固定不动,此时转动微动螺旋,可使望远镜在水平方向作微小转动,用以精确瞄准目标;微倾螺旋可使望远镜在竖直面内微动,由于望远镜和管水准器连为一体,且视准轴与管水准轴平行,所以圆水准气泡居中后,转动微倾螺旋使管水准气泡影像符合,即可利用水平视线读数。

2.2.2 水准尺和尺垫

水准尺是水准测量时与水准仪配套使用的必备工具,要用伸缩性小、不易变形的优质材料制成,如优质木材、玻璃钢、铝合金等。常用的水准尺有塔尺和双面尺两种,如图2-7所示。

如图2-7a)所示,塔尺一般由两节或三节组成,可以伸缩,其全长有3m或5m两种。尺的底部为零,以厘米进行分划,分米上的圆点表示米数,数字有正字和倒字两种。塔尺仅用于等外水准测量。

如图2-7b)所示,双面尺长度为3m,两根尺为一对。黑面底部起点都为零,每隔1cm涂以黑白相间的分格,每分米处注有数字;红面底部为一常数,一根尺从4.687m开始,另一根尺从4.787m开始,其目的是避免观测时的读数错误,以便校核读数;同时用红、黑面读数求得的高差,可进行测站检核计算。双面水准尺一般用于三、四等水准测量。

尺垫如图2-8所示,一般由铸铁制成,中间有一个突起的球状圆顶,下部有三个尖脚。使用时将尖脚踩入地下踏实,然后将尺立于圆球顶部。尺垫的作用是防止点位移动和水准尺下沉。

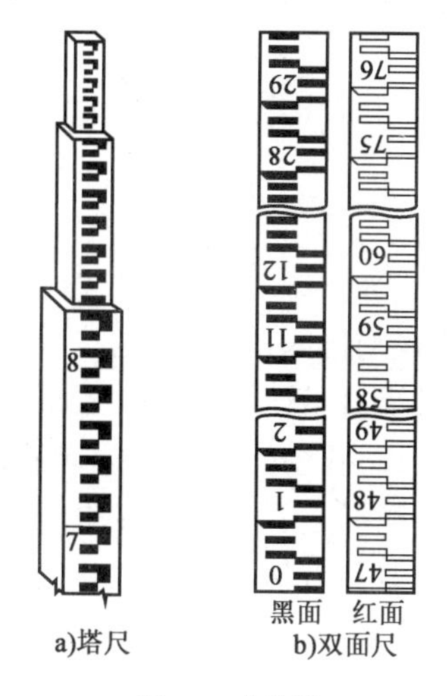

图2-7 水准尺

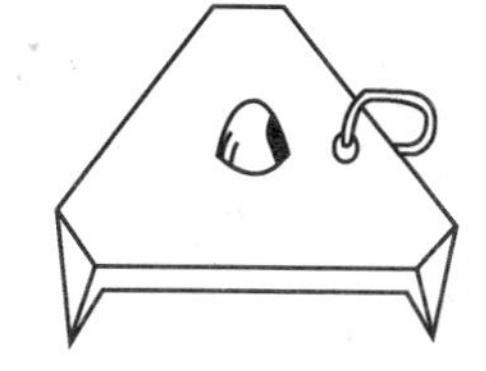

图2-8 尺垫

2.2.3 水准仪的使用

普通水准仪使用操作的主要内容按程序分为安置仪器、粗略整平、瞄准水准尺、精确整平和读数。

1)安置仪器

安置水准仪的基本方法是:张开三脚架,根据观测者的身高,调节好架腿的长度,使其高度适中,目估架头大致水平,取出仪器用连接螺旋将水准仪固连在架头上。地面松软时,应将三脚架腿踩入土中,在踩脚架时应注意使圆水准气泡尽量靠近中心。

2)粗略整平

粗略整平简称粗平,就是通过调节仪器的脚螺旋,使圆水准气泡居中,以达到仪器纵轴铅直、视准轴粗略水平的目的。基本操作方法如下:

如图2-9a)所示,设气泡偏离中心于a处时,可先选择一对脚螺旋1、2,用双手以相对方向转动两个脚螺旋,使气泡移至两脚螺旋连线的中间b处,如图2-9b)所示;然后,再转动脚螺旋3

使气泡居中,如图2-9b)所示。此项工作应反复进行,直至在任意位置气泡都居中。气泡的移动规律是,其移动方向与左手大拇指转动脚螺旋的方向相同。

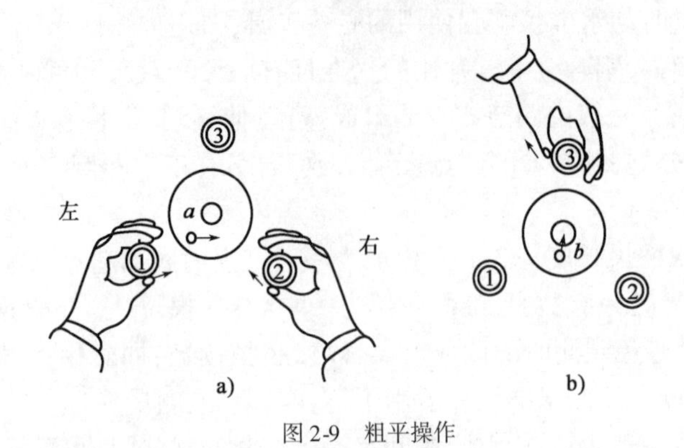

图2-9　粗平操作

3)瞄准水准尺

瞄准就是使望远镜对准水准尺,清晰地看到目标和十字丝成像,以便准确地进行水准尺读数。基本方法如下:

(1)初步瞄准。松开制动螺旋,转动望远镜,利用镜筒上的照门和准星连线对准水准尺,然后拧紧制动螺旋。

(2)目镜调焦。转动目镜调焦螺旋,直至清晰地看到十字丝。

(3)物镜调焦。转动物镜调焦螺旋,使水准尺成像清晰。

(4)精确瞄准。转动微动螺旋,使十字丝的纵丝对准水准尺像。

瞄准时应注意消除视差。所谓视差,就是当目镜、物镜对光不够精细时,目标的影像不在十字丝平面上(图2-10),以致两者不能同时被看清。视差的存在会影响瞄准和读数精度,必须加以检查并消除。检查有无视差,可用眼睛在目镜端上下微微地移动,若发现十字丝和水准尺成像有相对移动现象,说明有视差存在。消除视差的方法是仔细地进行目镜调焦和物镜调焦,直至眼睛上下移动读数不变为止。

4)精确整平

精确整平简称精平,就是在读数前转动微倾螺旋使水准管气泡居中(气泡影像吻合),从而达到视准轴精确水平的目的。图2-11所示为微倾螺旋转动方向与两侧气泡移动方向的关系。精平时,应徐徐转动微倾螺旋,直到气泡影像吻合。

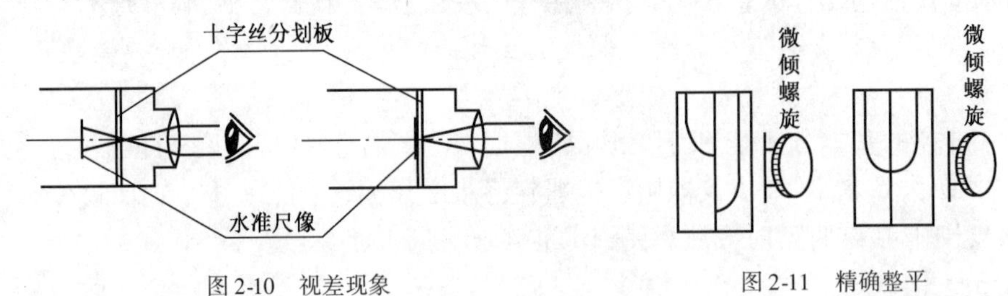

图2-10　视差现象　　　　图2-11　精确整平

必须指出,由于水准仪粗平后,竖轴不是严格铅直,当望远镜由一个目标(后视)转到另一目标(前视)时,气泡不一定符合,应重新精平,气泡居中后才能读数。

5)读数

当确认气泡居中后,应立即用十字丝横丝在水准尺上读数。读数前要认清水准尺的注记特征和影像方向。读数时要由小到大读数,应先估读水准尺上的毫米数(小于一格的估值),然后读取米、分米及厘米值,一般应读出四位数。如图 2-12a)、b)所示的读数分别为 1.662m 和 0.995m。

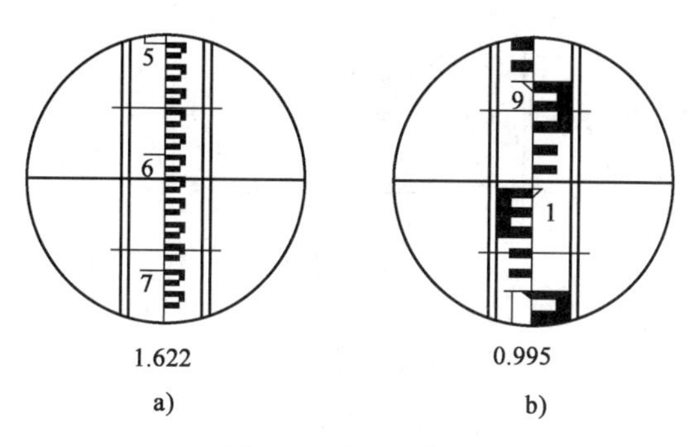

图 2-12 水准尺读数

精平和读数虽是两项不同的操作步骤,但在水准测量过程中,应把两项操作视为一个整体。即精平后立即读数,读数后还要检查水准管气泡是否仍居中,否则,应重新使符合水准气泡居中后再读数,以保证水准测量的精度。

2.3 水准测量与数据处理

2.3.1 水准点

用水准测量的方法,测定的高程达到一定精度的高程控制点,称为水准点。

水准点分为永久性和临时性两种。永久性水准点的标石一般用混凝土预制而成,顶面嵌入半球形的金属标志[图 2-13a)]表示该水准点的点位;临时性水准点可选在地面突出的坚硬岩石或房屋勒脚、台阶上,用红漆做标记,也可用大木桩打入地下,桩顶上钉一半球形钉子作为标志,如图 2-13b)所示。

为方便以后的寻找和使用,埋设水准点后,应绘出能标记水准点位置的草图(称点之记),图上要注明水准点的编号、与周围地物的位置关系。水准点以 *BM* 为代号。

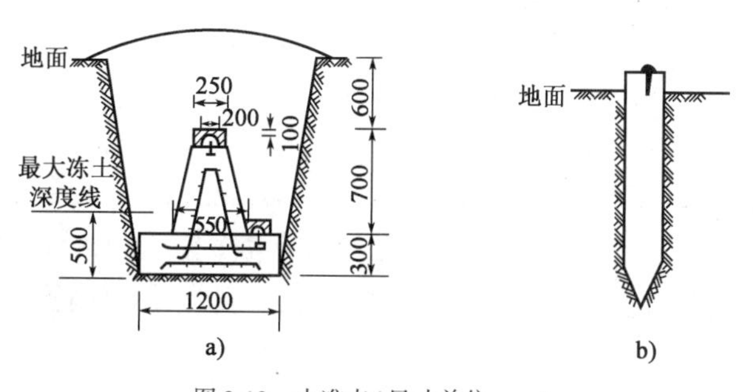

图 2-13 水准点(尺寸单位:mm)

2.3.2 施测方法

当待测高程点距已知水准点较远或坡度较大时,不可能安置一次仪器测定两点间的高差。

这时,必须在两点间加设若干个立尺点作为传递高程的过渡点,称转点(TP)。这些转点将测量路线分成若干段,依次测出各分段间的高差进而求出所需高差,计算待定点的高程。如图2-14所示,设A为已知高程点,$H_A=123.446\text{m}$,欲测量B点高程,观测步骤如下:

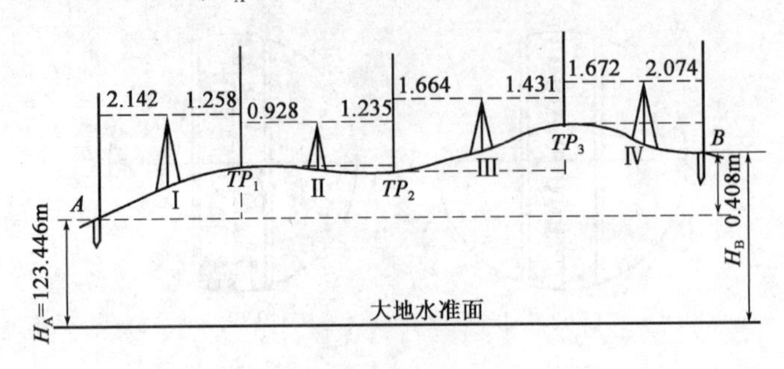

图2-14 水准测量实测

置仪器距已知A点适当距离处(一般不超过100m,根据水准测量等级而定),水准仪粗平后,瞄准后视点A的水准尺,精平,读数为2.142m,记入手簿(表2-1)后视栏内。在路线前进方向且与后视等距离处,选择转点TP_1立尺,转动水准仪瞄准前视点TP_1的水准尺,精平,读数为1.258m,记入手簿前视读数栏内,此为一测站工作。后视读数减前视读数即为A、TP_1两点间的高差$h_1=+0.884\text{m}$,填入表2-1中相应位置。

水准测量手簿 表2-1

工程名称: 日期: 观测:
仪器编号: 天气: 记录:

测站	点号	后视读数(m)	前视读数(m)	高差(m)	高程(m)	备注
Ⅰ	A	2.142		+0.884	123.446	
	TP_1		1.258			
Ⅱ		0.928		−0.307		
	TP_2		1.235			
Ⅲ		1.664		+0.233		
	TP_3		1.431			
Ⅳ		1.672		−0.402		
	B		2.074		123.854	
计算校核	Σ	6.406	5.998	0.408	0.408	
		0.408				

第一站测完后,转点TP_1的水准尺不动,将A点水准尺移至TP_2点,安置仪器于TP_1、TP_2两点间等距离处,按第一站观测顺序进行观测与计算,以此类推,测至终点B。

显然,每安置一次仪器,便测得一个高差,根据高差计算公式式(2-1)可得:

$$h_1 = a_1 - b_1$$
$$h_2 = a_2 - b_2$$
$$\cdots$$
$$h_n = a_n - b_n$$

将各式相加可得：

$$h_{AB} = \sum h = \sum a - \sum b \tag{2-6}$$

故 B 点的高程为：

$$H_B = H_A + h_{AB}$$

表2-1是水准测量的记录手簿和有关计算，通过计算可得 B 点的高程为：

$$H_B = H_A + h_{AB} = 123.446 + 0.408 = 123.854(\text{m})$$

为保证观测的精度和计算的准确性，在水准测量过程中，必须进行测站检核和计算检核，两种检核的方法分别如下。

1）测站检核

在每一测站上，为了保证前、后视读数的正确性，通常要进行测站检核。测站检核常采用变动仪器高法和双面尺法。

（1）变动仪高法。就是在每一测站上用不同的仪器高度（相差大于10cm），两次测出高差。两次所测高差之差的绝对值不大于容许误差（例如等外水准容许误差为6mm），认为符合要求，取其平均值作为最后结果，否则须重测。只有满足条件后，才允许迁站。

（2）双面尺法。仪器高度不变，分别以水准尺红、黑面测得高差计算检核，两次高差之差也不大于容许误差，取其平均值作为最后结果。关于双面尺红黑面读数和高差的具体检核方法，详见第6章的三、四等水准测量。

2）计算检核

计算检核是对记录表中每一页高差和高程计算进行的检核。计算检核的条件是满足以下等式：

$$\sum a - \sum b = \sum h = H_B - H_A \tag{2-7}$$

否则，说明计算有误。例如表2-1中：

$$\sum a - \sum b = 6.406 - 5.998 = 0.408$$

$$\sum h = 0.408$$

$$H_A - H_B = 123.854 - 123.446 = 0.408$$

等式条件成立，说明高差和高程计算正确。

2.3.3 水准路线成果检核

水准测量时，一般将已知水准点和待测水准点组成一条水准路线，其基本形式有附合水准路线、闭合水准路线和支水准路线，如图2-15b）、a）、c）所示。在水准测量的实施过程中，测站检核只能检核一个测站上是否存在错误；计算检核只能发现每页计算是否有误。对于一条水准路线来说，测站检核和计算检核都不能发现立尺点变动的错误，更不能说明整个水准路线测量的精度符合要求。同时，由于受温度、风力、大气折射和水准尺下沉等外界条件的影响，以及水准仪和观测者本身的原因，测量不可避免会存在误差。这些误差很小，在一个测站上反映不很明显。但随着测站数的增多使误差积累，有时也会超过规定的限差。因此，还必须对整个水准线路的成果进行检核。

1）附合水准线路成果检核

如图2-15b）所示，BM_A 和 BM_B 为已知高程的水准点，1、2、3为待定高程点。从水准点 BM_A 出发，沿各个待定高程的点进行水准测量，最后附合到另一水准点 BM_B，这种水准路线称为附合水准路线。

理论上,附合水准路线中各待定高程点间高差的代数和,应等于始、终两个已知水准点的高程之差,即

$$\sum h_{理} = H_{终} - H_{始} \tag{2-8}$$

如果不相等,两者之差称为高差闭合差。

$$f_{h} = \sum h_{测} - (H_{终} - H_{始}) \tag{2-9}$$

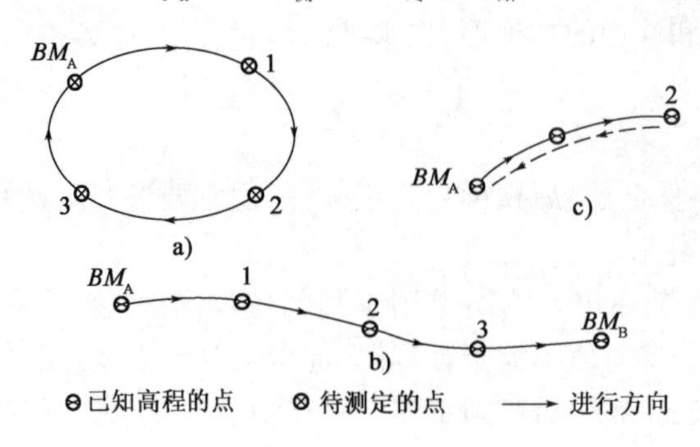

图 2-15 水准路线

2)闭合水准路线成果检核

如图 2-15a)所示,当测区附近只有一个水准点 BM_A 时,欲求得 1、2、3 的高程。可以从 BM_A 点起实施水准测量,经过 1、2、3 点后,再重新闭合到 BM_A 点上,称为一个闭合水准路线。显然,理论上闭合水准路线的高差总和应等于零,即

$$\sum h_{理} = 0 \tag{2-10}$$

但实际上总会有误差,致使高差闭合差不等于零,则高差闭合差为:

$$f_{h} = \sum h_{测} \tag{2-11}$$

3)支水准路线成果检核

如图 2-15c)所示,由已知水准点 BM_A 出发,沿各待定点进行水准测量,既不附合到其他水准点上,也不自行闭合,这种水准路线称为支水准路线。支水准路线要进行往返观测,往测高差与返测高差值的代数和 $\sum h_{往} + \sum h_{返}$ 理论上应为零,并以此作为支水准路线测量正确性与否的检验条件。如不等于零,则高差闭合差为:

$$f_h = \sum h_{往} + \sum h_{返} \tag{2-12}$$

各种路线形式的水准测量,其高差闭合差均不应超过规定容许值,否则即认为水准测量结果不符合要求。高差闭合差容许值的大小,与测量等级有关。测量规范中,对不同等级的水准测量作了高差闭合差容许值的规定。等外水准测量的高差闭合差容许值规定为:

平地 $$f_{h容} = \pm 40\sqrt{L} \quad (\text{mm}) \tag{2-13}$$

山地 $$f_{h容} = \pm 12\sqrt{n} \quad (\text{mm}) \tag{2-14}$$

式中:L——水准路线长度(km);

n——测站数。

2.3.4 水准测量成果整理

水准测量的外业数据,如经检核无误,满足了规定等级的精度要求,就可以进行成果整理

工作。其主要内容是调整高差闭合差,计算出各待定点的高程。以下分别介绍各种水准路线的成果整理方法。

1)附合水准路线的内业计算

如图 2-16 所示为一附合水准路线,A、B 为已知水准点,A 点高程为 65.376m,B 点高程为 68.623m,点 1、2、3 为待测水准点,各测段高差、测站数、距离如图 2-16 所示。现以此为例,介绍附合水准路线的内业计算步骤(表 2-2)。

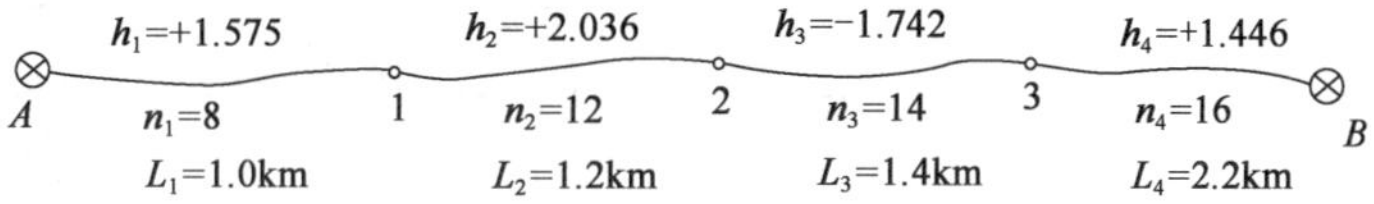

图 2-16　附合水准路线测量数据

(1)闭合差的计算

$$f_h = \sum h - (H_B - H_A) = 3.315 - (68.623 - 65.376) = +0.068(\text{m})$$

因是平地,闭合差容许值为:

$$f_{h容} = \pm 40\sqrt{L} = \pm 40\sqrt{5.8} = \pm 96(\text{mm})$$

由于 $|f_h| < |f_{h容}|$,故其精度符合要求。

(2)闭合差的调整

对同一条水准路线,假设观测条件是相同的,可认为各测站产生误差的机会是相等的。因此,闭合差调整的原则和方法是,按与测段距离(或测站数)成正比例、反其符号改正到各相应的高差上,得到改正后高差,即

按距离
$$v_i = -\frac{f_h}{\sum l} \times l_i \tag{2-15}$$

或按测站数
$$v_i = -\frac{f_h}{\sum n} \times n_i \tag{2-16}$$

改正后高差
$$h_{i改} = h_i + v_i$$

式中:v_i、h_i——分别为第 i 测段的高差改正数与改正后高差;

$\sum n$、$\sum l$——分别为路线总测站数与总长度;

n_i、l_i——分别为第 i 测段的测站数与长度。

本例,各测段改正数为:

$$v_1 = -\frac{f_h}{\sum l} \times l_1 = -(0.068 \div 5.8) \times 1.0 = -0.012(\text{m})$$

$$v_2 = -\frac{f_h}{\sum l} \times l_2 = -(0.068 \div 5.8) \times 1.2 = -0.014(\text{m})$$

$$v_3 = -\frac{f_h}{\sum l} \times l_3 = -(0.068 \div 5.8) \times 1.4 = -0.016(\text{m})$$

$$v_4 = -\frac{f_h}{\sum l} \times l_4 = -(0.068 \div 5.8) \times 2.2 = -0.026(\text{m})$$

检核
$$\sum v = -f_h = -0.068\text{m}$$

各测段改正后的高差为:

$$h_{1改} = h_{1测} + v_1 = +1.575 - 0.012 = +1.563(\text{m})$$

$$h_{2改} = h_{2测} + v_2 = +2.063 - 0.014 = +2.022(\mathrm{m})$$
$$h_{3改} = h_{3测} + v_3 = -1.742 - 0.016 = -1.758(\mathrm{m})$$
$$h_{4改} = h_{4测} + v_4 = +1.446 - 0.026 = +1.420(\mathrm{m})$$

检核 $$\sum h_{i改} = H_{\mathrm{B}} - H_{\mathrm{A}} = +3.247(\mathrm{m})$$

各测段改正后高差列入表 2-2 中的第 6、7 栏。

附合水准测量成果计算表 表 2-2

测段	点名	距离 L（km）	测站数	实测高差（m）	改正数（m）	改正后高差（m）	高程（m）	备注
	A						65.376	
1		1.0	8	+1.575	-0.012	+1.563		
	1						66.939	
2		1.2	12	+2.036	-0.014	+2.022		
	2						68.961	
3		1.4	14	-1.742	-0.016	-1.758		
	3						67.203	
4		2.2	16	+1.446	-0.026	+1.420		
	B						68.623	
$\sum$		5.8	50	+3.315	-0.068	+3.247		
辅助计算	$f_{\mathrm{h}} = +68\mathrm{mm}$ $f_{\mathrm{h}容} = \pm 40\sqrt{5.8} = \pm 96(\mathrm{mm})$				$L = 5.8\mathrm{km}$ $-f_{\mathrm{h}}/L = 12(\mathrm{mm})$			

（3）高程的计算

根据检核过的改正后高差，由起点 A 开始，逐点推算出各点的高程，即

$$H_1 = H_{\mathrm{A}} + h_{1改} = 65.376 + 1.563 = 66.939(\mathrm{m})$$
$$H_2 = H_{\mathrm{A}} + h_{2改} = 66.939 + 2.022 = 68.961(\mathrm{m})$$

各点高程列入表 2-2 第 8 栏中。逐点计算，最后算得的 B 点高程应与已知高程 H_{B} 相等，即

$$H_{\mathrm{B(算)}} = H_{\mathrm{B(已知)}} = 66.623\mathrm{m}$$

否则说明高程计算有误。

2）闭合水准线路成果整理

闭合水准路线各测段高差的代数和应等于零。如果不等于零，其代数和即为闭合水准路线的闭合差 f_{h}，即

$$f_{\mathrm{h}} = \sum h_{测}$$

$f_{\mathrm{h}} < f_{\mathrm{h}容}$ 时，可进行闭合水准路线的计算调整，其步骤与附合水准路线相同。

3）支水准路线成果计算

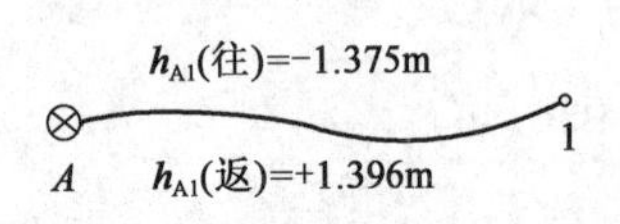

图 2-17 支水准路线计算

对于支水准路线，取其往返测高差的平均值作为成果，高差的符号应以往测为准，最后推算出待测点的高程。

以图 2-17 为例，已知水准点 A 的高程为 186.785m，往、返测站共 16 站。高差闭合差为：

$$f_{\mathrm{h}} = h_{往} + h_{返}$$

$$= -1.375 + 1.396 = 0.021(\text{m})$$

闭合容许值为:

$$f_{h容} = \pm 12\sqrt{n} = \pm 12 \times \sqrt{16} = \pm 48(\text{mm})$$

由于$|f_h| < |f_{h容}|$,说明符合普通水准测量的要求。经检核符合精度要求后,可取往测和返测高差绝对值的平均值作为 A、1 两点间的高差,其符号与往测高差符号相同,即

$$h_{A1} = (-1.375 - 1.396) \div 2 = -1.386(\text{m})$$

$$H_1 = 186.785 - 1.386 = 185.399(\text{m})$$

2.4 DS_3 水准仪的检验与校正

2.4.1 DS_3 水准仪的主要轴线及应满足的条件

如图 2-18 所示,DS_3 水准仪的主要轴线是视准轴 CC、水准管轴 LL、仪器竖轴 VV 及圆水准器轴 $L'L'$。各轴线间应满足的几何条件是:

(1)圆水准器轴平行于仪器竖轴,即 $L'L' /\!/ VV$。当条件满足时,圆水准气泡居中,仪器的竖轴处于垂直位置,这样仪器转动到任何位置,圆水准气泡都应居中。

(2)十字丝横丝垂直于竖轴,即十字丝横丝水平。这样,在水准尺上进行读数时,可以用横丝的任何部位读数。

(3)水准管轴平行于视准轴,即 $LL /\!/ CC$。当此条件满足时,水准管气泡居中,水准管轴水平,视准轴处于水平位置。

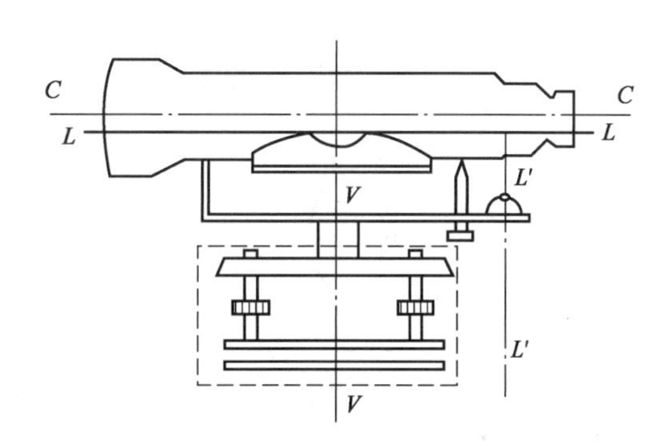

图 2-18 水准仪主要轴线

以上这些条件,仪器在出厂前经过严格检校,都是满足的,但是由于仪器长期使用和运输中的振动等原因,可能使某些部件松动,上述各轴线间的关系会发生变化。因此,为保证水准测量质量,在正式作业之前,必须对水准仪进行检验与校正。

2.4.2 水准仪的检验和校正

1)圆水准器的检验与校正

(1)目的

使圆水准器轴平行于竖轴,即 $L'L' /\!/ VV$。

(2)检验

转动脚螺旋使圆水准器气泡居中,见图 2-19a),然后将仪器转动 180°,这时,如果气泡不再居中,而偏离一边,如图 2-19b)所示,说明 $L'L'$不平行于 VV,需要校正。

(3)校正

旋转脚螺旋使气泡向中心移动偏距的一半,然后用校正针拨圆水准器底下的三个校正螺旋使气泡居中(图 2-20)。

校正工作一般难以一次完成,需反复检校数次,直到仪器旋转在任何位置气泡都居中为止。最后,应注意拧紧固定螺钉。

该项检验与校正的原理如图 2-19 所示。假设圆水准器轴 $L'L'$不平行于竖轴 VV,两者相交一个 α 角,转动脚螺旋,使圆水准器气泡居中,则圆水准轴处于铅垂位置,而竖轴倾斜了一个 α 角[图 2-19a)];将仪器绕竖轴旋转 180°后,圆水准轴转到竖轴另一侧,此时圆水准器气泡不居中,因旋转时圆水准轴与竖轴保持 α 角,所以旋转后圆水准轴与铅垂线之间的夹角为 2α 角[图 2-19b)],这样气泡也同样偏离与 2α 相对应的一段弧长。校正时,旋转螺旋使气泡向中心移动偏离值的一半,从而消除竖轴本身偏斜的一个角 α[图 2-19c)],使竖轴处于铅垂方向。然后再拨圆水准器上校正螺旋,使气泡退回另一半居中,这样就消除了圆水准器轴与竖轴间的夹角 α,如图 2-19d)所示,使两者平行,达到 $L'L' /\!/ VV$ 的目的。

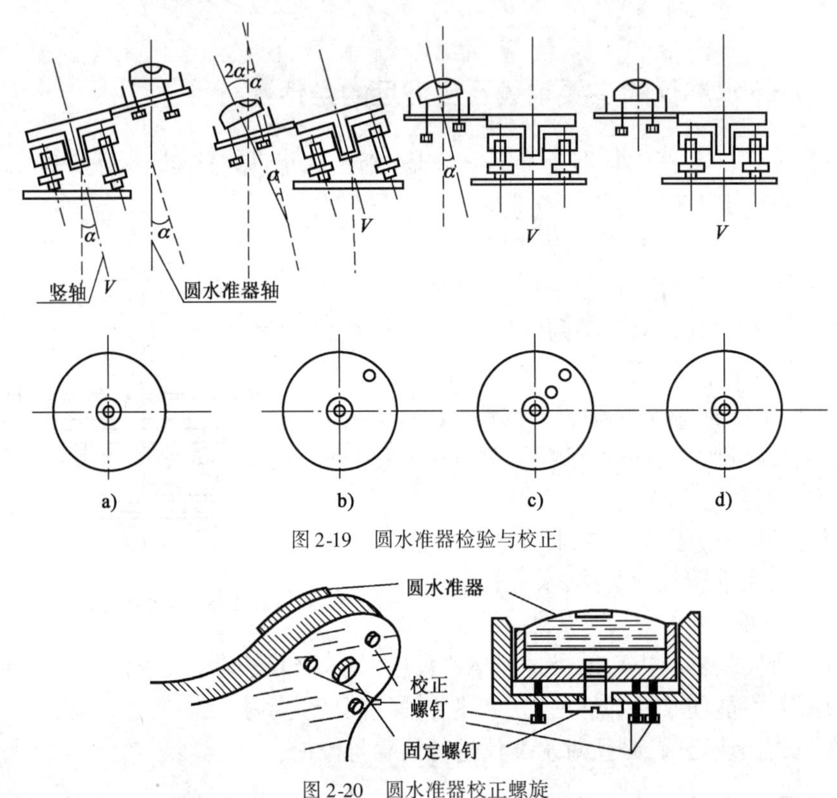

图 2-19 圆水准器检验与校正

图 2-20 圆水准器校正螺旋

2)十字丝横丝的检验和校正

(1)目的

当仪器整平后,十字丝的横丝应水平,即横丝应垂直于竖轴。

(2)检验

整平仪器,在望远镜中用横丝的十字丝中心对准某一标志 M,拧紧制动螺旋,转动微动螺旋。微动时,如果标志始终在横丝上移动,则表明横丝水平;如果标志不在横丝上移动(图 2-21),表明横丝不水平,需要校正。

(3)校正

松开 4 个十字丝环的固定螺钉(图 2-22),按十字丝倾斜方向的反方向微微转动十字丝环座,直至 P 点的移动轨迹与横丝重合,表明横丝水平。校正后应将固定螺钉拧紧。

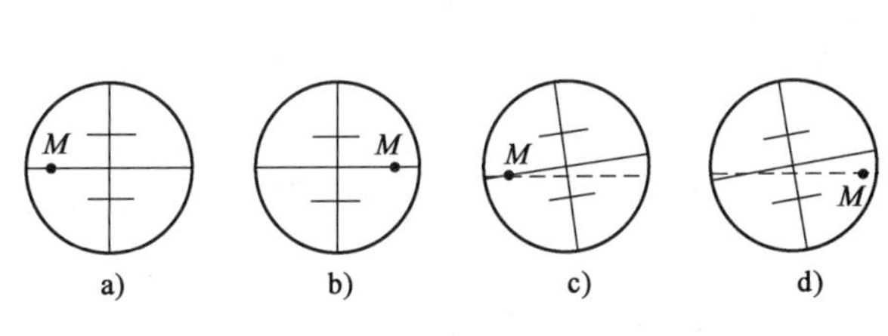

图 2-21　十字丝横丝的检验

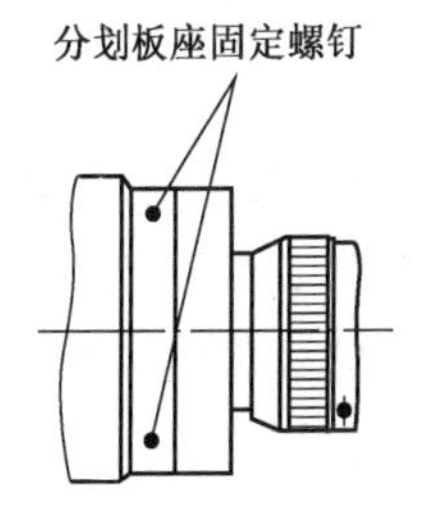

图 2-22　十字丝环的固定螺钉

3）水准管轴的检验与校正

（1）目的

使水准管轴平行于望远镜的视准轴，即 $LL /\!/ CC$。

（2）检验

在平坦的地面上选定相距为 80m 左右的 A、B 两点，各打一大木桩或放尺垫，并在上面立尺，然后按以下步骤对水准仪进行检验（图 2-23）。

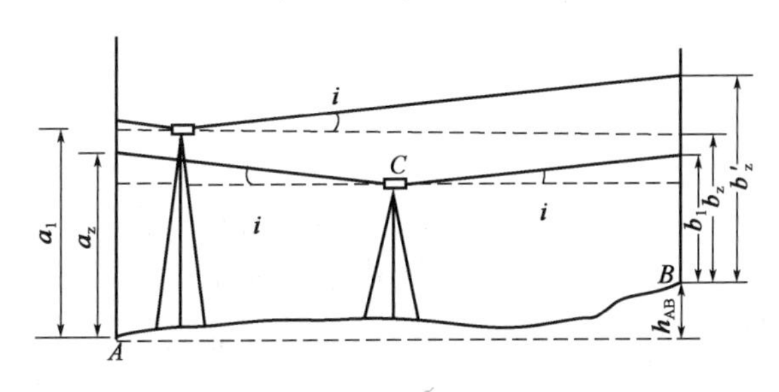

图 2-23　水准管轴的检验

将水准仪置于与 A、B 等距离处的 C 点，用两次仪器高法（或双面尺法）测定 A、B 两点间的高差 h_{AB}，设其读数分别为 a_1 和 b_1，则 $h_{AB}=a_1-b_1$。两次高差之差小于 3mm 时，取其平均值作为 A、B 间的正确高差。

此时，测出的高差 h_{AB} 值是正确的。因为，假设此时水准仪的视准轴不平行于水准轴，即倾斜了 i 角，分别引起读数误差 Δa 和 Δb，但因 $BC=AC$，则：

$$\Delta a = \Delta b = \Delta$$

$$h_{AB} = (a_1 - \Delta) - (b_1 - \Delta) = a_1 - b_1$$

这说明不论视准轴与水准轴平行与否，由于水准仪安置在距水准尺等距处，测出的是正确高差。

将仪器搬至距 A 尺（或 B 点）3m 左右，精平仪器后，在 A 点尺上读数 a_2。因为仪器距 A 尺很近，忽略 i 角的影响。根据近尺读数 a_2 和高差 h_{AB} 算出 B 尺上水平视线时的应有读数为：

$$b_2 = a_2 - h_{AB}$$

然后，调转望远镜照准 B 点上水准尺，精平仪器读取读数。如果实际读出的数 $b'_2=b_2$，说明 $LL /\!/ CC$。否则，存在 i 角，其值为：

$$i = \frac{b'_2 - b_2}{D_{AB}} \times \rho'' \tag{2-17}$$

式中：D_{AB}——A、B 两点间的距离。

对于 DS_3 水准仪,当 $i>20''$时,则需校正。

(3)校正

仪器在原位置不动,转动微倾螺旋,使中丝在 B 尺上的读数从 b_2' 移到 b_2,此时视准轴水平,而水准管气泡不居中。用校正针拨动水准管一端的上下校正螺钉(图 2-24),使符合气泡居中。校正以后,变动仪器高再进行一次检验,直到仪器在 A 端观测并计算出的 i 角值符合要求为止。

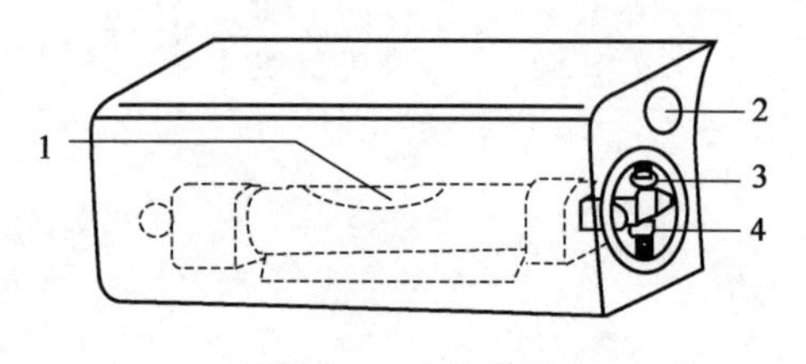

图 2-24 水准管校正

1-气泡;2-气泡观察窗;3-上校正螺钉;4-下校正螺钉

通过以上的检验校正方法也可以看出:如果视准轴平行于水准管轴,当水准管气泡居中时,水准管轴 LL 和视准轴 CC 水平。此时,不管仪器放在何处,所测得的高差都是正确的。但实际上由于两轴不严格平行,所以水准测量时应力求前后视距尽量相等,以消除水准管轴不平行于视准轴的误差。

2.5 自动安平水准仪

用普通微倾式水准仪测量时,必须通过转动微倾螺旋使符合气泡居中获得水平视线后,才能读数,需在调整气泡居中上花费时间较长,且易造成疲劳,影响测量精度。而自动安平水准仪利用自动安平补偿器代替水准管,观测时能自动使视准轴置平,获得水平视线读数。这不仅加快了水准测量的速度,而且,对于微小振动、仪器的不规则下沉、风力和温度变化等外界影响所引起的视线微小倾斜,也可迅速得到调整,使中丝读数仍为水平视线读数,从而提高了水准测量的精度。

2.5.1 自动安平原理

自动安平水准仪的自动安平原理如图 2-25 所示。当水准轴水平时,从水准尺 a_0 点通过物镜光心的水平光线将落在十字丝交点 A 处,从而得到正确读数。当视线倾斜一微小的角度 α 时,十字丝交点从 A 移至 A',从而产生了一个偏距 AA'。为了补偿这段偏距,可在十字丝之前 s 处的光路上,安置一个光学补偿器,水平线经过补偿器偏转一 β 角,恰好通过视准轴倾斜时十字丝交点 A'处,所以补偿器满足等式条件:

$$f\alpha = s\beta$$

从而达到补偿的目的。

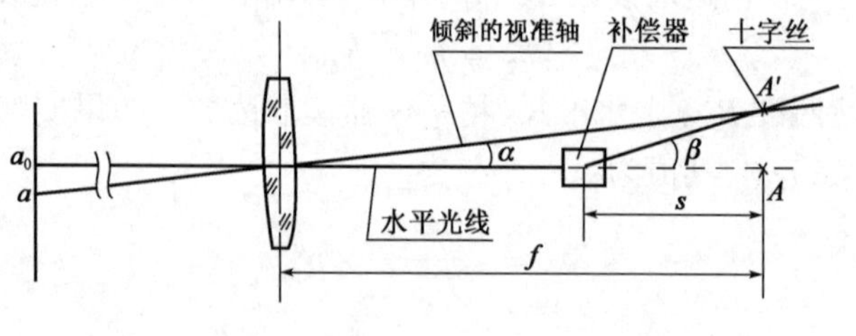

图 2-25 自动安平原理

补偿器的形式很多,如图 2-26 所示为我国生产的 DSZ_3 型自动安平水准仪。补偿器采用了悬吊式棱镜装置(图 2-27)。在该仪器的调焦透镜和十字丝分划之间装置一个补偿器,这个补偿器由固定在望远镜筒上的屋脊棱镜以及用金属丝悬吊的两块直角棱镜组成,并与空气阻尼器相连接。

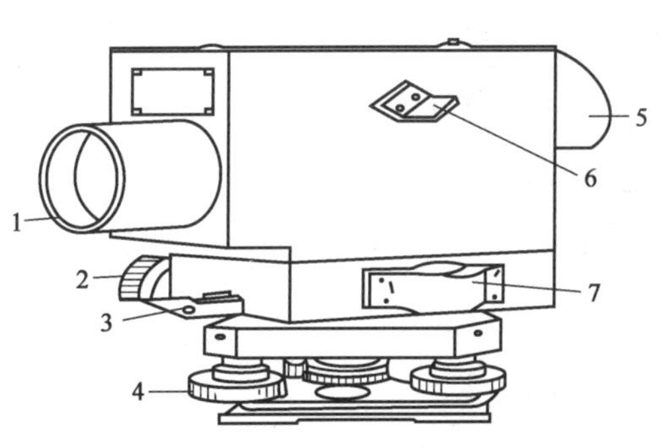

图 2-26　DSZ_3 自动安平水准仪

1-物镜;2-水平微运螺旋;3-制动螺旋;4-脚螺旋;5-目镜;6-反光镜;7-圆水准器

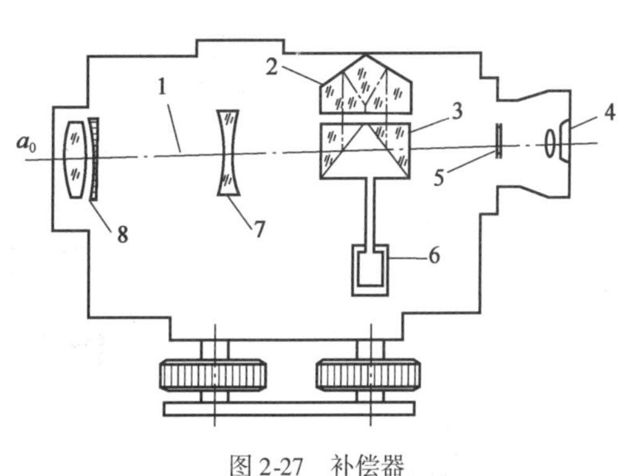

图 2-27　补偿器

1-水平光线;2-固定屋脊棱镜;3-悬吊直角棱镜;4-目镜;5-十字丝分划板;6-空气阻尼器;7-调焦透镜;8-物镜

2.5.2　自动安平水准仪使用

使用自动安平水准仪观测时,首先用脚螺旋使圆水准气泡居中(仪器粗平),然后用望远镜瞄准水准尺,由十字丝中丝在水准尺上读得的数,就是视线水平时的读数。操作步骤比普通微倾式水准仪简化,从而可提高工作效率。另外,自动安平水准仪的下方一般具有水平度盘,用于读取指示不同方向的水平方位。

2.6　其他水准仪简介

2.6.1　电子水准仪

随着数字技术的发展,20 世纪 90 年代出现了电子水准仪。1990 年 WILD 厂首先研制出数字水准仪 NA2000 之后,到 1994 年蔡司厂研制出了电子水准仪 DiNi10/20,同年拓普康厂也研制出了电子水准仪 DL101/102。从此,水准仪完成了从精密光学仪器向光机电测一体化的高技术产品的过渡,实现了水准标尺的精密照准、标尺数字化读数、数据储存和处理等数据采集的自动化,提高了测量速度和成果质量,具有光学水准仪无可比拟的优越性。现以日本拓普康 DL-101C 为例,对仪器的构造、原理及其使用简要介绍,详细内容可参阅该仪器说明书。

1)电子水准仪基本构造

电子水准仪又称数字水准仪,它是以自动安平水准仪为基础,在望远镜光路中增加了分光镜和光电探测器(CCD),并采用条形码标尺和图像处理电子系统构成的光机电测一体化的高科技产品。采用普通标尺时,又可像一般自动安平水准仪一样使用。图 2-28 所示为拓普康 DL-101C 电子水准仪的基本构造图,主要部件如图 2-31 所示。

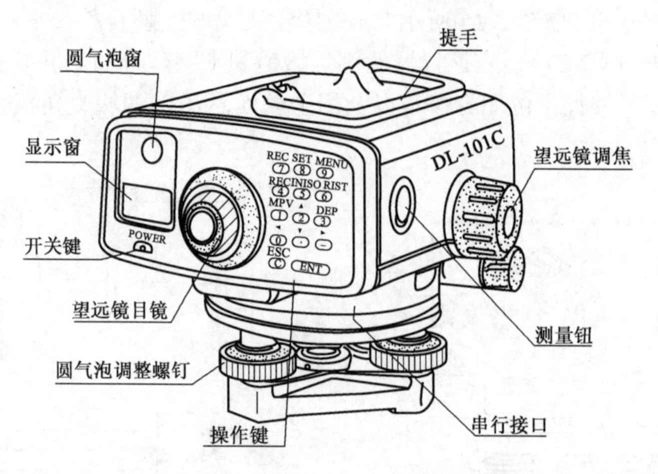

图 2-28　拓普康 DL-101C 电子水准仪

2)电子水准仪基本原理

当电子水准仪完成照准和调焦之后,标尺的条码像经望远镜、调焦镜、补偿器的光学零件和分光镜后,分成两路:一路成像在分划板上,供目视观测;另一路成像在 CCD 上,用于进行光电转换,供电子读数。当前电子水准仪采用了原理上不同的三种自动电子读数方法,即相关法、几何法和相位法。

拓普康电子水准仪 DL101C/102C 采用相位法。DL101 标尺上条码的图案有三种不同的码条(图 2-29)。R 表示参考码,其中有三条 2mm 宽的黑色码条,每两条黑色码条之间是一条 1mm 宽的黄色码条。以中间的黑码条的中心线为准,每隔 30mm 就有一组 R 码条重复出现。在每组 R 码条左边 10mm 处有一道黑色的 B 码条。在每组参考码 R 的右边 10mm 处为一道黑色的 A 码条。每组 R 码条两边的 A 码条和 B 码条的宽窄不相同,实际上 A 码条和 B 码条的宽度在 0 到 10mm 之间变化,这两种码包含了水准测量时的高度信息。仪器设计时有意安排了它们的宽度按正弦规律变化。其中 A 码条的周期为 600mm,B 码条的周期为 570mm。当然,R 码条组两边的黄码条宽度也是按正弦规律变化的,这样在标尺长度方向上就形成了亮暗强度按正弦规律周期变化的亮度波。由于 A 和 B 两条码变化的周期不同,也可以说 A 和 B 亮度波的波长不同,在标尺长度方向上的每一位置上两亮度波的相位差也不同,这种相位差就好像传统水准标尺上的分划。只要能测出标尺底部到某高度处的相位差,也就知道该处到

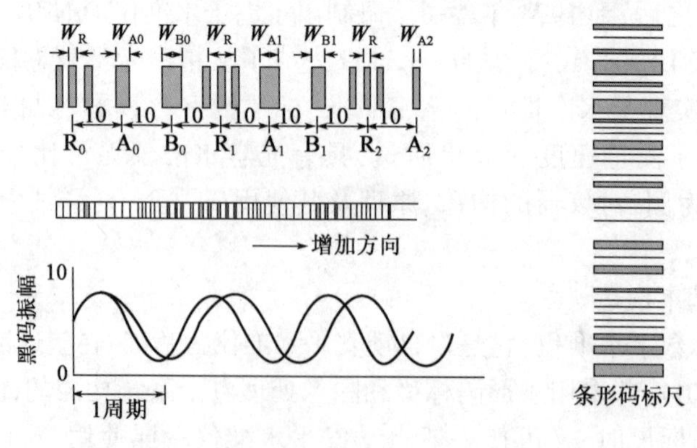

图 2-29　条码标尺及原理

标尺底部的高度,因为相位差和标尺长度一一对应。这样,当标尺影像通过望远镜成像在分划板平面上时,经过处理器译释、对比、数字化后,在显示屏上就会显示出中丝读数或视距信息。

3)电子水准仪使用及特点

电子水准仪的操作方法十分方便,只要将望远镜瞄准条形码标尺并调焦后,按测量键〈MEAS〉,4s后即显示中丝读数;再按测距键〈DIST〉,显示视距;按存储键可把数据存入内存储器,仪器自动检核和高差计算。观测时,不需要精确夹准分划,也不用在测微器上读数,可直接进行电子记录(PCMCIA卡)。

使用时需注意:由于各厂家标尺编码的条码图案不相同,条码标尺不能互换使用;如果使用传统水准标尺,电子水准仪又可以像普通自动安平水准仪一样使用,不过这时的测量精度低于电子测量的精度。特别是精密电子水准仪,由于没有光学测微器,当成普通自动安平水准仪使用时,其精度更低。

电子水准仪与传统仪器相比有以下几个特点:

(1)读数客观。不存在误差、误记问题,没有人为读数误差。

(2)精度高。视线高和视距读数都是采用大量条码分划图像经处理后取平均得出来的,因此削弱了标尺分划误差的影响。多数仪器都有多次读数取平均的功能,可以削弱外界条件影响。不熟练的作业人员业也能进行高精度测量。

(3)速度快。由于省去了报数、听记、现场计算以及人为出错重测的时间,测量时间与传统仪器相比可以节省1/3左右。

(4)效率高。只需调焦和按键就可以自动读数,减轻了劳动强度;能自动记录、检核、处理并能输入电子计算机进行后处理,可实现内外业一体化。

2.6.2 精密水准仪

精密水准仪主要用于一、二等水准测量和精密工程测量,如大型建筑物施工及沉降观测和大型设备的安装等测量控制工作。

精密水准仪的结构精密,性能稳定,测量精度高。其基本构造同样主要由望远镜、水准器和基座三部分组成(图2-30)。与普通DS_3型水准仪相比,它具有如下主要特征:

(1)远镜的光学性能好,放大率高,一般不小于40倍。

(2)水准管的灵敏度高,其分划值为10″/2mm,比DS_3型水准仪的水准管分划值提高了1倍。

(3)仪器结构精密,水准管轴和视准轴关系稳定,受温度影响较小。

(4)精密水准仪采用光学测微器读数装置,从而提高了读数精度。

(5)精密水准仪配有专用的精密水准尺。

精密水准仪配有精密水准尺,如图2-31所示。该尺全长3m,尺面平直并附有足够精度的圆水准器。在木质尺身中间有一尺槽,内装膨胀系数极小的因瓦合金带,标尺的分划是在合金带上,分划值为5mm。它有左右两排分划,每排分划之间的间隔是10mm,但两排分划彼此错开5mm,所以实际上左边是单数分划,右边是双数分划。注记是在两旁的木质尺面上,左面注记的是0~5的米数,右面注记的是分米数,整个注记是从0.1m至5.9m。分划注记比实际数值大了一倍,所以用这种水准尺进行水准测量时,必须将所测得的高差值除以2,才能得到实际的高差值。

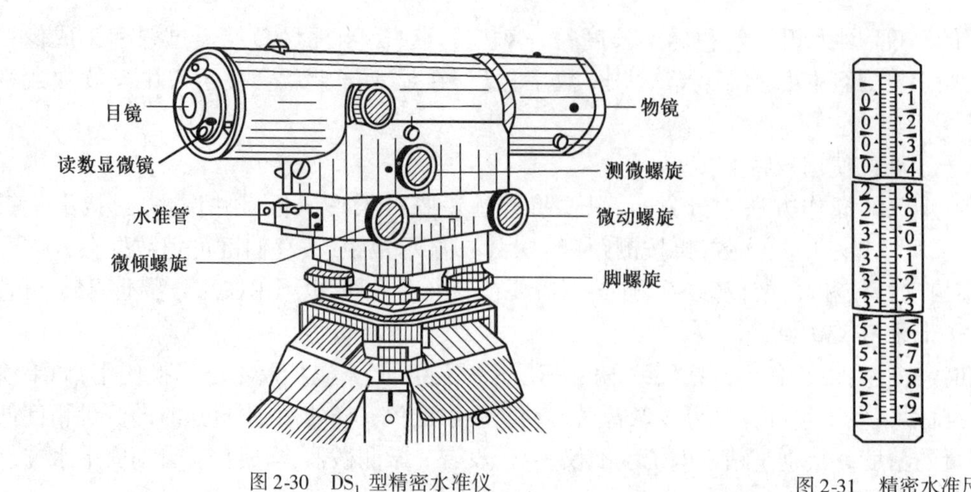

图 2-30　DS_1 型精密水准仪

图 2-31　精密水准尺

精密水准仪的操作方法与普通 DS_3 水准仪基本相同，不同之处主要是读数方法有所差异。作业时，先粗平、瞄准。精平时，转动微倾螺旋使符合水准水泡两端的影像精确符合，此时视线水平。再转动测微器上的螺旋，使横丝一侧的楔形丝准确地夹住整分划线。其读数分为两部分：厘米以上的数按标尺读出；厘米以下的数在测微器分划尺上读取，估读到 0.01mm。如图 2-32所示，在标尺上读数为 1.97m，测微器上读取 1.52mm，整个读数为 1.971 52m，而实际读数应是它的一半，即 0.985 76m。

2.6.3　激光水准仪

激光具有射程远、亮度高、方向性强、单色性好等特点。例如，由氦—氖激光器发射的波长为 0.632 8μm 的红光，经望远镜发射后形成一条连续可见的红色光束。

激光水准仪的基本原理是，将氦—氖气体激光器发出的激光导入水准仪的望远镜内，使在视准轴方向能射出一束可见红色激光，利用激光束在水准尺上的光斑读数。

激光水准仪由激光器、水准仪、电源等组成。图 2-33 所示为国产激光水准仪，激光器固定在护罩内，护罩与望远镜相连，并随望远镜绕竖轴旋转。由激光器发出的激光，在棱镜和透镜的作用下与视准轴共轴，因而既保持了水准仪的性能，又有可见的红色激光，使水准仪成为高层建筑整体滑模提升中保证平台水平的主要仪器。若在水准尺上装配一个跟踪光电接受靶，则既可作激光水准测量，又可用于大型建筑场地平整的水平面测设。

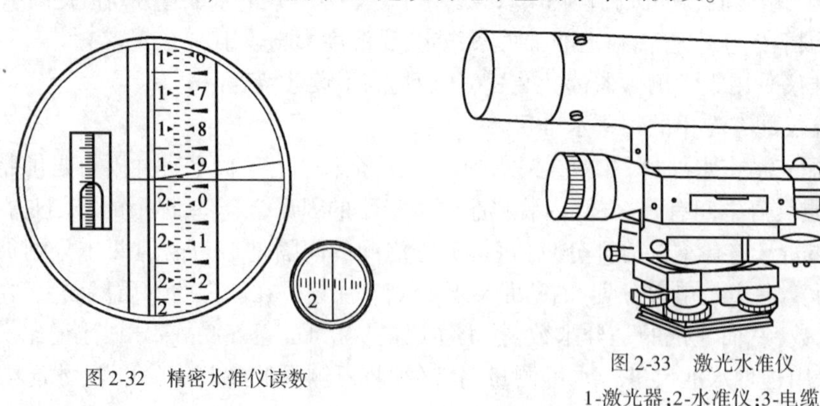

图 2-32　精密水准仪读数

图 2-33　激光水准仪
1-激光器；2-水准仪；3-电缆

激光水准测量的精度主要取决于仪器本身的精度。操作内容仍包括瞄准、整平、读数等内容,具体使用方法详见仪器使用说明书。

2.7 水准测量的误差及注意事项

水准测量的误差主要来源于仪器误差、观测误差和外界自然条件的影响三个方面。测量工作者应根据误差产生的原因,采取相应措施,尽量减少或消除各种误差的影响。

2.7.1 仪器误差

1)仪器校正后残余误差

在水准测量前虽然经过严格的检验校正,但仍然存在的残余误差。而这种误差大多数是系统性的,可以在测量中采取一定的方法加以减弱或消除。例如,水准管轴与视准轴不平行误差,若在观测时使前后视距相等,便可消除或减弱此项误差的影响。

2)水准尺误差

水准尺误差包括分划不准确、尺长变化、尺身弯曲等,都会影响水准测量的精度。因此,水准尺要经过检验才能使用,不合格的水准尺不能用于测量作业。此外,由于水准尺长期使用致使底端磨损,或由于水准尺使用过程中粘上泥土,这些相当于改变了水准尺的零点位置,称为水准尺零点误差。它会给测量成果的精度带来影响。如果在测量过程中,以两支水准尺交替作为后视尺和前视尺,并使每一测段的测站数为偶数,即可消除此项误差。

2.7.2 观测误差

1)视差影响

水准测量时,如果存在视差,由于十字丝平面与水准尺影像不重合,眼睛的位置不同,读出的数据不同,会给观测结果带来较大的误差。因此,在观测时,应仔细地进行调焦,严格消除视差。

2)读数误差

读数时,在水准尺上估读毫米数的误差与水准尺的基本分划、望远镜的放大率以及到水准尺的距离有关。这项误差可以用式(2-18)计算:

$$m_v = \pm \frac{60''}{v} \times \frac{D}{\rho} \tag{2-18}$$

式中:v——望远镜的放大率;

$60''$——人眼的极限分辨能力;

D——水准仪到水准尺的距离。

为减少此项误差,水准测量中常对放大倍数和视线长度作出规定。

3)水准管气泡居中误差

水准管气泡居中误差会使视线偏离水平位置,从而带来读数误差。采用符合式水准器时,气泡居中精度可提高一倍,操作中应使符合气泡严格居中,并在气泡居中后立即读数。

4)水准尺倾斜的影响

水准尺不论向前倾斜还是向后倾斜,都将使读数增大(图2-34)。误差大小与在尺上的视线高度以及尺子的倾斜程度有关。此项误差尤其在山区测量中影响较大。为减少此项误差，观测时立尺员要认真扶尺，有的水准尺上装有圆水准器，扶尺时应使气泡居中。

2.7.3 外界条件的影响

1）仪器下沉

当水准仪安置在松软的地方时，仪器会产生下沉现象，由后视转为前视时视线降低，前视读数减小，从而引起高差误差。为减小此项误差的影响，应将测站选定在坚实的地面上，并将脚架踏实。此外，每站采用"后、前、前、后"的观测程序；尽可能减少一个测站的观测时间，也能消除或减小此项误差。

2）尺垫下沉

如果转点选在松软的地面，转站时，尺垫发生下沉现象，使下一站后视读数增大，引起高差误差。因此，转点也应选在土质坚硬处，并将尺垫踩实。此外，采取往返测取中数等办法，可降低此项误差的影响。

3）地球曲率及大气折光影响

在前述水准测量原理时把大地水准面看作水平面，但大地水准面并不是水平面，而是一个曲面，如图 2-35 所示。

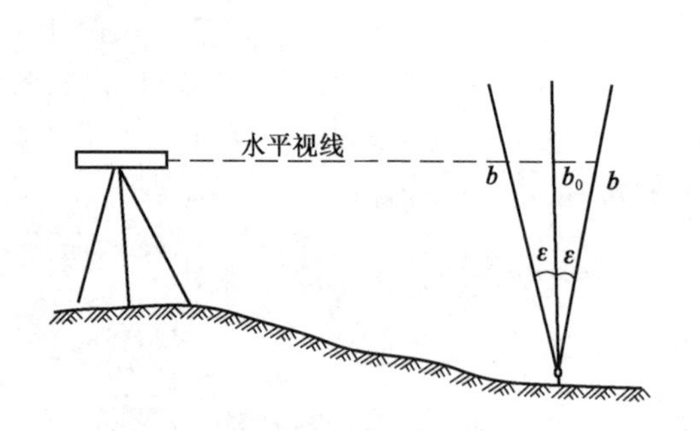

图 2-34 水准尺倾斜的影响

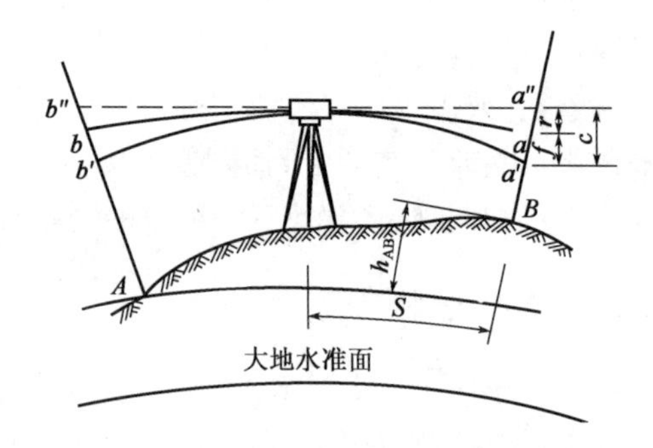

图 2-35 地球曲率及大气折光的影响

水准测量时，用水平视线代替大地水准面在水准尺上的读数，产生的影响为：

$$c = \frac{D^2}{2R}$$

式中：D——仪器至水准尺距离；

R——地球平均半径。

另外，由于地面大气层密度的不同，使仪器的水平视线因折光而弯曲，弯曲的半径为地球半径的 6～7 倍，且折射量与距离有关。它对读数产生的影响为：

$$r = \frac{D^2}{2 \times 7R}$$

地球曲率和大气折光两项影响之和为：

$$f = c - r = 0.43\frac{D^2}{R} \tag{2-19}$$

由图 2-35 可知，前、后视距离相等时，通过高差计算可减弱此两项误差的影响。

4）大气温度和风力影响

大气温度的变化会引起大气折光的变化，以及水准管气泡居中的不稳定。尤其当强阳光直射仪器时,会使仪器各部件因温度的急剧变化而发生变形,水准管气泡会因烈日照射而缩短,从而产生气泡居中误差。另外,大风可使水准尺竖直不稳,水准仪难以置平。因此,在水准测量时,应随时注意撑伞,以遮挡强烈阳光的照射,并应避免在大风天气观测。

本章小结

水准测量的原理是利用水准仪提供的水平视线来测定地面上各点间的高差,然后根据其中一点的高程推算出其他各点的高程,是测定地面点高程的常用方法。本章主要从以下几个方面对水准测量加以分述。

1. 水准仪及其使用

主要阐述了常用的 DS_3 普通水准仪的使用。对本部分内容,要在认识水准仪基本构造的基础上,重点掌握 DS_3 水准仪的粗平、瞄准、精平和读数方法,这是水准测量的基本功。同时也是学习使用其他水准仪的基础。

2. 普通水准测量实测与内业计算

这是水准测量的核心内容。水准测量的实测要从观测的基本步骤、数据记录计算和测量检核三个环节加以学习,内业计算的重点是水准仪的高差闭合差的计算与调整。

3. 水准仪的检验与校正

在正式作业前,必须对仪器进行全面检查、检验和校正。本部分学习要在了解水准仪应满足的几何条件的基础上,掌握圆水准器、十字丝板、水准管轴的检验与校正方法。

4. 水准测量误差与注意事项

在了解水准测量误差的主要来源的基础上,掌握消除或减少误差的基本措施,这对于做好测量工作,提高测量精度具有重要意义。水准测量时,将仪器放在距前、后视距离相等处的目的在于,消除地球曲率、大气折光的影响和视准轴不平行于水准管轴残余误差的影响。

思考题与习题

1. 何谓高差法?何谓视线高程法?视线高程法求高程有何特点?

2. 设 A 为后视点,B 为前视点,A 点的高程为 126.016m。读得后视读数为 1.123m,前视读数为 1.428m,问 A、B 两点间的高差是多少?B 点比 A 点高还是低?B 点高程是多少?并绘图说明。

3. 何谓视差?如何检查和消除视差?

4. 何谓视准轴和水准管轴?圆水准器和管水准器各起何作用?

5. 何谓水准点?何谓转点?在水准测量中转点作用是什么?

6. 根据表 2-3 中所列观测资料,计算高差和待求点 B 的高程,并作校核计算。

水准测量记录表 表 2-3

测站	点号	后视读数(m)	前视读数(m)	高差(m)		高程(m)	备注
				+	−		
1	水准点 A	1.266				78.236	已知
2	转点(1)	0.746	1.212				
3	转点(2)	0.578	1.523				
4	转点(3)	1.665	1.345				
	B		2.126				
校核							

7. 水准测量中有哪几项检核？各起何作用？

8. 图 2-36 所示为某一附合水准线路的观测成果，试整理其观测成果，并计算各点高程（表 2-4）。

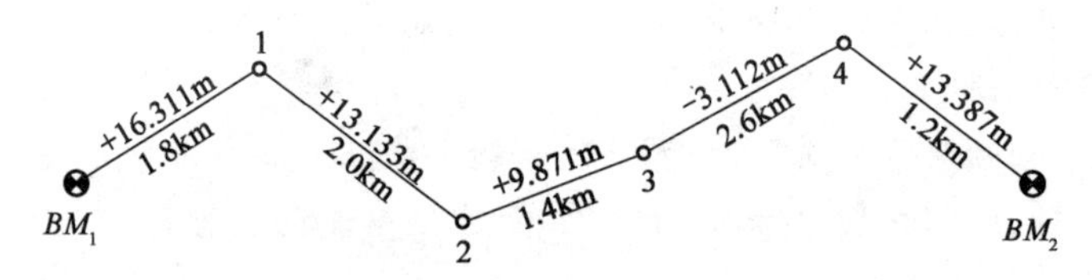

图 2-36 某一附合水准路线的观测成果

水准线路高程计算表 表 2-4

点号	距离(km)	观测高差(m)	高差改正数(m)	改正后高差(m)	高程(m)	备注
BM_1					132.623	
1						
2						
3						
4						
BM_2					182.276	
辅助计算						

9. 某闭合等外水准路线，其观测成果列于表2-5中，由已知点BM_A的高程计算1、2、3点的高程。

闭合水准路线高差闭合差调整与高程计算表 表2-5

点号	观测站(n)	观测高差(m)	高差改正数(m)	改正后高差(m)	高程(m)	备注
BM_A					79.356	
	8	+1.216				
1						
	6	−0.362				
2						
	9	−0.696				
3						
	7	−0.128				
BM_A					79.356	
辅助计算						

10. 水准测量中，前、后视距相等可减弱哪些误差的影响？

11. 试述圆水准器检验与校正的方法。

12. 为检验水准仪的视准轴是否平行于水准管轴，安置仪器于A、B两点中间，测得A、B两点间高差为−0.315m；仪器搬至前视点B附近时，A尺读数$a=1.215$m，B尺读数$b=1.556$m，问：①视准轴是否平行于水准管轴？②如不平行，说明如何校正。

第3章

角度测量

【本章知识要点】

通过本章的学习，掌握角度测量的基本概念和基本原理、经纬仪测量水平角与竖直角的方法与步骤；了解经纬仪的检校内容与方法、角度测量的误差与注意事项、电子经纬仪的操作。

3.1 角度测量原理

3.1.1 水平角测量原理

水平角是指地面上一点到两目标的方向线投影到水平面上的夹角，也就是过这两方向线所作两竖直面间的二面角。

如图3-1所示，A、O、B为地面上三点，OA、OB在同一水平面P上的投影$O'A'$、$O'B'$所构成的夹角β，即为两方向线间的水平角。

在图3-1中，为了获得水平角β的大小，可以假设有一个安置在过O点铅垂线任意点上的水平刻度盘，瞄准A与B方向，读出这两个方向上水平度盘的刻度值a与b，则水平角为：

$$\beta = b - a$$

3.1.2 竖直角测量原理

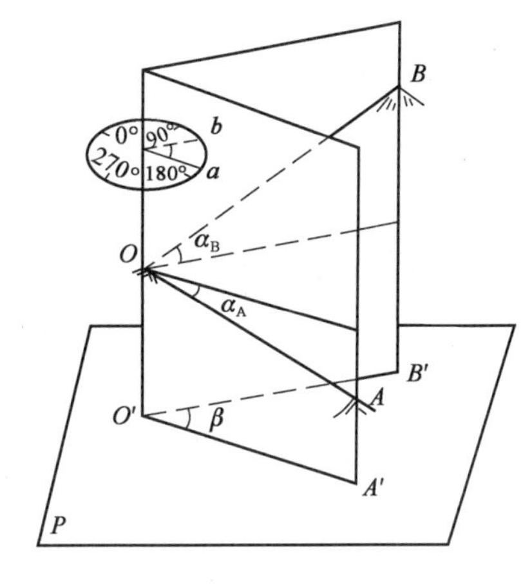

图 3-1 水平角测量原理

竖直角是指同一竖直面内视线与水平线间的夹角，其角值为0°～90°。视线向上倾斜，竖直角为仰角，符号为正。视线向下倾斜，竖直角为俯角，符号为负。

如图 3-1 所示，α_A 和 α_B 即是 *OA* 与 *OB* 方向的竖直角。其中 α_A 为负，α_B 为正。

为了测出竖直角，可以假想在 *O* 点放置了一个竖直度盘，视线方向与水平方向在竖直度盘上的读数之差，就是所要求得的竖直角。

以此为原理制作并用来测量水平角与竖直角的仪器称作经纬仪。

3.2 光学经纬仪

3.2.1 经纬仪的分类

我国生产的经纬仪按精度可分为 DJ_{07}、DJ_1、DJ_2、DJ_6 等若干型号，其中 D 是"大地测量"汉语拼音的首字母，J 是"经纬仪"汉语拼音的首字母，07、1、2、6 是仪器的精度，即"水平方向一测回的方向中误差"，单位为秒(″)。

按读数设备可以将经纬仪分为光学经纬仪和电子经纬仪。这里介绍光学经纬仪。

3.2.2 DJ_6 光学经纬仪的构造与读数方法

1) DJ_6 光学经纬仪的构造

图 3-2 所示为某一型号 DJ_6 光学经纬仪的外形。

图 3-2 DJ_6 光学经纬仪

不同型号光学经纬仪的外形不尽相同，但基本构造都差不多，包括照准部、水平度盘和基座三大部分。如图 3-3 所示。

(1) 照准部

照准部主要由望远镜、支架、竖轴、望远镜制动螺旋、望远镜微动螺旋、照准部制动螺旋、照准部微动螺旋、竖直度盘、读数设备、管水准器和光学对中器等组成。望远镜与横轴连接，安置在支架上，望远镜可绕仪器横轴作上下转动。望远镜制动与微动螺旋用于控制望远镜的上下转动。竖直度盘固定在横轴一端，随照准部一起转动，用于竖直角观测。支架上有竖盘指标管水准器，借助其上的微动螺旋可以使竖盘指标水准管气泡居中，使竖盘指标位于正确位置。读数设备包括读数显微镜以及光路中一系列光学棱镜和透镜。仪器的竖轴处于管状轴套内，可以使照准部绕仪器竖轴水平转动。照准部制动与微动螺旋用于控制照准部水平方向转动。管水准器用于精确整平仪器。光学对中器用于调节仪器使水平度盘中心与地面点位于同一铅垂线上。

(2)水平度盘

水平度盘由光学玻璃制成,度盘刻有顺时针的0°~360°的刻度分划。水平度盘不随照准部转动,但可以通过水平度盘变换手轮调整度盘位置。

(3)基座

经纬仪基座与水准仪基座类似,有脚螺旋、轴座、底板和三角压板。经纬仪基座还有一个轴座固定螺旋,用于照准部和基座的固结。

2) DJ_6 光学经纬仪的读数

DJ_6 光学经纬仪的读数装置有两种,相应地,读数方法也有两种。

(1)分微尺测微器及其读数

分微尺测微器的结构简单,读数方便,具有一定的读数精度,广泛应用于 J_6 级光学经纬仪。国产 J_6 级光学经纬仪,大多采用这种装置。这类仪器的度盘分划度为1°,分微尺上60个小格,每一个小格为1′,可估读最小分划的1/10,即6″。图3-4为光学经纬仪读数系统光路图。

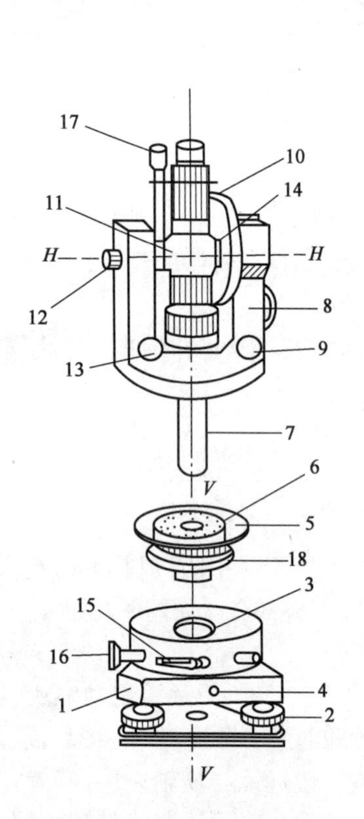

图3-3　照准部、度盘与基座结构图

1-基座;2-脚螺旋;3-数轴轴套;4-固定螺旋;5-水平度盘;6-度盘轴套;7-旋转轴;8-支架;9-竖盘水准管微动螺旋;10-望远镜;11-横轴;12-望远镜制动螺旋;13-望远镜微动螺旋;14-竖直度盘;15-水平制动螺旋;16-水平微动螺旋;17-光学读数显微镜;18-复测盘

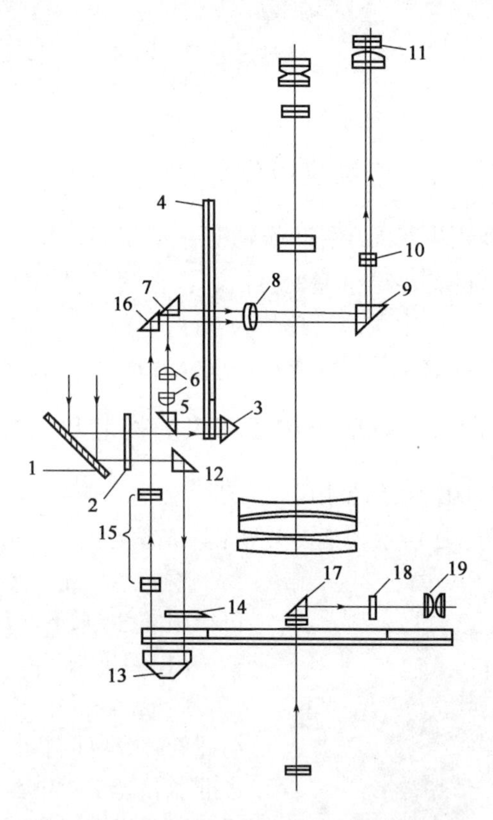

图3-4　DJ_6 经纬仪读数系统光路图

1-反光镜;2-近光镜;3-折光棱镜;4-竖直度盘;5-直角折光棱镜;6-显微物镜;7-折射棱镜;8-读数窗;9-转像棱镜;10-读数物镜;11-读数目镜;12-折射棱镜;13-折光棱镜;14-聚光镜;15-显微物镜;16-折射棱镜;17-光学对点器;18、19-光学对点器物镜、目镜读数时，读数由落在分微尺上的度盘分划线注记数读出，分数则用该度盘分划线在分微尺上直接读出，估读至6″。图3-5中所示水平度盘读数为134°53′12″，竖直度盘读数为87°58′36″。

(2)单平行玻璃测微器及其读数

单平行玻璃测微器是利用一块平板玻璃与测微尺连接，转动测微轮，平板玻璃和测微尺绕同一轴转动。平板玻璃转动一个角度后，水平度盘或者竖直度盘分划线的影像也就平行移动一微小距离，移动量的大小 d 在测微尺上读出，如图3-6所示。度盘的分划值为30′，测微尺上共有30个大格，每个大格为1′，每个大格又分为3个小格，每个小格为20″。读数时，先转动测微轮，使度盘某分划线精确地移动到双指标线的中央，读出该分划线的度盘读数，再根据单指标线在测微尺上读取分秒数，然后相加，即为全部读数。图3-6中读数为92° + 19′00″ = 92°19′00″。

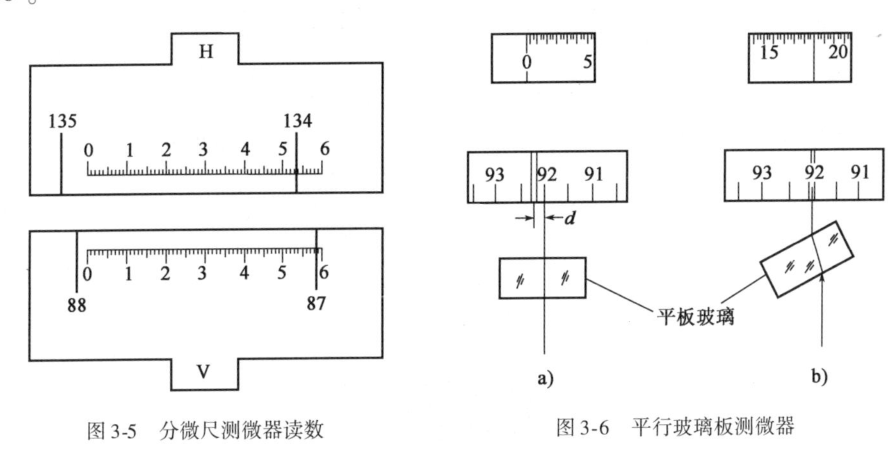

图3-5 分微尺测微器读数　　图3-6 平行玻璃板测微器

3.2.3 DJ$_2$ 光学经纬仪构造与读数方法

1) DJ$_2$ 光学经纬仪构造

DJ$_2$ 光学经纬仪用于三、四等三角测量、精密导线测量和各种精密工程测量。图3-7为苏州第一光学仪器厂生产的DJ$_2$ 光学经纬仪。

构造与J$_6$ 级光学经纬仪相比，除轴系和读数方式不同外，其他基本相同，同样由照准部、水平度盘及基座三大部分组成。

2) DJ$_2$ 光学经纬仪读数

(1)读数特点

DJ$_2$ 光学经纬仪采用对径分划符合读数设备，将度盘上对径相差180°的分划线经过一系列棱镜和透镜的折射和反射，一同在读数显微镜中成像，通过读取对径相差180°处两个分划的平均值消除度盘偏心差的影响，提高读数精度。在DJ$_2$ 的读数显微镜内，一次只能看到一种影像，或者是水平度盘，或者是竖直度盘，需要通过换像手轮来转换。

(2)读数方法

DJ$_2$ 光学经纬仪通常采用移动光楔测微器或双平板玻璃光学测微器。图3-8为一种DJ$_2$ 光学经纬仪的水平度盘读数窗影像。读数前应先调节测微轮，使对径分划线影像重合；然后读数由上部窗口中央或偏左数字读出；上部窗口缺口内数字为十分数；分数个位与秒数从左侧窗口读出，左边为分，右边为秒，可以精确到秒，估读到0.1″。图3-8中读数为123°40′ + 8′12.2″ = 123°48′12.2″。

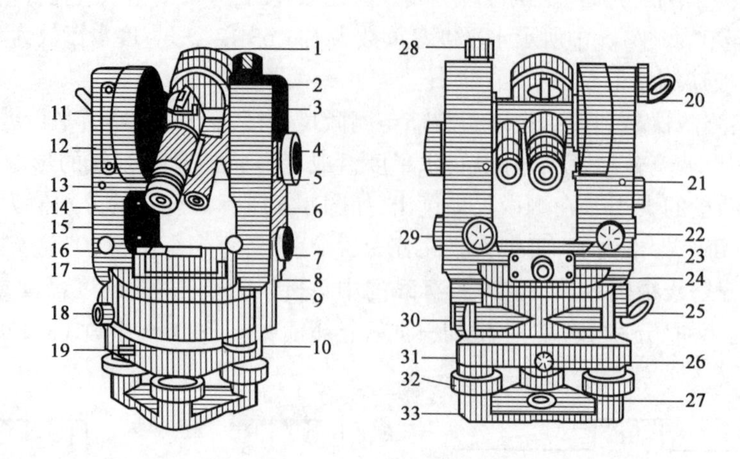

图 3-7　DJ_2 光学经纬仪构造

1-望远镜物镜;2-光学瞄准器;3-十字丝照明反光板螺旋;4-测微轮;5-读数显微镜管;6-垂直微动螺旋弹簧套;7-度盘影像变换螺旋;8-照准部水准器校正螺钉;9-水平度盘物镜组盖板;10-水平度盘变换螺旋护盖;11-垂直度盘转像透镜组盖板;12-望远镜调焦环;13-读数显微镜目镜;14-望远镜目镜;15-垂直度盘物镜组盖板;16-垂直度盘指标水准器护盖;17-照准部水准器;18-水平制动螺旋;19-水平度盘变换螺旋;20-垂直度盘照明反光镜;21-垂直度盘指标水准器观察棱镜;22-垂直度盘指标水准器微动螺旋;23-水平度盘转像透镜组盖板;24-光学对点器;25-水平度盘照明反光镜;26-照准部与基座的连接螺旋;27-固紧螺母;28-垂直制动螺旋;29-垂直微动螺旋;30-水平微动螺旋;31-三角基座;32-脚螺旋;33-三角底板

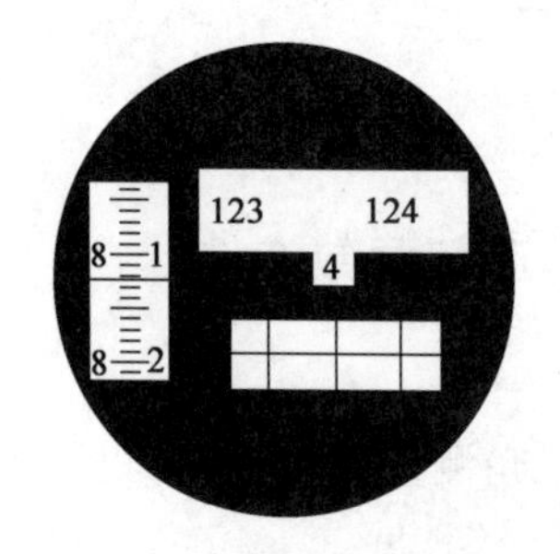

图 3-8　DJ_2 光学经纬仪读数窗

3.3　水平角测量

3.3.1　经纬仪的安置

在用经纬仪进行测角之前,必须把仪器安置在测站上。经纬仪的安置包括对中和整平两项工作。

对中的目的是使仪器的水平度盘中心位于过测站点的铅垂线上。

整平的目的是使仪器的竖轴竖直,从而使水平度盘处于水平位置。

对中整平可使用如下方法:

打开脚架,调整脚架高度适中,将脚架放置在站点上,并使架头大致水平;将仪器放置在脚架架头上,旋紧中心连接螺栓。首先移动脚架,使光学对中器十字丝(或中心圆圈)对准地面点,踩紧脚架(同时保持架头大致水平);升降脚架三条腿的高度(注意不要动脚架尖脚位置),使得圆水准器气泡居中;调整脚螺旋,使照准部水准管气泡居中,并将照准部转过90°仍然使照准部水准管气泡居中;检查光学对中器,若有些微偏移,可以松动连接螺栓,平移(不能转动)仪器,使其精确对中。

若使用垂球完成对中整平,则可以如上安置脚架,在连接螺栓上挂上垂球,调整垂球线,使得垂球尖部略高于地面点;移动脚架使球尖对准测站点,并使架头大致水平,踩紧脚架,将仪器安装在脚架上;转动照准部,调节脚螺旋,使照准部水准管气泡在相互垂直的两个方向上居中,达到精确整平的目的。

垂球对中整平受到风力影响,操作不方便,精度低。光学对中器则不受风的影响,且精度较高。不管是何种方法,对中与整平都要反复进行,直至两者都得到满足。

3.3.2 水平角测量方法

常用的水平角观测方法有测回法和方向观测法。

1)测回法

测回法适用于观测两个方向之间的水平角。如图3-9所示,A、O、B分别为地面上的三点,欲测定OA与OB之间的水平角,采用测回法观测,操作步骤如下:

(1)将经纬仪安置在测站点O,对中整平。

(2)盘左位置(竖盘在观测者左边)照准目标点A,读取读数$a_{左}$,记入手簿,顺时针方向旋转照准部,照准目标点B,读数$b_{左}$,记入手簿,上半测回结束,$\beta_{左}=b_{左}-a_{左}$。

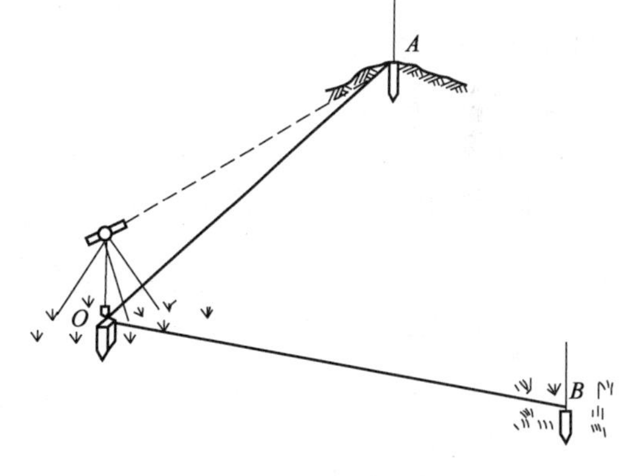

图3-9 测回法测水平角

(3)倒转望远镜,转换为盘右位置,照准目标点B,读数$b_{右}$,记入手簿,逆时针方向旋转照准部,照准目标点A,读数$a_{右}$,记入手簿,下半测回结束,$\beta_{左}=b_{左}-a_{左}$。

上下半测回构成一个测回。表3-1为测回法观测记录手簿格式。对于J_6级光学经纬仪,若上下半测回角度差$\Delta\beta=\beta_{左}-\beta_{右}\leqslant\pm40''$,则取平均值为该测回的角度值。

测回法观测手簿 表3-1

作业日期:2006-6-30　　仪器型号:DJ_6　　观测者:×××

天气:晴　　成像:清晰　　记录者:×××

测站	竖盘位置	目标	水平度盘读数 (° ′ ″)	半测回角值 (° ′ ″)	一测回角值 (° ′ ″)	各测回平均值 (° ′ ″)	备注
O	左	A	0 01 12	57 17 36	57 17 42		
		B	57 18 48				
	右	A	180 01 06	57 17 48			
		B	237 18 54				

当观测若干测回时，为了减少度盘分划误差影响，各测回应根据测回数 n，按 180°/n 变换水平度盘位置。例如观测 4 个测回，180°/4 = 45°，第一测回起始度盘位置应配置在 0°稍大的位置，第二测回应配置在 45°左右，第三测回应配置在 90°左右，第四测回应配置在 135°左右。

2）方向观测法

方向观测法指适用于三个以上的观测方向之间的水平角的观测，又称全圆观测法。

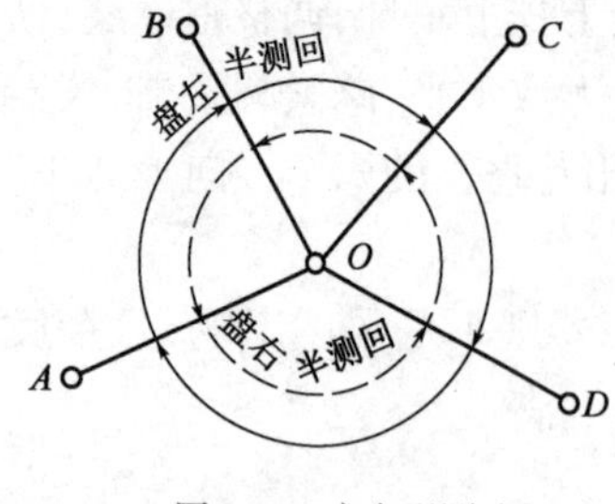

图 3-10 方向观测法

观测步骤如下：

（1）将经纬仪安置于测站点 O，对中、整平。

（2）盘左位置，选定距离较远、目标明显的点作为起始方向，如图 3-10 所示，将水平度盘读数配置在稍大于0°处，读数；顺时针方向依次照准 B、C、D 三个目标点读数；最后再次照准起始点 A 并读数，称之为归零，上半测回结束。每观测一个方向均将度盘读数记入表 3-2 的方向法观测手簿。两次照准 A 点的读数之差称为“归零差”，值应满足限差要求，如表 3-3 所示，否则应重测。

（3）倒转望远镜成盘右位置，先照准起始点 A，读数；然后逆时针方向依次照准 D、C、B、A 各目标点，依次读数。下半测回结束，归零差应满足规定。

记录与计算步骤如下：

（1）记录。表 3-2 为方向观测法观测手簿，盘左各目标的读数按从上往下的顺序记录，盘右各目标读数按从下往上的顺序记录。

方向观测手簿 表 3-2

作业日期：2006-6-30 仪器型号：DJ6 观测者：× × ×

天气：晴 成像：清晰 记录者：× × ×

测站	测回数	目标	水平度盘读数（° ′ ″）		2c（″）	平均读数（° ′ ″）	一测回归零方向值（° ′ ″）	各测回平均方向值（° ′ ″）
			盘左	盘右				
O	1	A	0 00 54	180 00 24	+30	0 00 34 0 00 39	0 00 00	0 00 00
		B	79 27 48	259 27 30	+18	79 27 39	79 27 05	79 26 59
		C	142 31 18	322 31 00	+18	142 31 09	142 30 35	142 30 29
		D	288 46 30	108 46 06	+24	288 46 18	288 45 44	288 45 47
		A	0 00 42	180 00 18	+24	0 00 30		
O	2	A	90 01 06	270 00 48	+18	90 00 52 90 00 57	0 00 00	
		B	169 27 54	349 27 36	+18	169 27 45	79 26 53	
		C	232 31 30	52 31 15	+30	232 31 15	142 30 23	
		D	18 46 48	198 46 36	+12	18 46 42	288 45 50	
		A	90 01 00	270 00 36	+24	90 00 48		

（2）2c 值计算。按式（3-1）计算各目标的 2c 值，列入表中。

$$2c = 盘左读数 - (盘右读数 \pm 180°) \tag{3-1}$$

对于同一仪器，在同一测回内各方向的 $2c$ 值应为一个定数。若有变化，其变化值不能超过表 3-3 中规定的范围。

(3)平均读数的计算。按式(3-2)计算各方向平均读数，列入表中。

$$平均读数 = \frac{盘左读数 + (盘右读数 \pm 180^\circ)}{2} \tag{3-2}$$

起始方向有两个平均读数值，应再次取平均值作为起始方向的平均读数。

(4)归零方向值的计算。在同一测回内，分别将各方向的平均读数减去起始目标的平均读数，得一测回归零后的方向值。起始方向的归零方向值为 0°00′00″。

(5)各测回平均方向值的计算。当一个测站观测两个或两个以上测回时，应检查同一方向值各测回的互差，其限差应满足表 3-3 的要求。若符合要求，取各测回同一方向归零后方向值的平均值作为最后结果。

(6)水平角的计算。相邻方向值之差即为两相邻方向所夹的水平角。

方向观测法技术要求 表 3-3

仪器	半测回归零差	一测回内 $2c$ 互差	同一方向值各测回互差
J_2	12″	18″	12″
J_6	18″	—	24″

当使用多测回的方向观测法时，同样需要配置起始度盘位置。

3.4 竖直角测量

3.4.1 竖盘的构造

经纬仪的竖直度盘部分主要由竖盘、竖盘指标、竖盘指标水准管和竖盘指标水准管微动螺旋组成，如图 3-11 所示。竖盘垂直固定在望远镜横轴的一端，可以随着望远镜上下转动。竖盘指标与竖盘指标水准管一同安置在微动架上，不能随望远镜转动，只能通过调节指标水准管微动螺旋，使水准管气泡居中，这时竖盘指标处于正确位置。

竖盘注记形式有两种：一种是顺时针注记，另一种是逆时针注记。图 3-11 中所示竖盘为顺时针注记。

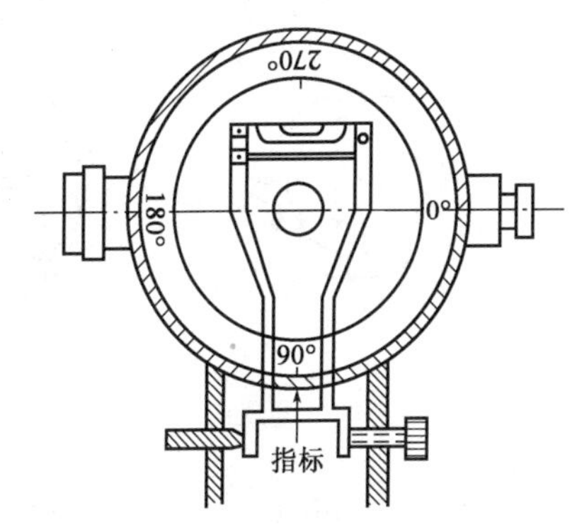

图 3-11 竖盘构造

3.4.2 竖直角计算公式

竖盘注记形式不同，竖直角计算的公式也不同。以顺时针注记的竖盘为例，推导竖直角计算的基本公式。

如图 3-12 所示，当望远镜视线水平，竖盘指标水准管气泡居中时，读数指标处于正确位置，竖盘读数正好为常数 90°或 270°。

图 3-12a)所示为盘左位置，视线水平时竖盘读数为 90°，当望远镜向上仰时，倾斜视线与水平线之间的夹角

为仰角 α_L，指标读数为 L，读数减小，则盘左的竖直角为：

$$\alpha_L = 90° - L \tag{3-3}$$

图 3-12b）所示为盘右位置，视线水平时竖盘读数为 270°，当望远镜上仰时，视线与水平线之间的夹角为仰角 α_R，读数为 R，读数增大，则盘右的竖直角为：

$$\alpha_R = R - 270° \tag{3-4}$$

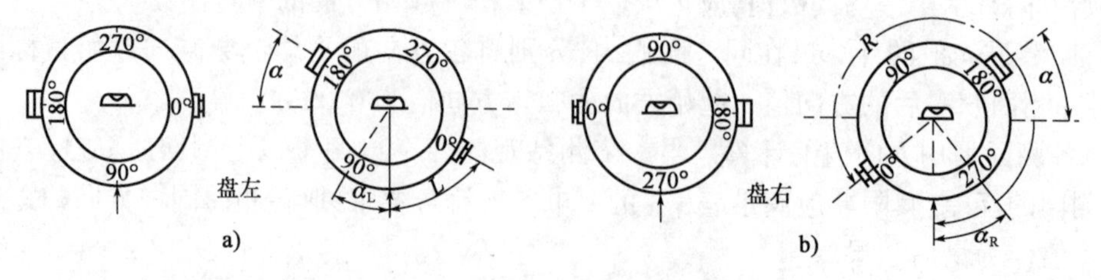

图 3-12　竖盘顺时针注记公式判断

由于观测中不可避免地存在误差，盘左、盘右所获得的竖直角不完全相同，所以应当取盘左盘右竖直角的平均值作为最终结果：

$$\alpha = \frac{1}{2}(\alpha_L + \alpha_R) = \frac{1}{2}[(R - L) - 180°] \tag{3-5}$$

同理，当竖盘为逆时针注记时，可以推出此时的竖直角公式：

$$\alpha_L = L - 90° \tag{3-6}$$

$$\alpha_R = 270° - R \tag{3-7}$$

$$\alpha = \frac{1}{2}(\alpha_L + \alpha_R) = \frac{1}{2}[(L - R) + 180°] \tag{3-8}$$

在实际工作中，可以通过将望远镜抬高（上仰），观察竖盘读数是减少还是增加，来判断使用哪套公式。

3.4.3　竖盘指标差

理论上，当竖盘水准管气泡居中时，竖盘指标应为 90°和 270°。但是实际上竖盘指标在水准管气泡居中时并不能指向正确位置，而是有一个偏角 x，这个偏角就是竖盘指标差。当指标偏离方向与竖盘注记方向一致时，使读数中增大了 x，且 x 为正；反之，当指标偏离方向与竖盘注记方向相反时，读数减少，x 为负。

如图 3-13 所示，图示为顺时针注记的度盘，且指标差为正。

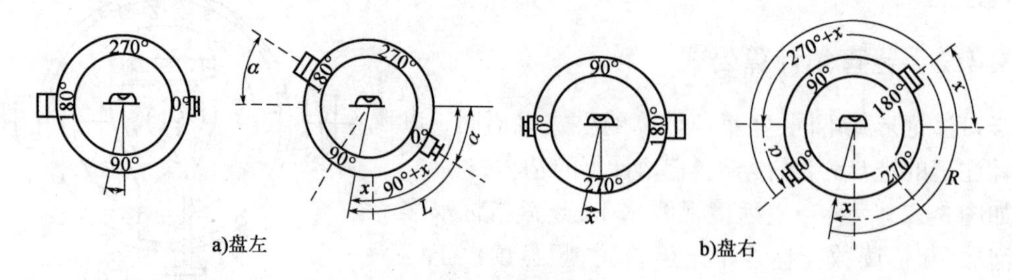

图 3-13　竖盘指标差

从图 3-13 可以得到，盘左位置时正确的竖直角为：

$$\alpha = (90° + x) - L = \alpha_L + x \tag{3-9}$$

同理,盘右位置时正确的竖直角为:

$$\alpha = R - (270° + x) = \alpha_R - x \tag{3-10}$$

由此,得到:

$$\alpha = \frac{1}{2}[(R - L) - 180°] = \frac{1}{2}(\alpha_L + \alpha_R) \tag{3-11}$$

$$x = \frac{1}{2}[(L + R) - 360°] = \frac{1}{2}(\alpha_R - \alpha_L) \tag{3-12}$$

式(3-11)与无竖盘指标差时的竖直角计算公式[式(3-8)]相同,说明观测竖直角时,可以通过盘左盘右取平均值的方法来消除指标差的影响。

3.4.4 竖直角观测

观测步骤如下。

(1)在测站点安置经纬仪,盘左照准目标,使十字丝中丝与目标相切。转动竖盘指标水准管微动螺旋,使竖盘指标水准管气泡居中。读取竖盘读数 L,记入手簿(表3-4)。

(2)盘右照准目标,转动竖盘指标水准管微动螺旋,使竖盘指标水准管气泡居中。读取竖盘读数 R,记入手簿。

(3)根据竖盘注记方式确定计算公式,然后计算竖直角。

竖直角观测手簿 表3-4

日期:________ 仪器型号:________ 观测者:________

天气:________ 仪器成像:________ 记录者:________

测站	目标	竖盘位置	竖盘读数	半测回竖直角 (° ′ ″)	指标差	一测回竖直角 (° ′ ″)	备注
O	*A*	左	73 44 12	+16 15 48	+12″	+16 16 00	
		右	286 16 12	+16 16 12			

对于同一台仪器,竖盘指标差在同一时间段内的变化应当不变,可以用来作为衡量观测质量好坏的指标,若各目标间指标差互差较大,则说明观测质量较差。指标差互差应小于规范的限差要求,不同的规范有不同的要求,观测前应根据实际情况查询相应的规范。

3.4.5 竖盘指标自动补偿装置

由于在每次读取竖盘读数之前,都应将竖盘指标水准管气泡居中,使竖盘指标处于正确位置,以致竖直角观测费时费力。近些年来,许多光学经纬仪都采用了竖盘指标自动归零装置,以代替竖盘指标水准管,既简化了操作,又提高了观测精度。

3.5 经纬仪的检验与校正

3.5.1 经纬仪主要轴线及应满足的几何条件

如图3-14所示,经纬仪主要轴线有照准部水准管轴 *LL*、仪器竖轴 *VV*、望远镜视准轴 *CC*、横轴 *HH*。各轴线之间应满足的几何条件为:

(1)照准部水准管轴应垂直于仪器竖轴,即 $LL \perp VV$。

(2)望远镜视准轴应垂直于仪器横轴,即 $CC \perp HH$。

(3)横轴应垂直于竖轴,即 $HH \perp VV$。

(4)十字丝竖丝应垂直于横轴。

除了上面的条件,经纬仪竖盘指标差理论上应为零,光学对中器的光学垂线与仪器的竖轴应重合。

仪器出厂前经过了检验,各项指标满足使用要求,但是随着时间的推移,各项条件会发生变化,甚至影响到正常观测。因此,在使用经纬仪前必须进行检验与校正。

3.5.2 经纬仪检验与校正

1)照准部水准管轴垂直于竖轴的检验与校正

如果这个条件不能满足,当照准部水准管气泡居中时,仪器竖轴不竖直,水平度盘就不水平,测得的角度也不是水平角。

(1)检验方法。将仪器粗略整平后,转动照准部使水准管平行于任意两个脚螺旋连线方向,调节两个脚螺旋使水准管气泡严格居中,将仪器转过 180°,若此时气泡仍然居中,说明该条件满足。当气泡偏离超过一格时,需要校正。

(2)校正方法。如图 3-15 所示,水准管水平,但是竖轴倾斜,与铅垂线有一个夹角,将照准部旋转 180°后,水准管轴与水平线的夹角为 2α。校正时,先转动脚螺旋,使气泡移动至偏离量的一半处,再用校正针拨动水准管一端的校正螺钉,使气泡居中,这时,水准管轴与竖轴垂直。

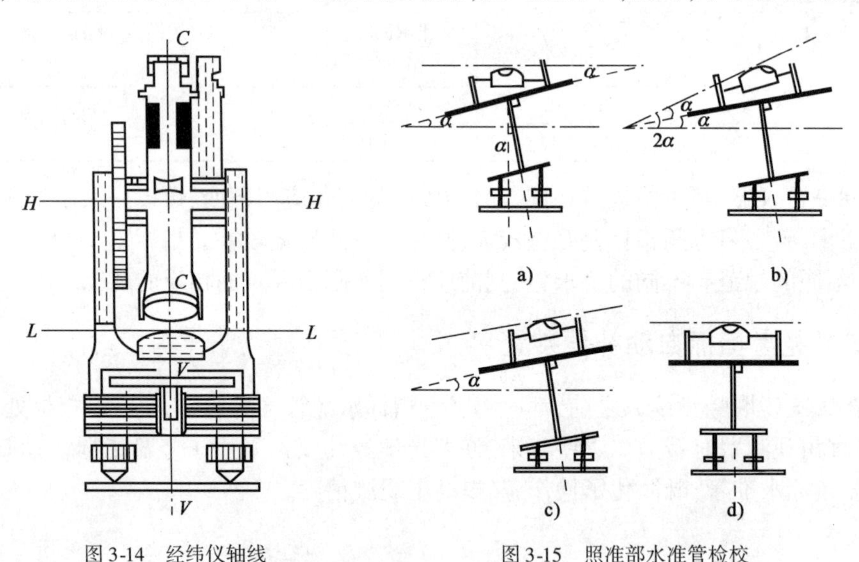

图 3-14 经纬仪轴线

图 3-15 照准部水准管检校

该项检校需要反复进行,直至照准部旋转至任何方向,水准管气泡偏离量都不超过一格为止。

2)十字丝竖丝垂直于横轴的检验与校正

如果该条件不满足,用竖丝不同的位置照准目标,得到的水平度盘读数不同。

(1)检验方法。将仪器整平,用十字丝交点精确照准远处一明显点,固定水平制动螺旋和望远镜制动螺旋,转动望远镜微动螺旋使望远镜上下转动,若目标点始终在竖丝上移动,说明该条件满足。否则,应进行校正。

(2)校正方法。如图3-16所示,取下十字丝环的护罩,松开十字丝环的四个固定螺钉,转动十字丝环,使望远镜上下转动时十字丝竖丝始终与点目标重合。最后应注意旋紧固定螺钉,旋上护罩。

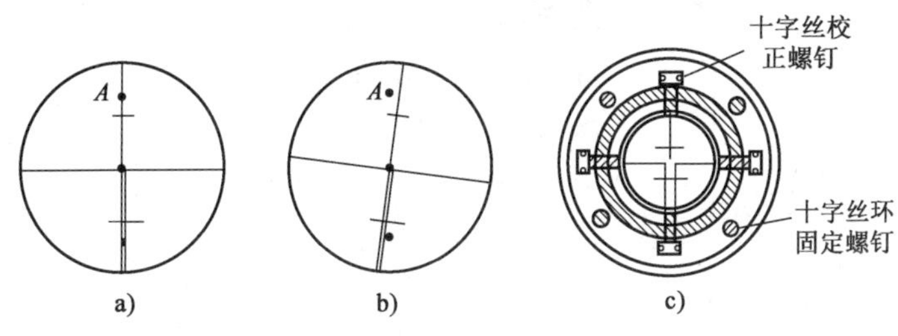

图3-16 十字丝竖丝检校

3)视准轴垂直于横轴的检验与校正

若该条件不满足,则当望远镜绕横轴旋转时,视准轴将不再是一个平面,而是圆锥面。视准轴不垂直于横轴时,偏离正确位置的角度称为视准轴误差,用 c 表示。

(1)检验方法。如图3-17a)所示,在平坦地面上选择相距80~100m的 A、B 两点,将经纬仪安置在 A、B 连线的终点 O 处,在 A 点设置一个与仪器大致同高的标志,在 B 点与仪器大致同高的地方横放一把有毫米刻度的直尺,并使其垂直于直线 OB。盘左瞄准 A 点,固定照准部,倒转望远镜在 B 点横尺上用竖丝读出度数 B_1;盘右瞄准 A 点,固定照准部,倒转望远镜在 B 点横尺上读数 B_2,如图3-17b)所示。若 B_1、B_2 两点重合,说明条件满足,否则,需要校正。

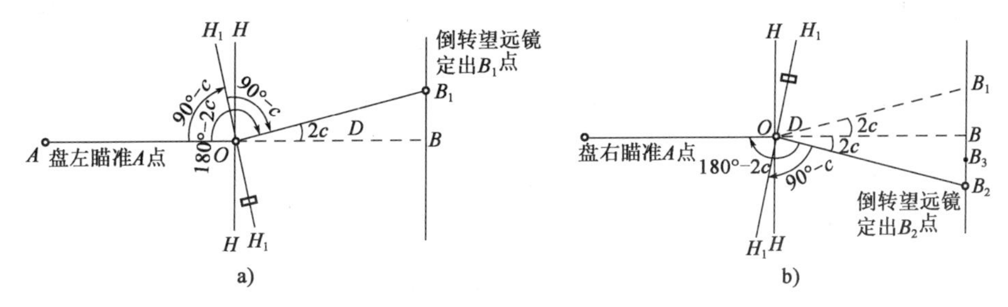

图3-17 视准轴误差检校

(2)校正方法。如图3-17所示,若仪器至横尺的距离为 D,则 c 可写成:

$$c = \frac{|B_2 - B_1|}{4D} \times \rho'' \tag{3-13}$$

其中,$\rho'' = 206265''$。

校正时,在横尺上由 B_2 点向 B_1 点量取 $\frac{1}{4}B_1B_2$ 的长度,定出 B_3 点的位置,此时 OB_3 便垂直于横轴 HH。取下十字丝环的护罩,通过调节十字丝环的左右两个校正螺钉,使十字丝交点对准 B_3 点。需要反复检校,直至 c 值满足要求。

4)横轴垂直于竖轴的检验与校正

若该条件不满足,当纵转望远镜时,视准面将不是一个竖直面,而是一个斜面。横轴不垂直于竖轴,偏离正确位置的角度称为横轴误差,用 i 表示。

(1)检验方法。如图3-18所示,在墙面上设置一明显的目标点 P,在距墙面20~30m处安置经纬仪,使望远镜瞄准目标点 P 的仰角在30°以上。盘左瞄准 P 点,固定照准部,当竖盘指

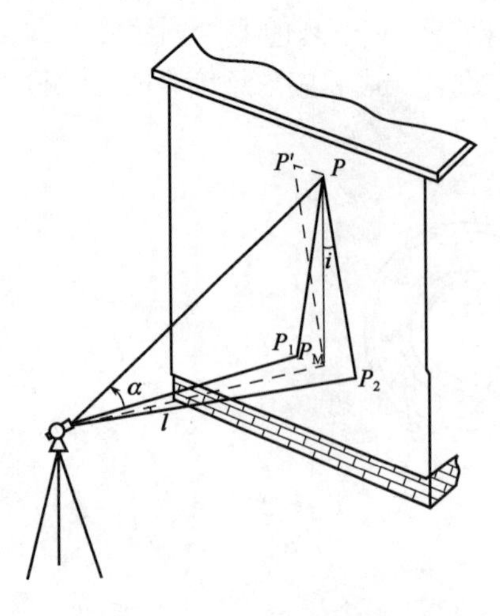

图3-18 横轴误差检校

标水准管气泡居中后，读取竖盘读数 L，然后放平望远镜，使竖盘读数为90°，在墙上定出一点 P_1。盘右位置瞄准 P 点，固定照准部，读出竖盘读数 R，放平望远镜，使竖盘读数为270°，在墙上定出另一点 P_2。如果 P_1、P_2 两点重合，说明条件满足。横轴不垂直于竖轴所构成的倾斜角 i 按式(3-14)计算：

$$i = \frac{P_1P_2 \times \rho''}{2D} \times \cot\alpha \tag{3-14}$$

式中：α——P 点的竖直角，由通过 P 点时所得的 L 和 R 算出；

D——仪器至 P 点的水平距离；

ρ''——$\rho'' = 206265''$。

当计算出横轴误差 $i > 20''$时，应进行校正。

(2)校正方法。如图3-18所示，瞄准墙上 P_1、P_2 两点的中点 P，再将望远镜上仰。此时，十字丝交点必定偏离 P 点而照准 P'，打开仪器的支架横轴一端的护盖，调整横轴偏心轴环，抬高或降低，直至十字丝交点瞄准 P 点。

由于横轴是密封的，所以此项校正一般由专业维修人员进行。

5)竖盘指标差的检验与校正

(1)检验方法。安置好经纬仪，用盘左、盘右分别瞄准大致水平的同一目标，读取竖盘读数 L 和 R，计算指标差 x。对于 J_6 经纬仪，当 $|x| > 1'$时，应进行校正。

(2)校正方法。盘右位置仍照准原目标，调节竖盘指标水准管微动螺旋，使竖盘读数对准正确读数 $R - X$。此时，竖盘指标水准管气泡不居中，调节竖盘指标水准管校正螺钉，使气泡居中。反复进行，直至 x 符合限差要求。

6)光学对中器的检验与校正

该条件不满足时，光学垂线与仪器竖轴不重合，造成仪器不能对中。

(1)检验方法。在地面放置一张白纸，在白纸上标出一点 A，以 A 点为对中标志，按光学对中的方法安置仪器，然后将照准部旋转180°，在白纸上做出光学对中器分划圈中心对准的点 B。若 A、B 两点重合，说明条件满足；否则，需进行校正。

(2)校正方法。取两点连线的中点 C，校正光学对中器的校正螺钉，使其分划圈中心对准 C 点。

3.6 角度测量的误差及注意事项

在角度观测中，由于仪器的缺陷、观测的局限以及外界环境的影响，会造成各种误差。误差来源不同，对角度的影响程度就不同。对各项误差进行分析，有助于找出削弱误差的方法。

3.6.1 仪器误差

(1)视准轴误差

视准轴不垂直于横轴的误差，称为视准轴误差 c。对水平度盘读数的影响，盘左、盘右大小相等,符号相反。通过盘左、盘右观测取平均值可以消除该项误差的影响。

(2)横轴误差

横轴不垂直于竖轴的误差,称为横轴误差 i。对水平度盘读数的影响,同样,也是盘左、盘右大小相等,符号相反。因此,同样可以通过盘左、盘右观测取平均值消除该项误差。

(3)竖轴误差

竖轴误差指竖轴不竖直所引起的竖轴倾斜误差。该项误差由于盘左、盘右竖轴倾斜方向不变,造成对水平角观测的影响符号一致,无法用盘左、盘右观测取平均值的方法消除。因此,在观测前,尤其是在坡度较大的地区,必须对仪器进行严格检校,并仔细整平。

(4)照准部偏心差

照准部偏心差指水平度盘分划中心与照准部旋转中心不重合所引起的读数误差,又称为水平度盘偏心差。如图3-19所示,图中度盘分划中心 O 与照准部旋转中心 O' 不重合,盘左照准目标,读数为 $a'_{左}$,比理论正确读数 $a_{左}$ 大 x,盘右读数为 $a'_{右}$,比理论正确读数 $a_{右}$ 小 x。对于单指标读数的 J_6 级经纬仪,可以通过盘左、盘右观测取平均值的方法削弱此项误差的影响。对于双指标读数的 J_2 级经纬仪,采用对径分划符合读数可以消除水平度盘偏心差的影响。

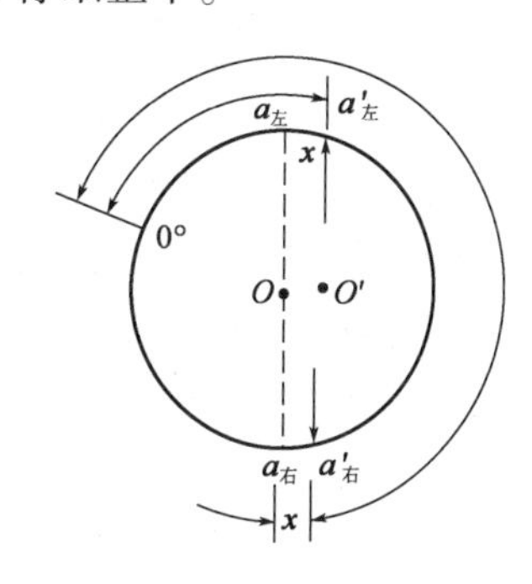

图3-19 水平度盘偏心差

(5)度盘刻度误差

度盘刻度误差指度盘刻度分划不均匀造成的误差。可以使用在各测回间变换起始度盘位置的方法,削弱该项误差。

(6)竖盘指标差

竖盘指标差是由于竖盘指标线不处于正确位置引起的。其原因可能是竖盘指标水准管没有整平,也可能是经检校之后的残余误差。因此观测竖直角时,应调节竖盘指标水准管,使气泡居中。采用盘左、盘右观测一测回,取平均值作为竖直角最终成果,可以消除竖盘指标差的影响。

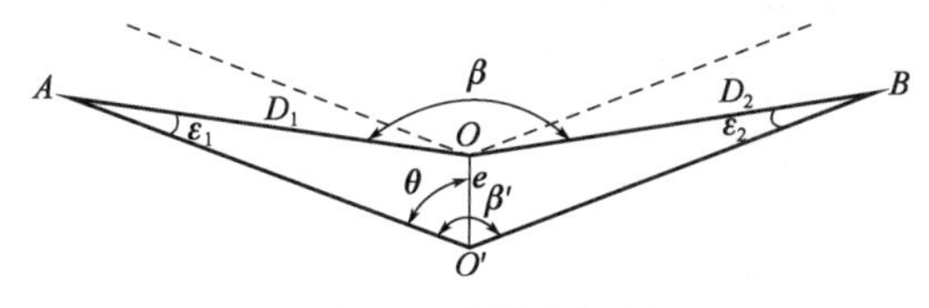

图3-20 仪器对中误差

3.6.2 观测误差

(1)仪器对中误差

如图3-20所示,O 为测站点,A、B 为两目标点;由于仪器存在对中误差,仪器中心偏离至 O' 点,设偏离量 OO' 为 e;β 为没有对中误差时的正确角度,β' 为有对中误差时的实际角度,设 $\angle AO'O$ 为 θ;测站 O 至 A、B 的距离分别为 D_1、D_2,则对中偏差所引起的角度误差为:

$$\Delta\beta = \beta - \beta' = \varepsilon_1 + \varepsilon_2 \tag{3-15}$$

由于 ε_1 和 ε_2 很小,则有:

$$\varepsilon_1 \approx \frac{e\sin\theta}{D_1} \times \rho''$$

$$\varepsilon_2 \approx \frac{e\sin(\beta' - \theta)}{D_2} \times \beta''$$

$$\Delta\beta = e\rho''\left[\frac{\sin\theta}{D_1} + \frac{\sin(\beta' - \theta)}{D_2}\right] \tag{3-16}$$

由式(3-16)可知,对中误差对水平角测量的影响 $\Delta\beta$ 与偏心距 e 成正比,与距离 D 成反比,同所测角度大小也有关系,β 越接近 180°,影响越大。因此,需要特别注意的是,在观测目标较近或水平角接近 180°时,应严格对中。

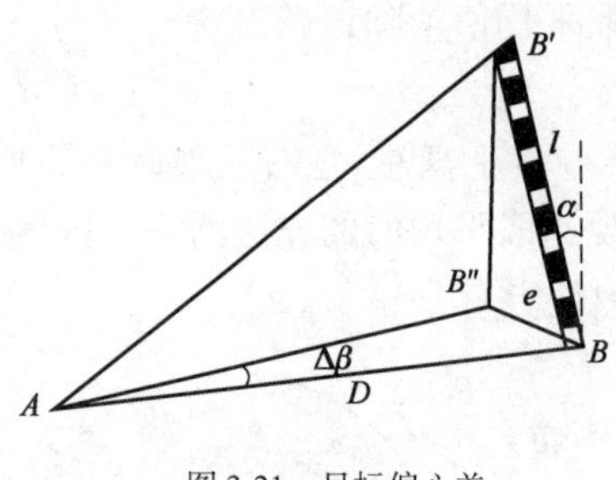

图 3-21　目标偏心差

(2)目标偏心差

如图 3-21 所示,A 点为测站点,B 为目标点,当 B 点的花杆倾斜了 α,B'为照准点,B''为 B'的投影,则此时偏心距为 $e = l\sin\alpha$。该误差对观测方向的影响为:

$$\Delta\beta = \frac{e}{D} \times \rho'' = \frac{l\sin\alpha}{D} \times \rho'' \tag{3-17}$$

经分析可知,该误差对观测方向的影响与目标偏心距成反比,与距离成正比。因此,在水平角观测时,照准标志应竖直,并尽量照准目标根部。

(3)照准误差

照准误差主要是受到人眼分辨能力和望远镜放大率的影响。通常情况下,人眼可以分辨两个点的最小视角为 60″,望远镜的照准误差 $m_v = \pm\frac{60''}{v}$,其中 v 是望远镜的放大率,一般经纬仪的望远镜放大率为 28。

同时,照准误差还与目标的形状、亮度、颜色和大气情况等有关。

(4)读数误差

读数误差主要和仪器的读数设备有关,对于 J_6 级经纬仪,读数误差为最小分划的$\frac{1}{10}$,也就是 6″。但是,若照明条件不佳、观测人员操作不当(如焦距未调好)等,则读数误差会增大。

3.6.3　外界条件的影响

影响水平角观测精度的外界条件因素有很多,如风力造成仪器不稳定,温度使仪器内部几何条件变化,地面土质松软造成仪器沉降,大气折光与旁折光使视线偏折等。这些因素的影响无法完全避免,只能通过某些措施,如选择有利观测时间、置稳仪器、打伞等,使其对观测的影响降至最低。

3.7　电子经纬仪

3.7.1　电子经纬仪概述

随着电子技术的发展,出现了电子经纬仪(图 3-22)。其与传统的光学经纬仪相比,具有以下两个特点:

(1)采用电子测角系统,利用扫描度盘实现测角的自动化和数字化,并可以对结果进行存储,提高工作速度。

(2)采用轴系补偿系统,利用相关软件,对各轴系误差进行补偿或改正。

3.7.2 电子经纬仪的测角原理

1)编码度盘测角系统

编码度盘是绝对度盘,在度盘上每个位置的数值都可以读出。如图3-23所示,对玻璃度盘进行二进制编码,度盘沿径向划分16个码区,由内到外的4个同心圆环称为码道。每个码区被码道分成4段黑白光区,黑色编码为1,白色编码为0。这样不同码区可以组成不同的4位数编码,内圈表示高位数,外圈表示低位数。从0000开始顺时针编码:0000,0001,…,1111,对应十进制0~15。这样,根据两个目标方向所在的码区就可以得到两方向间的夹角。编码度盘的分辨率取决于码道的多少,码道越多,分辨率越高。由于制造工艺的局限性,编码度盘只能用来进行角度的粗测,需要同电子测微技术结合进行精测。

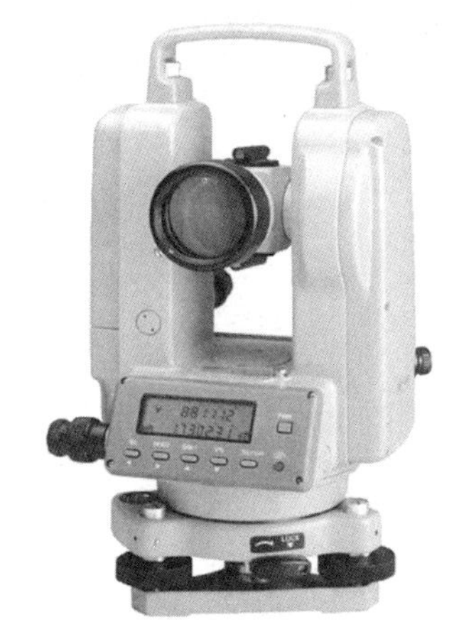

图3-22 电子经纬仪

图3-23 编码度盘

2)光栅度盘测角系统

如图3-24a)所示,在玻璃圆盘上均匀刻出等角距径向光栅,光线透过时会出现明暗条纹,这种度盘称作光栅度盘。通常光栅的刻线宽度与刻线间的距离相等,两者相加称作栅距d。栅距所对应的圆心角,称为光栅度盘的分划值。

度盘上下对称安装了发光器和光信号接收器,在接收器与度盘间,设置了一块与度盘刻划密度相同的光栅,称为指示光栅,如图3-24b)所示。两者错开一个角度θ,相互叠加,就会出现明暗相间的条纹,纹距为W,称为莫尔条纹,如图3-24c)所示。其特点是条纹亮度按正弦周期性变化。

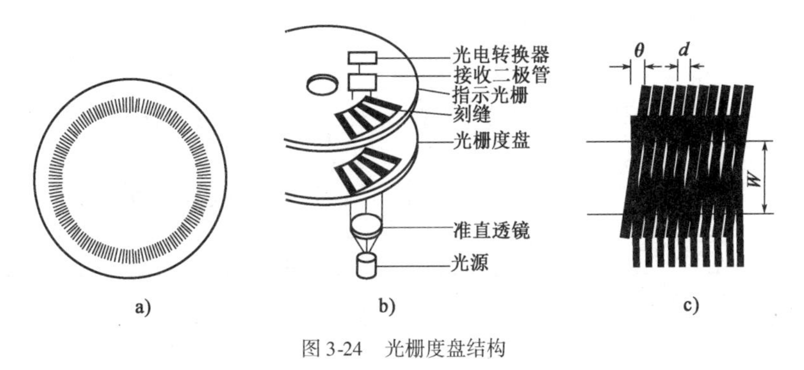

图3-24 光栅度盘结构

测角时，指示光栅、发光器和接收器固定，只有光栅度盘可以随照准部旋转，发光器发出光信号，通过莫尔条纹落在光电管上。计数器对莫尔条纹亮度变化的周期数进行计数，并通过译码器转换为度、分、秒，这种方法，称为增量式测角。

本章小结

角度测量是确定地面点位的三项基本测量工作之一，包括水平角测量和竖直角测量。水平角测量用于确定点的平面位置，竖直角用于测定高差或将倾斜距离转换为水平距离。本章主要在角度测量的基本概念和原理、经纬仪测量水平角与竖直角的方法与步骤、经纬仪的检校内容与方法、角度测量的误差与注意事项、电子经纬仪的操作方面进行了讲解。

思考题与习题

1. 什么是水平角？什么是竖直角？
2. 光学经纬仪由哪几个部分组成？
3. 对中与整平的目的是什么？
4. 简述测回法与方向观测法测水平角的步骤。
5. 观测某水平角4个测回，应如何配置水平度盘？
6. 整理表3-5中测回法测水平角的成果。

表3-5

测站	竖盘位置	目　标	水平度盘读数(° ′ ″)	半测回角值(° ′ ″)	一测回角值(° ′ ″)
A	左	*B*	0 00 42		
		C	185 33 12		
	右	*B*	180 01 06		
		C	5 34 06		

7. 方向观测法有哪几项限差要求？
8. 整理表3-6中竖直角测量的成果。

表3-6

测站	目标	竖盘位置	数盘读数(° ′ ″)	半测回竖直角(° ′ ″)	指标差(° ′ ″)	一测回竖直角(° ′ ″)	备注
Q	*M*	左	103 23 36				竖盘顺时针注记
		右	256 35 00				
	N	左	82 47 42				
		右	277 11 12				

9. 经纬仪有哪些主要轴线？它们之间应满足什么条件？
10. 在观测水平角和竖直角时，采用盘左、盘右观测，可以消除哪些误差？

第4章

距离测量及直线定向

【本章知识要点】

本章主要介绍距离的测量方法以及直线定向方法。通过本章学习应掌握以下内容:钢尺一般量距方法及结果整理方法;视距测量方法及计算方法;直线定向方法,方位角计算方法。

4.1 钢尺量距

距离测量是确定地面点位的基本测量工作之一。常用的距离测量方法有钢尺量距、视距测量和光电测距。

4.1.1 量距工具

1)钢尺

钢尺又称钢卷尺,由薄钢带制成,宽10~15mm,尺长有20m、30m、50m等几种,其基本分划为厘米,最小分划为毫米。由于尺上零点位置不同,钢尺可分为端点尺与刻线尺两种。端点尺以尺环外缘作为尺子的零点,刻线尺以尺的前端所刻细线作为尺的零点,如图4-1所示。

2)标杆和垂球架

标杆是长2m或3m的圆木杆,杆上按20cm间隔涂上红白油漆,杆底部装有铁脚以便插入地面,用以显示目标和定线,如图 4-2b)所示。在地面起伏较大时,常用垂球及垂球架作为垂直投点和瞄准的标志,如图 4-2c)所示。

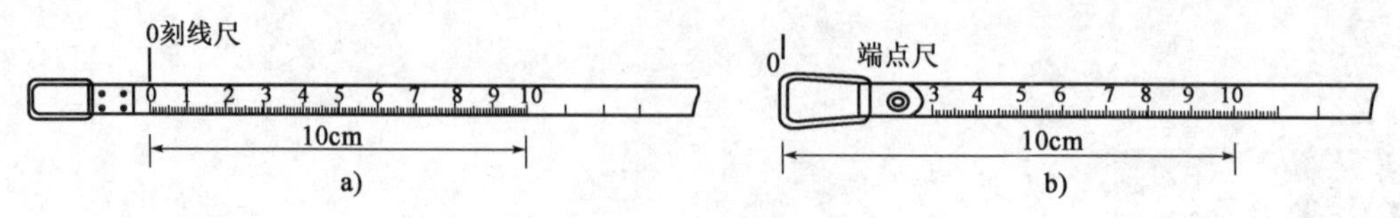

图 4-1 端点尺与刻线尺

3)测钎

测钎用粗钢丝制成,形状如图 4-2a)所示,上端成环状,下端磨尖,用时插入地面,主要用来标志尺段端点位置和计算整尺段数。

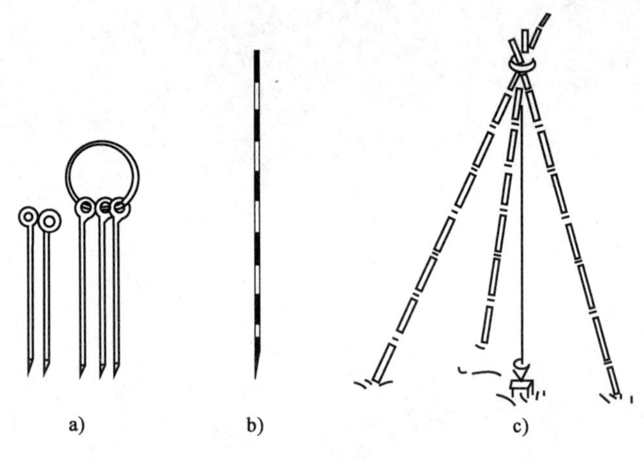

图 4-2 量距辅助工具

4.1.2 钢尺量距的一般方法

1)直线定线

当地面两点之间的距离大于钢尺的一个尺段时,需要在直线方向上标定若干个分段点,这项工作称为直线定线,其方法有两种。

(1)目估定线

如图 4-3 所示,*A*、*B* 为地面上相互通视的两点,要在 *A*、*B* 两点的直线上标定出 1、2 等点。先在 *A*、*B* 点上竖立标杆,甲站在 *A* 点标杆后约 1m 处,指挥乙左右移动标杆,直到甲从 *A* 点沿标杆向一侧看到 *A*、1、*B* 三支标杆在同一直线上为止。同法可定出直线上的其他点。两点间定线一般应由远到近。

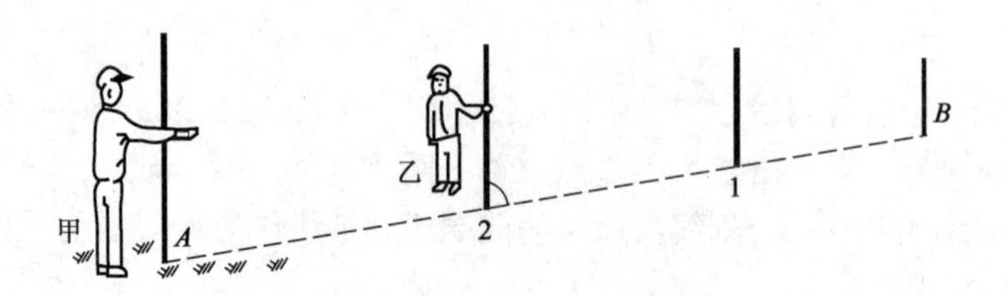

图 4-3 目估定线

(2)经纬仪定线

精密测量时,需用经纬仪定线。设 A、B 两点相互通视,将经纬仪安置在 A 点,用望远镜瞄准 B 点,指挥另一名测量员移动测钎,直到测钎与十字丝纵丝重合。

2)丈量方法

(1)平坦地区距离丈量

如图4-4所示,后尺手持钢尺的零端位于 A 点,前尺手持钢尺的末端和一组测钎沿 AB 方向前进,至一整尺段处,按定线时标出的直线方向,两人同时将钢尺拉紧、拉平,前尺手在钢尺末端整尺段的刻划处竖直插下一根测钎得到1点,即量得 $A1$ 的水平距离。同法依次丈量其他各尺段,最后不足一整尺长的距离称为余长 q。后尺手手中的测钎数即等于量距的整尺段数 n,则 AB 的水平距离 D 为:

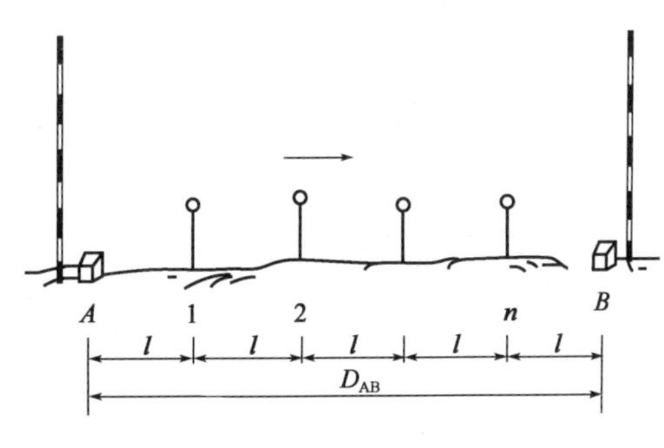

图4-4 平坦地面量距方法

$$D = nl + q \tag{4-1}$$

式中:l——整尺段长度。

(2)倾斜地面距离丈量

①平量法。沿倾斜地面丈量距离,当地势起伏不大时,可将钢尺拉平分段丈量,各段平距的总和即为直线距离,如图4-5所示。

②斜量法。当倾斜地面的坡度比较均匀时,如图4-6所示,可以沿斜坡丈量出 AB 的斜距 L,测出地面倾角 α 或两端点的高差 h,然后按式(4-2)计算 AB 的水平距离 D。

$$D = L\cos\alpha = \sqrt{L^2 - h^2} \tag{4-2}$$

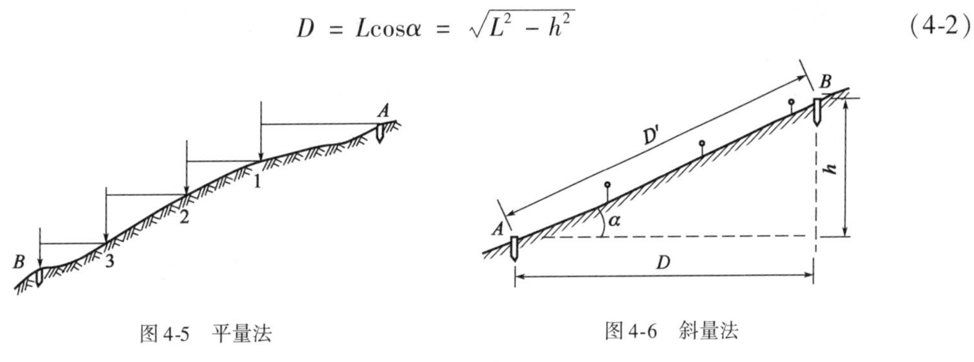

图4-5 平量法　　图4-6 斜量法

3)成果整理

为了防止丈量错误和提高量距的精度,需要往返丈量。评定距离丈量的精度,是用相对误差来表示的。所谓相对误差,是以往、返测距的较差的绝对值与往、返测距的平均值之比,并将分子化为1的分数表示,即

$$K = \frac{|D_{往} - D_{返}|}{D_{平均}} = \frac{\Delta D}{D_{平均}} = \frac{1}{\frac{D_{平均}}{\Delta D}} \tag{4-3}$$

式中:ΔD——较差,$\Delta D = |D_{往} - D_{返}|$;

$D_{平均}$——往返丈量的算术平均值,$D_{平均} = \frac{D_{往} + D_{返}}{2}$。

在平坦地区，钢尺量距的精度应达到1/3 000，在山区应不低于1/1 000。

例如，距离AB，往测时为155.642m，返测时为155.594m，则量距相对误差为：

$$K=\frac{|155.642-155.594|}{(155.642+155.594)/2}=\frac{0.048}{155.618}=\frac{1}{3\ 200}$$

4.1.3 钢尺量距的精密方法

钢尺量距的一般方法，其相对误差只能达到1/5 000～1/1 000，当量距精度要求较高时，如要求精度达到1/40 000～1/10 000时，应采用精密量距方法。

1）钢尺检定

钢尺因刻划误差、使用中的变形、丈量时的温度变化和拉力不同的影响，其实际长度往往不等于所注的长度，即名义长度。因此，丈量时应对钢尺进行检定，求出在标准温度和标准拉力下的实际长度，以便对丈量结果加以改正。所以，通常用一个尺长方程式来计算实际尺长l_t，其形式为：

$$l_t=l_0+\Delta l+\alpha(t-t_0)l_0 \tag{4-4}$$

式中：l_t——钢尺在温度t℃时的实际长度；

l_0——钢尺的名义长度；

Δl——尺长改正数，即钢尺在温度t_0℃时的改正数；

α——钢尺的膨胀系数，其值为$(1.16\times10^{-4}\sim1.25\times10^{-4})$/℃；

t_0——钢尺检定时的温度，一般取20℃；

t——钢尺量距时的温度。

每根钢尺都应有尺长方程式，用以对丈量结果进行改正，尺长方程式中的尺长改正数Δl要通过钢尺检定，与标准长度相比较而求得。

2）经纬仪定线

在丈量前，根据丈量时所用的钢尺长度，一般每一尺段要打一个比钢尺全长略短几厘米的木桩，桩顶高出地面20cm左右，在桩顶钉上一块铁皮，用经纬仪瞄准后，在桩顶的铁皮上用小刀划出十字线。

3）测量高差

精密丈量是沿桩顶进行的，但各桩顶不一定同高，须用水准仪测出相邻各桩顶间的高差，以便将倾斜距离改正成水平距离。

4）精密丈量

丈量时，拉伸钢尺置于相邻两木桩顶上，并使钢尺有刻划线的一侧贴切十字线，后尺手将弹簧秤挂在尺的零端，以便施加钢尺检定时的标准拉力，如图4-7所示，两端同时根据十字丝交点读取读数，记入手簿（表4-1），并计算尺段长度。

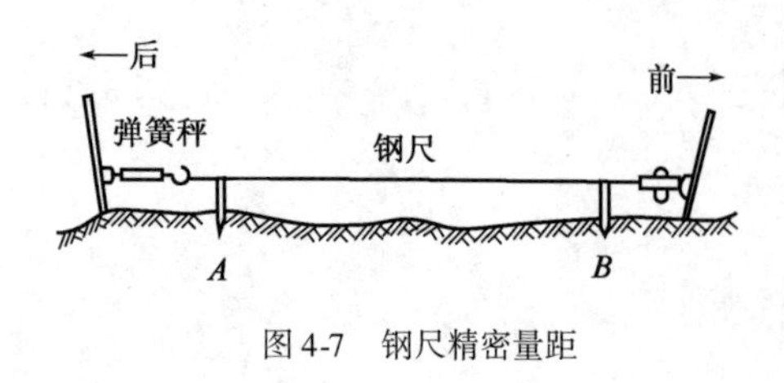

图4-7 钢尺精密量距

前后移动钢尺2～3cm，同法再次丈量，每一尺段要读三组数，由三组读数算得的长度较差应小于3mm，否则应重新丈量。如在限差之内，取三次结果的平均值，作为该尺段的观测结果。每一尺段应记温度一次。如此继续丈量至终点，即完成一次往测。完成往测后，应立即返测。每条直线所需丈量的往返次数视量距的精度要求而定。

5)成果整理

精密量距中,将每一尺段丈量结果经过尺长改正、温度改正和倾斜改正换算成水平距离,并求其总和,得到直线往测或返测的全长。如相对精度符合要求,则取往、返测平均值作为最后成果。

(1)尺段长度的计算

①尺长改正。钢尺在标准拉力、标准温度下的实际长度为 l',它与钢尺的名义长度 l_0 的差数 Δl 即为整尺段的尺长改正数,$\Delta l = l' - l_0$。则有:

$$\Delta l_{\mathrm{d}} = \frac{l' - l_0}{l_0} \cdot l \tag{4-5}$$

式中:Δl_{d}——尺段的尺长改正数;

l——尺段三次观测结果的平均值。

②温度改正。设钢尺在检定时的温度为 t_0℃,丈量时的温度为 t℃,钢尺的膨胀系数为 α,则丈量一个尺段 l 的温度改正数 Δl_{t} 为:

$$\Delta l_{\mathrm{t}} = \alpha(t - t_0)l \tag{4-6}$$

式中:l——尺段三次观测结果的平均值。

③倾斜改正。如图 4-6 所示,设 l 为量得的斜距,h 为尺段两端点间的高差,欲将 l 换算成水平距离 D,须加倾斜改正数 Δl_{h},其计算式为:

$$\Delta l_{\mathrm{h}} = -\frac{h^2}{2l} \tag{4-7}$$

可见,倾斜改正数恒为负值。

(2)计算全长

将各个改正后的尺段长和余长相加起来,便得到 AB 距离的全长。表 4-1 为往测结果,其值为 196.518 6m,同样算出返测的全长,其值为 196.513 6m,故平均值为 196.516 1m。其相对误差为:

$$K = \frac{|D_{往} - D_{返}|}{D_{平均}} = \frac{1}{39\,000}$$

如果相对误差在限差范围内,则平均距离即为观测结果;如果相对误差超限,则应重测。

钢尺精密量距的记录及有关计算见表 4-1。

精密量距记录计算表 表 4-1

钢尺号码:No. 11　　钢尺膨胀系数:0.000 012　　钢尺检定时温度 t_0:20℃　　计算者:

钢尺名义长度 l_0:30m　　钢尺检定长度 l':30.002 4m　　钢尺检定时拉力:100N　　日期:

尺段	实测次数	前尺读数(m)	后尺读数(m)	尺段长度(m)	温度(℃)	高差(m)	温度改正数(mm)	尺长改正数(mm)	倾斜改正数(mm)	改正后尺段长(m)
A1	1	29.895 5	0.020 0	29.875 5						
	2	29.915 5	0.034 5	29.877 0	26.5	−0.115	+2.3	+2.5	−0.2	
	3	29.898 0	0.024 0	29.874 0						
	平均			29.874 4						29.880 1

续上表

尺段	实测次数	前尺读数(m)	后尺读数(m)	尺段长度(m)	温度(℃)	高差(m)	温度改正数(mm)	尺长改正数(mm)	倾斜改正数(mm)	改正后尺段长(m)
12	1	29.9350	0.0250	29.9100						
	2	29.9565	0.0460	29.9105	25	+0.411	+1.8	+2.5	-2.0	
	3	29.9780	0.0694	29.9084						
	平均			29.9097						29.9120
…	…	…	…	…	…	…	…	…	…	…
6B	1	19.9345	0.0385	19.8960						
	2	19.9470	0.0510	19.8960	28.0	+0.112	+1.9	+1.7	-0.3	
	3	19.9565	0.0615	19.8950						
	平均			19.8957						19.8990
总和										196.5186

4.1.4 钢尺量距误差及注意事项

钢尺量距误差主要有尺长误差、人为误差及外界条件的影响。

1)尺长误差

尺长误差属于系统误差,具有累积性,所量距离越长,误差越大。因此,新购置的钢尺必须经过检定,以求得尺长改正值。

2)人为误差

人为误差主要有钢尺倾斜和垂直误差、定线误差、拉力误差及丈量误差。

(1)钢尺倾斜误差和垂直误差

当地面高低不平、按水平钢尺法量距时,钢尺没有处于水平位置或因自重导致中间下垂而成曲线时,都会使所量距离增大,因此丈量时必须注意钢尺水平。

(2)定线误差

定线误差总是使丈量结果偏大,一般丈量时,要求定线偏差不大于0.1m,可以用标杆目估定线。当直线较长或精度要求较高时,应用经纬仪定线。

(3)拉力误差

钢尺在丈量时所受拉力应与检定时拉力相同,一般量距中只要保持拉力均匀即可,而对较精密的丈量工作则需使用弹簧秤。

(4)丈量误差

丈量时用测钎在地面上标志尺端点位置时插测钎不准、前后尺手配合不佳、余长读数不准,都会引起丈量误差,这种误差对丈量结果的影响可正可负,大小不定。因此,在丈量中应尽力做到对点准确,配合协调,认真读数。

3)外界条件的影响

外界条件的影响主要是温度的影响,钢尺的长度随温度的变化而变化。当丈量时的温度与标准温度不一致时,将导致钢尺长度变化,按照钢的膨胀系数计算,温度每变化1℃,丈量距离为30m时对距离的影响为0.4mm。

4.2 视距测量

视距测量是一种间接测距方法,它利用望远镜内视距丝装置,根据几何光学原理同时测定距离和高差。这种方法具有操作简便、快捷、不受地形限制等优点,虽然精度较低(普通视距测量的相对精度为1/300～1/200),但能满足测定一般碎部点的要求,因此被广泛用于地形碎部测量中。也可用于检核其他方法量距可能发生的粗差。

4.2.1 视准轴水平时视距计算公式

如图4-8所示,AB为待测距离,在A点安置经纬仪,B点立视距尺,设望远镜视线水平,瞄准B点的视距尺,此时视线与视距尺垂直。

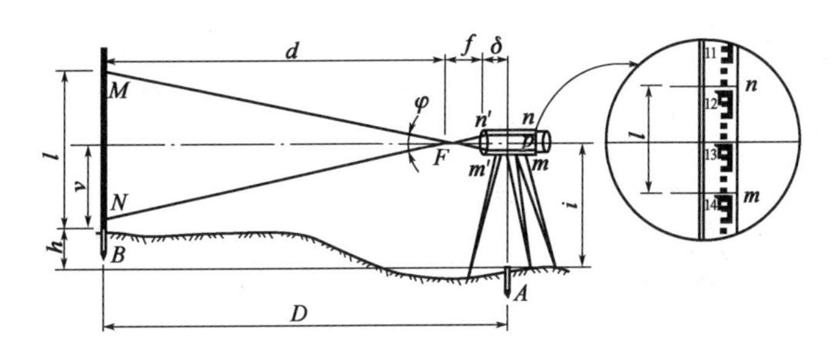

图4-8 视准轴水平时视距测量原理

图4-8中$p=mn$为望远镜上、下视距丝的间距,$l=MN$为视距间隔,f为望远镜焦距,δ为物镜中心到仪器中心的距离。

由于望远镜上、下视距丝的间距p固定,因此从这两根丝引出去的视线在竖直面内的夹角φ也是一个固定的角度。设由上下视距丝n、m引出去的视线在标尺上的交点分别为N、M,则可通过读取交点的读数N、M求出视距间隔l。

由于$\triangle n'm'F$与$\triangle NMF$相似,所以有:

$$\frac{d}{f}=\frac{l}{p}$$

则

$$d=\frac{f}{p}l$$

由图4-8得:

$$D=d+f+\delta=\frac{f}{p}l+f+\delta$$

令$K=\dfrac{f}{p}$,$C=f+\delta$,则有:

$$D=Kl+C \tag{4-8}$$

式中:K、C——分别为视距乘常数、视距加常数。仪器在设计制造时,通常使$K=100$,C接近于0。

因此,视准轴水平时的视距计算公式为:

$$D = Kl = 100l \tag{4-9}$$

如果在望远镜中读取中丝读数 v,用钢尺量出仪器高度 i,则 A、B 两点的高差为:

$$h = i - v \tag{4-10}$$

4.2.2 视准轴倾斜时视距计算公式

如图 4-9 所示,当视准轴倾斜时,由于视线不垂直于视距尺,故不能直接用式(4-9)计算视距。由于 φ 角很小,约为 34′,所以有 $\angle MOM' \approx \alpha$,即只要将视距尺绕与望远镜视线的交点 O 旋转如图 4-9 所示的 α 角后就与视线垂直,并有:

$$l' = l\cos\alpha$$

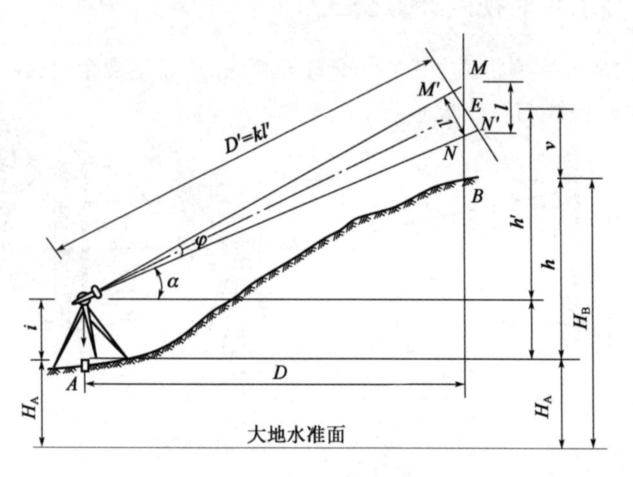

图 4-9 视准轴倾斜时视距测量原理

则望远镜旋转中心 Q 与视距尺旋转中心 O 的视距为:

$$D' = Kl' = Kl\cos\alpha$$

由此求得 A、B 的水平距离为:

$$D = L\cos\alpha = Kl\cos^2\alpha \tag{4-11}$$

设 A、B 的高差为 h,由图 4-9 可得出下列方程:

$$h + v = h' + i \tag{4-12}$$

其中,$h' = L\sin\alpha = Kl\cos\alpha \cdot \sin\alpha = \frac{1}{2}Kl\sin2\alpha$,称初算高差。代入式(4-12)得到高差计算公式:

$$h = h' + i - v = \frac{1}{2}Kl\sin2\alpha + i - v = D\tan\alpha + i - v \tag{4-13}$$

4.2.3 视距测量的观测与计算

1)视距测量的观测

(1)如图 4-9 所示,安置经纬仪于 A 点,量取仪器高 i,在 B 点竖立视距尺。

(2)盘左(或盘右),转动照准部照准 B 点视距尺,分别读取上、下、中丝在标尺上的读数 M、N、v,根据上、下丝读数 M、N 计算视距间隔 l。

(3)读取竖盘读数,并计算竖直角 α。

将以上数据代入式(4-11)、式(4-13),即可计算出地面两点的水平距离和高差。

2)视距测量的计算

视距测量的记录与计算如表 4-2 所示。

视距测量记录与计算 表 4-2

测站:*A*		测站高程:19.74m			仪器高:1.44m		
照准点号	下丝读数 上丝读数 视距间隔(m)	中丝读数 v (m)	竖盘读数 L (盘左) (° ′)	竖直角 α (° ′)	水平距离 D (m)	高差 h (m)	高程 H (m)
1	1.426 0.995 0.431	1.211	92 42	-2 42	43.00	-1.79	17.96
2	1.812 1.298 0.514	1.555	88 12	+1 48	51.35	+1.51	21.26
3	0.889 0.507 0.382	0.698	89 54	+0 06	38.20	+0.82	20.57

4.2.4 视距测量误差分析及注意事项

1)视距测量的误差

(1)用视距丝读取视距尺间隔的误差

用视距丝在视距尺上读数的误差,与尺子最小分划的宽度、距离的远近、望远镜的放大率及成像清晰情况有关。因此,读数误差的大小应视具体使用的仪器及作业条件而定。

(2)视距尺倾斜的误差

视距尺倾斜对视距所产成的误差是系统性的,其影响随着地面坡度的增加而增加。特别是在山区作业,往往由于地面有坡度而给人一种错觉,使视距尺不易竖直。

(3)竖直角观测的影响

当竖直角不大时,对平距的影响较小,而主要是影响高差。当竖直角 $\alpha=5°$,若其误差为 1′,视距为 100m 时,对高差的影响约为 0.03m。所以当仅用一个盘位观测时,应检校竖盘指标差或测定指标差以改正竖直角。

(4)外界条件的影响

①大气折光的影响。由于视线通过的大气密度不同,而产生垂直折光差,因此越接近地面,视线受折光的影响越大。

②空气对流使视距尺成像不稳定。这种现象在视线通过水面上空和视线接近地面时较为突出,特别是在烈日暴晒下更为严重。成像不稳定以及风力较大使视距尺不易稳定而产生抖动,造成读数误差的增大。

此外,视距乘常数 K 的误差、视距尺分划误差等都将影响视距测量的精度。

2)视距测量注意事项

(1)为减小垂直折光的影响,观测时应使视线离地面 1m 以上。

(2)观测时应使视距尺竖直,为减小它的影响,应尽量采用带有水准器的视距尺。

(3)要严格测定视距乘常数,K 值应在 100 ±0.1 之内,否则应加以改正。

(4)视距尺一般应采用厘米刻画的整体尺。如使用塔尺,应检查各节的接头是否准确。

(5)选择有利的观测时间。

4.3 光电测距

钢尺量距劳动强度大,精度与工作效率较低,尤其在山区或沼泽区,丈量工作更是困难。20 世纪 60 年代以来,随着激光技术、电子技术的飞速发展,光电测距方法得到了广泛的应用,它具有测程远、精度高、作业速度快等优点。

光电测距是一种物理测距的方法,通过测定光波在两点间传播的时间计算距离,按此原理制作的以光波为载波的测距仪叫光电测距仪。按测定传播时间的方式不同,测距仪分为相位式测距仪和脉冲式测距仪;按测程大小,测距仪分为远程、中程和短程测距仪三种,如表 4-3 所示。目前工程测距中使用较多的是相位式短程光电测距仪。

光电测距仪种类 表 4-3

仪器种类	短程光电测距仪	中程光电测距仪	远程光电测距仪
测程	<3km	3 ~ 15km	>15km
精度	$\pm(5\text{mm}+5\times10^{-6}\times D)$	$\pm(5\text{mm}+2\times10^{-6}\times D)$	$\pm(5\text{mm}+1\times10^{-6}\times D)$
光源	红外光源 (GaAs 发光二极管)	GaAs 发光二极管; 激光管	He-Ne 激光器
测距原理	相位式	相位式	相位式

4.3.1 光电测距原理

如图 4-10 所示,欲测定 A、B 两点间的距离 D,置仪器于 A 点,反射棱镜(简称反光镜)于 B 点,仪器发出的光束由 A 到达 B,经反光镜反射后又返回到仪器。设光速 c(约 3×10^8m/s)为已知,如果再知道光束在待测距离 D 上往返传播的时间 t,则可由式(4-14)求出:

$$D=\frac{1}{2}ct \tag{4-14}$$

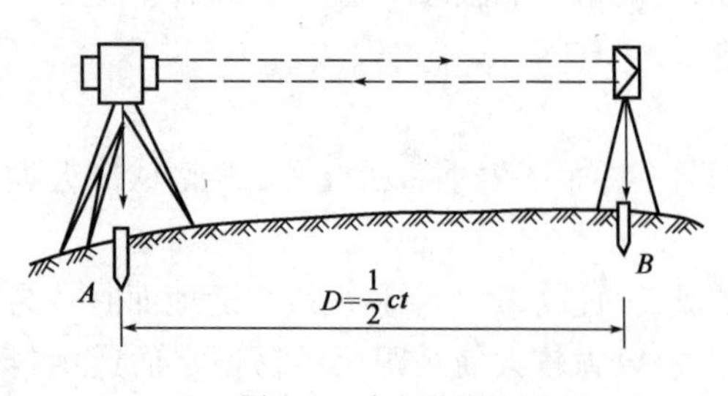

图 4-10 光电测距原理

由式(4-14)可知,测定距离的精度,主要取决于测定时间 t 的精度。例如保证 ±10cm 的测距精度,时间要求准确到 6.7×10^{-11}s,这实际上是很难做到的。为了进一步提高光电测距的精度,必须采用间接测时手段——相位测时法,即把距离和时间的关系转化为距离和相位的关系,通过测定相位来求得距离,即所谓的相位测距。

相位式光电测距的原理:采用周期为 T 的高频电振荡对测距仪的发射光源进行连续振幅调制,使光强随电振荡的频率而周期性地变化(每周相位 φ 的变化为 $0\sim2\pi$),如图4-11所示,通过测量连续的调制光波在待测距离上往返后产生的相位移动量来间接测定调制光波传播的时间 t,从而求得被测距离 D。如图4-12所示,测距仪发出的连续的频率固定的调制信号在待测距离上往返传播后,其相位产生了相对位移,P 所对应的是调制光波往返传播的距离 $2D$。

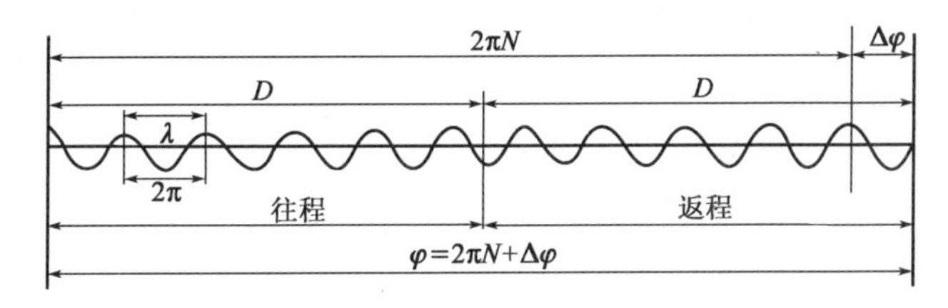

图4-11 相位式光电测距原理

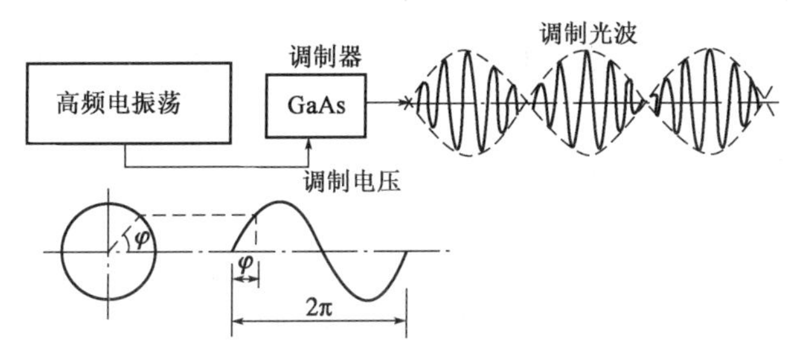

图4-12 光的调制

$$\varphi = 2\pi N + \Delta\varphi = 2\pi\left(N + \frac{\Delta\varphi}{2\pi}\right) = 2\pi(N + \Delta N) \tag{4-15}$$

$$D = \frac{\lambda}{2}(N + \Delta N) = \frac{\lambda}{2}\left(N + \frac{\Delta\varphi}{2\pi}\right) \tag{4-16}$$

其中,2π 为一个周期的相位变化,N 为相位移动 φ 中 2π 的整周期数,$\Delta\varphi$ 是不足 2π 部分的尾数,ΔN 为对应 $\Delta\varphi$ 的不足整周期的比例数,λ 为调制波长$\left(\lambda = \frac{C}{f}\right.$,$C$ 为调制波传播速度即光速,f 为调制波频率)。由式(4-16)可知,相位式测距仪工作时相当于用尺长为 $\lambda/2$ 的尺子(称为光尺)进行量距,被测距离等于 N 个整尺段 $(\lambda/2)N$ 和一个余长 $(\lambda/2)\Delta N$ 或 $(\lambda/2)(\Delta\varphi/2\pi)$ 之和。在相位式测距仪中,测定 φ 用的是比相法。比相法只能测定 φ 中不足 2π 部分的尾数 $\Delta\varphi$,而无法测定整倍数 N,因此式(4-16)中的 D 出现多值解。只有当待测距离小于光尺长度时,才能有唯一确定的数值。此外,测距仪的相位计一般只能测定四位有效数值。因而测距仪中往往采用2个以上调制频率即两种光尺的组合来共同完成测距任务。如 $f_1 = 14\text{MHz}$,$\lambda_1/2 = 10\text{m}$(称为精测尺),可以测定距离尾数的米、分米、厘米和毫米四位数;$f_2 = 30\text{kHz}$,$\lambda_2/2 = 4\,000\text{m}$(称为粗测尺),可以测定距离整数部分的千米、百米、十米和米四位数;f_1 和 f_2(即 $\lambda_1/2$ 和 $\lambda_2/2$)组合起来使用,即可以测定4km以内距离值。

4.3.2 光电测距精度分析及注意事项

1)光电测距误差

光电测距误差来自三个方面:一是仪器误差,主要是测距仪的调制频率误差和仪器的测相误差;二是人为误差,这方面主要是仪器对中、反射棱镜对中时产生的误差;三是外界条件的影响,主要是气象参数即大气温度和气压的影响。

2)光电测距的精度

光电测距的误差有两个部分:一是与所测距离的长短无关,称为常误差(固定误差)a;二是与距离的长度D成正比,称为比例误差,其比例系数为b。因此,光电测距的测距中误差m_D(又称为测距仪的标称精度)为:

$$m_D = \pm (a + b \cdot D) \tag{4-17}$$

式中:a——仪器的固定误差(mm);

b——仪器的比例误差(mm/km);

D——测距边长度(km)。

3)光电测距仪使用注意事项

(1)切不可将照准头对准太阳,以免损坏光电器件。

(2)注意电源接线,不可接错,经检查无误后方可开机测量。测距完毕时注意关机,不要带电迁站。

(3)视场内只能有反光棱镜,应避免测线两侧及镜站后方有其他光源和反射物体,并应尽量避免逆光观测;测站应避开高压线、变压器等处。

(4)仪器应在大气比较稳定和通视良好的条件下进行观测。

(5)仪器不要暴晒和雨淋,在强烈阳光下要撑伞遮阳,经常保持仪器清洁和干燥,在运输过程中要注意防振。

4.4 直线定向

4.4.1 直线定向

确定地面直线与标准方向间的水平夹角称为直线定向。

1)标准方向的分类

(1)真子午线方向

地表任意一点P与地球旋转轴所组成的平面与地球表面的交线称为P点的真子午线,真子午线在P点的切线方向称为P点的真子午线方向,如图4-13所示。可以用天文测量方法或者陀螺经纬仪来测定地表任意一点的真子午线方向。

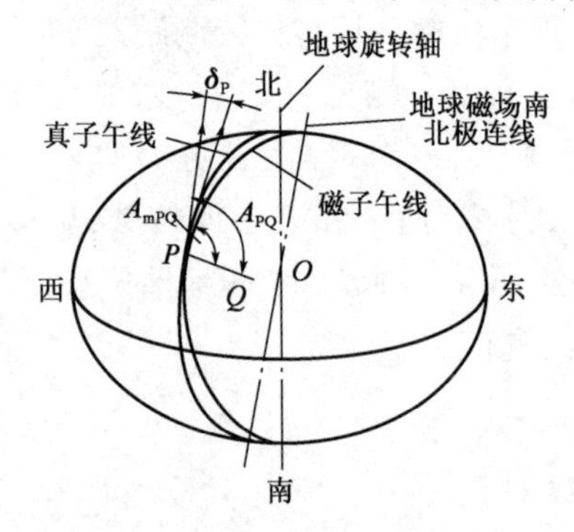

图4-13 A_{PQ}与A_{mPQ}的关系

(2)磁子午线方向

地表任意一点P与地球磁场南北极连线所组成的平面与地球表面的交线称为P点的磁子午线,磁子午线在P点的切线方向称为P点的磁子午线方向。磁子午线方向可以用罗盘仪或罗盘经纬仪测定,在P点安置罗盘经纬仪,磁针自由静止时其轴线所指的方向即为P点的磁子午线方向。

(3)坐标纵轴方向

过地表任意一点 P 且与其所在的高斯平面直角坐标系或者假定坐标系的坐标纵轴平行的直线称为 P 点的坐标纵轴方向。

2)表示直线方向的方法

测量中,常用方位角来表示直线的方向,其定义为:由标准方向的北端起,顺时针到直线的水平夹角。方位角的取值范围是 $0° \sim 360°$。利用上述介绍的三个标准方向,可以对地表任意一直线 PQ 定义三个方位角。

(1)由过 P 点的真子午线方向的北端起,顺时针到 PQ 的水平夹角,称 PQ 的真子午线方位角,用 A_{PQ} 表示。

(2)由过 P 点的磁子午线方向的北端起,顺时针到 PQ 的水平夹角,称 PQ 的磁子午线方位角,用 A_{mPQ} 表示。

(3)由过 P 点的坐标纵轴方向的北端起,顺时针到 PQ 的水平夹角,称 PQ 的坐标方位角,用 α_{PQ} 表示。在土木工程中用得最多的是坐标方位角。

3)三种方位角之间的关系

讨论任意一直线 PQ 的三种方位角之间的关系实际上就是讨论过 P 点三种标准方向之间的关系。

(1)A_{PQ} 与 A_{mPQ} 的关系

由于地球的南北极与地球磁场的南北极并不重合,过地表任意一点 P 的真子午线方向与磁子午线方向也不重合,其间的水平夹角称为磁偏角,用 δ_P 表示,其正负的定义为:以真子午线方向北端为基准,磁子午线方向北端偏东 $\delta_P > 0$,偏西 $\delta_P < 0$。图 4-13 中的 $\delta_P > 0$。由图 4-14 可得:

$$A_{PQ} = A_{mPQ} + \delta_P \tag{4-18}$$

我国磁偏角的变化在 $+6° \sim -10°$ 之间。

(2)A_{PQ} 与 α_{PQ} 的关系

如图 4-14 所示,在高斯平面直角坐标系中,过其内任意一点 P 的真子午线是收敛于地球旋转轴南北两极的曲线。所以,只要 P 点不在赤道上,其真子午线方向与坐标纵轴方向就不重合,其间的水平夹角称为子午线的收敛角,以 γ_P 表示,其正负的定义为:以真子午线方向北端为基准,坐标纵轴方向北端偏东 $\gamma_P > 0$,偏西 $\gamma_P < 0$。图 4-14 中的 $\gamma_P > 0$。由图 4-14 可得:

$$A_{PQ} = \alpha_{PQ} + \gamma_P \tag{4-19}$$

其中,P 点的子午线收敛角可以按式(4-20)计算:

$$\gamma_P = (L_P - L_0)\sin B_P \tag{4-20}$$

式中:L_0——P 点所在中央子午线的经度;

L_P、B_P——分别为 P 点的大地经度和纬度。

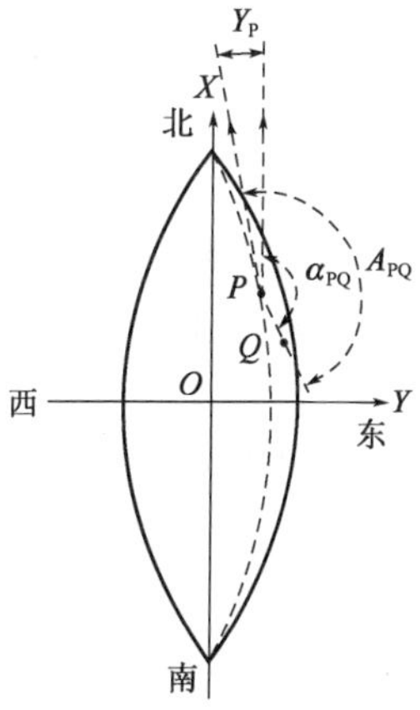

图 4-14 A_{PQ} 与 α_{PQ} 的关系

(3)α_{PQ} 与 A_{mPQ} 的关系

由式(4-18)和式(4-19)可得:

$$\alpha_{PQ} = A_{mPQ} + \delta_P - \gamma_P \tag{4-21}$$

4)用罗盘仪测定磁方位角

罗盘仪是测量直线磁方位角的一种仪器,如图4-15所示。该仪器构造简单,使用方便,但精度不高。在小范围内建立平面控制网时,可用罗盘仪测量磁方位角,作为该控制网起始边的坐标方位角。

罗盘仪主要由磁针、刻度盘、望远镜和基座等部分组成。如图4-16所示,欲测直线*AB*的磁方位角,将罗盘仪安置在直线起点*A*上,对中、整平后,松开磁针固定螺旋,然后转动罗盘,用望远镜照准*B*点标志,待磁针静止后读数,读数时如果度盘上的0°位于望远镜的物镜端,按磁针北端所指的度盘分划值读数,即为*AB*边的磁方位角值。如果度盘上的0°位于望远镜的目镜端,按磁针南端所指的度盘分划值读数。

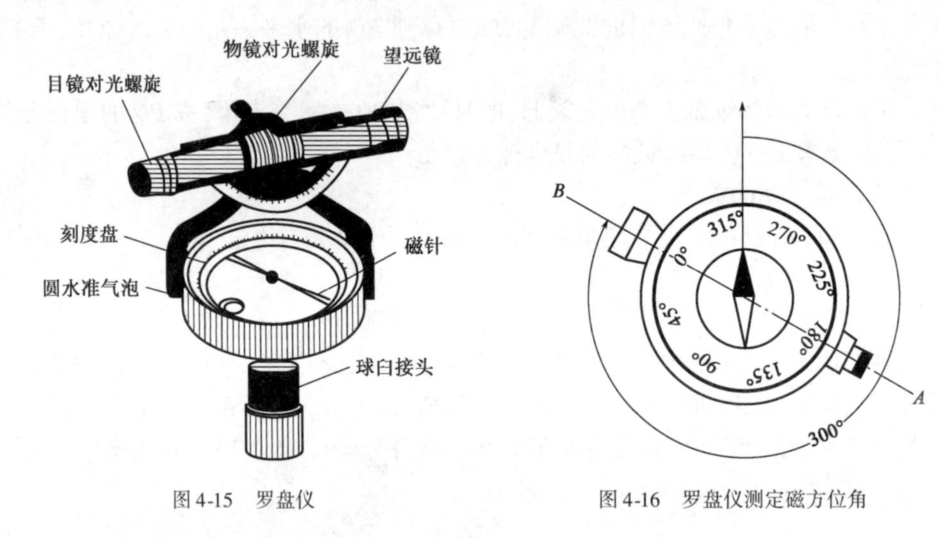

图4-15　罗盘仪　　　图4-16　罗盘仪测定磁方位角

使用时,要避开高压电线,避免铁质物体接近罗盘。测量结束后,要旋紧固定螺旋将磁针固定。

4.4.2　坐标方位角的计算

1)正、反坐标方位角

正、反坐标方位角是一个相对概念,如果称α_{12}为正方位角,则α_{21}即α_{12}的反方位角,反之亦然。如图4-17可得正、反坐标方位角的关系为:

$$\alpha_{21} = \alpha_{12} \pm 180° \tag{4-22}$$

2)坐标方位角的推算

如图4-18所示,已知12的坐标方位角α_{12},观测了水平角β_2、β_3,可推算出:

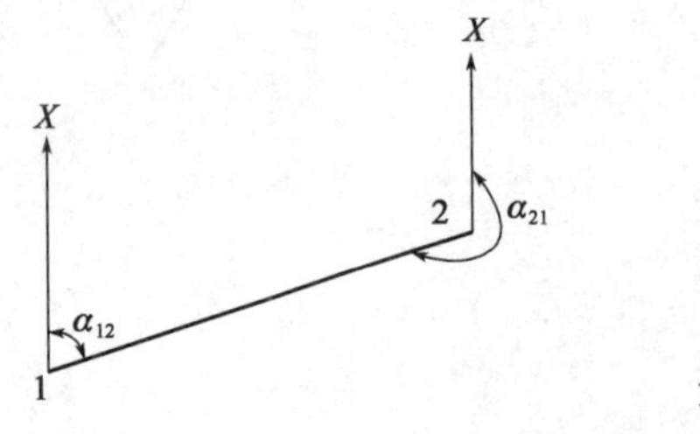

图4-17　正、反坐标方位角的关系

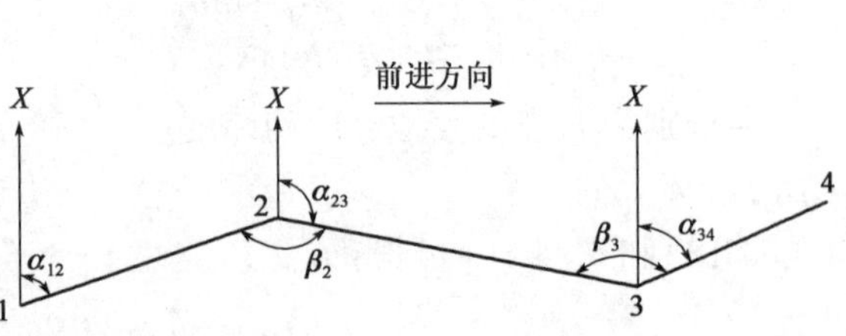

图4-18　坐标方位角的推算原理

$$\alpha_{23} = \alpha_{12} - \beta_2 + 180° \tag{4-23}$$

$$\alpha_{34} = \alpha_{23} + \beta_3 - 180° \tag{4-24}$$

β_2 在路线前进方向的右侧,称为右折角;β_3 在路线前进方向的左侧,称为左转角。可归纳出坐标方位角推算的一般公式为:

$$\alpha_{前} = \alpha_{后} + 180° + \beta_{左} \tag{4-25}$$

$$\alpha_{前} = \alpha_{后} + 180° - \beta_{右} \tag{4-26}$$

本章小结

本章主要介绍钢尺量具和视距测量的原理、方法以及直线定向方法。通过本章学习,应明确距离测量和距离测量数据处理方法、方位角的计算方法,加强实践环节学习。

思考题与习题

1. 直线定线的目的是什么?有哪些方法?如何进行?

2. 某钢尺的尺长方程式为 $l_t = 30\text{m} + 0.005\text{m} + 1.2\times10^{-4}\times(t-20)\times30\text{m}$,使用它丈量 AB 尺段间长度为 29.905 8m,丈量时温度 $t = 24℃$,使用拉力与检定时相同,AB 尺段间高差 $h_{AB} = 0.85\text{m}$,试求该尺段实际水平距离。

3. 现用钢尺丈量了 AB、CD 两段水平距离:AB 段往测为 246.68m,返测为 246.60m;CD 段往测为 358.17m,返测为 358.25m。问两段距离丈量精度是否相同?如果不同,哪段丈量精度高?为什么?

4. 用视距测量法测量 A、B 两点间的水平距离和高差,在 A 点安置经纬仪,B 点立视距尺,测得仪器高为 $i_A = 1.37\text{m}$,上丝读数 = 1.213m,下丝读数 = 2.068m,中丝读数 = 1.640m,竖直角 $\alpha = -2°18'36''$,试计算水平距离 D_{AB} 和高差 h_{AB}。

5. 直线定向的目的是什么?它与直线定线有何区别?

6. 标准方向有哪几种?它们间有什么关系?

7. 已知 1、2、3、4、5 控制点的平面坐标列于表 4-4,试计算方位角 α_{31}、α_{32}、α_{34}、α_{45},计算精确至秒。

控制点平面坐标(单位:m) 表 4-4

点名	1	2	3	4	5
x	44 947.219	44 870.478	44 810.101	44 644.024	44 730.424
y	23 488.478	23 989.619	23 796.972	23 763.977	23 903.416

第5章

测量误差的基本知识

【本章知识要点】

通过本章的学习,掌握测量误差的基本概念、测量误差产生的原因、精度评定指标和方法、误差传播定律及应用;了解不等精度观测精度评定、权的意义、加权平均值的计算。

5.1 测量误差来源及其分类

5.1.1 测量误差来源

在测量工作中,由于主观和客观等诸多方面的原因,在同一观测量的各观测值之间,或在各观测值与其理论值之间存在差异。例如,对某个三角形的内角进行观测,内角和不等于180°;又如所测闭合水准路线的高差闭合差不等于零。这种误差实质上表现为观测值与其观测量的真值之间存在着差异。

测量误差产生的原因归纳起来主要有以下三个方面:

(1)仪器设备

测量工作是利用测量仪器进行的,而每一种测量仪器都具有一定的精确度,因此,会使测量结果受到一定的影响。例如,钢尺的实际长度和名义长度总存在差异,由此所测的长度总存在尺长误差。再如水准仪的视准轴不平行于水准管轴，也会使观测的高差产生 i 角误差。

(2)观测者

由于观测者的感官分辨能力存在一定的局限性，所以，对仪器的对中、整平、瞄准、读数等操作都会产生误差。例如，在厘米分划的水准尺上，由观测者估读毫米数，则1mm以下的估读误差是极有可能产生的。另外，观测者技术熟练程度、工作态度也会给观测成果带来不同程度的影响。

(3)外界环境

观测时所处的外界环境中的温度、风力、大气折光、湿度、气压等客观情况时刻在变化，也会使测量结果产生误差。例如，温度变化使钢尺产生伸缩，大气折光使望远镜的瞄准产生偏差等。

人、仪器和环境是测量工作进行的必要条件，因此，测量成果中的误差是不可避免的。

上述三个方面的因素是引起观测误差的主要来源，因此把这三个方面的因素综合起来称为观测条件。观测条件的好坏与观测成果的质量高低有着密切的联系。

5.1.2 测量误差的分类

观测误差按其对观测成果的影响性质，可分为系统误差和偶然误差两大类。

1)系统误差

在相同的观测条件下，对观测量进行一系列的观测，若误差的大小及符号相同，或按一定的规律变化，那么这类误差称为系统误差。例如，用一把名义长度为30m、实际长度为30.006m的钢尺丈量距离，每量一尺段就要少量6mm，该误差在数值上和符号上都是固定的，且随着尺段数的增加呈累积性。系统误差对测量成果影响较大，且具有累积性，应尽可能消除或限制到最低程度，其常用的处理方法有：

(1)检校仪器，把系统误差降到最低程度，如降低指标差等。

(2)加改正数，在观测结果中加入系统误差改正数，如尺长改正等。

(3)采用适当的观测方法，使系统误差相互抵消或减弱，如测水平角时采用盘左、盘右观测消除视准误差；测竖直角时采用盘左、盘右观测消除竖盘指标差；采用前后视距相等来消除由于水准仪的视准轴不平行于水准管轴带来的 i 角误差。

2)偶然误差

在相同的观测条件下，对观测量进行一系列的观测，若误差的大小及符号都表现出偶然性，没有规律，则这类误差称为偶然误差，或随机误差。偶然误差是不可避免的，从表面看没有任何规律性，但从对该观测量进行 N 次观测的测量误差来看，具有一定的统计规律。

3)粗差

由于观测者本身疏忽造成的误差为粗差，如读错、记错。在经典误差理论中，粗差不属于误差范畴。粗差会影响测量成果的可靠性，测量时必须遵守测量规范，要认真操作、随时检查，并进行结果校核，以避免粗差的出现。

4)误差处理原则

为了防止错误的发生和提高观测成果的精度，在测量工作中，一般需要进行多于必要观测次数的观测，称为“多余观测”。例如，一段距离用往、返丈量，如将往测作为必要观测，则返测就属于多余观测；又如，三角形三个内角度数的获取，其中两个角度属于必要观测，第三个角度的观测就属于多余观测。有了多余观测,就可以发现观测值中的误差。由于观测值中的偶然误差不可避免,有了多余观测,观测值之间必然产生离差。根据差值的大小,可以评定测量的精度,差值如果大到一定程度,就认为观测值中有的观测量的误差超限,应予以重测;差值如果不超限,则按偶然误差的规律加以处理,以求得最可靠的数值。

至于观测值中的系统误差,应该尽可能按其产生的原因和规律加以改正、抵消或削弱。

5.1.3 偶然误差的特性

系统误差可以通过各种方法进行改正或削弱,因此在误差体系中还剩下偶然误差起主要影响作用,因而偶然误差是误差理论的主要研究对象。就单个偶然误差而言,其大小和符号都没有规律性,但就其总体而言,却呈现出一定的统计规律性,并且是服从正态分布的随机变量。即在相同观测条件下,大量偶然误差的分布表现出一定的统计规律性。

例如,在相同的观测条件下,对一个三角形的内角进行217次观测,由于观测值带有偶然误差,故三角形内角和观测值之和不等于真值180°,三角形内角和的真误差 Δ_i 由式(5-1)算出:

$$\Delta_i = l_i - X \tag{5-1}$$

式中:l_i——第 i 次三角形内角观测值之和;

X——三角形内角和的真值,180°。

若取误差区间间隔 $d\Delta_i = 3''$,将上述217个真误差按其正负号与数值大小排列,统计误差出现在各个区间的个数 k,计算其相对个数 k/n(此处 $n = 217$),则 k/n 称为误差出现的频率。其偶然误差的统计列于表5-1。

三角形内角和偶然误差统计表　　表5-1

误差区间 dΔ (″)	负误差			正误差		
	个数	频率 k/n	$\frac{k}{n}\Big/ d\Delta$	个数	频率 k/n	$\frac{k}{n}\Big/ d\Delta$
0~3	30	0.138	0.046	29	0.134	0.045
3~6	21	0.097	0.032	20	0.092	0.031
6~9	15	0.069	0.023	18	0.083	0.028
9~12	14	0.065	0.022	16	0.074	0.025
12~15	12	0.055	0.018	10	0.046	0.015
15~18	8	0.039	0.012	8	0.037	0.012
18~21	5	0.023	0.008	6	0.028	0.009
21~24	2	0.009	0.003	2	0.009	0.003
24~27	1	0.005	0.002	0	0.000	0.000

从表5-1中可以看出,误差分布状况具有以下性质:

(1)有界性。在一定观测条件下,偶然误差的绝对值不会超过某一极限值。

(2)单峰性。绝对值较小的误差出现频率大,绝对值较大的误差出现的频率小。

(3)对称性。绝对值相等的正、负误差出现的频率大致相等。

(4)抵偿性。当观测次数无限增大时,偶然误差的算术平均值趋近于零。

$$\lim_{n\to\infty}\frac{\Delta_1 + \Delta_2 + \cdots + \Delta_n}{n} = \lim_{n\to\infty}\frac{[\Delta]}{n} = 0 \tag{5-2}$$

误差的分布情况,除了采用表 5-1 的形式表达外,还可用图形来表达。以横坐标表示误差的正负和大小,以纵坐标表示各区间内误差出现的频率 k/n 除以区间的间隔值 $d\Delta_i$。

根据表 5-1 的数据绘制出图 5-1。每一个误差区间上的长方形面积就代表误差出现在该区间内的频率,这种图称为频率直方图,它形象地表示了误差的分布情况。

当在同一观测条件下,随着观测个数的无限增多,同时又无限缩小误差的区间值 $d\Delta$,误差出现在各区间的频率也就趋于一个确定的数值,这就是误差出现在各区间的频率。

即在一定的观测条件下,对应着一种确定的误差分布,若 $n\to\infty$,$\Delta\to 0$,则图 5-1 中各长方形顶边的折线将逐渐变成图 5-2 中的一条光滑曲线,称为误差分布曲线。

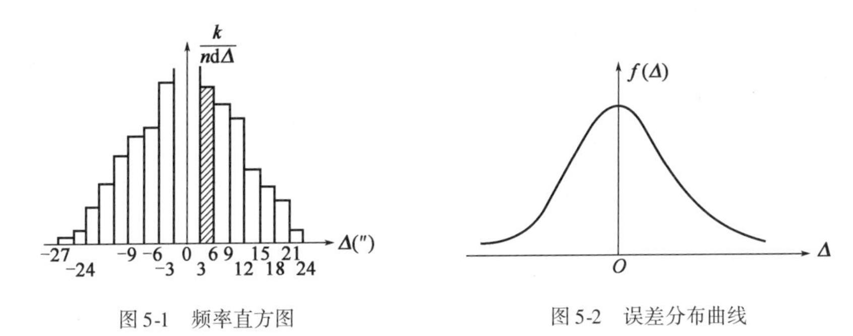

图 5-1 频率直方图

图 5-2 误差分布曲线

由此可见,偶然误差的频率分布随着 n 的逐渐增大,都是以正态分布为其极限的。正态分布曲线的数学方程式为:

$$f(\Delta) = \frac{1}{\sigma\sqrt{2\pi}} e^{\frac{\Delta^2}{2\sigma^2}} \tag{5-3}$$

该式被称为偶然误差的概率密度函数,其中,σ 为标准差,测量上称为中误差。

$$\sigma = \lim_{n\to\infty}\sqrt{\frac{\sum\Delta\Delta}{n}} \tag{5-4}$$

5.2 观测值的算术平均值及改正值

5.2.1 算术平均值

在等精度的观测条件下,对某未知量进行了 n 次观测,其观测值分别为 $l_1, l_2, \cdots, l_n$,将这些观测值取平均值 $\bar{x}$,作为该量的最可靠的值,称为“最或是值”:

$$\bar{x} = \frac{l_1 + l_2 + \cdots + l_n}{n} = \frac{[l]}{n} \tag{5-5}$$

设某一量的真值为 X,其观测值为 $l_1, l_2, \cdots, l_n$,相应的真误差为 $\Delta_1, \Delta_2, \cdots, \Delta_n$,则:

$$\left.\begin{aligned} \Delta_1 &= X - l_1 \\ \Delta_2 &= X - l_2 \\ &\cdots \\ \Delta_n &= X - l_n \end{aligned}\right\} \tag{5-6}$$

上式等号两端分别相加,左右各除以 n,得到:

$$\frac{[\Delta]}{n} = X - \frac{l}{n} \tag{5-7}$$

根据偶然误差的第四个特性,当观测次数 $n \to \infty$ 时,$\frac{[\Delta]}{n}$趋近于零,即

$$\lim_{n\to\infty}\frac{[\Delta]}{n} = 0$$

也就是说,当观测次数无限增大时,观测值的算术平均值趋近于真值。但是在实际工作中,不可能对一个量进行无限次的观测,因此把有限次观测得到的观测值的算术平均值作为该量的最或是值。

5.2.2 观测值的改正值

最或是值与观测值之差称为观测值的改正值(v):

$$\left.\begin{aligned} v_1 &= \bar{x} - l_1 \\ v_2 &= \bar{x} - l_2 \\ &\cdots \\ v_n &= \bar{x} - l_n \end{aligned}\right\} \tag{5-8}$$

上式等号两端分别相加,得:

$$[v] = n\bar{x} - [l]$$

顾及式(5-5),得到:

$$[v] = n\frac{[l]}{n} - [l] = 0 \tag{5-9}$$

由此可知,观测值的改正值之和恒等于0。该特性可作为计算检核。

5.3 衡量精度的指标

在测量工作中,用来评价观测成果好坏的指标是精确度。精确度包括准确度和精密度,准确度主要取决于系统误差的大小;精密度主要取决于偶然误差的分布。若系统误差得到改正,偶然误差则在误差系统中占主要地位,此时用精密度来评价其观测质量,简称精度。常用的衡量精度的指标有以下几种。

5.3.1 中误差

为了统一衡量在一定观测条件下观测结果的精度,取标准差 σ 作为依据是比较合适的。不同的 σ 对应着不同形状的分布曲线,σ 越小,曲线越陡;σ 越大,曲线越缓。σ 的大小能反映精度的高低,故应用标准差来衡量精度的高低。但是,在实际测量工作中,不可能对某一量做无穷多次观测,因此,按有限次数观测值的真误差求得标准差的估值来作为衡量观测精度的指标,称为“中误差”m,即

$$m = \pm\sqrt{\frac{\Delta_1^2 + \Delta_2^2 + \cdots + \Delta_n^2}{n}} = \pm\sqrt{\frac{[\Delta\Delta]}{n}} \tag{5-10}$$

例如,设对某一三角形内角和进行了两组观测,每组 10 次观测,由于三角形内角和真值为 180°,则根据内角观测值可得其真误差如下。

第一组:-3″, -2″, +2″, +4″, -1″,0″, -4″, +3″, +2″, -3″

第二组:0″, +1″, -7″, -2″, +1″, -1″, +8″,0″, +3″, -1″

根据式(5-9),求得两组观测值的中误差分别为:

$$m_1 = \pm 2.7''$$

$$m_2 = \pm 3.6''$$

由于 $m_1 < m_2$,因此,第一组的观测精度要高于第二组的观测精度。

5.3.2 由观测值的改正值计算观测值中误差

使用式(5-10)来计算中误差需要知道观测值的真值 X,而在实际工作中观测值的真值 X 绝大多数情况下是不知道的,故真误差 Δ 也就无法求得,此时,就不可能用式(5-10)求中误差。

由 5.2 节的内容知道,在同样的观测条件下对某一个量进行 n 次观测,可以求其算术平均值 $\bar{x}$ 作为最或是值来代替真值,可以算得各个观测值的改正值 v_i,当 $n \to \infty$ 时,$\bar{x}$ 将趋近于真值 X。

下面用偶然误差的特性来证明当 $n \to \infty$ 时,可以用改正值来代替真误差计算中误差。

根据式(5-1)有:

$$\left.\begin{aligned} \Delta_1 &= X - l_1 \\ \Delta_2 &= X - l_2 \\ &\cdots \\ \Delta_n &= X - l_n \end{aligned}\right\} \tag{5-11}$$

根据式(5-8)有:

$$\left.\begin{aligned} v_1 &= \bar{x} - l_1 \\ v_2 &= \bar{x} - l_2 \\ &\cdots \\ v_n &= \bar{x} - l_n \end{aligned}\right\}$$

两式相减,得到:

$$\left.\begin{aligned} \Delta_1 &= v_1 + X - \bar{x} \\ \Delta_2 &= v_2 + X - \bar{x} \\ &\cdots \\ \Delta_n &= v_n + X - \bar{x} \end{aligned}\right\} \tag{5-12}$$

上式等号两端分别相加,得:

$$[\Delta] = [v] + n(X - \bar{x})$$

根据改正值的性质,即式(5-9)

$$[v] = 0$$

得：

$$[\Delta] = n(X - \bar{x})$$

$$(X - \bar{x}) = \frac{[\Delta]}{n} \tag{5-13}$$

式(5-12)各式两边平方、求和，得到：

$$[\Delta\Delta] = [vv] + 2n(X - \bar{x})[v] + n(X - \bar{x})^2$$

同样，根据改正值的性质，即式(5-9)

$$[v] = 0$$

整理得到：

$$[\Delta\Delta] = [vv] + n(X - \bar{x})^2$$

上式等号两边同时除以 n：

$$\frac{[\Delta\Delta]}{n} = \frac{[vv]}{n} + (X - \bar{x})^2 \tag{5-14}$$

根据式(5-13)有：

$$\begin{aligned}(X - \bar{x})^2 &= \left(\frac{[\Delta]}{n}\right)^2 \\ &= \frac{1}{n^2}(\Delta_1^2 + \Delta_2^2 + \cdots + \Delta_n^2 + 2\Delta_1\Delta_2 + 2\Delta_1\Delta_3 + \cdots + 2\Delta_{n-1}\Delta_n) \\ &= \frac{[\Delta\Delta]}{n^2} + \frac{1}{n^2}(2\Delta_1\Delta_2 + 2\Delta_1\Delta_3 + \cdots + 2\Delta_{n-1}\Delta_n)\end{aligned}$$

$\Delta_1, \Delta_2, \cdots, \Delta_n$ 是偶然误差，$\Delta_1\Delta_2, \Delta_1\Delta_3, \cdots, \Delta_{n-1}\Delta_n$ 仍然体现偶然误差的特性，因此，根据偶然误差第四个特性，当 n 趋近于无穷大时，其算术平均值趋近于 0，式(5-14)可近似写成：

$$\frac{[\Delta\Delta]}{n} = \frac{[vv]}{n} + \frac{[\Delta\Delta]}{n^2}$$

整理得到：

$$\frac{(n-1)[\Delta\Delta]}{n} = [vv]$$

代入式(5-10)，得到：

$$m = \pm\sqrt{\frac{[vv]}{n-1}} \tag{5-15}$$

式(5-15)即为利用观测值的改正值计算中误差的公式，又称作白塞尔公式。

5.3.3 容许误差

由偶然误差的第一个特性可知，在一定观测条件下，偶然误差的绝对值不会超过一定的限值。如果在测量工作中某观测值的误差超过了这个限值，就认为这次观测的质量不符合要求，应予以舍弃并重测，该限值被称为容许误差或限差。根据式(5-3)概率密度函数可以积分算出任意区间上偶然误差出现的概率大小，比如：

$$P(-\sigma < \Delta < +\sigma) \approx 68.3\%$$

$$P(-2\sigma < \Delta < +2\sigma) \approx 95.4\%$$

$$P(-3\sigma < \Delta < +3\sigma) \approx 99.7\%$$

即偶然误差出现在正负一倍的中误差之间的概率为 68.3%，出现在正负两倍中误差之间的概率为 95.4%，而出现在正负三倍中误差之间的概率为 99.7%。换句话说，偶然误差的绝对值大于三倍中误差的可能性只有 3‰，属于小概率事件。根据概率论的理论，小概率事件是不可能发生的，一旦出现超过三倍中误差的偶然误差，我们即认为这是错误导致的，因此要进行重测，即

$$\Delta_{容} = 3|m| \tag{5-16}$$

若对精度要求较高，则取两倍中误差作为容许误差：

$$\Delta_{容} = 2|m| \tag{5-17}$$

5.3.4 相对误差

真误差、中误差都属于绝对误差，有时仅比较绝对误差不能确定精度的高低。例如，分别测量两段距离，第一段的长度为 10m，第二段长度为 20m，两段距离的中误差皆为 ±5mm。虽然第一段的中误差小于第二段的中误差，但因为第二段的距离长，而误差与长度相关，长度越长，误差积累越大，两者的精度并不相同。因此，当观测精度与观测量的大小有关时，应使用相对误差进行评定。

相对误差是中误差的绝对值与观测值之比，无量纲，通常以分子为 1 的分数表示，即

$$K = \frac{|m|}{L} = \frac{1}{\frac{L}{|m|}} \tag{5-18}$$

上例中，两段的相对误差分别为：

$$K_1 = \frac{5\text{mm}}{10\text{m}} = \frac{1}{2\,000}$$

$$K_2 = \frac{5\text{mm}}{20\text{m}} = \frac{1}{4\,000}$$

因此，第二段的精度要高于第一段精度。

5.4 误差传播定律

5.4.1 误差传播定律

在实际工作中，所需要的量往往不是直接观测得到的，而是通过一定函数关系间接计算得到的。表述观测值函数的中误差与观测值中误差之间关系的定律被称为误差传播定律。

设 Z 为独立变量 $x_1, x_2, \cdots, x_n$ 的函数，即

$$Z = f(x_1, x_2, \cdots, x_n)$$

其中，Z 为不可直接观测的未知量，真误差为 Δ_z，中误差为 m_z；各独立变量 $x_i (i = 1, 2, \cdots, n)$ 为可直接观测的未知量，相应的观测值为 l_i，真误差为 Δ_i，中误差为 m_i。

当各观测值带有真误差 Δ_i 时，函数也随之带有真误差 Δ_z。

$$Z + \Delta_z = f(x_1 + \Delta_1, x_2 + \Delta_2, \cdots, x_n + \Delta_n)$$

按泰勒级数展开,取近似值:

$$Z + \Delta_z = f(x_1, x_2, \cdots, x_n) + \left(\frac{\partial f}{\partial x_1}\Delta_1 + \frac{\partial f}{\partial x_2}\Delta_2 + \cdots + \frac{\partial f}{\partial x_n}\Delta_n\right)$$

即

$$\Delta_z = \frac{\partial f}{\partial x_1}\Delta_1 + \frac{\partial f}{\partial x_2}\Delta_2 + \cdots + \frac{\partial f}{\partial x_n}\Delta_n$$

若对各独立变量都测定了 K 次,则其平方和关系式为:

$$\sum_{j=1}^{K}\Delta_{zj}^2 = \left(\frac{\partial f}{\partial x_1}\right)^2\sum_{j=1}^{K}\Delta_{1j}^2 + \left(\frac{\partial f}{\partial x_2}\right)^2\sum_{j=1}^{K}\Delta_{2j}^2 + \cdots + \left(\frac{\partial f}{\partial x_n}\right)^2\sum_{j=1}^{K}\Delta_{nj}^2 + 2\left(\frac{\partial f}{\partial x_1}\right)\left(\frac{\partial f}{\partial x_2}\right)\sum_{j=1}^{K}\Delta_{1j}\Delta_{2j} + 2\left(\frac{\partial f}{\partial x_1}\right)\left(\frac{\partial f}{\partial x_3}\right)\sum_{j=1}^{K}\Delta_{1j}\Delta_{3j} + \cdots + 2\left(\frac{\partial f}{\partial x_{n-1}}\right)\left(\frac{\partial f}{\partial x_n}\right)\sum_{j=1}^{K}\Delta_{n-1}\Delta_n$$

由偶然误差的特性可知,当观测次数 $K\to\infty$ 时,上式中各偶然误差 Δ 的交叉项综合均趋向于零:

$$\frac{\sum_{j=1}^{K}\Delta_{zj}^2}{K} = m_z^2, \frac{\sum_{j=1}^{K}\Delta_{ij}^2}{K} = m_i^2$$

得到:

$$m_z^2 = \left(\frac{\partial f}{\partial x_1}\right)^2 m_1^2 + \left(\frac{\partial f}{\partial x_2}\right)^2 m_2^2 + \cdots + \left(\frac{\partial f}{\partial x_n}\right)^2 m_n^2$$

或

$$m_z = \sqrt{\left(\frac{\partial f}{\partial x_1}\right)^2 m_1^2 + \left(\frac{\partial f}{\partial x_2}\right)^2 m_2^2 + \cdots + \left(\frac{\partial f}{\partial x_n}\right)^2 m_n^2} \tag{5-19}$$

式(5-19)即为中误差传播公式,由此可推导出特殊函数式的误差传播公式(表 5-2)。

几种函数的误差传播公式 表 5-2

函数名称	函数式	误差传播公式
倍数函数	$Z = Ax$	$m_z = \pm Am$
和差函数	$Z = x_1 \pm x_2 \pm \cdots \pm x_n$	$m_z = \pm\sqrt{m_1^2 + m_2^2 + \cdots + m_n^2}$
线性函数	$Z = A_1x_1 \pm A_2x_2 \pm \cdots \pm A_nx_n$	$m_z = \pm\sqrt{A_1^2m_1^2 + A_2^2m_2^2 + \cdots + A_n^2m_n^2}$

5.4.2 误差传播定律的应用

利用误差传播定律可以求得任意观测值函数的中误差,也可以用来研究限差的确定以及分析观测可能达到的精度。现举例说明。

【例 5-1】 倍数函数误差传播定律的应用

在 1:1 000 地形图上量得某两点间距离 $d = 37.6\text{mm}$,中误差 $m_d = \pm 0.2\text{mm}$,求该两点间实地水平距离及其中误差 m_D。

解:先列出函数式:

$$D = 1\,000d = 1\,000 \times 37.6\text{mm} = 37.6\text{m}$$

根据倍数函数的误差传播定律,有:

$$m_D = \pm 1\,000 m_d = \pm 1\,000 \times 0.000\,2\text{m} = \pm 0.2\text{m}$$

【例5-2】 和差函数误差传播定律的应用

对某一三角形两个内角进行了观测,其测角中误差分别为 $m_A = \pm 3''$、$m_B = \pm 4''$,求第三个内角 C 的中误差。

解:先列出函数式:

$$C = 180° - A - B$$

根据和差函数的误差传播定律,有:

$$m_C = \pm \sqrt{m_A^2 + m_B^2} = \pm \sqrt{(3'')^2 + (4'')^2} = \pm 5''$$

【例5-3】 线性函数误差传播定律的应用

推导算术平均值的中误差公式。

解:先列出函数式:

根据式(5-5),有:

$$\bar{x} = \frac{l_1 + l_2 + \cdots + l_n}{n} = \frac{1}{n} l_1 + \frac{1}{n} l_2 + \cdots + \frac{1}{n} l_n$$

根据线性函数的误差传播定律,有:

$$m_{\bar{x}} = \pm \sqrt{\left(\frac{1}{n}\right)^2 + \left(\frac{1}{n}\right)^2 + \cdots + \left(\frac{1}{n}\right)^2}$$

因为是等精度观测,所以 $m_1^2 = m_2^2 = \cdots = m_n^2 = m^2$,因此,有:

$$m_{\bar{x}} = \pm \sqrt{m^2} = \pm \frac{m}{\sqrt{n}} \tag{5-20}$$

【例5-4】 一般函数误差传播定律的应用

推导视距测量的测距中误差公式。

解:首先列出视距测量公式:

$$D = Kl\cos^2\alpha$$

其中,K 为视距常数,l 为在水准尺上读出的视距间隔,α 为视距中丝所读的竖直角。根据一般函数的误差传播定律,有:

$$m_D = \sqrt{\left(\frac{\partial D}{\partial l}\right)^2 + \left(\frac{\partial D}{\partial x_\alpha}\right)^2 \left(\frac{m_\alpha}{\rho''}\right)^2}$$

注意:上式中两个观测值,一个量纲为长度,一个量纲为角度,而所求量纲为长度,为统一量纲,应将角度化为长度,式中 $\rho'' = 206\,265''$,含义为一弧度等于 206 265 秒。

5.5 权及加权平均值

5.5.1 权

前述讨论的所有问题,有一个统一的前提条件,即相同观测条件,也就是等精度观测。但实际工作中,经常会遇到对未知量进行 n 次不同精度观测,那么也同样存在如何从这些不同精度观测值中求出未知量的最或是值,并评定其精度的问题。

例如，对某未知量 x 进行了 n 次不同精度的观测，得到 n 个观测值 $l_i(i=1,2,\cdots,n)$，它们的中误差为 $m_i(i=1,2,\cdots,n)$。这时就不能以观测值的算术平均值作为未知量的最或是值。在计算不同精度观测值的最或是值时，精度高的观测值在其中占的比重大一些，而精度低的观测值在其中占的比重小一些。在测量工作中，我们用“权”值来作为比重的衡量。即观测值的精度越高，中误差越小，权重越大；反之，观测值精度越低，中误差就越大，权重越小。

我们将权重定义如下：

$$P_i = \frac{\mu^2}{m_i^2} \qquad (i = 1,2,\cdots,n) \tag{5-21}$$

其中，μ 为任意常数。在用式(5-21)求一组观测值的权 P_i 时，必须采用同一个 μ 值。由式(5-21)可知，P_i 与中误差平方成反比。

当 $m=\mu$ 时，$P=1$，称为单位权，此时的 $m=\mu$ 为单位权中误差。

当已知一组观测值中误差时，可以先设定 μ，然后按式(5-20)确定该组观测值的权重。

5.5.2 测量中常用确权方法

1）同精度观测值的算术平均值的权

设一次观测的中误差为 m，根据上节中【例 5-3】的结果，算术平均值的中误差 $M=m/\sqrt{n}$。设单位权 $\mu=m^2$，根据式(5-20)，一次观测值的权为 $P=1$，算术平均值的权为：

$$P_{\bar{X}} = \frac{\mu}{\frac{m^2}{n}} = n$$

由此可见，若一次观测值的权为 1，则 n 次观测值的算术平均值权为 n，观测次数越多，其算术平均值权重越大，精度越高。

在不同精度观测中引入权的概念，可以建立各观测值之间的精度比值，以便合理处理观测数据。例如，设一次观测值的中误差为 m，其权为 P_0，并设 $\mu=m^2$，则有：

$$P_0 = \frac{m^2}{m^2} = 1$$

因此，中误差为 m_i 的观测值，其权为：

$$P_i = \frac{\mu^2}{m_i^2}$$

即

$$m_i = \mu\sqrt{\frac{1}{P_i}} \tag{5-22}$$

2）距离测量的确权

设单位长度的测距中误差为 m，则长度为 L 的距离的测距中误差为 $m_L = m\sqrt{L}$，即距离测量的权与长度成反比。

3）水准测量中的确权

设水准测量每一测站观测高差的精度相同，中误差为 m_0，则各条水准路线观测高差的中误差为：

$$m_i = m_0\sqrt{N_i}$$

式中：N_i——各水准路线的测站数。

若取一测站高差中误差为单位权中误差，即 $\mu = m_0$，则各水准路线的权为：

$$P_i = \frac{\mu^2}{m_i^2} = \frac{1}{N_i} \tag{5-23}$$

若取单位长度高差中误差为单位权中误差，则同理可得：

$$P_i = \frac{1}{L_i} \tag{5-24}$$

式中：L_i——各条水准路线长度。

由此可知，等精度观测条件下，各水准路线权与测站数或路线长度成反比。

5.5.3 加权平均值及其中误差

1)加权平均值

设对某观测量 x 进行了 n 次不等精度观测，观测值分别为 $L_1, L_2, \cdots, L_n$，其相应权为 $P_1, P_2, \cdots, P_n$。下面讨论如何根据这组观测值求出未知量的最或是值。

已知观测值 L_i 及其权 P_i，可以按式(5-21)求出其中误差 $m_i = \mu\sqrt{\frac{1}{P_i}}$，与求算术平均值中误差的式(5-20)对比，可以发现，L_i 相当于 P_i 个中误差都为 μ 的观测值 $l_{(k)}^{(i)}$ $(k = 1, 2, \cdots, P_i)$ 的算术平均值，即

$$\left.\begin{aligned} L_1 &= \frac{l_1^{(1)} + l_2^{(1)} + \cdots + l_{P_1}^{(1)}}{P_1} \\ L_2 &= \frac{l_1^{(2)} + l_2^{(2)} + \cdots + l_{P_2}^{(2)}}{P_1} \\ &\cdots \\ L_n &= \frac{l_1^{(n)} + l_2^{(n)} + \cdots + l_{P_n}^{(n)}}{P_1} \end{aligned}\right\} \tag{5-25}$$

其中每个 $l_{(k)}^{(i)}$ 是同精度的，它们的中误差都是 μ，可以看作对未知量 x 进行了 $P_1, P_2, \cdots, P_n$ 次同精度观测，观测值为：

$$l_1^{(1)} l_2^{(1)} \cdots l_{P_1}^{(1)}, l_1^{(2)} l_2^{(2)} \cdots l_{P_2}^{(2)}, \cdots, l_1^{(n)} l_2^{(n)} \cdots l_{P_n}^{(n)}$$

因此，可按算术平均值求出未知量的最或是值：

$$x = \frac{l_1^{(1)} + l_2^{(1)} + \cdots + l_{P_1}^{(1)} + l_1^{(2)} + l_2^{(2)} + \cdots + l_{P_2}^{(2)} + l_1^{(n)} + l_2^{(n)} + \cdots + l_{P_n}^{(n)}}{P_1 + P_2 + \cdots + P_n}$$

将式(5-25)代入上式，即

$$x = \frac{P_1 L_1 + P_2 L_2 + \cdots + P_n L_n}{P_1 + P_2 + \cdots + P_n} = \frac{[PL]}{[P]} \tag{5-26}$$

式(5-26)即为加权平均值计算公式，若对未知量进行不同精度观测，可利用其进行最或是值计算。

2)加权平均值中误差

根据式(5-26)知:

$$x = \frac{P_1}{[P]}l_1 + \frac{P_2}{[P]}l_2 + \cdots + \frac{P_n}{[P]}l_n$$

由误差传播定律,得:

$$m_x^2 = \frac{P_1^2}{[P]^2}m_1^2 + \frac{P_2^2}{[P]^2}m_2^2 + \cdots + \frac{P_n^2}{[P]^2}m_n^2$$

将 $m_i^2 = \frac{\mu^2}{p_i}$ 代入上式,得:

$$m_x^2 = \mu^2\left(\frac{P_1}{[P]^2} + \frac{P_2}{[P]^2} + \cdots + \frac{P_n}{[P]^2}\right) = \mu^2 \frac{1}{[P]}$$

即

$$m_x = \frac{\mu}{\sqrt{[P]}} \tag{5-27}$$

式(5-27)为加权平均值中误差计算公式,由权定义公式

$$P_i = \frac{\mu^2}{m_i^2}$$

可知,加权平均值的权为$[P]$,即

$$P_x = [P] \tag{5-28}$$

3)单位权中误差

根据权定义式(5-21)有:

$$\mu^2 = P_1 m_1^2$$
$$\mu^2 = P_2 m_2^2$$
$$\cdots$$
$$\mu^2 = P_n m_n^2$$

上式等号两端分别相加,得:

$$n\mu^2 = P_1 m_1^2 + P_2 m_2^2 + \cdots + P_n m_n^2 = [Pmm]$$

$$\mu = \pm\sqrt{\frac{[Pmm]}{n}} \tag{5-29}$$

当 $n \to \infty$ 时,用真误差 Δ 代替中误差 m,即

$$\mu = \pm\sqrt{\frac{[P\Delta\Delta]}{n}} \tag{5-30}$$

证明得到,可使用观测值的改正值计算单位权中误差,即

$$\mu = \pm\sqrt{\frac{[Pvv]}{n-1}} \tag{5-31}$$

将式(5-31)代入式(5-27),可得利用观测值的改正值计算不等精度观测最或是值的中误差公式:

$$m_x = \pm\sqrt{\frac{[Pvv]}{[P](n-1)}} \tag{5-32}$$

本章小结

本章主要针对测量误差问题,详细介绍了测量误差产生的原因和分类、偶然误差的特性、衡量观测值精度的指标中误差、衡量误差大小的相对误差概念、等权观测条件下观测值的最或是值,推导了中误差的适用计算公式、误差传播定律,并讨论了容许误差的确定、不等权观测条件下定权的方法、误差传播定律的应用,为进一步学习其他知识和数据处理打下理论基础。

思考题与习题

1. 误差产生的原因有哪些?误差有哪些类别?实践中应如何应对?

2. 偶然误差的特性有哪些?

3. 钢尺分划不均造成的误差属于什么误差?水准测量读数误差属于什么误差?

4. 什么是中误差?什么是相对中误差?

5. 用经纬仪观测某水平角6个测回,结果为33°19′21″、33°19′30″、33°19′28″、33°19′25″、33°19′23″、33°19′31″,求该水平角最或是值及其中误差。

6. 对某长度进行了三次不同精度丈量,观测值分别为 $L_1 = 88.23\text{m}$、$L_2 = 88.20\text{m}$、$L_3 = 88.19\text{m}$,其权分别为 $P_1 = 1$、$P_2 = 3$、$P_3 = 2$,求其最或是值。

第6章

全站仪测量

【本章知识要点】

通过本章的学习,掌握电子全站仪的性能特点、基本组成和精度性能指标;掌握全站仪的基本构造、操作步骤和基本测量方法;了解全站仪的程序测量内容及其应用。

6.1 全站仪的基本知识

6.1.1 全站仪概念及功能特点

随着电子经纬仪、光电测距仪及微处理机的产生与性能的不断完善,在20世纪60年代末出现了把电子测角、电子测距和微处理机组合成一个整体,能自动记录、存储并具备某些固定计算程序的测绘仪器——全站型电子速测仪,通常又称为“电子全站仪”(Electronic Total Station),或简称“全站仪”。

全站仪实现了测角、测距两者的同时信息化,仪器内置微处理器,其观测程序控制、观测信息处理均由微处理器完成,实现了观测结果完全信息化、观测信息处理测站自动化及实时化,并可实现观测数据的野外实时存储,以及内业输出等。和以往的单一的电子测角和电子测距相比,全站仪的特点是观测信息处理自动化、测站实时化,极大地方便了测量工作。归纳起来,其主要功能特点如下：

(1)仪器操作简单、高效,具有现代测量工作所需的所有功能。

(2)全站仪可快速安置。简单地整平和对中后,仪器开机便可工作。全站仪具有专门的动态角扫描系统,因此无须初始化。关机后,仍会保留水平和垂直度盘的方向值。电子“气泡”有图示显示并能使仪器始终保持精密置平。

(3)全站仪设有双向倾斜补偿器,可以自动对水平和竖直方向进行修正,以消除竖轴倾斜误差的影响,还可进行折光误差以及温度、气压等改正。

(4)控制面板具有人机对话功能。控制面板由键盘和主、副显示窗组成。除照准以外的各种测量功能和参数均可通过键盘来实现,仪器的两侧均有控制面板,操作十分方便。

(5)现代全站仪一般具有大容量的内存,并采用国际计算机通用磁卡。所有测量信息都可以文件形式记入磁卡或电子记录簿。

(6)具有双向通信功能,可将测量数据传输给电子手簿或外部计算机,也可接受电子手簿或外部计算机的指令和数据。

6.1.2 全站仪基本组成及结构

1)全站仪基本组成

全站仪由电子测角、光电测距、电子补偿、微机处理装置四大部分组成。其微机处理装置是由微处理器、存储器、输入和输出部分组成。微处理装置的主要功能是根据键盘指令启动仪器进行测量,执行测量过程中的检核和数据传输、处理、显示、储存等工作,保证整个光电测量工作有条不紊地进行。在全站仪的只读存储器中固化了一些测量程序,测量过程由程序完成。一般全站仪的基本组成原理如图6-1所示。

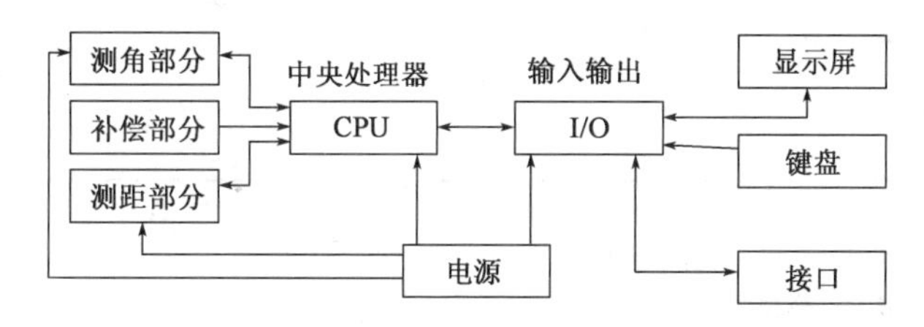

图6-1 全站仪的组成原理

图6-1中,电源部分是可充电电池,为各部分供电;测角部分为电子经纬仪,可以测定水平角、竖直角、设置方位角;补偿部分可以实现仪器垂直轴倾斜误差对水平、垂直角度测量影响的自动补偿改正;测距部分为光电测距仪,可以测定两点之间的距离;中央处理器接受输入指令、控制各种观测作业方式、进行数据处理等;输入、输出包括键盘、显示屏、双向数据通信接口,使全站仪能与磁卡和微机等设备交互通信、传输数据。

2)全站仪基本结构

全站仪按其结构可分为组合式和整体式两类。

(1)组合式。也称积木式,是指电子经纬仪和测距仪既可以分离也可以组合。用户可以根据实际工作的要求,选择测角、测距设备进行组合。

(2)整体式。也称集成式,是指将电子经纬仪和测距仪做成一个整体,共用一个望远镜,外壳内还装有包括数据储存器和微处理器在内的电子器(组)件。这类仪器使用非常方便,一次瞄准就能同时测出方向和距离,其结果即可自动显示和记录,避免了人为的读数差错,精度好、效率高,几乎是同时获得平距、高差和点的坐标,电子手簿作为附件单独连接。20 世纪 90 年代,全站仪基本上都发展成为了集成式全站仪。

常见的全站仪有日本(SOKKIA)SET 系列、拓普康(TOPOCON)GTS 系列、尼康(NIKON)DTM 系列、瑞士徕卡(LEICA)TPS 系列、我国的 NTS 和 ETD 系列。随着计算机技术的不断发展与应用以及用户特殊要求的出现,设计出了带内存、防水型、防爆型、计算机型、电动机驱动型等各种类型的全站仪;有的全站仪具有免棱镜测量功能,有的全站仪则具有自动跟踪照准功能,被喻为测量机器人。另外,有的厂家还将 GPS 接收机与全站仪进行集成,生产出了 GPS 全站仪,使得这一常规的测量仪器越来越满足各项测绘工作的需求,发挥了更大的作用。

6.1.3 全站仪精度及等级分类

1)全站仪精度

全站仪是由光电测距、电子测角、电子补偿、微机数据处理为一体的综合型测量仪器,其基本测量值是角度和距离,其他功能的测量值,如高差、高程、坐标、对边测量等均是内部固化程序计算的结果。所以,其主要精度指标是测距精度 m_D 和测角精度 m_β。如 SET500 全站仪的标称精度为测角精度 $m_\beta = \pm 5''$,测距精度 $m_D = \pm(3\text{mm} + 2 \times 10^{-6} \times D)$。

2)全站仪等级分类

根据国家计量检定规程,全站仪准确度等级分划为 4 个等级,见表 6-1。

全站仪准确度等级 表 6-1

准确度等级	测角标准差 m_β	测距标准差 m_D(mm)
Ⅰ	$\lvert m_\beta \rvert \leq 1''$	$\lvert m_D \rvert \leq 5$
Ⅱ	$1'' < \lvert m_\beta \rvert \leq 2''$	$\lvert m_D \rvert \leq 5$
Ⅲ	$2'' < \lvert m_\beta \rvert \leq 6''$	$5 \leq \lvert m_D \rvert \leq 10$
Ⅳ	$6'' < \lvert m_\beta \rvert \leq 10''$	$\lvert m_D \rvert \leq 10$

注:1. m_D 为每 1km 测距标准差。
2. Ⅰ、Ⅱ级仪器为精密型全站仪,主要用于高等级控制测量及变形观测等。
3. Ⅲ、Ⅳ级仪器主要用于道路和建筑场地的施工测量、电子平板数据采集、地籍和房地产等测量等。

6.1.4 全站仪主要技术指标

衡量一台全站仪性能的指标有精度、测程、补偿范围、测距时间等。表 6-2 列出了常见全站仪的主要性能指标,供参考了解。

常见全站仪主要性能指标 表 6-2

指 标 项 目	仪 器 型 号		
	索佳 PowerSet2000	徕卡 TC1700	拓普康 GTS-311
分类	计算机型	内存型	内存型
望远镜放大倍数	30	30	30
最短视距(m)	1.3	1.7	1.3
角度最小显示	0.5″	1″	1″

续上表

指标项目		仪器型号		
		索佳 PowerSet2000	徕卡 TC1700	拓普康 GTS-311
测角精度		±2″	±1.5″	±2″
双轴自动补偿范围		±3′	±3′	±3′
最大测程(km)	单棱镜	2.7	2.5	2.7
	三棱镜	3.5	3.5	3.6
测距精度		$\pm(2mm+2\times10^{-6}\times D)$	$\pm(2mm+2\times10^{-6}\times D)$	$\pm(3mm+2\times10^{-6}\times D)$
测距时间(精测)(s)		2	4	3
水准器分划值	水准管	20″/2mm	30″/2mm	30″/2mm
	圆水准器	10′/2mm	8′/2mm	10′/2mm
使用温度(℃)		-20 ~ +50	-20 ~ +50	-20 ~ +50
显示屏		8行20列	4行16列	4行20列

6.1.5 全站仪的检验与校正简介

同其他测量仪器一样,全站仪要定期地到有关鉴定部门进行检验校正。其检校项目主要有以下三个方面:

(1)光电测距部分的检验与校正

测距部分的检验项目及方法应遵照中华人民共和国测绘行业标准《光电测距仪检定规范》(JJG 703—2003)进行,主要有发射、接收、照准三轴关系正确性检验、周期误差检验、仪器常数检验、精测频率检验、测程检验等。

(2)电子测角部分的检验与校正

大部分检校项目与光学经纬仪类似,主要有照准部水准管轴垂直于仪器竖轴的检验与校正,望远镜的视准轴垂直于横轴的检验与校正,横轴垂直于仪器竖轴的检验与校正,竖盘指标差的检验与校正等。

(3)系统误差补偿的检验与校正

目前许多全站仪提供了对竖轴误差、视准轴误差、竖直角零基准的补偿功能,但对其补偿的范围和精度仍要进行相应的检校。

6.2 全站仪操作基础

目前国内外生产多种型号的全站仪。需要指出的是,不同型号的仪器,其外观、结构、功能、键盘设计、操作方法和步骤等都有所区别。因此,在操作使用前,必须认真参阅随机携带的使用说明书,严格按照其使用说明书进行操作。本节重点介绍常见全站仪的基本构造和界面显示,以便举一反三,为利用全站仪测量打下基础。

6.2.1 全站仪构造部件

图6-2所示为拓普康GTS-332电子全站仪的外形,有两面操作按键及显示窗,操作很方便。

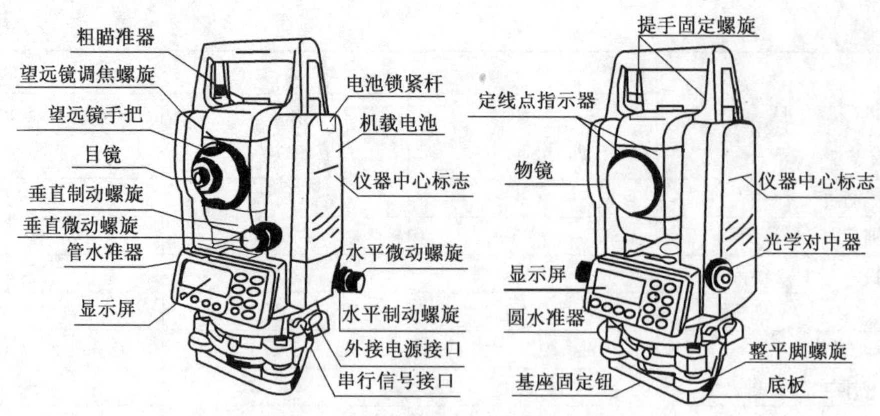

图 6-2 电子全站仪外形与部件名称

6.2.2 全站仪显示界面及符号意义

全站仪的安置操作与经纬仪基本相同,所不同的是,全站仪有操作键盘和显示屏(图 6-3),通过观测和键盘操作,会在显示屏上显示出各种数据。

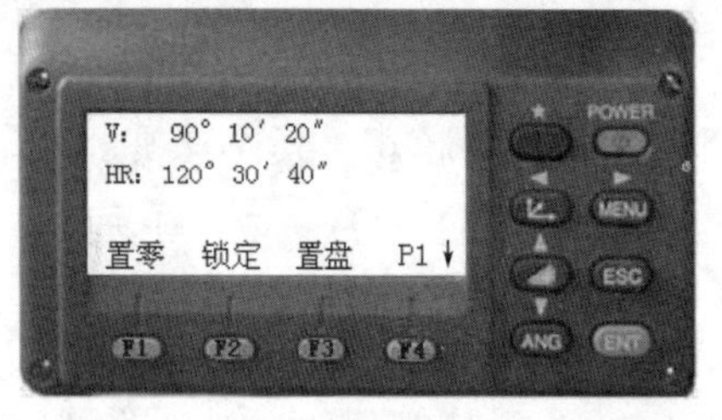

图 6-3 GTS-332 全站仪操作显示屏和键盘

1)操作键功能

各种操作键的功能见表 6-3。按 POWER 键打开电源开关后,可直接进入角度测量;按◢键或∟键可进行距离测量或坐标测量;按 MENU 键,将进入菜单测量模式。

操作键名称及功能 表 6-3

键 符 号	名 称	功 能
POWER	电源	电源开关
◢	距离测量键	距离测量模式
ANG	角度测量键	角度测量模式
∟	坐标测量键	坐标测量模式
MENU	菜单键	在菜单角度模式和正常测量模式之间切换,在菜单角度模式下可设应用测量与照明调节、仪器系统误差改正
ESC	退出键	1. 返回测量或上一层模式; 2. 从正常测量直接进入数据采集模式或放样模式; 3. 也可用作为正常测量模式下的记录键
ENT	确认输入键	在输入值末尾按此键
★	星键	1. 显示屏对比度; 2. 十字丝照明; 3. 背景光; 4. 倾斜改正; 5. 设置大气改正和棱镜常数
F1 ~ F4	软键(功能键)	对应于显示的软键功能信息

2)显示屏显示的符号(表6-4)

显示屏符号含义　　表6-4

显示符号	含　义	显示符号	含　义
V(V%)	垂直角(坡度显示)	N	北向坐标(*X*)
HR	水平角(右角)	E	东向坐标(*Y*)
HL	水平角(左角)	Z	高程(*H*)
HD	水平距离	*	EDM(电子测距)正在进行
VD	高差	m	以米为单位
SD	倾斜距离	f	以英尺/英寸为单位

在此指出,在显示屏右边的各操作键与显示屏下方的软键(功能键F1~F4)配合,将组合成各种各样的功能,并在显示屏上显示出各种信息。限于篇幅,不在此赘述,可通过实习逐渐体会掌握。

6.2.3　全站仪使用注意事项

在操作使用某一台全站仪之前,要参考说明书要求,严格按照其使用说明书进行操作。一般应注意如下事项:

(1)仪器要由专人使用、保管,要经常保持仪器清洁和干燥。使用及保管过程中注意防振、防潮、防高温。

(2)迁站、装箱时只能握住仪器的把手,而不能握住镜筒,以免损坏仪器精度。

(3)在阳光下测距应注意严禁将测距头对准太阳及强光源,以免损坏仪器内的光电系统。

(4)旋转照准部时应匀速旋转,切忌急速转动。

(5)不要让仪器暴晒和雨淋,在阳光下应撑伞遮阳。

(6)仪器不用时应将电池充电并取出保管,蓄电池应注意及时充电。

6.3　全站仪测量与应用

6.3.1　观测前的准备

1)安装电池

测前应检查内部电池的充电情况,如电力不足要及时充电,充电方法及时间要按使用说明书进行,不要超过规定的时间。测量前装上电池,测量结束应卸下。

2)安置仪器

安置操作方法与经纬仪类似,包括对中和整平。若全站仪具备激光对中和电子整平功能,在把仪器安装到三脚架上之后,应先开机,然后选定对中整平模式,再进行相应的操作。

开机后,仪器会自动进行自检。自检通过后,屏幕显示测量的主菜单。

3)合理设置仪器参数

全站仪是按设置仪器参数,经微处理器对原始观测数据计算并改正后,显示观测数据和计算数据的。只有合理设置仪器参数,才能得到高精度的观测成果。这些参数包括加常数、气象改正数等。

4)选择仪器功能

全站仪是一个由测距仪、电子经纬仪、电子补偿器、微处理机组合的整体。测量功能可分为基本测量功能和程序测量功能。只要开机,电子测角系统即开始工作并实时显示观测数据;其他测量功能只是测距及数据处理。全站仪开机后,一般显示为基本测量功能;根据测量需要也可选择仪器程序测量功能。

6.3.2 全站仪观测的基本步骤

全站仪观测有以下三个基本步骤:

(1)瞄准:准确瞄准目标棱镜中心(有些全站仪还可选择瞄准反射镜片或免反射镜)。

(2)观测:按仪器功能的操作步骤观测操作(参照仪器说明书)。

(3)记录:记录或存储观测数据。

观测结束后,检查记录,无误后方可关机、搬站。

6.3.3 全站仪基本测量

全站仪基本测量功能包括电子测角(水平角、垂直角)、电子测距,直接显示的数据即为观测数据。

1)角度测量

角度测量的基本操作方法和步骤,与经纬仪类似。一般开机后,就可按键进入角度模式。目前的全站仪都具有水平度盘自动置零和任意方位角设置功能,使测角更加方便。操作基本程序如下:

(1)照准第一个目标 A。

(2)将目标 A 的水平度盘读数置零,水平度盘读数为 0°00′00″。

(3)照准第二个目标 B,仪器即直接显示 A、B 的水平角和目标 B 的垂直角。

例如,利用 GTS-332 全站仪进行水平角测量时,按 ANG 键,确认处于角度测量模式,进行如下操作可进行角度测量(表 6-5)。

角度测量操作过程 表 6-5

操作过程	操 作	显 示
(1)照准第一个目标 A	照准目标 A	V: 87° 10′ 20″ HR: 120° 30′ 40″ 置零 锁定 置盘 P1↓
(2)设置目标 A 的水平角为 0°0′00″,按 F1(置零)键和 F3(是)键	F1	水平角置零 >OK? — — [是] [否]
	F3	V: 87° 10′ 20″ HR: 0° 00′ 00″ 置零 锁定 置盘 P1↓

续上表

操作过程	操作	显示
(3)照准第二个目标B,显示B的V/H	照准目标B	V: 85° 36′ 20″ HR: 106° 40′ 30″ 置零 锁定 置盘 P1↓

同时通过键盘操作,可进行水平角的左角和右角(L/R)的切换、水平角的设置、角度的重复观测和天顶距及高度角的切换等。

2)距离测量

全站仪距离测量实际上即光电测距。距离测量必须选用与全站仪配套的合作目标,即反光棱镜。由于电子测距为仪器中心到棱镜中心的倾斜距离,因此仪器站和棱镜站均需要精确对中、整平。在距离测量前应进行气象改正、棱镜类型、棱镜常数改正、测距模式的设置等,然后才能进行距离测量。只有合理设置仪器参数,才能得到高精度的观测成果。

(1)测距参数的设置选择

①测距参数的三项改正。

a.气象改正:由于仪器是利用红外光测距,光束在大气中的传播速度因大气折射率的不同而变化,而大气折射率与大气的温度和气压有关。气象改正数可以输入温度、气压值由仪器自动计算,也可直接输入ppm值进行设置。

b.棱镜常数改正:根据使用的棱镜型号输入常数值进行设置,拓普康棱镜常数为0,当用其他厂家生产的棱镜时,应设置常数改正,如有的棱镜常数为-30mm。

c.仪器加常数改正:仪器加常数是由于仪器和棱镜的机械中心与光电中心不重合而引起的,出厂时已调试为零,可根据检测结果加入棱镜常数一起改正。

②测距的三种模式。根据需要选择精测模式、跟踪模式、粗测模式其中之一,距离单位可用软键进行"m"(米)、"f"(英尺)等转换,还可进行单次或多次重复测量。例如,精度要求较高时,一般选择重复精测。其他模式测距精度较低,但可以节省观测时间和电池用量。

③测距的类型。测距的类型有倾斜距离、平面距离、高差。一般选择倾斜距离,需要时可按切换键,显示倾斜距离、平面距离、高差;施工放样测量时选择平面距离。

④合作目标的类型。有棱镜测距、反射片测距,还有的全站仪可免反射镜测量。棱镜和反射片的设置一定要注意,否则将无法测距。一般设置为棱镜测距。

(2)距离测量

在精确照准棱镜后按测距键,开始距离测量并在完成后发出一短声响,同时显示观测数据,包括距离、垂直角度、水平角度。

例如,对GTS-332全站仪进行如下操作,可进行距离测量(表6-6)。

测距操作过程　　表6-6

操作过程	操作	显示
(1)照准棱镜中心	照准目标A	V 87° 10′ 20″ HR 120° 30′ 40″ 置零 锁定 置盘 P1↓

续上表

操作过程	操　作	显　示
(2)按◢键,距离测量开始;显示测量的斜距	◢	V　87°　10′　20″ HR　120°　30′　40″ SD* [cr]　　-<　m 测量　模式　S/A　P1↓ V　87°　10′　20″ HR　120°　30′　40″ SD　　131.687m 测量　模式　S/A　P1↓
(3)再次按◢键,显示变为水平角(HR)、水平距离(HD)和垂距(VD)	◢	HR　120°　30′　40″ HD　　131.527m VD　　6.497m 测量　模式　S/A　P1↓

这里需注意:按◢键依次显示斜距SD、平距HD、高差VD,这是指仪器中心至反光镜之间的斜距、平距和高差。距离单位可用软键进行"m"(米)、"f"(英尺)等转换,还可进行单次或多次测量。

以下举例说明全站仪距离测量的改正计算。

【例6-1】 某台全站仪,测得A、B两点的斜距为$S'_{AB}=1\,578.567$m,测量时的气压$p=910$mmHg,$t=25$℃,竖直角$\alpha=+15°30'00''$;仪器加常数$c=2$mm,乘常数$b=+2.5\times10^{-6}$,求AB的水平距离。其气象改正公式为:

$$K_a=\left(281.8-\frac{0.290\,65\times p}{1+0.003\,66t}\right)\times10^{-6}$$

解:(1)气象改正

由气象改正公式得:

$$K_a=\left(281.8-\frac{0.290\,65\times p}{1+0.003\,66t}\right)\times10^{-6}$$

气象改正数为:

$$\Delta D_1=S'\times K_a=1\,578.567\times10^3\times\left(281.8-\frac{0.290\,65\times910}{1+0.003\,66\times25}\right)\times10^{-6}=62.3(\text{mm})$$

(2)加常数改正

$$\Delta D_2=+2\text{mm}$$

(3)乘常数改正

$$\Delta D_3=2.5\times1.578=+3.9(\text{mm})$$

(4)改正后斜距

$$S=\Delta D_1+\Delta D_2+\Delta D_3=1\,578.635(\text{m})$$

(5)AB的水平距离D

$$D=S\times\cos\alpha=1\,578.635\times\cos15°30'00''=1\,521.221(\text{m})$$

6.3.4 全站仪程序测量

全站仪程序测量一般包括三维坐标测量、放样测量、对边测量、悬高测量、面积测量、偏心测量、后方交会测量，有些全站仪内部还具有部分道路路线测量功能程序；所谓程序测量，即显示的数据为观测数据经内部程序处理后的计算数据。在此主要介绍常用程序测量的原理，通过了解原理，在实际操作中，只要选择显示屏上的相应选项，按键操作即可实现。

1）三维坐标测量

如图6-4所示，将全站仪安置于测站点 A 上，选定三维坐标测量模式后，首先输入仪器高 i，目标高 v 以及测站点的三维坐标值（x_A,y_A,H_A）；然后照准另一已知点设定方位角；接着再照准目标点 P 上的反射棱镜；一按坐标测量键，仪器就会按式（6-1）利用自身内存的计算程序自动计算并瞬时显示出目标点 P 的三维坐标值（x_P,y_P,H_P）。

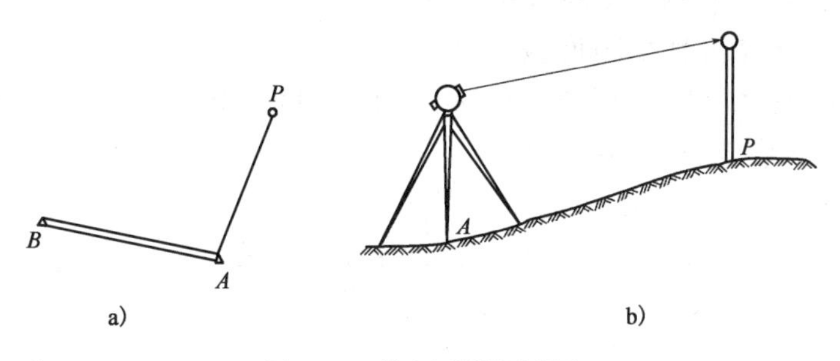

图6-4　三维坐标测量示意图

$$\left.\begin{aligned}x_P&=x_A+S\cdot\cos\alpha\cos\theta\\y_P&=y_A+S\cdot\cos\alpha\sin\theta\\H_P&=H_A+S\cdot\sin\alpha+i-v\end{aligned}\right\}\tag{6-1}$$

式中：S——仪器至反射棱镜的斜距；

α——仪器至反射棱镜的竖直角；

θ——仪器至反射棱镜的方位角。

2）三维坐标放样

如图6-5所示，将全站仪安置于测站点 A 上，选定三维坐标放样模式后，首先输入仪器高 i，目标高 v 以及测站点 A 和待测设点 P 的三维坐标值（x_A,y_A,H_A）、（x_P,y_P,H_P），并照准另一已知点设定方位角；然后照准竖立在待测设点 P 的概略位置 P_1 处的反射棱镜；按键测量即可自动显示出水平角偏差 $\Delta\beta$、水平距离偏差 ΔD 和高程偏差 ΔH：

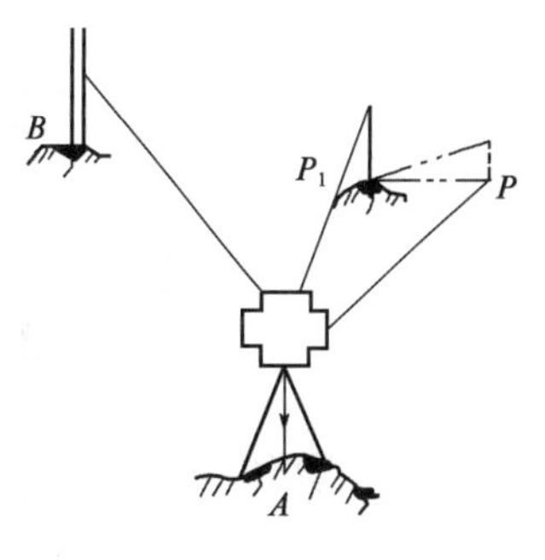

图6-5　三维坐标放样示意图

$$\left.\begin{aligned}\Delta\beta&=\beta_{测}-\beta_{设}\\\Delta D&=D_{测}-D_{设}\\\Delta H&=H_{测}-H_{设}\end{aligned}\right\}\tag{6-2}$$

其中：

$$H_{测}=H_A+S\cdot\sin\alpha+i-v\tag{6-3}$$

最后,按照所显示的偏差移动反射棱镜,当仪器显示为零时即为设计的 P 点位置。实际应用中也可只放样点的平面坐标或高程。

3)对边测量

所谓对边测量,就是测定两目标点之间的平距和高差(图 6-6),即在两目标点 P_1、P_2 上分别竖立反射棱镜,在与 P_1、P_2 通视的任意点 P 安置全站仪后,选定对边测量模式,分别照准 P_1、P_2 上的反射棱镜进行测量,仪器就会自动按式(6-4)计算并显示出 P_1、P_2 两目标点间的平距 D_{12} 和高差 h_{12}。

$$\left.\begin{aligned} D_{12} &= \sqrt{S_1^2\cos^2\alpha_1 + S_2^2\cos^2\alpha_2 - 2S_1S_2\cos\alpha_1\cos\alpha_2\cos\beta} \\ h_{12} &= S_2\sin\alpha_2 - S_1\sin\alpha_1 \end{aligned}\right\} \tag{6-4}$$

式中:S_1、S_2——仪器至两反射棱镜的斜距;

α_1、α_2——仪器至两反射棱镜的竖直角;

β——PP_1 与 PP_2 两方向间的水平夹角。

但需指出的是,应用上述公式计算地面点 P_1 和 P_2 间高差的前提条件是 P_1 和 P_2 间的目标高 v_1、v_2 应相等;否则,应按式(6-5)计算。

$$h_{12} = S_2\sin\alpha_2 - S_1\sin\alpha_1 + (v_1 - v_2) \tag{6-5}$$

因此,在实际工作中,应尽量使两目标高相等;否则,应在全站仪显示的高差中加入改正数 $v_1 - v_2$。

4)悬高测量

所谓悬高测量,就是测定空中某点距地面的高度(图 6-7)。将全站仪安置于适当位置,选定悬高测量模式后,把反射棱镜设立在欲测高度的目标点 C 的垂底 B(即过目标点 C 的铅垂线与地面的交点)处,输入反射棱镜高 v,然后照准反射棱镜进行测量,再转动望远镜照准目标点 C,便能实时显示出目标点 C 至地面的高度 H。

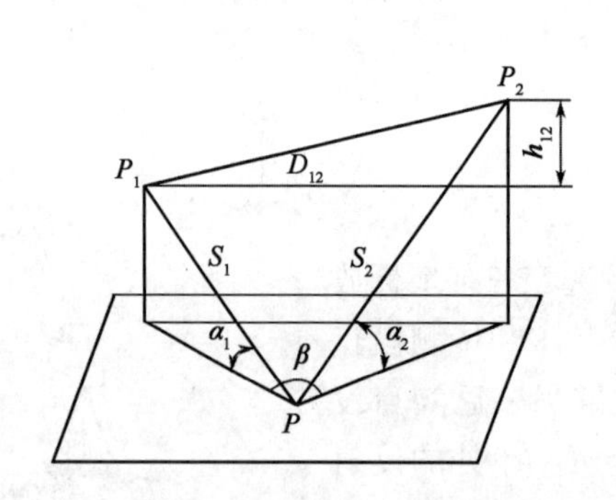

图 6-6　对边测量示意图

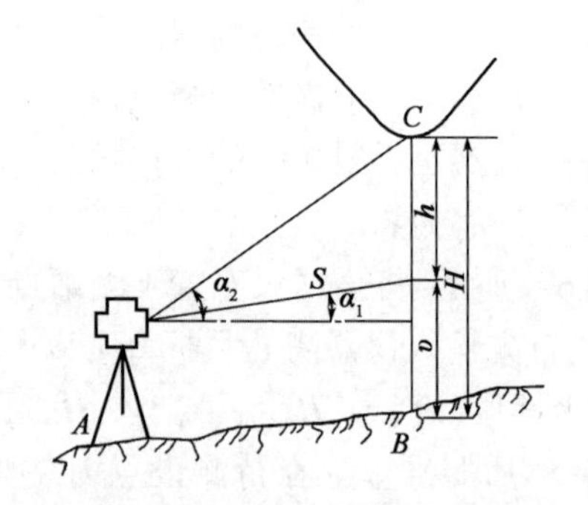

图 6-7　悬高测量示意图

显示的目标点高度 H,由全站仪自身内存的计算程序按式(6-6)计算而得。

$$H = h + v = S\cos\alpha_1\tan\alpha_2 - S\sin\alpha_1 + v \tag{6-6}$$

式中:S——仪器至反射棱镜的斜距;

α_1、α_2——仪器至反射棱镜和目标点 C 的竖直角。

上述测量,是在反射棱镜设立在欲测高度的目标点 C 的垂底 B 而且不顾及投点误差的条件下进行的。如果该条件不能保证,全站仪将无法测得 C 点距地面点 B 的正确高度;即使使用这一功能,测出的结果也是不正确的。即当测量精度要求较高时,应先投点后观测。

5）面积测量

图6-8所示为一任意多边形，欲测定其面积，可在适当位置安置全站仪，选定面积测量模式后，按顺时针方向依次将反射棱镜竖立在多边形的各顶点上进行观测。观测完毕，仪器就会瞬时地显示出该多边形的面积值。其原理为：通过观测多边形各顶点的水平角 β_i、竖直角 α_i 以及斜距 S_i，先根据式（6-7）自动计算出各顶点在测站坐标系 xoy（x 轴指向水平度盘的零度分划线，原点 o 为仪器的中心）中的坐标：

$$\left.\begin{aligned} x_i &= S_i\cos\alpha_i\cos\beta_i \\ y_i &= S_i\cos\alpha_i\sin\beta_i \end{aligned}\right\} \tag{6-7}$$

然后，利用式（6-8）、式（6-9）自动计算并显示出被测 n 边形的面积：

$$P = \frac{1}{2}\sum_{i=1}^{n} x_i(y_{i+1} - y_{i-1}) \tag{6-8}$$

或

$$P = \frac{1}{2}\sum_{i=1}^{n} y_i(x_{i-1} - x_{i+1}) \tag{6-9}$$

当 $i=1$ 时，$y_{i-1}=y_n$，$x_{i-1}=x_n$；当 $i=n$ 时，$y_{i+1}=y_1$，$x_{i+1}=x_1$。

6）偏心测量

如图6-9所示，所谓全站仪偏心测量，是指反射棱镜不是放置在待测点的铅垂线上而是安置在与待测点相关的某处，间接地测定出待测点的位置。

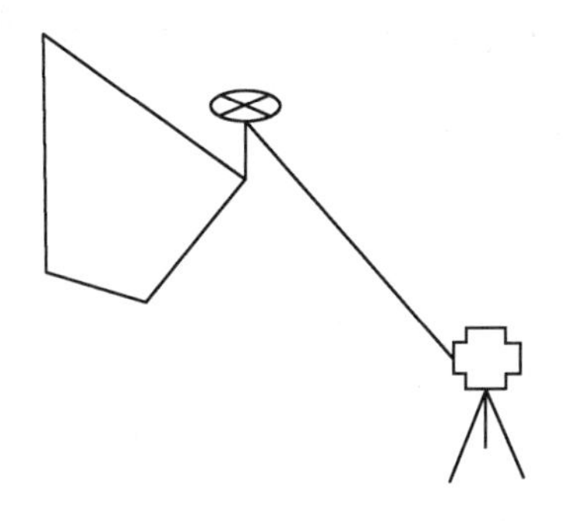

图6-8　面积测量示意图

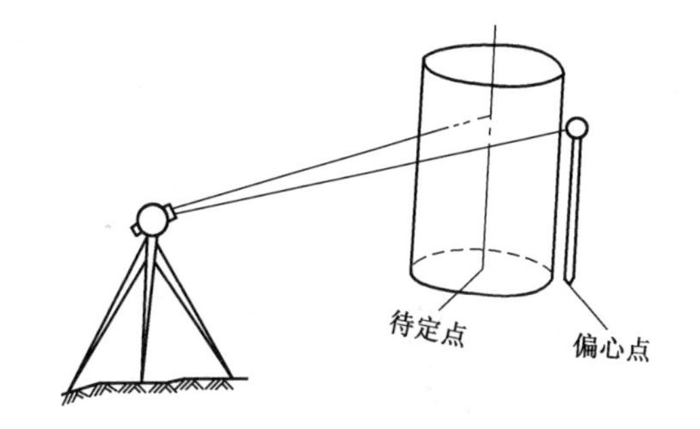

图6-9　偏心测量示意图

根据给定条件的不同，目前全站仪偏心测量分为角度偏心测量、单距偏心测量、圆柱偏心测量等方式。

（1）角度偏心测量

如图6-10所示，将全站仪安置在某一已知点 A，并照准另一已知点 B 进行定向；然后，将偏心点 C（棱镜）设置在待测点 P 的左侧（或右侧），并使其到测站点 A 的距离与待测点 P 到测站点的距离相当；接着对偏心点进行测量；最后再照准待测点方向，仪器就会自动计算并显示出待测点的坐标。其计算公式如下：

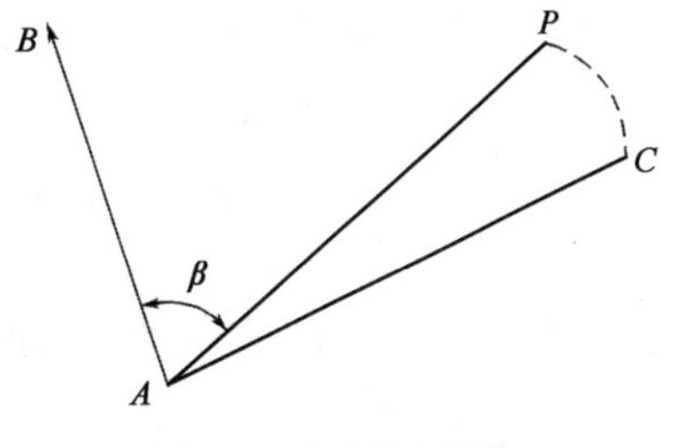

图6-10　角度偏心测量

$$\left.\begin{aligned}x_P&=x_A+S\cos\alpha\cos(T_{AB}+\beta)\\y_P&=y_A+S\cos\alpha\sin(T_{AB}+\beta)\end{aligned}\right\}\tag{6-10}$$

式中：S、α——仪器到偏心点C（棱镜）的斜距和竖直角；

x_A、y_A——已知点A的坐标；

T_{AB}——已知边的坐标方位角；

β——未知边AP与已知边AB的水平夹角，当未知边AP在已知边AB的右侧时，取“$-\beta$”。

显然，角度偏心测量适合于待测点与测站点通视但其上无法安置反射棱镜的情况。

（2）单距偏心测量

如图6-11所示，将全站仪安置在已知点A，并照准另一已知点B进行定向，将反射棱镜设置在待测点P附近一适当位置C。然后输入待测点P与偏心点C间的距离d和CA与CP的水平夹角θ，并对偏心点C进行观测，仪器就会自动显示出待测点P的坐标（x_P，y_P）或测站点至待测点的距离D和方位角T_{AP}。其计算公式如下：

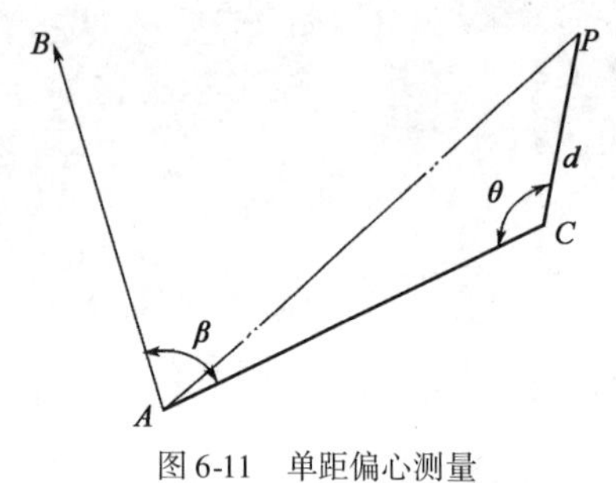

图6-11　单距偏心测量

$$\left.\begin{aligned}x_C&=x_A+S\cos\alpha\cos(T_{AB}+\beta)\\y_C&=y_A+S\cos\alpha\sin(T_{AB}+\beta)\end{aligned}\right\}\tag{6-11}$$

$$\left.\begin{aligned}x_P&=x_C+d\cos(T_{AB}+\beta+\theta+180°)\\y_P&=y_C+d\sin(T_{AB}+\beta+\theta+180°)\end{aligned}\right\}\tag{6-12}$$

$$\left.\begin{aligned}D&=\sqrt{(x_P-x_A)^2+(y_P-y_A)^2}\\T_{AP}&=\arctan\frac{y_P-y_A}{x_P-x_A}\end{aligned}\right\}\tag{6-13}$$

上述式中：x_C、y_C——偏心点C的坐标；

β——边AC与已知边AB的水平夹角，当β和θ为右角时，取“$-\beta$”和“$-\theta$”。

显然，单距偏心测量适合于待测点与测站点不通视的情况。

（3）圆柱偏心测量

圆柱偏心测量是单距偏心测量的一个特殊情况，即待测点P为某一圆柱形物体的圆心（图6-12），观测时将全站仪安置在某一已知点A，并照准另一已知点B进行定向；然后，将反射棱镜设置在圆柱体的一侧C点，且使AC与圆柱体相切；输入圆柱体的半径R，并对偏心点C进行观测后，仪器就会自动计算并显示出待测点的坐标（x_P，y_P）或测站点至待测点的距离D和方位角T_{AP}。其计算公式与单距偏心测量相同，只不过用R和90°代替d和θ。

7）后方交会

如图6-13所示，将全站仪安置在待定点上，选定后方交会模式，分别照准两个以上已知点处的反射镜，并输入各已知点的坐标及仪器高和棱镜高后，全站仪即可计算显示待定点的坐标。

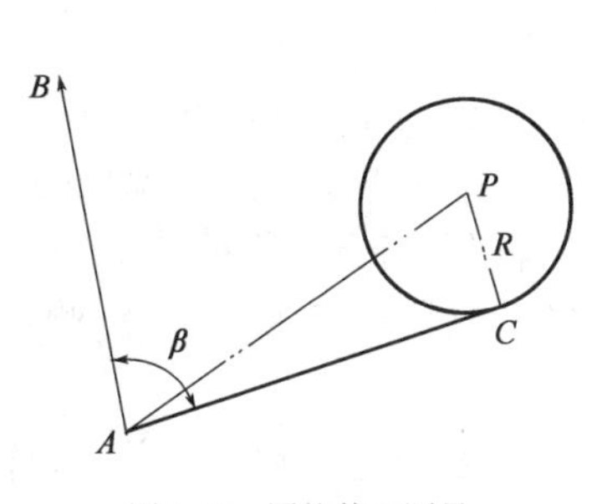

图 6-12 圆柱偏心测量

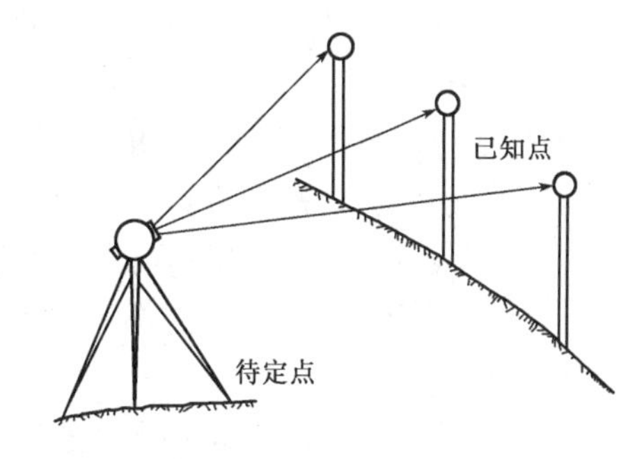

图 6-13 后方交会测量示意图

6.3.5 全站仪在工程测量中的应用

在工程测量中，充分应用全站仪的上述功能测量，可给测量工作带来极大的方便。全站仪在工程测量中的许多应用将在以后的学习内容中体现出来。下面举例说明全站仪在道路测设中的应用。

在道路测设中，直线测设是经常进行的一项测量工作。当遇到障碍物时，传统的直线测设方法有矩形移轴法、三点移轴法、直角移轴法、平行四边形法以及等腰三角形法和等腰梯形法等。这些方法因需要多次安置仪器，操作起来比较麻烦，且直线测设的精度也较低。若是利用全站仪的对边测量功能，可方便、快速、精确地完成该项工作。

如图 6-14a）所示，AB 为已测直线，现需将直线 AB 绕过障碍物进行延长。利用对边测量功能进行直线测设的步骤如下：

（1）在适当位置 M 点安置全站仪。

（2）在已测直线 AB 上取 A、B 两点，并分别竖立反射棱镜。

（3）在障碍物的另一侧 AB 延长线的大致方向 C' 点上竖立反射棱镜。

（4）选定对边测量模式后，依次照准 A、B、C'、A 点上的反射棱镜，连续测定 A 点与 B 点、B 点与 C 点、C' 与 A 点的平距 D_{AB}、$D_{BC'}$ 和 $D_{C'A}$。

（5）若 $D_{AB}+D_{BC'}=D_{C'A}$ 成立，则 C' 点即已位于 AB 的延长线上；否则，指挥 C' 点上的反射棱镜沿 MC' 方向前后移动，重复（4）、（5）两步直至满足 $D_{AB}+D_{BC'}=D_{C'A}$。同理，可测设出 D 点。

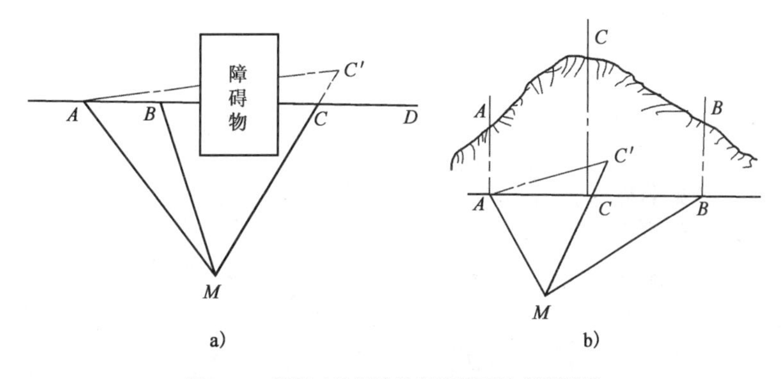

图 6-14 利用对边测量进行遇障碍物直线测设

由此可见，利用全站仪对边测量功能进行遇障碍物的直线测设十分方便、快捷，精度也较高。同时，由于对边测量对全站仪的安置没有什么特殊的要求，所以此方法在实际应用中具有很大的灵活性,能适应复杂情况的直线测设。此方法除可用于延长直线外,同样可方便地用于直线的内插[图6-14b)]。

目前,全站仪的应用范围已不仅局限于工程测量,它在测绘、地籍与房地产测量、大型工业生产设备和构件的安装调试、船体设计施工、大桥水坝的变形观测、地质灾害监测及体育竞技等领域中都得到了广泛应用。全站仪在测量中的应用具有以下特点:

(1)在同一个测站点,可以完成全部测量的基本内容,包括角度测量、距离测量、高差测量,实现数据的存储和传输。

(2)在一般控制测量中,应用其导线测量、前方交会、后方交会等程序功能,操作简单、速度快、精度较高。

(3)在地形测量过程中,可以同时进行地形控制测量和碎步测量。

(4)在施工放样测量中,可以将设计好的管线、道路、工程建筑的位置测设到地面上,实现三维坐标快速施工放样。

(5)在变形观测中,可以对建筑(构筑)物的变形、地质灾害等进行实时动态监测。

(6)通过传输设备,可以将全站仪与计算机、绘图机相连,形成内外一体的测绘系统,从而大大提高地形图测绘的质量和效率。

本章小结

本章主要介绍了全站仪的性能、基本组成原理及结构、精度等级标准和主要技术指标等基本知识,并以拓普康GTS-332电子全站仪为例介绍了全站仪的操作步骤、基本测量使用方法;论述了全站仪的主要程序测量原理和公式。全站仪是一个由测距仪、电子经纬仪、电子补偿器、微处理机组合的整体,测量功能可分为基本测量功能和程序测量功能。由于全站仪是按预置的作业程序及功能和参数设置进行工作的,所以,具体应用某种全站仪时,必须参考其说明书,按正确的操作步骤观测,才能得到正确的观测成果。

思考题与习题

1. 简述全站仪的基本组成和基本结构。
2. 全站仪的基本观测步骤有哪些?
3. 进行全站仪距离测量时,在测站上应对测得的倾斜距离加入哪些改正?
4. 全站仪程序测量主要有哪些内容?
5. 简述全站仪三维坐标测量的基本原理。
6. 简述全站仪对边测量的基本原理。
7. 简述全站仪悬高测量的基本原理。

第7章
卫星定位系统

【本章知识要点】

通过本章的学习,掌握全球卫星定位系统的基本知识、发展现状、基本原理和误差来源;了解 GPS 静态定位和动态定位的基本原理;了解 GPS 测量的实施方法和步骤。

7.1 概　　述

全球导航卫星系统(GNSS),其关键作用是提供时间/空间基准和所有与位置相关的实时动态信息,已成为国家重大的空间和信息化基础设施,也成为体现现代化大国地位和国家综合国力的重要标志。它是经济安全、国防安全、国土安全和公共安全的重大技术支撑系统和战略威慑基础资源,也是建设和谐社会、服务人民大众、提升生活质量的重要工具。由于其广泛的产业关联度和与通信产业的融合度,能有效地渗透到国民经济诸多领域和人们的日常生活中,GNSS 成为高技术产业高成长的助推器,成为继移动通信和互联网之后的全球第三个发展得最快的电子信息产业的新经济增长点。

1992 年 5 月,在国际民航组织(ICAO)未来空中导航系统(FANS)会议上,将 GNSS 定义为:它是一个全球性的位置和时间测定系统,包括一种或几种卫星星座、机载接收机和系统完备性监视。GNSS 研制开发将分步实施,首先以 GPS/GLONASS 卫星导航系统为依托,建立由地球同步卫星移动通信导航卫星系统(INMARSAT)、完备性监视系统(GAIT)以及接收机完备性监视系统(RAIM)组成的混合系统,以提高卫星导航系统的完备性和服务的可靠性;然后,建成纯民间控制的GNSS系统,该系统由多种中高轨道全球导航卫星和既能用于导航定位又能用于移动通信的静地卫星构成。

由于GNSS在国家安全和经济与社会发展中有着不可或缺的重要作用,所以世界各主要大国都竞相发展独立自主的卫星导航系统。预计到2020年,全世界将有四大GNSS,它们是:现有的美国GPS和俄罗斯GLONASS,欧盟的GALILEO系统,以及我国正在建设的北斗系统。GNSS实际上泛指卫星导航系统,包括全球星座、区域星座,以及相关的星基增强系统。除了上述的四个全球系统及其增强系统(美国的WAAS、欧洲的EGNOS和俄国的SDCM)外,日本和印度等国也在建设自己的区域系统和增强系统,即日本的QZSS和MSAS,印度的IRNSS和GAGAN,以及尼日利亚运用通信卫星搭载实现的NicomSat-1星基增强。

7.1.1 GPS

GPS是美国的第二代导航定位系统。1957年10月,世界上第一颗卫星发射成功后,科学家开始着手进行卫星定位和导航的研究工作。1958年底,美国海军武器实验室委托霍布金斯大学应用物理实验室研究美国车用舰艇导航服务的卫星系统,即海军导航卫星系统(Navy Navigation Satellite System,简称NNSS)。这一系统已于1964年1月研制成功,成为世界上第一个卫星导航系统。由于存在较大的缺陷,如卫星数目少导致卫星发送的无线电信号突然间断,观测所需等待卫星出现的时间较长,以及高精度定位虽然可以达到1m,但需要40次以上的卫星观测(数天),且需要使用精密星历等。这些都不能满足当前实时、动态、精确的定位需要。因此,美国宣布终止该系统的研制与应用,并于1973年12月17日开始建立新的卫星导航定位系统。1978年第一颗试验卫星发射成功,1994年顺利完成了24颗卫星的布设。该系统全称为卫星授时与测距导航系统(Navigation by Satellite Timing and Ranging Global Positioning System,即NAVSTARGPS,简称GPS)。

GPS是GNSS系统中最为成熟、应用最广泛的卫星定位系统。GPS系统的组成如图7-1所

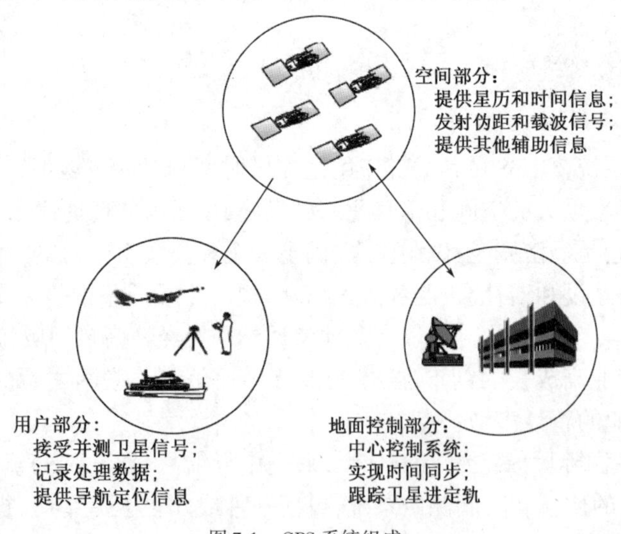

图7-1 GPS系统组成

示,系统主要包括三大部分:空间部分——GPS 卫星星座;地面控制部分——地面监控系统;用户设备部分——GPS 信号接收机。

1)空间部分

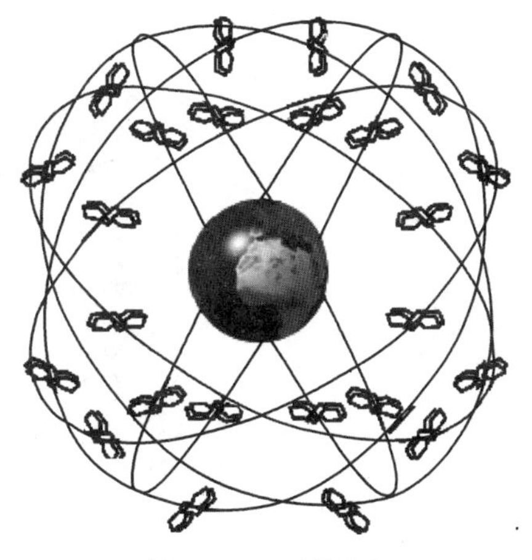
图 7-2 GPS 卫星星座

GPS 由 21 颗工作卫星和 3 颗备用卫星组成,它们均匀分布在 6 个倾角为 55°的轨道平面内,每个轨道上有 4 颗卫星,如图 7-2 所示。卫星轨道高度离地面约 20 200km,绕地球运行一周的时间是 12 恒星时,即一天绕地球两周。GPS 卫星的作用是用 L 波段两种频率的无线电波(1575.42MHz 和 1227.6MHz)向用户发射导航定位信号,同时接收地面发送的导航电文以及调度命令。截至 2004 年 3 月,在轨卫星已达 29 颗,星号为 1 ~ 11,13 ~ 18,20 ~ 31。目前,GPS 星座已真正实现全球覆盖,不再有盲区,不需要选择“观测窗”,全天 24 小时任何时间都能精密定位。

2)地面控制部分

对于导航定位而言,GPS 卫星是一动态已知点,而卫星的位置是依据卫星发射的星历(描述卫星运动及其轨道的参数)计算得到的。每颗 GPS 卫星播发的星历是由地面监控系统提供的,同时卫星设备的工作监测以及卫星轨道的控制,都由地面控制系统完成。

GPS 的地面控制部分由分布在全球的由若干个跟踪站所组成的监控系统构成,根据其作用的不同,这些跟踪站又被分为主控站、监控站和注入站。如图 7-3 所示,主控站有 1 个,位于美国科罗拉多(Colorado),它的作用是根据各监控站对 GPS 的观测数据,计算出卫星的星历和卫星钟的改正参数等,并将这些数据通过注入站注入卫星;同时,它还对卫星进行控制,向卫星发布指令,当工作卫星出现故障时,调度备用卫星,替代失效的工作卫星工作。另外,主控站也具有监控站的功能。监控站有 5 个,除了主控站外,其他 4 个分别位于夏威夷(Hawaii)、阿松森群岛(Ascension)、迭哥加西亚(Diego Garcia)、卡瓦加兰(Kwajalein),监控站的作用是接收卫星信号,监测卫星的工作状态。注入站有 3 个,它们分别位于阿松森群岛(Ascension)、迭哥加西亚(Diego Garcia)、卡瓦加兰(Kwajalein),注入站的作用是将主控站计算出的卫星星历和卫星钟的改正数等注入卫星。

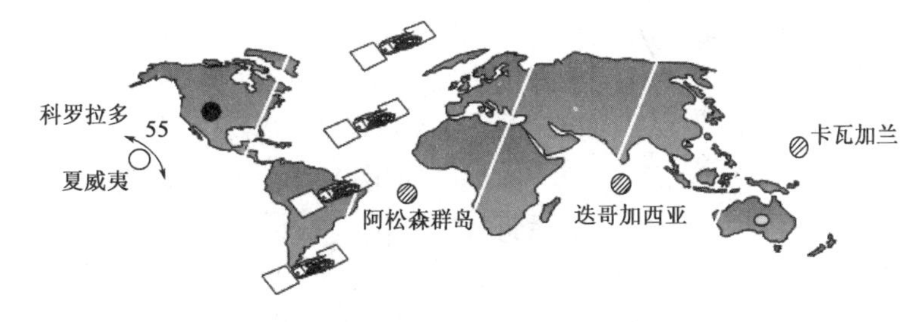

图 7-3 GPS 系统的地面控制部分

● 既是主控站又是监控站 ○ 监控站 ◍ 既是注入站又是监控站

3)用户设备部分

GPS 的用户部分由 GPS 接收机、数据处理软件及相应的用户设备等组成。GPS 信号接收机(图 7-4)的作用是捕获 GPS 卫星发射的信号,并进行处理,根据信号到达接收机的时间,确定接收机到卫星的距离。如果计算出 4 颗或者更多卫星到接收机的距离,再参照卫星的位置,就可以确定出接收机在三维空间中的位置,从而实现导航定位等工作。

以上三个部分共同组成了一个完整的 GPS 系统。

LeiCal 200系列GPS接收机　　天宝Tritnble R8 GPS接收机

图 7-4　GPS 接收机

7.1.2　GLONASS

GLONASS 是苏联在总结第一代卫星导航系统 CICADA 的基础上,吸收了美国 GPS 系统的部分经验,自 1982 年 10 月 12 日开始发射的第二代导航卫星系统。于 1996 年 1 月 18 日完成设计卫星数(24 颗),并开始整体运行。GLONASS 的主要作用是实现全球、全天候的实时导航与定位,另外,还可用于全球时间传递。目前,GLONASS 由俄罗斯负责。

GLONASS 在系统组成与工作原理上与 GPS 十分相似,也分为空间卫星、地面监控和用户设备三部分。

1)空间卫星部分

空间卫星部分采用中高轨道的 24 颗卫星组成,其中工作卫星 21 颗,在轨备用卫星 3 颗,均匀地分布在 3 个近圆形轨道平面上。3 个轨道面互成 120°夹角,每个轨道上均匀分布 8 颗卫星,轨道高度约 19 100km,轨道偏心率为 0.01, 运行周期 T 为 11h15min,轨道倾角为 64.8°。这样的分布可以保证地球上任何地方任一时刻都能收到至少 4 颗卫星的导航信息,为用户的导航定位提供保障。每颗 GLONASS 卫星上都装备有着稳定度的铯原子钟,并接收地面控制站的导航信息和控制指令,星载计算机对其中的导航信息进行处理,生成导航电文向用户广播,控制信息用于控制卫星在空间的运行。卫星星座图如图 7-5 所示。

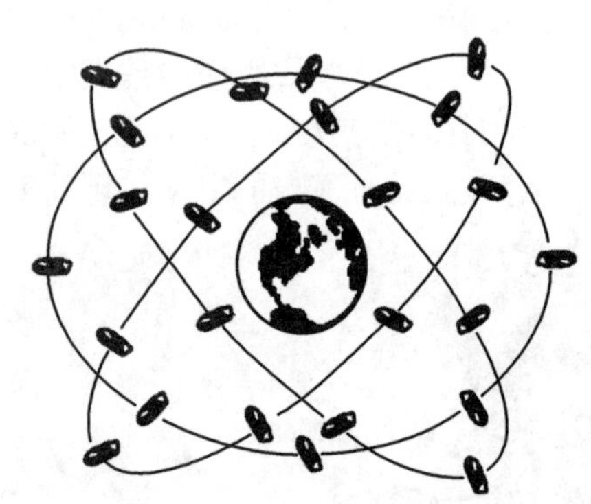

图 7-5　GLONASS 卫星星座

2)地面监控部分

地面监控部分实现对 GLONASS 卫星的整体维护和控制。它包括系统控制中心(位于莫斯科的戈利岑诺)和分散在俄罗斯整个领土上的跟踪控制站网。地面控制设备负责搜集、处理 GLONASS 卫星的轨道和信号信息,并向每颗卫星发射控制指令和导航信息。

3)用户设备部分

用户通过 GLONASS 接收机接收 GLONASS 卫星信号,并测量其伪距或载波相位,同时结合卫星星历进行必要的处理,便可得到用户的三维坐标、速度和时间。

7.1.3 GALILEO

伽利略定位系统(GALILEO),是欧盟一个正在建造中的卫星定位系统,有“欧洲版 GPS”之称,是一个提供民用控制的高精度、有承诺的全球定位服务,于 2014 年开始运作,预计于 2019 年完工。

GALILEO 系统由 30 颗卫星组成,其中 27 颗工作星,3 颗备份星。卫星分布在 3 个中地球轨道(MEO)上,轨道高度为 23 616km,轨道倾角 56°,卫星质量为 625kg,在轨寿命 15 年。每个轨道上部署 9 颗工作星和 1 颗备份星,某颗工作星失效后,备份星将迅速进入工作位置,替代其工作,而失效星将被转移到高于正常轨道 300km 的轨道上。

服务“伽利略系统”将提供以下 4 种导航服务。

(1)开放服务(open service):开放服务供任何人自由使用,开放服务的信号将会广播在 1 164 ~ 1 214MHz 及 1 563 ~ 1 591MHz 两个频带上。同时接收两个频带的信号,水平误差 < 4m,垂直误差 < 8m。如果只接收单一频带,仍然有 < 15m 的水平误差及 < 35m 的垂直误差,与 GPS 的 C/A 码相当。

(2)商业服务 (commercial service)。

(3)公共规范服务 (public regulated service)。

(4)生命安全服务 (safety of life service)。

7.1.4 北斗

中国北斗卫星导航定位系统(COMPASS,中文音译名称 BeiDou),是我国自行研制开发的区域性有源三维卫星定位与通信系统,是继美国 GPS、俄罗斯 GLONASS 之后第三个成熟的卫星导航系统,可在全球范围内全天候、全天时为各类用户提供高精度、高可靠定位、导航、授时服务,并具有短报文通信能力。

北斗卫星导航系统具有以下四大功能:

(1)短报文通信:北斗系统用户终端具有双向报文通信功能,用户可以一次传达 120 个汉字的信息,这是 GPS 和 GLONASS 导航卫星所没有的。在远洋航行、应急救援中具有重要的应用价值。

(2)精密授时:北斗系统具有精密授时功能,可向用户提供 20 ~ 100ns 时间同步精度。

(3)定位精度:定位精度优于 10m。

工作频率:B_1-1 561.098MHz,B_2-1 207.140MHz,B3-1 268.520MHz。

(4)系统容纳的最大用户数:540 000 户/h。

北斗导航卫星系统按照“三步走”的发展战略稳步推进,具体如下:

第一步,1994 年启动北斗卫星导航试验系统建设,2000 年建成北斗卫星导航试验系统,使我国成为世界上第三个拥有自主卫星导航系统的国家(区域有源定位)。

第二步,2004 年启动北斗卫星导航系统建设,2012 年形成覆盖亚太大部分地区的服务能力(区域无源定位)。

第三步,2020 年左右,北斗卫星导航系统形成全球覆盖能力(全球无源定位)。

2000 年 10 月 31 日、12 月 21 日和 2003 年 5 月 25 日北斗一号 01/02 星在西昌卫星发射中心发射升空,并成功定点,标志着我国成功完成“第一步”,建立了自主的北斗导航试验卫星系统。该系统由3颗(2颗工作卫星、1颗备用卫星)北斗定位卫星(北斗一号)、地面控制中心为主的地面部分、北斗用户终端三部分组成。北斗卫星导航定位系统的基本工作原理是“双星定位”:以2颗在轨卫星的已知坐标为圆心,各以测定的卫星至用户终端的距离为半径,形成2个球面,用户终端将位于这2个球面交线的圆弧上。地面中心站配有电子高程地图,提供一个以地心为球心、以球心至地球表面高度为半径的非均匀球面。用数学方法求解圆弧与地球表面的交点即可获得用户的位置。

2012年12月27日,北斗系统空间信号借口控制文件(ICD)正式版公布,标志着我国具有独立自主产权的北斗二代卫星导航定位系统正式对亚太地区提供无源定位、导航、授时服务。北斗导航保留了北斗卫星导航试验系统有源定位、双向授时和短报文通信服务。北斗系统建设的第二阶段已经完成,北斗区域导航定位系统的空间星座由12颗卫星组成。北斗区域系统空间星座由5颗地球同步轨道卫星(GEO)、3颗倾斜地球同步轨道卫星(ISO)、4颗中高轨道卫星(MEO)组成。

现在正在建设“第三步”,到2020年,北斗卫星导航系统空间段将由35颗卫星组成,包括5颗静止轨道卫星、27颗中地球轨道卫星、3颗倾斜同步轨道卫星。5颗静止轨道卫星定点位置为东经58.75°、80°、110.5°、140°、160°,中地球轨道卫星运行在倾角55°的3个轨道面上,轨道面之间为相隔120°均匀分布,如图7-6所示。35颗卫星在离地面2万多公里的高空上,以固定的周期环绕地球运行,使得在任意时刻,在地面上的任意一点都可以同时观测到4颗以上的卫星。

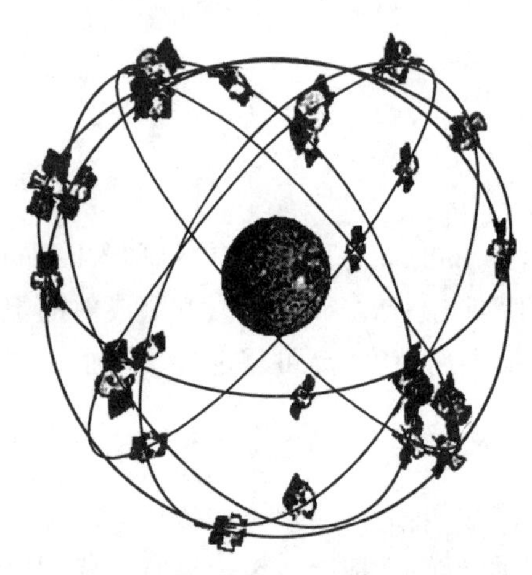

图7-6 “北斗”卫星导航系统卫星星座

北斗地面系统包括数个主控站(MCS)、数据上传站、监控站网络,监控站连续跟踪北斗卫星和接收机观测数据,用于轨道确定和估计钟差。主控站(MCS)把所有监测站的数据收集起来,经过处理后生成卫星导航信息、广域差分改正数和完备性信息。主控站(MCS)生成的所有信息和卫星控制命令通过数据上传站发给北斗卫星。

北斗系统的用户终端包括多种用户接收机,可同时兼容其他导航卫星定位系统,满足多种不同的需求。

不同的卫星定位系统有特定的坐标基准和时间基准。北斗系统的坐标基准采用CGCS2000国家大地坐标系统。根据北斗系统的ICD,北斗的时间系统为北斗导航卫星系统时间(BDT),是一个连续的时间系统。CGCS2000与GPS的WGS-84坐标系在原点、尺度、定向及定向的定义上都是相同的,参考椭球非常相近,4个椭球常数,唯有扁率f有微小差异。BDT和GPST都采用原子时,秒长定义一样,不同的是,两者时间系统的起算点不同,BDT是从2006年1月1日00:00开始起算,没有闰秒问题。BDT和GPST除了相差1 356周外,还始终保持一个14s的系统差(GPST与世界协调时之间的闰秒差异)。

北斗系统与GPS系统具有非常相似的信号结构和频率,GPS系统的观测模型和卫星力学模型稍微进行改变可用于北斗系统的研究。因此,参考与GPS系统相似的观测模型和动态定位模型,处理北斗系统数据,同时并考虑北斗系统的自身特点,可实现与 GPS 系统相当的北斗定位系统。

7.2 卫星定位基本原理

7.2.1 GPS 卫星信号

GPS 卫星发射两种频率的载波信号,即频率为 1 575.42MHz 的 L_1 载波和频率为 1 227.60MHz 的 L_2 载波,它们的频率分别是基本频率 10.23MHz 的 154 倍和 120 倍,它们的波长分别为 19.03cm 和 24.42cm。在 L_1 和 L_2 上又分别调制多种信号,这些信号主要有以下三种。

1)C/A 码

C/A 码又称为粗捕获码,它被调制在 L_1 载波上,是 1MHz 的伪随机噪声码(PRN 码),其码长为 1 023 位(周期为 1ms)。由于每颗卫星的 C/A 码都不一样,因此,我们经常用它们的 PRN 号来区分它们。C/A 码是普通用户用以测定测站到卫星间距离的一种主要的信号。

2)P 码

P 码又称为精码,它被调制在 L_1 和 L_2 载波上,是 10MHz 的伪随机噪声码,其周期为七天。在实施 AS(Anti-Spoofing,反电子欺骗)政策时,P 码与 W 码进行模二相加生成保密的 Y 码,此时,一般用户无法利用 P 码来进行导航定位。

3)导航信息(又称 D 码)

导航信息被调制在 L_1 载波上,其信号频率为 50Hz,包含有 GPS 卫星的轨道参数、卫星钟改正数和其他一些系统参数。用户一般需要利用此导航信息来计算某一时刻 GPS 卫星在地球轨道上的位置,导航信息也被称为广播星历。

在 GPS 定位中,经常采用下列观测值中的一种或几种进行数据处理,以确定出待定点的坐标或待定点之间的基线向量:

(1)L_1 载波相位观测值。

(2)L_2 载波相位观测值(半波或全波)。

(3)调制在 L_1 上的 C/A 码伪距。

(4)调制在 L_1 上的 P 码伪距。

(5)调制在 L_2 上的 P 码伪距。

(6)L_1 上的多普勒频移。

(7)L_2 上的多普勒频移。

实际上,在进行 GPS 定位时,除了大量地使用上面的观测值进行数据处理以外,还经常使用由上面的若干种观测值通过某些组合而形成的一些特殊观测值,如宽巷观测值(Wide-Lane,L_1-L_2)、窄巷观测值(Narrow-Lane,L_1+L_2)、消除电离层延迟的观测值(Ion-Free,$2.546L_1-1.984L_2$)来进行数据处理。

7.2.2 GPS 定位的坐标系统与时间系统

由前面的课程我们知道,测量的基本任务就是确定物体在空间中的位置、姿态及其运动轨迹。GPS 定位技术也一样需要坐标系统和时间系统来描述其定位结果,而对这些特征的描述都是建立在某一个特定的空间框架和时间框架之上的。所谓空间框架,是我们常说的坐标系统,而时间框架是我们常说的时间系统。

1)坐标系统

一个完整的坐标系统是由坐标系和基准两方面要素构成的。坐标系指的是描述空间位置的表达形式,而基准指的是为描述空间位置而定义的一系列点、线、面。在大地测量中的基准一般是指为确定点在空间中的位置,而采用的地球椭球或参考椭球的几何参数和物理参数及其在空间的定位、定向方式,以及在描述空间位置时所采用的单位长度的定义。

由于 GPS 是全球性的定位导航系统,所以其坐标系统也必须是全球性的。在 GPS 定位中,通常采用两类坐标系统:一类是在空间固定的坐标系,该坐标系与地球自转无关,对描述卫星的运行位置和状态极其方便。另一类是与地球体相固联的坐标系统,该系统对表达地面观测站的位置和处理 GPS 观测数据尤为方便。坐标系统是由坐标原点位置、坐标轴指向和尺度所定义的。在 GPS 定位中,坐标系原点一般取地球质心,而坐标轴的指向具有一定的选择性,为了使用上的方便,国际上都通过协议来确定某些全球性坐标系统的坐标轴指向,这种共同确认的坐标系称为协议坐标系。由于篇幅有限,本节只介绍 GPS 中表达地面观测站的位置的坐标系——世界大地坐标系(World Geodetic System),即 WGS-84 坐标系。

WGS-84 坐标系是目前 GPS 所采用的坐标系统,GPS 所发布的星历参数就是基于此坐标系统的。它是一个地心地固坐标系统,也是一个协议坐标系。WGS-84 坐标系统由美国国防部制图局建立,于 1987 年取代了当时 GPS 所采用的坐标系统——WGS-72 坐标系统而成为目前 GPS 所使用的坐标系统。

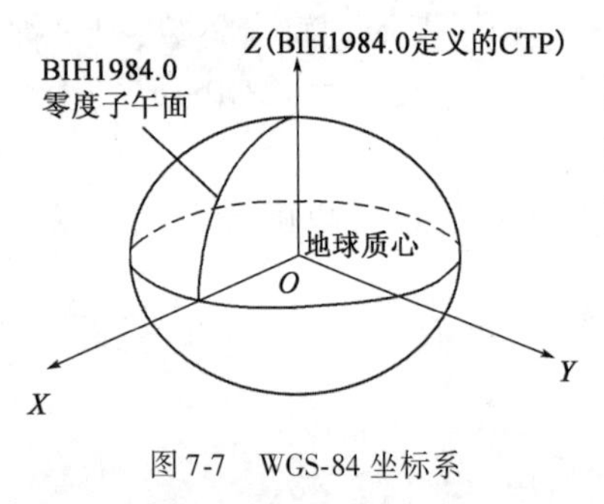

图 7-7 WGS-84 坐标系

WGS-84 坐标系的坐标原点位于地球的质心,Z 轴指向 BIH1984.0 定义的协议地球极方向,X 轴指向 BIH1984.0 的起始子午面和赤道的交点,Y 轴与 X 轴和 Z 轴构成右手系,如图 7-7 所示。

WGS-84 坐标系所采用的基本椭球参数为:

长半轴 $a = 6\,378\,137\text{m}$

扁率 $f = 1/298.257\,223\,563$

地心引力常数(含大气层)$GM = 398\,600.5\text{km}^3/\text{s}^2$

正常化二阶带谐系数 $\overline{C}_{20} = -484.166\,85 \times 10^{-6}$

地球自转角速度 $\omega = 7.292\,115 \times 10^{-5}\text{rad/s}$

由于 GPS 的直接定位结果是在地心坐标系下的坐标,所以在利用其定位结果时要转换到当地坐标系下。

2)时间系统

在天文学和空间科学技术中,时间系统是精确描述天体和卫星运行位置及其相互关系的重要基准,也是利用卫星进行定位的重要基准。在 GPS 卫星定位中,时间系统的重要性表现在:

(1)GPS 卫星作为高空观测目标,位置不断变化,在给出卫星运行位置的同时,必须给出相应的瞬间时刻。例如,若要求 GPS 卫星的位置误差小于 1cm,则相应的时刻误差应小于

2.6×10^{-6}s。

(2)准确地测定观测站至卫星的距离,必须精密地测定信号的传播时间。若要距离误差小于1cm,则信号传播时间的测定误差应小于3×10^{-11}s。

(3)由于地球的自转现象,在天球坐标系中地球上点的位置是不断变化的,若要求赤道上一点的位置误差不超过1cm,则时间测定误差要小于2×10^{-5}s。

所以,利用GPS进行精密导航和定位,尽可能获得高精度的时间信息是至关重要的。

为精密导航和测量需要,GPS建立了专用的时间系统——GPS时间系统(GPST),简称GPS时,它由GPS主控站的原子钟控制。GPS时属于原子时系统,秒长与原子时相同,但与国际原子时(IAT)的原点不同,即GPST与IAT在任意瞬间均有一常量偏差:IAT - GPST = 19s。

GPS时与协调时(UTC)是从1972年采用的一种以原子时秒长为基础,在时刻上尽量接近于世界时的一种折中时间系统的时刻,规定在1980年1月6日0时一致,随着时间的积累,两者的差异将表现为秒的整数倍。GPS时与协调时之间的关系为 GPST = UTC + 1s × n - 19s。到1987年,调整参数n为23,两系统之差为4s,到1992年调整参数n为26,两系统之差已达7s。GPS时与我国当地时间的时差为8h。

7.2.3 GPS定位的基本原理

GPS定位基本原理是利用空间距离后方交会的原理确定点位。如图7-8所示,一颗卫星信号传播到接收机的时间只能确定该卫星到接收机的距离,但并不能确定接收机相对于卫星的方向,在三维空间中,GPS接收机的可能位置构成了一个球面,那么接收机A点一定是位于以卫星为中心、所测得距离为半径的圆球上。进一步讲,如果又测得点A至另一卫星的距离,则A点一定处在前后两个圆球相交的圆环上。若再测得与第三个卫星的距离,就可以确定A点只能是在三个圆球相交的两个点上。根据一些地理知识,可以很容易排除其中一个不合理的位置。当然,也可以再测量A点至另一个卫星的距离,也能精确进行定位。这就是GPS单点定位的简单原理。

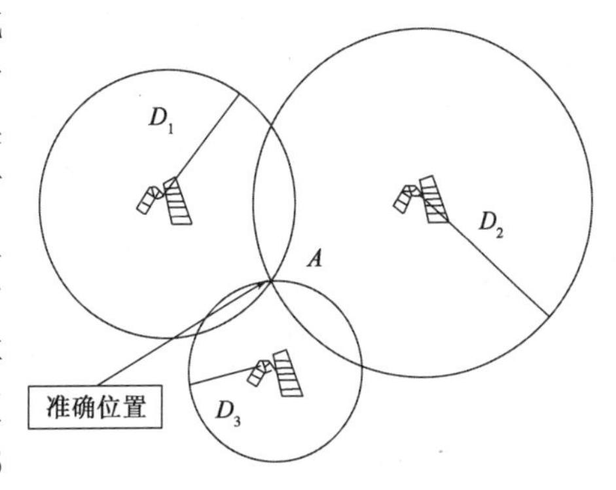

图7-8 GPS定位原理示意图

GPS卫星的位置是根据GPS的卫星星历得到的,而观测点到GPS卫星的距离是由卫星发射的测距码信号到达GPS接收机的传播时间乘以光速所得到的量测距离。

GPS系统在每颗卫星上都装置有十分精密的原子钟,并由监测站经常进行校准。卫星发送导航信息,同时也发送精确时间信息。GPS接收机接收此信息,使之与自身的时钟同步,就可获得准确的时间。所以,GPS接收机除了能准确定位之外,还可产生精确的时间信息。当然,上面说的都还是十分理想的情况。实际情况比上面说的要复杂得多,所以我们还要采取一些对策。例如:电波传播的速度,并不总是一个常数。在通过电离层中电离子和对流层中水气的时候,会产生一定的延迟。一般我们这可以根据监测站收集的气象数据,再利用典型的电离层和对流层模型来进行修正。还有,在电波传送到接收机天线之前,还会产生由于各种障碍物与地面折射和反射产生的多路径效应。这在设计GPS接收机时,要采取相应措施。当然,这要以提高GPS接收机的成本为代价。原子钟虽然十分精确,但也不是一点误差也没有。GPS

接收机中的时钟,不可能像在卫星上那样,设置昂贵的原子钟,所以就利用测定第四颗卫星,来校准 GPS 接收机的时钟。前面提到,每测量三颗卫星可以定位一个点。利用第四颗卫星和前面三颗卫星的组合,可以测得另一些点。理想情况下,所有测得的点,都应该重合。但实际上,它们并不完全重合。利用这一点,反过来可以校准 GPS 接收机的时钟。测定距离时选用卫星的相互几何位置,对测定的误差也不同。为了精确地定位,可以多测一些卫星,选取几何位置相距较远的卫星组合,测得误差要小。

7.2.4 GPS 测量的误差

1)误差的分类

GPS 定位是通过地面接收设备接收卫星发射的导航定位信息来确定地面点的三维坐标。可见,测量结果的误差来源于 GPS 卫星、信号的传播过程和接收设备。GPS 测量误差可分为三类:与 GPS 卫星有关的误差、与 GPS 卫星信号传播有关的误差、与 GPS 信号接收机有关的误差。

与 GPS 卫星有关的误差主要包括卫星的星历误差和卫星钟误差以及相对论效应误差和卫星天线相位中心偏差,可在 GPS 测量中采取一定的措施消除或减弱这些误差,或采用某种数学模型对其进行改正。

与 GPS 卫星信号传播有关的误差主要包括电离层延迟误差、对流层延迟误差和多路径效应误差。电离层延迟误差和对流层延迟误差即信号通过电离层和对流层时,传播速度发生变化而产生时延,使测量结果产生系统误差,在 GPS 测量中,可以采取一定的措施消除或减弱,或采用某种数学模型对其进行改正。在 GPS 测量中,测站周围的反射物所反射的卫星信号进入接收机天线,将和直接来自卫星的信号产生叠加,从而使观测值产生偏差,即为多路径效应误差。多路径效应误差取决于测站周围的观测环境,具有一定的随机性,属于偶然误差。为了减弱多路径误差,测站位置应远离大面积平静水面,测站附近不应有高大建筑物,测站点不宜选在山坡、山谷和盆地中。

与 GPS 信号接收机有关的误差主要包括接收机的观测噪声、接收机的时钟误差和接收机天线相位中心偏差。接收机的观测误差具有随机性质,是一种偶然误差,通过增加观测量可以明显减弱其影响。接收机时钟误差是指接收机内部安装的高精度石英钟的钟面时间相对于 GPS 标准时间的偏差,是一种系统误差,但可采取一定的措施予以消除或减弱。在 GPS 测量中,是以接收机天线相位中心代表接收机位置的,由于天线相位中心随着 GPS 信号强度和输入方向的不同而发生变化,致使其偏离天线几何中心而产生系统误差。

2)消除、减弱上述误差影响的措施和方法

上述各项误差对测距的影响可达数十米,有时甚至可超过百米,比观测噪声大几个数量级,因此必须加以消除和减弱。消除或减弱这些误差所造成的影响主要有以下几种方法。

(1)建立误差改正模型

误差改正模型既可以是通过对误差特性、机理以及产生的原因进行研究分析、推导而建立起来的理论公式,也可以是通过大量观测数据的分析、拟合而建立起来的经验公式。在多数情况下是同时采用两种方法建立的综合模型(各种对流层折射模型则大体上属于综合模型)。

由于改正模型本身的误差以及所获取的改正模型各参数的误差,仍会有一部分偏差残留在观测值中,这些残留的偏差通常仍比偶然误差要大得多,严重影响了 GPS 的定位精度。

(2)求差法

仔细分析误差对观测值或平差结果的影响,安排适当的观测纲要和数据处理方法(如同步观测、相对定位等),利用误差在观测值之间的相关性或在定位结果之间的相关性,通过求差来消除或减弱其影响的方法称为求差法。

例如,当两站对同一卫星进行同步观测时,观测值中都包含了共同的卫星钟误差,将观测值在接收机间求差即可消除此项误差。同样,一台接收机对多颗卫星进行同步观测时,将观测值在卫星间求差即可消除接收机钟误差的影响。

又如,目前广播星历的误差可达数十米,这种误差属于起算数据的误差,并不影响观测值,不能通过观测值相减来消除。利用相距不太远的两个测站上的同步观测值进行相对定位时,由于两站至卫星的几何图形十分相似,因而星历误差对两站坐标的影响也很相似。利用这种相关性在求坐标差时就能把共同的坐标误差基本消除掉。

(3)选择较好的硬件和较好的观测条件

有的误差(如多路径误差)既不能采用求差方法来解决也无法建立改正模型,减弱它的唯一办法是选用较好的天线,仔细选择测站,远离反射物和干扰源。

7.3 GPS 静态定位

7.3.1 GPS 定位基本模式

GPS 定位模式根据分类标准的不同分为静态定位和动态定位,或者绝对定位和相对定位。

1)静态定位和动态定位

GPS 定位模式按照用户接收机天线在定位过程中所处的状态,分为静态定位和动态定位两类。

(1)静态定位:在定位过程中,接收机天线的位置是固定的,处于静止状态。其特点是观测时间较长,有大量的重复观测,其定位的可靠性强、精度高。主要应用于测定板块运动、监测地壳形变、大地测量、精密工程测量、地球动力学及地震监测等领域。其具体观测模式为多台接收机在不同的测站上进行静止同步观测,时间由几分钟、几小时至数十小时不等。

(2)动态定位:在定位过程中,接收机天线处于运动状态。其特点是可以实时地测得运动载体的位置,多余观测量少,定位精度较静态定位低。目前广泛应用于飞机、船船、车辆的导航中。

2)绝对定位与相对定位

GPS 定位模式按照参考点的不同位置,分为绝对定位和相对定位两类。

(1)绝对定位(也称单点定位):是以地球质心为参考点,只需一台接收机,独立确定待定点在地球参考框架坐标系统中的绝对位置。其组织实施简单,但定位精度较低(受星历误差、星钟误差及卫星信号在大气传播中的延迟误差的影响比较显著)。该定位模式在船舶、飞机的导航,地质矿产勘探,暗礁定位,建立浮标,海洋捕鱼及低精度测量领域应用广泛。近几年来发展起来的精密单点定位(Precise Point Positioning,简称 PPP)技术可以用来提高绝对定位的精度。

(2)相对定位:以地面某固定点为参考点,利用两台以上接收机,同时观测同一组卫星,确定各观测站在地球参考框架坐标系统中的相对位置或基线向量。其优点是由于各站同步观测同一组卫星,误差对各站观测量的影响相同或大体相同,对各站求差(线性组合)可以消除或减弱这些误差的影响,从而提高了相对定位的精度;缺点是内外业组织实施较复杂。主要应用于大地测量、工程测量、地壳形变监测等精密定位领域。

在绝对定位和相对定位中,又都分别包含静态定位和动态定位两种方式。在动态相对定位中,当前应用较广的有差分 GPS(DGPS)和 GPSRTK。差分 GPS 是以测距码观测值为主的实时动态相对定位,精度低;GPS RTK 是以载波相位观测值为主的实时动态相对定位,可实时获得厘米级的定位精度。

利用 GPS 定位,无论取何种模式都是通过观测 GPS 卫星而获得某种观测量来实现的。目前广泛采用的基本观测量主要有测距码观测量和载波相位观测量两种,根据两种观测量均可得出站星间的距离。不同的观测量对应不同的定位方法,利用测距码观测量进行定位的方法,一般称为伪距法测量(定位);利用载波相位观测量进行定位的方法,一般称为载波相位测量。本节重点介绍利用这两种定位方法进行静态定位的基本原理。

7.3.2 静态绝对定位原理

1)测码伪距测量原理

测码伪距法定位是导航及低精度测量中常用的一种定位方法,其特点是速度快,无多值问题。其测距原理是:①卫星依据自己的时钟发出某一结构的测距码,该测距码经过 Δt 时间传播后到达接收机;②接收机在自己的时钟控制下产生一组结构完全相同的测距码——复制码,并通过时延器使其延迟时间 τ;③将这两组测距码进行相关处理,直到两组测距码的自相关系数 $R(t)=1$ 为止,此时,复制码已和接收到的来自卫星的测距码对齐,复制码的延迟时间 τ 就等于卫星信号的传播时间 Δt;④将 Δt 乘以光速 c 后即可求得卫星至接收机的伪距。

上述码相关法测量伪距时,有一个基本假设,即卫星钟和接收机钟是完全同步的。但实际上这两台钟之间总是有差异的。因而在 $R(t)=\max$ 的情况下求得的时延 τ 就不严格等于卫星信号的传播时间 Δt,它还包含了两台钟不同步的影响在内。此外,由于信号并不是完全在真空中传播,因而观测值 τ 中也包含了大气传播延迟误差。在伪距测量中,一般把在 $R(t)=\max$ 的情况下求得的时延 τ 和真空中的光速 c 的乘积 $\tilde{\rho}$ 当作观测值,需建立卫星与接收机之间的真实距离 ρ 同观测值 $\tilde{\rho}$ 之间的关系。

设在某一瞬间卫星发出一个信号,该瞬间卫星钟的读数为 t^{a},但正确的标准时应为 τ^{a},该信号在正确的标准时 τ_{b} 到达接收机,但根据接收机钟读得的时间为 T_{b}。伪距测量中测得的时延 τ 实际上是 T_{b} 和 t^{a} 之差,即

$$T_{b}-t^{a}=\tau=\frac{1}{c}\tilde{\rho} \tag{7-1}$$

设发射时刻卫星钟的改正数为 $V_{t^{a}}$,接收时刻接收机钟的改正数为 $V_{T_{b}}$,则有:

$$\left.\begin{aligned} t^{a}+V_{t^{a}}&=\tau_{a} \\ T_{b}+V_{T_{b}}&=\tau_{b} \end{aligned}\right\} \tag{7-2}$$

于是有:

$$\frac{1}{c}\tilde{\rho} = T_b - t^a = (\tau_b - \tau_b + T_b) - (\tau_a - \tau_a + t^a)$$
$$= (\tau_b - \tau_a) + (\tau_a - t^a) - (\tau_b - T_b)$$
$$= (\tau_b - \tau_a) + V_{t^a} - V_{T_b} \tag{7-3}$$

式中:$\tilde{\rho}$——卫星至观测站的伪距;

t^a——卫星发出信号时的卫星钟读数;

T_b——接收机钟接受该信号的接收机时刻;

τ_a——卫星发出信号的正确标准时;

τ_b——接收机接受该信号的正确标准时;

V_{t^a}——发射时刻卫星钟的改正数;

V_{T_b}——接收时刻接收机钟的改正数;

$\tau_b - \tau_a$——用没有误差的标准钟测定的信号从卫星至接收机的实际传播时间。

卫星信号经过电离层和对流层到达地面测站,经电离层折射改正 $\delta\rho_{ion}$ 和对流层折射改正 $\delta\rho_{trop}$ 后,求得卫星至接收机间的几何距离 ρ:

$$\rho = c(\tau_b - \tau_a) + \delta\rho_{ion} + \delta\rho_{trop} \tag{7-4}$$

于是,可得几何距离 ρ 与伪距 $\tilde{\rho}$ 之间的关系式为:

$$\rho = \tilde{\rho} + \delta\rho_{ion} + \delta\rho_{trop} - cV_{t^a} + cV_{T_b} \tag{7-5}$$

若假设①电离层和对流层折射改正均可精确求得,②卫星钟和接收机钟的改正数 V_{t^a}、V_{T_b} 精确已知,那么测定了伪距 $\tilde{\rho}$ 就等于测定了几何距离 ρ。而 ρ 与卫星坐标(x_s、y_s、z_s)、接收机坐标(天线相位中心的坐标)(X、Y、Z)之间有如下关系:

$$\rho = [(x_s - X)^2 + (y_s - Y)^2 + (z_s - Z)^2]^{\frac{1}{2}} \tag{7-6}$$

由于卫星坐标可根据卫星导航电文求得,因此在式(7-6)中有三个未知数。若用户同时对三颗卫星进行伪距测量,即可解出接收机的位置(X,Y,Z)。

上述假设中,精确已知任一观测瞬间的时钟改正数,只有对稳定度特别好的原子钟才有可能实现。在数目有限的卫星上配备原子钟是可以办到的,但在每一个接收机上都安装原子钟是不现实的,不仅需要大大增加成本,而且也增加接收机的体积和质量。解决这个问题的方法是:将观测时刻接收机的钟改正数 V_{T_b} 作为一个未知数。这样在任何一个观测瞬间,用户至少需要同时观测 4 颗卫星,以便解算 4 个未知数。因而,测码伪距法定位的数学模型可表示为:

$$[(x_{si} - X)^2 + (y_{si} - Y)^2 + (z_{si} - Z)^2]^{\frac{1}{2}} - cV_{T_b}$$
$$= \tilde{\rho}_i + (\delta\rho_i)_{ion} + (\delta\rho_i)_{trop} - cV_{t_i^a} \quad (i = 1,2,3,4,\cdots) \tag{7-7}$$

式中:$V_{t_i^a}$——第 i 个卫星在信号发射瞬间的钟改正数,可以根据卫星导航电文中给出的系数求出。

由式(7-7)可以看出,接收机的钟改正数 V_{T_b} 本身的数值大小并不是关键问题,只要能满足其在方程组中保持固定不变就可以了。由于接收机是同时(多通道接收机)或在很短的时间内(多路复式通道、快速序贯通道)完成对各卫星的测距工作的,因而只需使用质量较好的石英钟,上述要求一般即可得到满足。

2)载波相位测量原理

伪距测量和码相位测量是以测距码为量测信号的。量测精度是一个码元长度的百分之一。由于测距码的码元长度较长,因此量测精度较低(C/A 码为 3m,P 码为 30cm)。而载波的波长要短得多($\lambda_{L1}=19\text{cm}$,$\lambda_{L2}=24\text{cm}$),所以对载波进行相位测量,可以达到很高的精度。目前大地型接收机的载波相位测量精度一般为 1 ~ 2mm。但载波信号是一种周期性的正弦信号,相位测量只能测定其不足一个波长的部分,因而存在整周不确定性问题,解算复杂。

由于 GPS 信号中已用相位调制的方法在载波上调制了测距码和导航电文,因而接收到的载波的相位已不再连续(凡是调制信号从 0 变 1 或从 1 变 0 时,载波的相位均要变化 180°)。所以在进行载波相位测量之前,首先要进行解调工作,设法将调制在载波上的测距码和导航电文去掉,重新获得载波,即所谓载波重建。载波重建一般可采用两种方法:码相关法和平方法。

(1)载波相位测量的原理

若卫星 S 发出一载波信号,该信号向各处传播。设某一瞬间,该信号在接收机 R 处的相位为 φ_R,在卫星 S 处的相位为 φ_S。φ_R 和 φ_S 为从某一起始点开始计算的包括整周数在内的载波相位,为方便计算,均以周数为单位。若载波的波长为λ,则卫星 S 至接收机 R 间的距离为:

$$\rho=\lambda(\varphi_S-\varphi_R) \tag{7-8}$$

但因无法观测 φ_S,因此该方法无法实施。

如果接收机的振荡器能产生一个频率与初相和卫星载波信号完全相同的基准信号,问题即可解决,因为任何一个瞬间在接收机处的基准信号的相位等于卫星处载波信号的相位。因而,$\varphi_S-\varphi_R$ 等于接收机产生的基准信号的相位和接收到的来自卫星的载波信号相位之差:

$$\varphi_S-\varphi_R=\Phi(\tau_b)-\varphi(\tau_a) \tag{7-9}$$

某一瞬间的载波相位测量值指的是该瞬间接收机所产生的基准信号的相位 $\Phi(\tau_b)$ 和接收到的来自卫星的载波信号的相位 $\varphi(\tau_a)$ 之差。

因此,根据某一瞬间的载波相位测量值可求出该瞬间从卫星到接收机的距离。

(2)载波相位测量的实际观测值

①跟踪卫星信号后的首次量测值。

假设:

a. 接收机跟踪上卫星信号,并在 t_0 时刻进行首次载波相位测量。

b. 此时接收机所产生的基准信号的相位为 $\Phi^0(\text{R})$。

c. 接收到的来自卫星的载波信号的相位为 $\Phi^0(\text{S})$。

d. $\Phi^0(\text{R})$ 和 $\Phi^0(\text{S})$ 相位之差是由 N_0 个整周及不足一整周的部分 $F_r^0(\phi)$ 组成,即

$$\Phi^0(R)-\Phi^0(\text{S})=\varphi_S-\varphi_R=N_0+F_r^0(\phi) \tag{7-10}$$

在进行测量时,仪器实际上测定的只是不足一整周的部分 $F_r^0(\phi)$。因为载波只是一种单纯的余弦波,不带有任何识别标记,因而无法判断正在量测的是第几周的信号。于是在载波相位测量中便出现了一个整周未知数 N_0,需要通过其他途径解算出后才能求得从卫星至接收机的距离,从而使数学处理较伪距测量更为复杂。

②其余各次量测值。

首次载波相位测量后,之后进行的实际量测值 $\tilde{\varphi}$ 中不仅包含不足一整波段的部分 $F_r^i(\phi)$,

而且包含了整波段数 $\text{int}^i(\phi)$。根据上述讨论可以看出：

a. 载波相位测量的实际观测值 $\tilde{\varphi}$ 由整周部分 $\text{int}(\phi)$ 和不足整周部分 $F_r(\phi)$ 组成，首次观测值中的 $\text{int}(\phi)$ 为零，之后 $\text{int}(\phi)$ 可为正整数或为负整数。

b. 只要接收机保持对卫星信号的连续跟踪而不失锁，则在每个载波相位测量观测值都含有相同的整周未知数 N_0。即每个完整的载波相位观测值为：

$$\varphi = N_0 + \tilde{\varphi} = N_0 + t(\phi) + F_r(\phi) \tag{7-11}$$

c. 如果由于计数器无法连续计数，当信号被重新跟踪后，整周计数中将丢失某一量而不正确。不足一整周部分由于是一个瞬时观测值，因而仍是正确的。这种现象称为整周跳变（简称周跳）或丢失整周（简称失周）。

③载波相位测量的观测方程。

下面讨论建立在实际情况下（卫星钟及接收机钟均有误差，信号不完全在真空中传播）载波相位测量的观测方程。

设在标准时间为 τ_a，卫星钟读数为 t^a 的瞬间，卫星发出的载波信号的相位为 $\Phi_S(t^a)$。该信号在标准时间 τ_b 到达接收机。根据波动方程，其相位应保持不变。即在标准时间 τ_b 接收机接收到的来自卫星的载波信号的相位为 $\Phi_S(t^a)$。设该瞬间接收机钟的读数为 T_b，因而由接收机所产生的基准信号的相位为 $\Phi_R(T_b)$。于是得：

$$\tilde{\varphi} = \Phi_R(T_b) - \Phi_S(t^a) - N_0 \tag{7-12}$$

式中：

$$T_b = \tau_b - V_{T_b}$$

$$t^a = \tau_a - V_{t^a} = \tau_b - (\tau_b - \tau_a) - V_{t^a} \tag{7-13}$$

对于稳定度较好的振荡器来讲，当时间有微小的增量 Δt 后，该振荡器产生的信号的相位满足下列关系式：

$$\varphi(t + \Delta t) = \varphi(t) + f \cdot \Delta t \tag{7-14}$$

式中：f——信号频率。

由此，得到载波相位测量的基本方程：

$$\begin{aligned}\tilde{\varphi} &= f(\tau_b - \tau_a) + f \cdot V_{T_b} - f \cdot V_{t^a} - N_0 \\ &= \frac{f}{c}(\rho - \delta\rho_{\text{ion}} - \delta\rho_{\text{trop}}) + f \cdot V_{T_b} - f \cdot V_{t^a} - N_0\end{aligned} \tag{7-15}$$

式中：$\tilde{\varphi}$——载波相位测量的实际观测值，以周数为单位。

$$\tau_b - \tau_a = \Delta\tau = \frac{1}{c}(\rho - \delta\rho_{\text{ion}} - \delta\rho_{\text{trop}})$$

式(7-15)两边同时乘以 $\lambda = c/f$，则有：

$$\tilde{\rho} = \rho - \delta\rho_{\text{ion}} - \delta\rho_{\text{trop}} + cV_{T_b} - cV_{t^a} - \lambda N_0 \tag{7-16}$$

将式(7-16)和伪距测量的观测方程 $\rho = \tilde{\rho} + \delta\rho_{\text{ion}} + \delta\rho_{\text{trop}} - cV_{t^a} + cV_{T_b}$ 进行比较可以看出，在载波相位测量的观测方程中，除了增加了整周未知数 N_0 外，其他和伪距测量方程是完全相同的。

7.3.3 静态相对定位

1)静态相对定位的基本概念

用两台接收机分别安置在基线的两端点,其位置静止不动,同步观测相同的4颗以上GPS卫星,确定基线两端点的相对位置,这种定位模式称为静态相对定位。在实际工作中,常常将接收机数目扩展到3台以上,同时测定若干条基线(图7-9)。这样做不仅考虑了工作效率,而且增加了观测条件,提高了观测结果的可靠性。

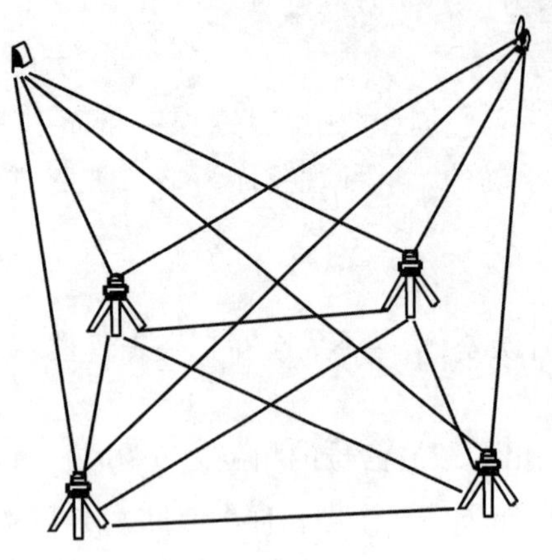

图7-9 多台接收机静态相对定位作业

2)载波测量的线性组合

在两台或多台接收机同步观测相同卫星的情况下,卫星的轨道误差、卫星钟差、接收机钟差以及电离层和对流层的延迟误差对观测量的影响具有一定的相关性,利用这些观测量的不同组合(求差)进行相对定位,可有效地消除或减弱相关误差的影响,从而提高相对定位的精度。

(1)单差模型(站间单差)

式(7-17)是载波测量的基本观测方程,将两接收机载波相位测量的基本观测值求一次差后,可获得单差的基本观测方程:

$$\Delta\varphi_{ij}^{\mathrm{p}}=\frac{f}{c}\rho_j^{\mathrm{p}}-\frac{f}{c}\rho_i^{\mathrm{p}}+l_{ij}^{\mathrm{p}}-\frac{f}{c}(\delta\rho_{\mathrm{ion}})_j^{\mathrm{p}}-\frac{f}{c}(\delta\rho_{\mathrm{trop}})_j^{\mathrm{p}}-fV_{\mathrm{T}_{ij}}-(N_0)_{ij}^{\mathrm{p}} \tag{7-17}$$

此外,在进行GPS相对定位时,必须有一个点的坐标已知,才能根据卫星位置和观测值求出基线向量。

设已知i点坐标为$(X_i,Y_i,Z_i)^{\mathrm{T}}$,基线向量为$(\Delta X_{ij},\Delta Y_{ij},\Delta Z_{ij})^{\mathrm{T}}$,基线向量近似值为$(\Delta X_{ij}^0,\Delta Y_{ij}^0,\Delta Z_{ij}^0)^{\mathrm{T}}$,基线向量改正数为$(V_{\Delta X_{ij}},V_{\Delta Y_{ij}},V_{\Delta Z_{ij}})^{\mathrm{T}}$。

则j点的坐标为:

$$X_j=X_i+\Delta X_{ij}=X_i+\Delta X_{ij}^0+V_{\Delta X_{ij}}=X_j^0+V_{\Delta X_{ij}}$$

$$Y_j=Y_i+\Delta Y_{ij}=Y_i+\Delta Y_{ij}^0+V_{\Delta Y_{ij}}=Y_j^0+V_{\Delta Y_{ij}}$$

$$Z_j=Z_i+\Delta Z_{ij}=Z_i+\Delta Z_{ij}^0+V_{\Delta Z_{ij}}=Z_j^0+V_{\Delta Z_{ij}}$$

将基本观测方程(7-18)中的ρ_j^{p}按一阶泰勒级数展开,线性化后的单差观测方程为:

$$\begin{aligned}\Delta\varphi_{ij}^{\mathrm{p}}=&\frac{f}{c}\frac{X_j^0-x^{\mathrm{p}}}{(\rho_j^{\mathrm{p}})_0}V_{\Delta X_{ij}}+\frac{f}{c}\frac{Y_j^0-y^{\mathrm{p}}}{(\rho_j^{\mathrm{p}})_0}V_{\Delta Y_{ij}}+\frac{f}{c}\frac{Z_j^0-z^{\mathrm{p}}}{(\rho_j^{\mathrm{p}})_0}V_{\Delta Z_{ij}}-fV_{\mathrm{T}_{ij}}-(N_0)_{ij}^{\mathrm{p}}+\\&\frac{f}{c}(\rho_j^{\mathrm{p}})_0-\frac{f}{c}\rho_j^{\mathrm{p}}+l_{ij}^{\mathrm{p}}-\frac{f}{c}(\delta\rho_{\mathrm{ion}})_{ij}^{\mathrm{p}}-\frac{f}{c}(\delta\rho_{\mathrm{trop}})_{ij}^{\mathrm{p}}\end{aligned} \tag{7-18}$$

i点坐标通常可由大地坐标转换为WGS-84坐标或取较长时间的单点定位结果。

(2)双差模型(站星间双差)

继续在接收机和卫星间求二次差可得到双差模型:

$$\Delta\varphi_{ij}=\frac{f}{c}\left[\frac{X_j^0-x^{\mathrm{q}}}{(\rho_j^{\mathrm{p}})_0}-\frac{X_j^0-x^{\mathrm{p}}}{(\rho_j^{\mathrm{p}})_0}\right]V_{\Delta X_{ij}}+\frac{f}{c}\left[\frac{Y_j^0-y^{\mathrm{q}}}{(\rho_j^{\mathrm{p}})_0}-\frac{Y_j^0-y^{\mathrm{p}}}{(\rho_j^{\mathrm{p}})_0}\right]V_{\Delta Y_{ij}}+\frac{f}{c}\left[\frac{Z_j^0-z^{\mathrm{q}}}{(\rho_j^{\mathrm{p}})_0}-\frac{Z_j^0-z^{\mathrm{p}}}{(\rho_j^{\mathrm{p}})_0}\right]V_{\Delta Z_{ij}}-$$

$$(N_0)_{ij}^{\mathrm{pq}}-\frac{f}{c}\left[\rho_i^{\mathrm{pq}}+(\delta\rho_{\mathrm{ion}})_{ij}^{\mathrm{pq}}+\frac{f}{c}(\delta\rho_{\mathrm{trop}})_{ij}^{\mathrm{pq}}\right]+l_{ij}^{\mathrm{pq}} \tag{7-19}$$

在接收机和卫星间求二次差后，消除了接收机钟差及卫星钟差，大大减弱了电离层延迟误差、对流层延迟误差和卫星轨道误差等误差，仅有基线向量的改正数和整周未知数。随机商业软件大多采用此模型进行基线向量的解算。

如果继续在接收机、卫星和历元间求三次差，可消去整周未知数，但通过求三次差后，方程数大大减少，故解算结果的精度不是很高，通常被用来作为基线向量的初次解。

(3)整周跳变和整周未知数的确定

整周跳变和整周未知数的确定是载波相位测量中的特有问题。由前述的载波相位测量可知，完整的载波相位测量值是由N_0、$\mathrm{int}(\varphi)$和$F_r(\varphi)$三部分组成的，虽然$F_r(\varphi)$能以极高的精度测定，但这只有在正确无误地确定N_0和$\mathrm{int}(\varphi)$的情况下才有意义。整周跳变的探测与修复和整周未知数确定的具体方法请参阅相关文献。

7.4 GPS动态定位

随着动态用户应用目的和精度要求的不同，GPS实时定位方法亦随之不同。目前主要有以下几种方法。

(1)单点动态定位(绝对动态定位)：是用安设在一个运动载体上的GPS接收机，自主地测得该运动载体的实时位置，从而描绘出该运动载体的运行轨迹，如用于行驶的火车和汽车等。

(2)实时差分动态定位(实时相对动态定位)：是用安设在一个运动载体上的GPS接收机，以及安设在一个基准点上的另一台GPS接收机，之间通过无线电数据传输，联合测得该运动载体的实时位置，从而描绘出该运动载体的运行轨迹。如飞机着陆、舰船进港时采用，以满足较高精度的定位要求。其中包括伪距差分动态定位和载波相位差分动态定位。

(3)后处理差分动态定位：同实时差分动态定位相似，主要区别是不必建立无线电数据传输，而是在定位观测以后，对两台GPS接收机所采集的定位数据进行测后的联合处理，从而测得接收机所在运动载体的当时位置。如航空摄影测量时，可用这种方法测得摄影瞬间的摄站位置。

本节重点介绍当前在数字测图和工程测量中，应用较为广泛的载波相位实时动态差分定位技术，其又称为实时动态(Real Time Kinematic，简称RTK)定位技术，在一定的范围内，能实时提供用户点位的三维实用坐标，并达到厘米级的定位精度。

7.4.1 实时动态(RTK)定位技术

1)RTK的工作原理

RTK技术，是以载波相位观测量为基础的实时差分GPS技术与数据传输技术的结合，是GPS测量技术发展的新突破。

RTK 的基本思想如图 7-10 所示,在基准站上(坐标精确已知的站)安置一台 GPS 接收机,对所有可见 GPS 卫星进行连续观测,将其观测数据,由无线传输设备实时传给用户。用户接收到后与自己观测的数据组成相对定位解算方程,实时解算用户站的三维坐标。其优点是具有实时性,不需事后处理,根据解算精度,判定是否合格,减少冗余观测,节约时间,提高工作效率。

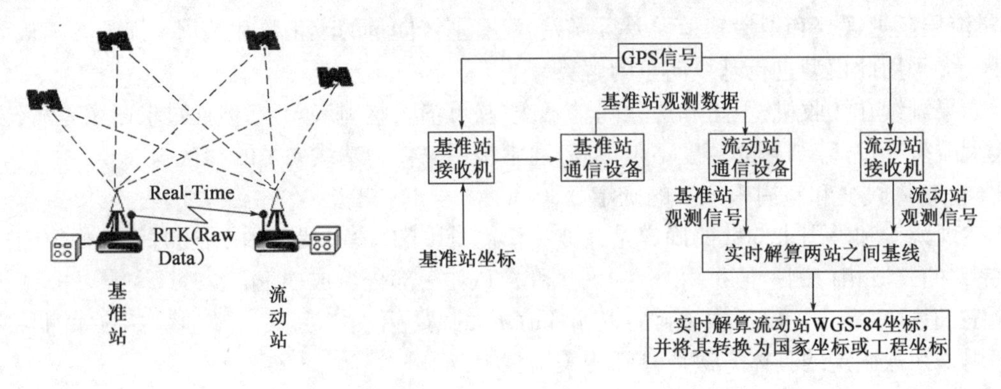

图 7-10　RTK 测量原理

RTK 测量系统组成如下。

(1)GPS 接收机:至少 2 台,当基准站为多用户服务时,要采用双频接收机,采样率一致。

(2)数据传输系统:基准站发射台、用户接收台。

(3)支持实时动态测量的软件系统:以载波相位为观测量,重点在于快速(动态)解算整周模糊度,根据相对定位原理,采用适当数据处理方法(序贯平差),实时解算用户位置,进行精度评定、成果显示。

实时动态测量的模式可以采用快速静态测量、准动态测量、动态测量等相对定位模式,在初始化时,可采用 AROF(Ambiguity Resolution On the Fly,动态解算整周模糊度)技术,完成模糊度确定。在 20km 内,RTK 可以获得厘米级定位精度,主要适用于精度要求不高的施工放样及碎部测量等工作。

2)RTK 测量的基本方法

(1)在基准站安置 GPS 接收机(图 7-11),进行基准站设置,包括基准站接收机模式、坐标系、投影方式、电台通信相关参数、接收机天线高度等。

在基准站设置仪器时,应注意以下问题:

①基准站上架设仪器要严格对中、整平。

②GPS 天线、信号发射天线、主机、电源等应连接正确无误。

③量取基准站接收机天线高,量取两次以上,若符合限差要求,记录均值。

④基准站接收机的定向指北线应指向正北,偏差不大于 10°。

(2)进行流动站设置(图 7-12),包括流动站接收机模式、电台通信相关参数、接收机天线高度等。

(3)使用流动站在测量范围内至少三个已知控制点上进行测量,求 GPS 坐标与实地坐标系间的转换参数(有的称为点校正),并进行设置。

(4)实测流动点坐标,将其在监测点的已知坐标进行对比,之差应在允许范围内。

(5)流动接收机继续进行未知点的测量工作。

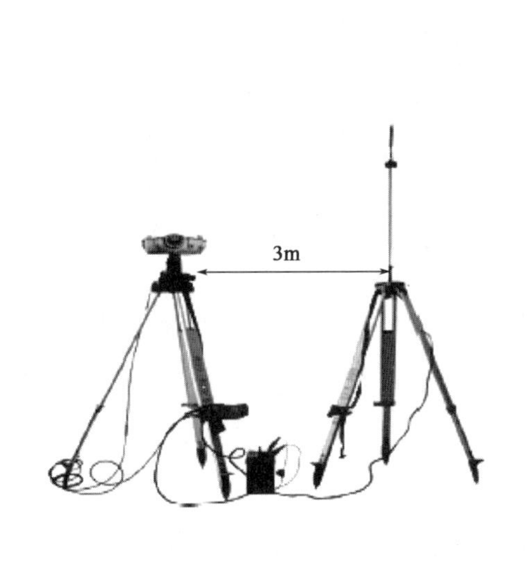

图 7-11 RTK 基准站设置

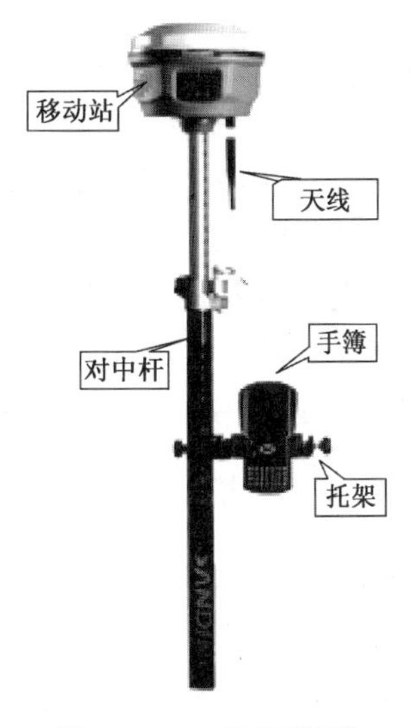

图 7-12 RTK 流动站设置

7.4.2 网络 RTK 系统

常规 RTK 技术有着一定的局限性,使得其在应用中受到限制,主要表现为:

(1)用户需要架设本地的参考站。

(2)误差随距离增加而增长。

(3)流动站和参考站的位置和距离受到限制(<15km)。

(4)可靠性和可行性随距离增加而降低。

为了解决常规 RTK 所存在的缺陷,达到区域范围内厘米级、精度均匀的实时动态定位,网络 RTK 技术应运而生。

1)网络 RTK 系统

网络 RTK 系统指在一个区域内建立多个 GPS 参考站,对该区域构成网状覆盖,并以这些基准站中的一个或多个为基准计算和发播 GPS 改正信息,从而对该地区内的 GPS 用户进行实时改正。

现在应用广泛的网络 RTK 是指利用多基站网络 RTK 技术建立的连续运行卫星定位服务参考站网络为基础建立的网络 RTK 系统。

连续运行参考站系统(Continuously Operating Reference Stations,缩写为 CORS),定义为一个或若干个固定的、连续运行的卫星定位系统参考站,利用现代计算机、数据通信和互联网(LAN/WAN)技术组成的网络,实时地向不同类型、不同需求、不同层次的用户自动地提供经过检验的不同类型的卫星定位观测值(载波相位、伪距)、各种改正数、状态信息以及其他有关卫星定位服务项目的系统。

基于 CORS 系统的网络 RTK 系统是在 CORS 基础上发展起来的网络 RTK 技术,其实质是利用分布在一定区域内的多台基准站的坐标和实时观测数据对覆盖区域进行系统综合误差建模,尽可能地消除区域内流动站观测数据的系统综合误差,获得高精度的实时定位结果。

网络 RTK 系统由基准站网(CORS 网)、数据处理中心、数据传输系统、定位导航数据播发系统、用户应用系统 5 个部分组成,各基准站与监控分析中心间通过数据传输系统连接成一体,形成专用网络。

基准站网:由范围内均匀分布的基准站组成,负责采集 GPS 卫星观测数据并输送至数据处理中心,同时提供系统完好性监测服务。

数据处理中心:用于接收各基准站数据,进行数据处理,形成多基准站差分定位用户数据,组成一定格式的数据文件,分发给用户。数据处理中心是 CORS 的核心单元,也是高精度实时动态定位得以实现的关键所在。中心 24h 连续不断地根据各基准站所采集的实时观测数据在区域内进行整体建模解算,自动生成一个对应于流动站点位的虚拟参考站(包括基准站坐标和 GPS 观测值信息)并通过现有的数据通信网络和无线数据播发网,向各类需要测量和导航的用户以国际通用格式提供码相位/载波相位差分修正信息,以便实时解算出流动站的精确点位。

数据传输系统:各基准站数据通过光纤专线传输至监控分析中心,该系统包括数据传输硬件设备及软件控制模块。

定位导航数据播发系统:系统通过移动网络、UHF 电台、Internet 等形式向用户播发定位导航数据。

用户应用系统:包括用户信息接收系统、网络型 RTK 定位系统、事后和快速精密定位系统以及自主式导航系统和监控定位系统等。按照应用的精度不同,用户服务子系统可以分为毫米级用户系统,厘米级用户系统,分米级用户系统,米级用户系统等;而按照用户的应用不同,可以分为测绘与工程用户(厘米、分米级),车辆导航与定位用户(米级),高精度用户(事后处理)、气象用户等几类。

2)网络 RTK 系统的原理

目前,应用较广的网络 RTK 服务技术有虚拟参考站、FKP 和主辅站技术。其各自的数学模型和定位方法有一定的差异,但在基准站架设和改正模型的建立方面基本原理是相同的。

(1)虚拟参考站技术

Herbert Landau 等提出了虚拟参考站(Virtual Reference Stations,简称 VRS)的概念和技术。VRS 方法是通过与流动站用户相邻的几个基准站(一般是三个)之间的基线计算各项观测误差,来消除或大大减弱这些误差项对流动站定位带来的影响。数据处理中心根流动站发来的用户近似坐标判断出该站位于哪三个基准站所组成的三角形内,然后根据插值方法建立一个对应于流动站点位的虚拟参考站(VRS),将这个虚拟参考站的观测数据传输给流动站用户,流动站用户利用虚拟参考站的数据与自身的观测数据进行差分定位。服务区每一个流动站用户对应着一个不同的虚拟参考站,由于虚拟参考站发送的是标准格式的信息,因此,流动站用户并不需要知道基准站采用的参考模型。基准站需要根据流动站的坐标建立相应的局部改正数据模型,所以,流动站用户必须将自己的概略位置坐标信息发送给数据处理中心,即流动站用户需要配备双向数据通信设备。可解决 RTK 作业距离上的限制问题,并保证了用户的精度。

其实,虚拟参考站技术就是利用各基准站的坐标和实时观测数据解算该区域实时误差模型,然后用一定的数学模型和流动站概略坐标,模拟出一个临近流动站的虚拟参考站的观测数据,建立观测方程,解算虚拟参考站到流动站间这一超短基线。一般虚拟参考站位置就是流动站登录时上传的概略坐标,这样由于单点定位的精度,使得虚拟参考站到流动站的距离一般为几米到几十米,如果将流动站发送给处理中心的观测值进行双差处理后建立虚拟参考站的话,这一基线长度甚至只有几米。

对于临近的点,可以只设一个虚拟参考站。开一次机,用户和数据中心通信初始化次,确定一个虚拟参考站。当移动站和虚拟参考站之间的距离超出一定范围时,数据中心重新确定虚拟参考站。

(2)FKP 技术

FKP 是德文 Flachcn Korrcctur Paramctcr 的简称,也称为区域误差改正参数,是由德国的专家最早提出来的。该方法基于状态空间模型(SSM-State space Model),其主要过程是数据处理中心首先计算出网内电离层延迟和几何信号的误差影响,再将这些误差影响描述成南北方向和东西方向的区域参数,并以广播的方式发播出去,最后流动站用户根据这些参数和自身的位置计算流动站观测值的误差改正数。

FKP 和虚拟参考站技术最大的不同就是在定位方法上的不同:一个是利用虚拟观测值和流动站观测值做单基线解算,一个是利用改正后的观测值加入各基准站做多基线解。

(3)MAC 技术

瑞士的 Leica 公司提出主辅站技术(Master-Auxiliary Concept,简称 MAC)。主辅站方法的基本概念是基准站网以高度压缩的形式,将所有相关的、代表整周模糊度水平的观测数据,比如色散性的和非色散性的差分改正数,作为网络的改正数据播发给流动站用户。数据处理中心首先进行基准站网的数据处理,辅站相对于主参考站改正数差计算,然后把主参考站改正数和辅站与主参考站改正数差发送给流动站。

为了降低基准站系统网络中数据的播发量,主辅站方法发送其中一个基准站作为主参考站的全部改正数及坐标信息,对于辅参考站,播发的是相对于主参考站的差分改正数及坐标差。主参考站与每一个辅站之间的差分信息从数量上来说要少得多,而且,能够以较少的数据量来表达这些信息。

对于用户来说,主参考站并不要求是距离最近的那个基准站。因为主参考站仅仅是为了方便进行数据传输,在差分改正数的计算中并没有任何特殊的作用。如果由于某种原因,主参考站传来的数据不再具有有效性,或者根本无法获取主参考站的数据,那么,可以选择任何一个辅站作为主参考站。

7.5 GPS 测量的实施

GPS 测量与常规测量类似,在实际工作中也可划分为技术设计、外业实施及内业数据处理等阶段。本节主要简单介绍 GPS 测量的技术设计及外业实施各阶段的工作。

1)GPS 测量的技术设计

GPS 测量的技术设计是进行 GPS 测量的最基本的工作,它是依据国家有关规范(规程)及 GPS 网的用途、用户的要求等对测量工作的图形、精度及基准等的具体设计。

(1) GPS 网技术设计的依据。GPS 网技术设计的主要依据是 GPS 测量规范(规程)和测量任务书。

(2)GPS 网设计。用于地壳形变及国家基本大地测量的 GPS 网可参照《全球定位系统(GPS)测量规范》(GB/T 18314—2009)中 A、B 级的精度分级。用于城市或工程的 GPS 控制网可根据相信点的平均距离和精度参照《全球定位系统(GPS)测量规范》(GB/T 18314—

2009)中的二、三、四等和一、二级。各等级 GPS 相邻点间弦长精度用式(7-20)来表示:

$$\sigma = \sqrt{a^2 + (bd)^2} \tag{7-20}$$

式中:σ——GPS 基线向量的弦长中误差(mm),亦即等效距离误差;

a——GPS 接收机标称精度中的固定误差(mm);

b——GPS 接收机标称精度中的比例误差系数($1 \times 10^{-6}D$);

d——GPS 网中相邻点间的距离(km)。

在实际工作中,精度标准的确定要根据用户的实际需要及人力、物力、财力情况合理设计,也可参照已有的规程和作业经验适当掌握。在具体布设中,可以分级布设,也可以越级布设,或布设同级全面网。

对于 GPS 点的密度,各种不同的任务要求和服务对象,对 GPS 点的分布要求也不同。对于国家特级(A 级)基准点及大陆地球动力学研究监测所布设的 GPS 点,主要用于提供国家级基准、精密定轨、星历计划及高精度形变信息,所以布设时平均距离可达数百公里。而一般城市和工程测量布设点的密度主要满足测量图加密和工程测量的需要,平均边长往往几公里以内。因此,现行《全球定位系统城市测量技术规程》(CJJ/T 73—2010)和《全球定位系统(GPS)测量规范》(GB/T 18314—2009)对 GPS 网中两相邻点间距离、各等级 GPS 网相邻点的平均距离做出了规定。

(3)GPS 网的基准设计。GPS 测量获得的是 GPS 基线向量,它属于 WGS-84 坐标系的三维坐标差,而实际需要的是国家坐标系或地方独立坐标系的坐标。所以在进行 GPS 网的技术设计时,必须明确 GPS 成果所采用的坐标系统和起算数据,即明确 GPS 网所采用的基准。这项工作称为 GPS 网的基准设计。

(4)GPS 网的图形设计。常规测量中对控制网的图形设计是一项非常重要的工作。而在进行 GPS 图形设计时,因 GPS 同步观测不要求通视,所以其图形设计具有较大的灵活性。GPS 网的图形设计主要取决于用户的要求、经费、时间、人力以及所投入接收机的类型、数量和后勤保障条件等。

根据不同的用途,GPS 网的图形布设通常有点连式(相邻同步图形间只有一个公共点连接)、边连式(相邻同步图形间只有一条公共边连接)、网连式(相邻同步图形间有两个以上的公共点相连接)及边点混合连接 4 种基本方式,如图 7-13 所示。也有布设成星形边接、附合导航连接、三角锁形连接的。选择什么样的组网,取决于工程所要求的精度、野外条件及 GPS 接收机台数等因素。

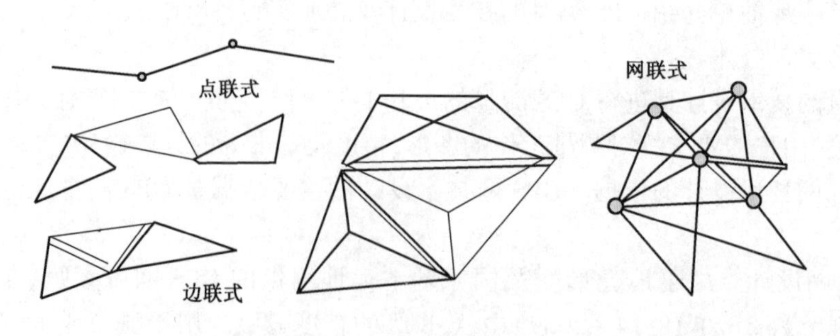

图 7-13　GPS 网的布设方式

2)GPS 测量的外业实施

GPS 测量外业实施包括 GPS 点的选埋、观测、数据传输及数据预处理等工作。

(1)选点:由于 GPS 测量观测站之间不一定要求相互通视,而且图形结也比较灵活,所以选点工作比常规控制测量的选点要简便。但要注意,应尽量避免把点选在对接收 GPS 信号有干扰的物体附近,如水面、高压电线等。

(2)标志埋设:GPS 网点一般应埋设具有中心标志的标石,以精确标志点位,点的标石和标志必须稳定、坚固以利长期保存和利用。在基岩露头地区,也可直接在基岩上嵌入金属标志。

(3)观测:GPS 观测与常规测量在技术要求上有很大差别,对城市及工程 GPS 控制在作业中应按相关技术指标执行。观测作业的主要目的是捕获 GPS 卫星信号,并对其进行跟踪、处理和量测,以获得所需要的定位信息和观测数据。通常来说,在外业观测工作中,仪器操作人员应注意以下事项:

①接收机在开始记录数据后,应注意查看有关观测卫星数量、卫星号、相位测量残差、实时定位结果及其变化、存储介质记录等情况。

②一个时段观测过程中,不允许进行以下操作:关闭又重新启动;改变卫星高度角;改变天线位置;改变数据采样间隔;按动关闭文件和删除文件等。

③每一个观测时段中,气象元素一般应在始、中、末各观测记录一次,当时段较长时可适当增加观测次数。

④仪器高一定要按规定始、末各量测一次,并及时输入仪器及记入测量手簿之中。

⑤在观测过程中不要靠近接收机使用对讲机;接收机雷雨季节架设天线要防止雷击,雷雨过境时应关机停测,并卸下天线。

(4)记录:在外业观测工作中,所有信息资料均须妥善记录。记录形式主要有以下两种。

①观测记录。观测记录由 GPS 接收机自动进行,均记录在存储介质上,其主要内容有:

a. 载波相位观测值及相应的观测历元。

b. 同一历元的测码伪距观测值。

c. GPS 卫星星历及卫星钟差参数。

d. 实时绝对定位结果。

e. 测站控制信息及接收机工作状态信息。

②观测手簿。观测手簿是在接收机启动前及观测过程中,由观测者随时填写的。

观测记录和观测手簿都是 GPS 精密定位的依据,必须认真、及时填写,坚决杜绝事后补记或追记。

3)观测数据下载及数据处理

观测成功的外业检核是确保外业观测质量和实现定位精度的重要环节,所以外业观测数据在测区时就要及时进行严格检查,对外业预处理成果,按规范要求严格检查、分析,若有不合格数据,应立即根据情况进行必要的重测或补测,以确保外业成果无误后方可撤离测区。

4)内业数据处理

内业数据处理一般采用与接收机配套的后处理软件进行,主要工作内容有基线的解算、观测成果质量检核、GPS 网平差及成果输出等。内业数据处理完毕后应写 GPS 测量技术报告并提交相关资料。

本章小结

卫星导航定位系统(GNSS)是一种高精度、高效率的定位系统。该系统应用于测量领域,与传统测量方法相比,其显著特点为:全天候、不受任何天气的影响、全球覆盖、三维定速定时高精度、快速省时、高效率、应用广泛、多功能、可移动定位等。本章在介绍全世界现有四大卫星导航定位系统(GNSS)的基础上,着重介绍了卫星导航定位基本原理与误差来源、GPS 静态定位、动态定位,以及 GPS 测量实施的基本方法步骤等基本知识,在具体应用某种规格的 GPS 设备进行定位测量时,要在掌握以上基本知识的基础上,参考其说明书和随机配备的程序原件,才能得到需要的测量成果。

思考题与习题

1. 简述世界上四大卫星定位系统的基本特点。
2. GPS 系统的组成及各组成部分的作用是什么?
3. 简述 GPS 卫星定位的基本原理。GPS 定位测量中有哪些误差来源?
4. GPS 定位的基本模式有哪些?
5. 简述实时动态(RTK)定位技术的工作原理。

第8章
小区域控制测量

【本章知识要点】

通过本章的学习,进一步了解控制测量的意义和作用;掌握导线测量、交会定点的外业测量与内业计算方法;了解坐标换带计算的方法;掌握三、四等水准测量和三角高程测量的基本方法;掌握全站仪三维导线测量和GPS控制测量的基本方法。

8.1 概　　述

无论是工程规划设计前的地形图测绘,还是工程的施工放样和变形观测等工作,都必须遵循"从整体到局部,先控制后碎部"的原则。即首先要在测区内选择若干有控制意义的控制点,按一定的规律和要求组成网状几何图形(控制网),然后据其进行碎部测量或测设。控制网有国家控制网、城市控制网和小区域控制网。为建立测量控制网而进行的测量工作,称为控制测量。控制测量是其他各种测量工作的基础,具有控制全局和限制测量误差传播及累积的重要作用。控制测量包括平面控制测量、高程控制测量和三维控制测量。

8.1.1　平面控制测量

确定控制点平面位置的工作,称为平面控制测量。平面控制测量的常规方法是三角测量和导线测量。三角测量,即在地面上选定一系列的点,构成连续三角形,测定三角形各顶点水平角,并根据起始边长、方位角和起始点坐标,经数据处理确定各顶点平面位置的测量方法。导线测量,即在地面上按一定要求选定一系列的点依相邻次序连成折线,并测量各线段的边长和转折角,再根据起始数据确定各点平面位置的测量方法。

在全国范围内建立的平面控制网,称为国家平面控制网。它是全国各种比例尺测图的基本控制和工程建设的基本依据,并为确定地球的形状和大小及其他科学研究提供资料。国家平面控制网精度从高到低分为一等、二等、三等、四等四个等级,逐级控制。一等控制网精度最高,是国家控制网的骨干,二等控制网是国家控制网的全面基础,三、四等控制网是二等控制网的进一步加密。国家平面控制网主要采用三角测量的方法布设成三角网(锁),如图 8-1 所示,也可布设成三边网、边角网和导线网。

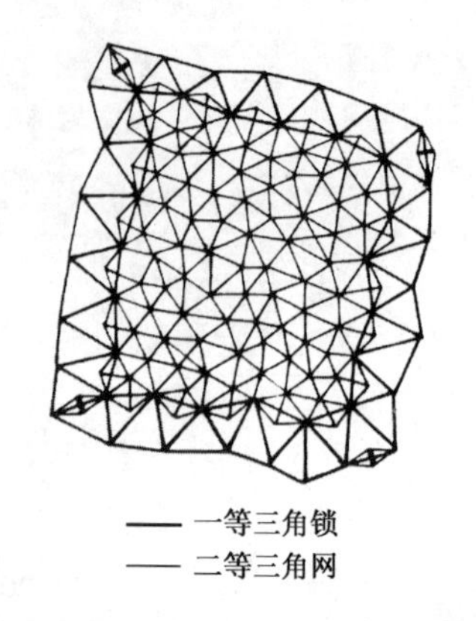

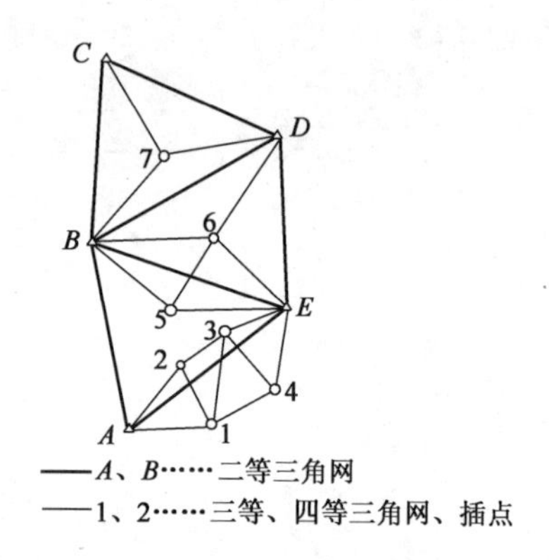

图 8-1 三角网

平面控制网的建立,除了三角测量和导线测量这些常规测量方法之外,还可应用 GPS 测量(即全球定位系统)。GPS 测量能测定地面点的三维坐标,以其全天候、高精度、自动化、高效益等显著特点,赢得了测绘领域的广泛赞誉。

为城市和工程建设需要而建立的平面控制网称为城市平面控制网,一般是以国家控制网点为基础,布设成不同等级的控制网。国家控制网和城市控制网的测量工作,由测绘部门完成,成果资料可从有关测绘管理部门申请使用。

在小区域内即一般面积在 15km^2 以下范围内(不必考虑地球曲率对水平角和水平距离的影响)建立的平面控制网,称为小区域平面控制网。小区域控制网测量应与国家控制网或城市控制网联测,以便建立统一坐标系统,如果无条件与之联测时,可在测区内建立独立控制网。小区域平面控制网应视测区面积的大小按精度要求分级建立,一般采用小三角测量或相应等级导线测量的方法进行。在测区范围内建立的精度最高的控制网称为首级控制网。直接为测图需要建立的控制网称为图根控制网。其关系列于表 8-1 中。

小地区平面控制网的建立

表 8-1

测区面积(km^2)	首 级 控 制	图 根 控 制
1 ~ 15	一级小三角(或一级导线)	两级图根
0.5 ~ 2	二级小三角(或一级导线)	两级图根
0.5 以下	图根三角(或图根导线)	

8.1.2 高程控制测量

国家高程控制网主要采用水准测量的方法,分成一等、二等、三等、四等四个等级,低一等级受高一级控制,逐级布设(图 8-2)。一、二等水准测量利用高精度水准仪和精密水准测量方法施测,其成果作为全国范围内的高程控制和科学研究之用。三、四等水准测量除用于国家高程控制网加密外,在小区域常用作建立首级高程控制网。

为城市建设及各种工程建设需要所建立的高程控制网分为二等、三等、四等水准测量及图根测量。

小区域高程控制网也应视测区面积的大小和工程要求采用分级的方法建立,一般与国家等级水准点联测,条件不许可时也可以单独建立三、四等水准控制网,再以此为基础测定图根点的高程。

控制测量工作属于全局性的基础工作。如果精度不够甚至出现错误,会对测量工作乃至工程建设造成很大损失,因此必须严格按有关规范进行,并以高度的责任感和严格的科学态度认真对待。下面结合建筑工程的实际需要,着重介绍用导线测量和小三角测量建立小区域平面控制网的方法,以及用三、四等水准测量或三角高程测量建立小区域高程控制的方法,并对 GPS 全球定位系统测量作简要介绍。

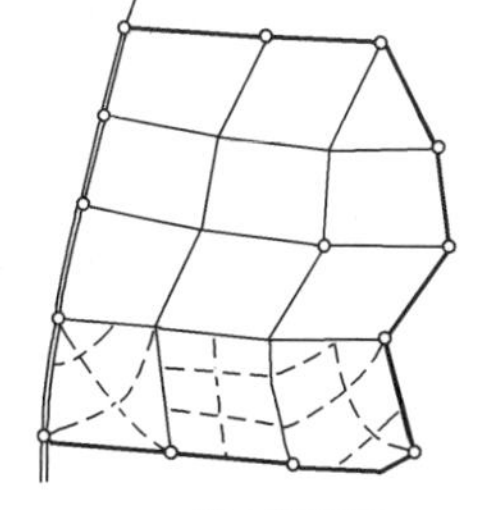

图 8-2 高程控制网

8.2 导线测量

所谓导线,就是将测区内相邻控制点连成直线而构成的连续折线。构成导线的控制点,称为导线点,折线边称为导线边。导线测量,就是测定导线各线段的边长和转折角及传递角,再根据起始数据确定各点平面位置的测量工作。导线测量是平面控制测量的一种方法,主要用于带状地区、隐蔽地区、城建区、地下工程、公路、铁路等控制点的测量。

8.2.1 导线的布设形式与等级

根据测区的情况和工程要求,导线可布设成以下基本形式(图 8-3)。

1)闭合导线

闭合导线起止同一已知点。如图 8-3a)所示,从一已知点 P_0 出发,经过 P_1、P_2、P_3、P_4 点,最后又回到已知点 P_0,组成一闭合多边形。闭合导线本身具有严密的几何条件,具有检核作用。导线附近若有高级控制点(三角点或导线点),应尽量使导线与高级控制点连接。连接的目的,是为了获得起算数据,使之与高级控制点连成统一的整体,并加强检核。闭合导线多用在面积较宽阔的独立地区作测图控制。

2)附合导线

附合导线是布设在两个已知点间的导线。如图 8-3b)所示,从一高级控制点 B 出发,最后附合到另一高级控制点 C 上。附合导线多用在带状地区作测图控制。此外,也广泛用于公路、铁路、管线、河道等工程的勘测与施工。

3)支导线

如图 8-3c)所示,从一已知点出发,既不闭合到原起始点,也不附合于另一已知点上,这种导线称为支导线。支导线缺乏检核条件,其边数一般不得超过 4 条,适用于图根控制加密。

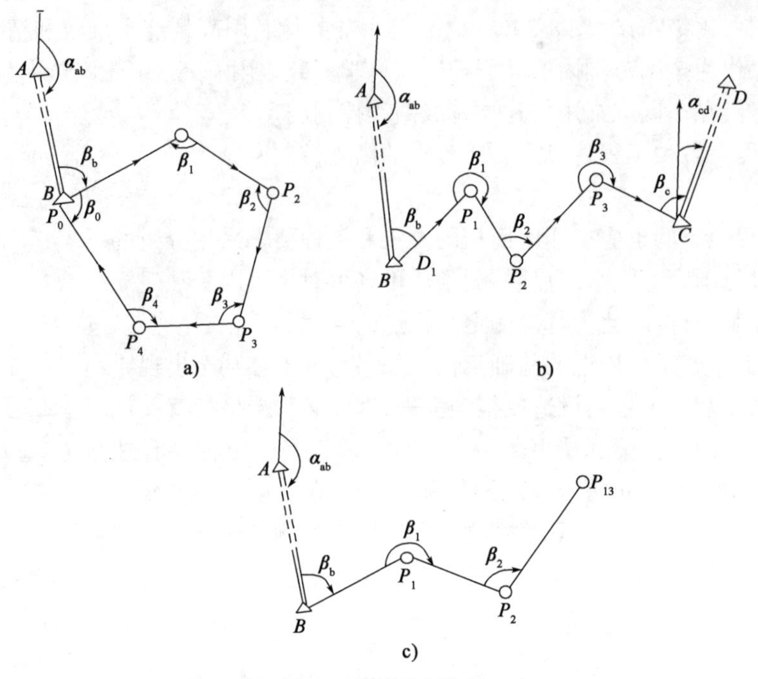

图 8-3 导线基本形式

用导线测量的方法进行小地区平面控制测量,根据测区范围及精度要求,分为一级导线、二级导线、三级导线和图根导线四个等级。它们可作为国家四等控制点或国家 E 级 GPS 点的加密,也可以作为独立地区的首级控制。各级导线测量的主要技术要求参考表 8-2。

导线测量的主要技术要求 表 8-2

等级	导线长度(km)	平均边长(km)	测角中误差(″)	测回数		角度闭合差(″)	相对闭合差
				DJ_6	DJ_2		
一级	4	0.5	5	4	2	$10\sqrt{n}$	1/15 000
二级	2.4	0.25	8	3	1	$16\sqrt{n}$	1/10 000
三级	1.2	0.1	12	2	1	$24\sqrt{n}$	1/5 000
图根	$\leqslant 1.0M$	≤1.5 倍测图最大视距	20	1	—	$40\sqrt{n}$	1/2 000

注:表中 n 为测站数,M 为测图比例尺的分母。

导线测量按测定导线边长的方法又可分为钢尺量距导线(也叫经纬仪导线)、视差导线、视距导线和光电测距导线等。本节所叙述的是钢尺量距和电磁波测距导线。

8.2.2 导线测量的外业工作

1)踏勘选点及建立标志

踏勘选点之前,应调查收集测区已有的地形图和高一级控制点数据资料,先在图上规划导线和布设方案,然后到实地踏勘、核对、修改,选定导线点位并建立标志。选定点位时,应注意以下几点：

(1)相邻导线点间应通视良好,以便于测角和测边(如用钢尺量距,地势应平坦)。

(2)点位应选择在便于保存标志、土质坚实和安置仪器的地方。

(3)视野开阔,便于碎部测量和加密。

(4)各导线边长应大致相等,尽量避免相邻边长相差悬殊,图根导线平均边长应满足表8-2的规定。

(5)导线点应有足够密度,分布均匀,以便能控制整个测区。

导线点位置选定后,要用标志将点位在地面上固定下来。导线点若需要长期保存,或者在不易保管的地方及等级较高的点,应埋设混凝土桩或石桩,桩顶刻“+”字,以示导线点位(图8-4)。对于临时性导线点、一般的图根点,要在每一个点位上打下一个大木桩,桩顶钉一小钉,作为导线点标志(图8-5)。导线点设置好后应统一编号。为了便于以后寻找,应对导线点位绘制“点之记”,即测出与附近明显地物位置关系,绘制草图,注明尺寸(图8-6)。

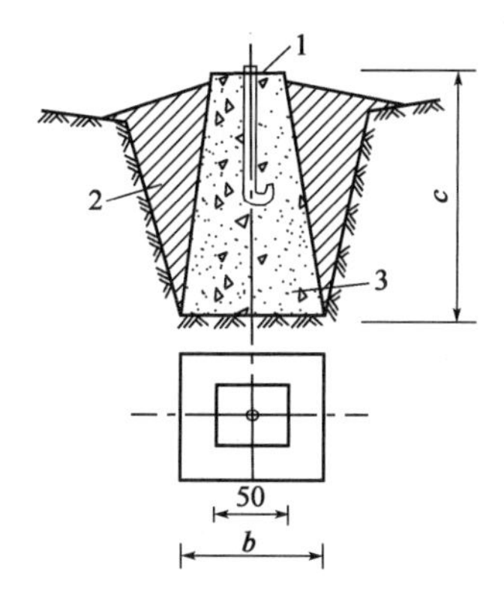

图8-4 混凝土导线点(尺寸单位:mm)
1-粗钢筋;2-回填土;3-混凝土;
b、c-视埋设深度而定

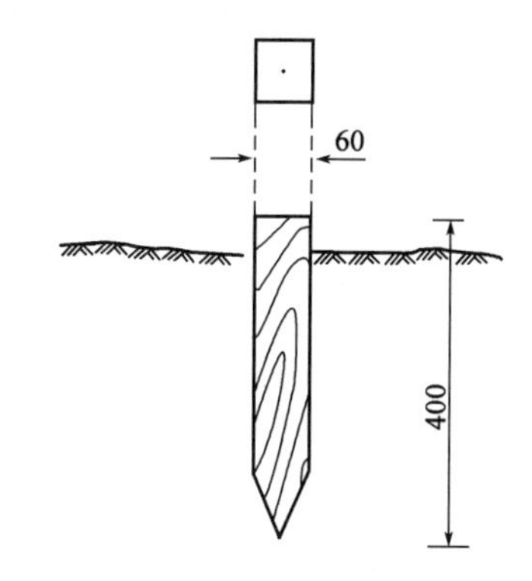

图8-5 临时性导线点(尺寸单位:mm)

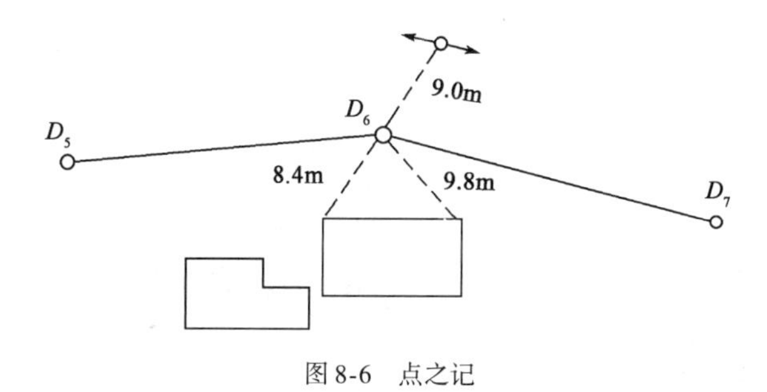

图8-6 点之记

2)导线边长测量

导线边长测量可用测距仪测定,也可钢尺丈量的方法。如采用测距仪(或全站仪)测量,应测定导线点间的水平距离。测距仪测距精度较高,一般均能达到小地区导线测量精度的要求。如采用钢尺丈量的方法测量导线边长,应用检定过的钢尺按用精密丈量的方法丈量,往返各一次。最后相对闭合差不应低于表8-2的要求。

3)导线转折角测量

导线转折角测量一般采用测回法测量,两个以上方向组成的角也可用方向法。导线转折角有左角和右角之分,导线前进方向右侧的角称为右角,反之,则为左角。在闭合导线中均测多边形的内角;支导线应分别观测左角和右角,以资检核。不同等级的导线测角技术要求见表8-2。图根导线转折角,一般用 J_6 型经纬仪观测一测回,对中误差应小于3mm,上、下两半测回角值的较差不超过 ±40″时,取其平均值。

4)导线连接测量

当需要与高级控制点进行连测时,需进行连接测量(简称连测)。图8-7所示为一闭合导线,A、B 为其附近的已知高级控制点,则 β_B、β_1 为连接角,D_{B1} 为连接边。这样可根据 B 点坐标和 AB 的方位角及测定的连接角、连接边,计算出1点的坐标和1-2边的方位角,作为闭合导线的起始数据。布设的导线如果无法与已知控制点连测,可建立独立的坐标系统,这时须测定起始边的方位角,方位角一般可采用罗盘仪测定起始边磁方位角,或用陀螺仪测定起始边的真方位角,并假定起始点坐标作为起算数据。

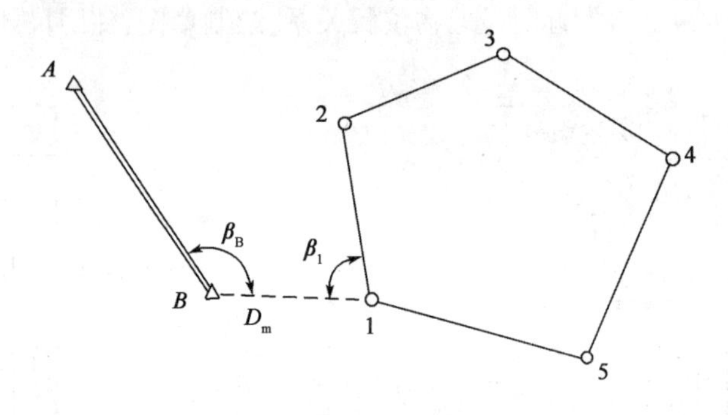

图8-7 导线连测

8.2.3 导线测量的内业计算

导线测量内业计算的目的,是根据已知的起算数据和外业的观测成果,经过误差调整,推算各导线点的平面坐标。

进行导线内业计算前,应当全面检查导线测量外业成果有无遗漏、记错、算错;成果是否符合精度要求。然后绘制导线略图,注明实测的边长、转折角、起始方位角数据。

1)坐标计算的基本公式

(1)坐标正算。根据已知点坐标、已知边长和该边方位角计算未知点坐标,称为坐标正算。如图8-8所示,设 A 点坐标(x_A,y_A),AB 边长 D_{AB} 和方位角 α_{AB} 为已知时,在直角坐标系中的 A、B 两点坐标增量为:

$$\left.\begin{aligned}\Delta x_{AB} &= x_B - x_A = D_{AB}\cos\alpha_{AB}\\ \Delta y_{AB} &= y_B - y_A = D_{AB}\sin\alpha_{AB}\end{aligned}\right\} \tag{8-1}$$

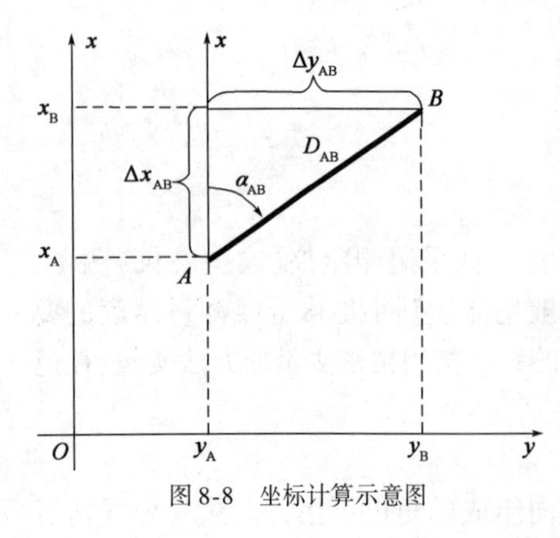

图8-8 坐标计算示意图

根据 A 点的坐标及算得的坐标增量,计算 B 点的坐标:

$$\left.\begin{aligned}x_B &= x_A + \Delta x_{AB}\\ y_B &= y_A + \Delta y_{AB}\end{aligned}\right\} \tag{8-2}$$

(2)坐标反算。在导线与已知点连测时,一般应根据两个已知高级点的坐标反算出两点间的方位角或边长,作为导线的起算数据和校核之用。另外,在施工测设中也要按坐标反算方法计算出放样数据。这种由两个已知点坐标,反算两点间边长和方位角的计算,称为坐标反算。如图 8-8 所示,A、B 两点的坐标已知,分别为 X_A、Y_A 和 X_B、Y_B。

$$\alpha_{AB} = \arctan\frac{\Delta Y_{AB}}{\Delta X_{AB}} = \arctan\frac{Y_B - Y_A}{X_B - X_A} \tag{8-3}$$

$$D_{AB} = \sqrt{(X_B - X_A)^2 + (Y_B - Y_A)^2} \tag{8-4}$$

计算方位角时应注意,按式(8-3)计算出的是象限角,必须根据 Δx、Δy 的正、负号决定 AB 边所在的象限后,才能换算为 AB 边坐标的方位角。

2)附合导线的计算

图 8-9 所示为一附合导线,下面将以图中所注数据为例,结合表 8-3 介绍附合导线的计算步骤。

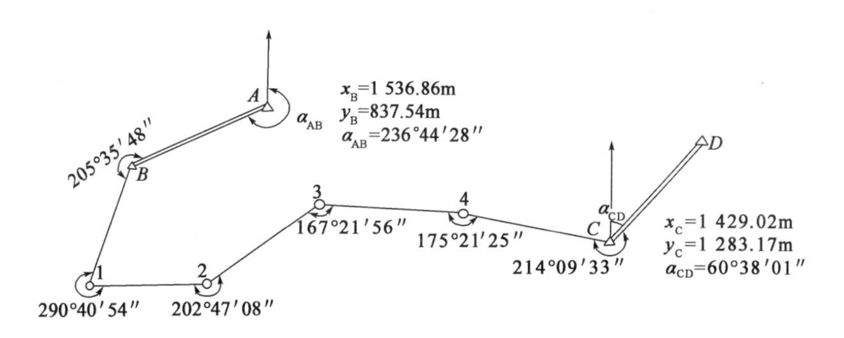

图 8-9 附合导线计算数据

计算时,首先应将外业观测资料和起算资料填写在表 8-3 中的相应栏目内,起算数据用双线表明。

(1)角度闭合差的计算与调整。如图 8-9 所示,A、B、C、D 为已知点,起始边的方位角 α_{AB}($\alpha_{始}$)和终止的方位角 α_{CD}($\alpha_{终}$)为已知或用坐标反算求得。根据导线的转折角和起始边的方位角,按方位角推算公式推算各边的方位角:

$$\alpha_{B1} = \alpha_{AB} + 180° - \beta_B$$

$$\alpha_{12} = \alpha_{B1} + 180° - \beta_1$$

$$\alpha_{23} = \alpha_{12} + 180° - \beta_2$$

$$\alpha_{34} = \alpha_{23} + 180° - \beta_3$$

$$\alpha_{4C} = \alpha_{34} + 180° - \beta_4$$

$$\alpha_{CD} = \alpha_{4C} + 180° - \beta_C$$

将以上各式相加,得:

$$\alpha_{CD} = \alpha_{AB} + 6 \times 180° - \sum\beta$$

附合导线坐标计算表

表 8-3

点号	观测角（右角）（° ′ ″）	改正数（″）	改正角（° ′ ″）	坐标方位角 α（° ′ ″）	距离 D（m）	增量计算值		改正后增量		坐标值		点号
						Δx(m)	Δy(m)	Δx(m)	Δy(m)	Δx(m)	Δy(m)	
1	2	3	4 = 2 + 3	5	6	7	8	9	10	11	12	13
A												
				236 44 28								
B	205 36 48	−13	205 36 35							1 536.86	837.54	B
				211 07 53	125.36	+4 −107.31	−2 −64.81	−107.27	−64.83			
1	290 40 54	−12	290 40 42							1429.59	772.71	1
				100 27 11	98.76	+3 −17.92	−2 +97.12	−17.89	−97.10			
2	202 47 08	−13	202 46 55							1 411.70	869.81	2
				77 40 16	114.63	+4 +30.88	−2 +141.29	+30.92	+141.27			
3	167 21 56	−13	167 21 43							1 442.62	1 011.08	3
				90 18 33	116.44	+3 −0.63	−2 +116.44	−0.60	+116.42			
4	175 31 25	−13	175 31 12							1 442.02	1 127.50	4
				94 47 21	156.25	+5 −13.05	−3 +155.70	−13.00	+155.67			
C	214 09 33	−13	214 09 20							1 429.02	1 283.17	C
				60 38 01								
D												
总和	1256 07 44	−77	1256 06 25		641.44	−108.03	+445.74	−107.84	+445.63			
辅助计算	$f_\beta = \sum\beta_{测} - \alpha_{始} + \alpha_{终} - n\times180° = +1'17''$ $f_{\beta容} = \pm40''\sqrt{6} = \pm98''$					$f_x = -0.19(\mathrm{m})$ $f_y = +0.11(\mathrm{m})$ $f = \sqrt{f_x + f_y} = \pm0.22(\mathrm{m})$				$K = \frac{0.22}{641.44} = \frac{1}{2\,900}$ $K_{容} = \frac{1}{2\,000}$		

或

$$\sum\beta = \alpha_{AB} - \alpha_{CD} + 6\times180°$$

假设导线各转折角在观测中不存在误差，上式应成立，则 $\sum\beta$ 称为理论值，写成一般形式为：

$$\sum\beta_{理} = \alpha_{始} - \alpha_{终} + n\times180°$$

其中，n 为包括连接角在内的导线转折角数。由于观测中存在误差，因此观测角总和 $\sum\beta_{测}$ 与 $\sum\beta_{理}$ 不相等，其差值为角度闭合差 f_β，即

$$f_\beta = \sum\beta_{测} - \sum\beta_{理}$$

即

$$f_\beta = \sum\beta_{测} - \alpha_{始} + \alpha_{终} - n\times180° \tag{8-5}$$

同理，可推导当导线转折角为左角时，角度闭合差的计算公式为：

$$f_\beta = \sum\beta_{测} + \alpha_{始} - \alpha_{终} - n\times180° \tag{8-6}$$

各级导线角度闭合差的容许值见表 7-2。本例为图根导线：

$$f_{\beta容} = \pm 40''\sqrt{n}$$

若$f_\beta \leqslant f_{\beta容}$，则可进行角度闭合差的调整，否则，应分析原因进行重测。角度闭合差的调整原则是，将f_β以相反的符号平均分配到各观测角中。

即各角的改正数为：

$$V_\beta = \frac{-f_\beta}{n} \tag{8-7}$$

改正后的角度为：

$$\beta_{改} = \beta_{测} + V_\beta$$

计算时，根据角度取位的要求，改正数可凑整到1″、6″、10″。若不能均分，一般情况下，给短边的夹角多分配一点，使各角改正数的总和与反号的闭合差相等，即$\sum V_\beta = -f_\beta$，此条件用于计算检核。

(2)推算各个边的坐标方位角。根据起始边已知坐标方位角和改正后角度，按方位角推算公式推算各边的坐标方位角，并填入表8-3的第5栏内。

本例导线转折角为右角，方位角推算公式为：

$$\alpha_{前} = \alpha_{后} + 180° - \beta_{右}$$

若转折角为左角，则方位角推算公式为：

$$\alpha_{前} = \alpha_{后} + \beta_{左} - 180°$$

用上述方法按前进方向逐边推算坐标方位角，最后算出终边坐标方位角，应与已知的终边坐标方位角相等，否则应重新检查计算。必须注意的是，当计算出的方位角大于360°时，应减去360°；为负值时，应加上360°。

(3)坐标增量的计算。根据已推算出各边的坐标方位角和相应边的边长，按式(8-1)计算各边的坐标增量。例如，导线边B-1的坐标增量为：

$$\Delta x_{B1} = D_{B1}\cos\alpha_{B1} = 125.36\text{m} \times \cos 211°07'53'' = -107.31\text{m}$$

$$\Delta y_{B1} = D_{B1}\sin\alpha_{B1} = 125.36\text{m} \times \cos 211°07'53'' = -64.81\text{m}$$

同法算得其他各边的坐标增量值，填入表8-3的第7、8两栏的相应格内。

(4)坐标增量闭合差的计算和调整。理论上，各边的纵、横坐标增量代数和应等于终、始两已知点间的纵、横坐标差，即

$$\sum \Delta x_{理} = x_C - x_B$$

$$\sum \Delta y_{理} = x_C - x_B$$

而实际上，由于调整后的各转折角和实测的各导线边长均含有误差，导致实际计算的各边纵、横坐标增量的代数和不等于附合导线终点和起点的纵、横坐标之差。它们的差值即为纵、横坐标增量闭合差f_x和f_y，即

$$f_x = \sum \Delta x - \sum \Delta x_{理} = \sum \Delta x - (x_C - x_B)$$

$$f_y = \sum \Delta y - \sum \Delta y_{理} = \sum \Delta y - (y_C - y_B)$$

坐标增量闭合差的一般公式为：

$$\left.\begin{aligned}f_x &= \sum \Delta x - (x_{终} - x_{始})\\ f_y &= \sum \Delta y - (x_{终} - x_{始})\end{aligned}\right\} \tag{8-8}$$

由于f_x、f_y的存在，使导线不能和 CD 连接，存在一个缺口 CC'。CC'的长度称为导线全长闭合差（图 8-10），用f表示，计算公式为：

$$f = \sqrt{f_x^2 + f_y^2} \tag{8-9}$$

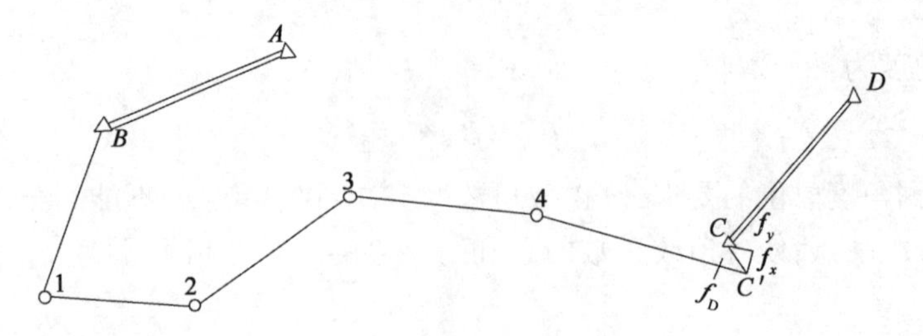

图 8-10 导线全长闭合差

导线越长，全长闭合差也越大。因此，以f值的大小不能显示导线测量的精度，应当将f与导线全长$\sum D$ 相比较。通常用相对闭合差来衡量导线测量的精度，计算公式为：

$$K = \frac{f}{\sum D} = \frac{1}{\sum D/f} \tag{8-10}$$

导线的相对全长闭合差应小于容许相对闭合差$K_{容}$。不同等级的导线，其容许相对闭合差$K_{容}$ 见表 8-3。图根导线的 $K_{容}$ 为 1/2 000。

本例中f_x、f_y、f_D 及 K 的计算见表 8-3 辅助计算栏。

若 K 大于 $K_{容}$，则说明成果不合格，应首先检查内业计算有无错误，然后检查外业观测成果，必要时重测。若 K 不超过 $K_{容}$，则说明测量成果符合精度要求，可以进行调整。调整的原则是：将f_x、f_y 以相反符号按与边长成正比分配到相应的纵、横坐标增量中去。以ν_{x_i}、ν_{y_i}分别表示第 i 边的纵、横坐标增量改正数，即

$$\left.\begin{aligned}\nu_{x_i} &= -\frac{f_x}{\sum D} \times D_i\\ \nu_{y_i} &= -\frac{f_y}{\sum D} \times D_i\end{aligned}\right\} \tag{8-11}$$

利用以上公式求得各导线边的纵、横坐标增量改正数，填入表 8-3 的第 7、8 栏相应坐标增量值的上方。

纵、横坐标增量改正数之和应满足式（8-12）：

$$\left.\begin{aligned}\sum \nu_x &= -f_x\\ \sum \nu_y &= -f_y\end{aligned}\right\} \tag{8-12}$$

各边坐标增量计算值加改正数，即得各边改正后的坐标增量，即

$$\left.\begin{aligned}\Delta x_{i改} &= \Delta x_i + \nu_{x_i}\\ \Delta y_{i改} &= \Delta y_i + \nu_{y_i}\end{aligned}\right\} \tag{8-13}$$

求得各导线边的改正后坐标增量，填入表 8-3 的第 9、10 栏内。

经过调整,改正后的纵、横坐标增量之代数和应分别等于终、始已知点坐标之差,以资检核(见表8-3中第9、10栏最后一格)。

(5)导线点的坐标计算。根据导线起始点 B 的已知坐标及改正后的坐标增量,按式(8-1)依次推算出其他各导线点的坐标,填入表8-3中的第11、12栏内。最后推算出终点 C 的坐标,其值应与 C 点已知坐标相同,以此作为计算检核。

3)闭合导线计算

闭合导线计算步骤与附合导线基本相同,两种导线计算的区别主要是角度闭合差和坐标增量闭合差的计算方法不同,以下是闭合导线角度闭合差和坐标增量闭合差的计算方法。

(1)角度闭合差的计算。图8-11为一闭合导线,n 边形闭合导线内角和的理论值应为:

$$\sum\beta_{理}=(n-2)\times180°$$

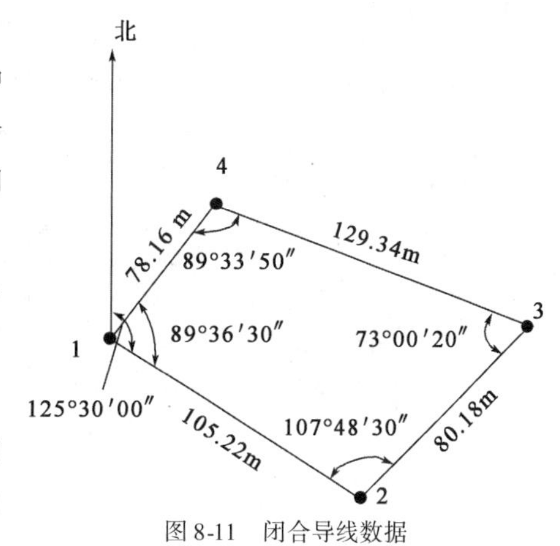

图8-11 闭合导线数据

由于观测角不可避免地存在误差,使得实测的内角总和 $\sum\beta_{测}$ 不等于 $\sum\beta_{理}$,其差值为闭合导线的角度闭合差 f_{β}:

$$f_{\beta}=\sum\beta_{测}-\sum\beta_{理}=\sum\beta_{测}-(n-2)\times180° \tag{8-14}$$

当 f_{β} 小于规定的容许值 $f_{\beta容}$ 时,可对角度闭合差进行调整。调整的方法与附合导线相同。

(2)坐标增量闭合差的计算。根据闭合导线本身的几何特点,由边长和坐标方位角计算的各边纵、横坐标增量,其代数和的理论值应等于零,即

$$\sum\Delta x_{理}=0$$

$$\sum\Delta y_{理}=0$$

实际上由于量边的误差和角度闭合差调整后的残余误差,往往使 $\sum\Delta x_{测}$、$\sum\Delta y_{测}$ 不等于零,从而产生坐标增量闭合差,即

$$f_x=\sum\Delta x_{测}$$

$$f_y=\sum\Delta y_{测} \tag{8-15}$$

闭合导线坐标增量闭合差的调整与附合导线相同,表8-4是一图根闭合导线计算全过程的算例。

由于电子计算机的广泛使用,导线计算变得简单化。实际工作中,可利用闭合导线和附合导线的计算机程序进行计算。

4)支导线的计算

支导线中没有闭合差产生,因此支导线的转折角和计算的坐标增量不需要进行改正。其计算步骤为:

(1)根据观测的转折角推算各边坐标方位角。

(2)根据各边坐标方位角和边长计算坐标增量。

(3)根据各边的坐标增量推算各点的坐标。

以上各计算步骤的计算方法同闭合导线。

闭合导线坐标计算表　　表 8-4

点号	观测角（右角）(° ′ ″)	改正数 (″)	改正角 (° ′ ″)	坐标方位角 α(° ′ ″)	距离 D (m)	增量计算值		改正后增量		坐标值		点号
						Δx(m)	Δy(m)	Δx(m)	Δy(m)	x(m)	y(m)	
1	2	3	4 = 2 + 3	5	6	7	8	9	10	11	12	13
1										500.00	500.00	1
				125 30 00	105.22	−2 −61.10	+2 +85.66	−61.12	+85.68			
2	107 48 30	+13	107 48 43							438.88	585.68	2
				53 18 43	80.18	−2 +47.90	+2 +64.30	+47.88	+64.22			
3	73 00 20	+12	73 00 32							486.76	650.00	3
				306 19 15	129.34	−3 +76.61	+2 −104.21	+76.58	−104.19			
4	89 33 50	+12	89 34 02							563.34	545.91	4
				215 53 17	78.16	−2 −63.32	+1 −45.82	−63.34	−45.81			
1	89 36 30	+13	89 36 43							500.00	500.00	1
				125 30 00								
2												
总和	359 59 10	+50	360 00 00		392.90	+0.09	−0.07	0.00	0.00			

辅助计算：

$f_\beta = \sum\beta_{测} - (n-2)\times 180° = -50''$　　$f_x = \sum x_{测} = +0.09(\mathrm{m})$　　$K = \frac{0.11}{392.90} \approx \frac{1}{3\,500}$

$f_y = \sum y_{测} = -0.07(\mathrm{m})$

$f_{\beta容} = \pm 40''\sqrt{4} = 80''$　　$f = \sqrt{f_x^2 + f_y^2} = \pm 0.11(\mathrm{m})$　　$K_{容} = \frac{1}{2\,000}$

8.3　交会法测量

当测区内已有的控制点密度不能满足测图或工程需要时，可利用已知的控制点及其坐标采用交会法进行个别点的加密。交会法分为测角交会和距离交会两类。

测角交会分前方交会、侧方交会和后方交会三种。如图 8-12a）所示，已知 A、B 两点的坐标，为了计算未知点 P 的坐标，只需观测水平角 α 和 β，就可求出未知点 P 的平面坐标，这种方法称为前方交会。如果通过观测水平角 α 和 γ 或者 β 和 γ，来测定未知点 P 的平面坐标［图 8-12b）］，称为侧方交会。如果为求得未知点 P 的坐标，在 P 点上瞄准 A、B、C 三个已知点，测得水平角 α 和 β［图 8-12c）］，这种方法称为后方交会。

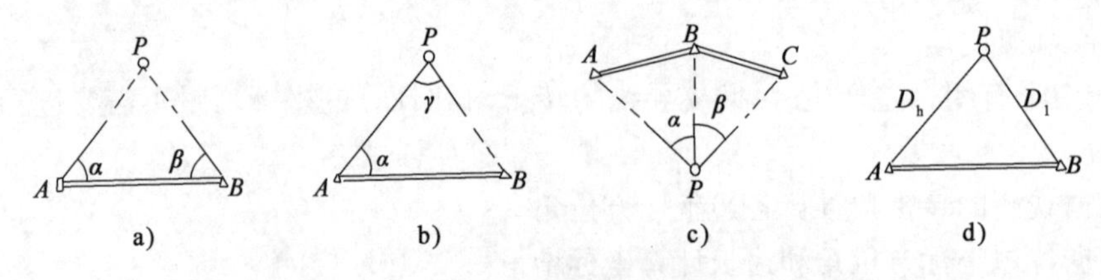

图 8-12　交会测量

距离交会是通过测量距离，由已知点的坐标计算未知点的坐标。如图 8-12d）所示，采用

测量边长 D_a 和 D_b 的方法测定未知点 P 的坐标。随着电磁波测距仪的普及,这种交会方法已被广泛应用。

实际工作中,具体采用哪种交会方法,需根据点位分布、设备情况等选定。由于侧方交会的计算方法与前方交会基本相同,下面重点介绍前方交会、后方交会和距离交会的计算方法。

8.3.1 前方交会

1)基本公式

如图 8-12a)所示,已知点 A、B 的坐标分别为 x_A、y_A 和 x_B、y_B。在 A、B 两点安置仪器,测出水平角 α 和 β。设未知点 P 的坐标为 x_P、y_P,其计算公式如下。

由图知:

$$x_P = x_A + D_{AP}\cos\alpha_{AP}$$

由于

$$\alpha_{AP} = \alpha_{AB} - \alpha$$

$$D_{AP} = \frac{D_{AB}\sin\beta}{\sin(\alpha+\beta)}$$

所以

$$\begin{aligned}
x_P &= x_A + \frac{D_{AB}\sin\beta\cos(\alpha_{AB}-\alpha)}{\sin(\alpha+\beta)} \\
&= x_A + \frac{D_{AB}\sin\beta(\cos\alpha_{AB}\cos\alpha + \sin\alpha_{AB}\sin\alpha)}{\sin\alpha\cos\beta + \sin\beta\cos\alpha} \\
&= x_A + \frac{D_{AB}\sin\beta(\cos\alpha_{AB}\cos\alpha + \sin\alpha_{AB}\sin\alpha)/\sin\alpha\sin\beta}{(\sin\alpha\cos\beta + \sin\beta\cos\alpha)/\sin\alpha\sin\beta} \\
&= x_A + \frac{D_{AB}\cos\alpha_{AB}\cot\alpha + D_{AB}\sin\alpha_{AB}}{\cot\alpha + \cot\beta} \\
&= x_A + \frac{(x_B - x_A)\cot\alpha + (y_B - y_A)}{\cot\alpha + \cot\beta} \\
&= \frac{x_A\cot\beta + x_B\cot\alpha + (y_B - y_A)}{\cot\alpha + \cot\beta}
\end{aligned}$$

同理可以导出 P 点的 y 值计算公式为:

$$y_P = \frac{y_A\cot\beta + y_B\cot\alpha - (x_B - x_A)}{\cot\alpha + \cot\beta}$$

即

$$\left.\begin{aligned}
x_P &= \frac{x_A\cot\beta + x_B\cot\alpha + (y_B - y_A)}{\cot\alpha + \cot\beta} \\
y_P &= \frac{y_A\cot\beta + y_B\cot\alpha - (x_B - x_A)}{\cot\alpha + \cot\beta}
\end{aligned}\right\} \tag{8-16}$$

2）计算实例

为了校核和提高 P 点精度，前方交会通常是在三个已知点上进行观测，如表 8-5 中图所示，测定 α_1、β_1 和 α_2、β_2，然后由两个交会三角形分别按式(8-16)计算 P 点坐标。因测角误差的影响，求得的两组 P 点坐标不完全相同，其点位较差为 $e=\sqrt{\delta_x^2+\delta_y^2}$，其中 δ_x、δ_y 分别为两组 x_P、y_P 坐标值之差。当 $e \leqslant e_{容}=2\times0.1M$(mm)时($M$ 为测图比例尺分母)，取两组坐标的平均值作为最后结果。

使用式(8-16)计算时，注意实测图形的编号应与公式的编号一致。计算实例见表 8-5。

前方交会计算 表 8-5

点名	x(mm)		观 测 角		y(mm)	
A	x_A	37 477.54	α_1	40°41′57″	y_A	16 307.24
B	x_B	37 327.20			y_B	16 078.90
P	x'_P	37 194.574	β_1	75°19′02″	y'_P	16 226.42
B	x_B	37 327.20	α_2	58°11′35″	y_B	16 078.90
C	x_C	37 163.69			y_C	16 046.65
P	x''_P	37 194.54	β_2	69°06′23″	y''_P	16 226.42
中数	x_P	37 194.56			y_P	16 226.42
略图	P, A, B, C, α_1, β_1, α_2, β_2		辅助计算	$\delta_x=0.03$ $\delta_y=0$ $e=0.03$ $M=1\,000$ $e_{容}=2\times0.1M=200$(mm)$=0.2$m		

8.3.2 后方交会

如图 8-13 所示，在待定点 P 上安置仪器，向三个已知点 A、B、C 进行观测，测定水平角分别为 α、β、γ。然后根据所测角度和已知点的坐标计算 P 点的坐标。

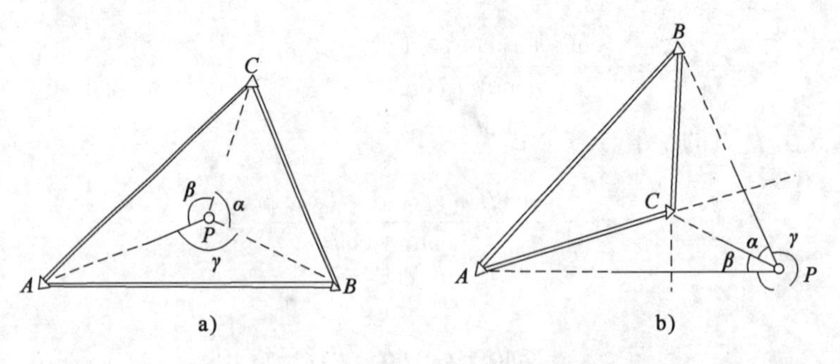

图 8-13 后方交会

后方交会点位坐标计算公式较多，一般采用仿权计算法。其计算公式的形式与带权平均值的计算公式相似，因此得名仿权公式。未知点 P 的坐标计算公式为：

$$
\left.\begin{aligned}
x_P &= \frac{P_A x_A + P_B x_B + P_C x_C}{P_A + P_B + P_C} \\
y_P &= \frac{P_A y_A + P_B y_B + P_C y_C}{P_A + P_B + P_C}
\end{aligned}\right\} \tag{8-17}
$$

式中：

$$
\left.\begin{aligned}
P_A &= \frac{1}{\cot\angle A - \cot\alpha} \\
P_B &= \frac{1}{\cot\angle B - \cot\beta} \\
P_C &= \frac{1}{\cot\angle C - \cot\gamma}
\end{aligned}\right\} \tag{8-18}
$$

利用以上公式计算要注意以下几点：

(1)未知点 P 上的三个角 α、β、γ 必须分别与已知点 A、B、C 按图8-13a)所示的关系相对应，这三个角值可按方向观测法获得，其总和应等于360°。

(2) $\angle A$、$\angle B$、$\angle C$ 为三个已知点构成的三角形的内角，其值根据三条已知边的方位角计算。

(3)若 P 点选取在三角形任意两条边延长线夹角之间，如图8-13b)所示，应用式(8-17)计算坐标时，α、β、γ 均以负值代入式(8-18)。

另外，在选定 P 点时，应特别注意 P 点不能位于或接近三个已知点的外接圆上，否则 P 点坐标为不定解或计算精度低。仿权公式计算过程中的重复运算公式较多，用电子计算机和可编程序的计算器进行计算比较适宜。

8.3.3 距离交会

交会定点时，若测距较为方便，可选用距离交会的方法求点的坐标。

如图8-12d)所示，已知 A、B 两点的坐标 (x_A, y_A)、(x_B, y_B)，实测水平距离 D_a、D_b。设未知点 P 的坐标为 (x_P, y_P)，计算步骤如下：

(1)计算直线 AB 的坐标方位角

$$
\alpha_{AB} = \arctan\frac{y_B - y_A}{x_B - x_A} \tag{8-19}
$$

(2)计算 A、B 两点间的水平距离

$$
D_{AB} = \sqrt{(x_B - x_A)^2 - (y_B - y_A)^2} \tag{8-20}
$$

(3)利用余弦定理计算 $\angle A$

$$
\angle A = \arccos\frac{D_b^2 + D_{AB}^2 - D_a^2}{2D_b D_{AB}} \tag{8-21}
$$

(4)求 AP 边的坐标方位角

$$
\alpha_{AP} = \alpha_{AB} - \angle A \tag{8-22}
$$

(5)计算 P 点的坐标

$$\left.\begin{aligned} x_{P} &= x_{A} + D_{AP}\cos\alpha_{AP} \\ y_{P} &= y_{A} + D_{AP}\sin\alpha_{AP} \end{aligned}\right\} \tag{8-23}$$

8.4　坐标换带计算

高斯分带投影的结果使得各带独立建立了平面直角坐标系,从而产生各相邻带之间控制点坐标互相联系的问题。欲解决这一问题,就需要把一个带的平面直角坐标换算到相邻的另一个带上,即坐标换带。通过坐标换带计算可以使相邻带的坐标联系起来,以便计算导线的闭合差。例如,当附合导线两端的已知控制点(如高等级公路、铁路等工程的已知控制点)不在同一投影带内时,应先将在邻带的控制点坐标换算成同一带的坐标,然后才能计算导线闭合差。

坐标换带计算的方法,归纳起来有查表法计算和计算机计算两大类。过去坐标换带常采用查表法计算,很烦琐。现在,由于电子计算机和各种可编程序的电子计算器在测量上得到广泛应用,可以通过高斯投影坐标计算公式进行坐标换带计算。因此,本节重点介绍应用高斯投影坐标计算公式进行坐标换带计算的方法。

8.4.1　高斯投影坐标计算公式

高斯投影坐标计算分为正算和反算。正算就是由大地坐标即经纬度(L,B)求高斯平面坐标(x,y);反算就是由高斯平面坐标(x,y)求大地坐标(L,B)。下面分别给出它们的计算公式(公式推导从略)。

1)高斯投影正算公式

$$\left.\begin{aligned} x &= X + \frac{N}{2\rho''^{2}}\sin B\cos B \cdot l''^{2} + \frac{N}{24\rho''^{4}}\sin B\cos^{3}B(5 - t^{2} + 9\eta^{2} + 4\eta^{4})l''^{4} + \\ &\quad \frac{N}{720\rho''^{6}}\sin B\cos^{5}B(61 - 58t^{2} + t^{4})l''^{6} \\ y &= \frac{N}{\rho''}\cos B \cdot l'' + \frac{N}{6\rho''^{3}}\cos^{3}B(1 - t^{2} + \eta^{2})l''^{3} + \\ &\quad \frac{N}{120\rho''^{5}}\cos^{5}B(5 - 18t^{2} + t^{4} + 14\eta^{2} - 58\eta^{2}t^{2})l''^{5} \end{aligned}\right\} \tag{8-24}$$

式中:X——轴子午线上纬度等于 B 的某点至赤道的子午线弧长;

l——$l = L - L_0$,其中 L_0 为轴子午线的经度;

N——$N = c/\sqrt{1+\eta^2}$;

η——$\eta^2 = (e'\cos B)^2$;

t——$t = \tan B$。

2)高斯投影反算公式

$$\left.\begin{aligned}B&=B_f-\frac{t_f}{2M_fN_f}y^2+\frac{t_f}{24M_fN_f^3}(5+3t_f^2+\eta_f^2-9\eta_f^2t_f^2)y^4-\\&\quad\frac{t_f}{720M_fN_f^5}y(61+90t_f^2+45t_f^4)y^6\\l&=\frac{y}{N_f\cos B_f}-\frac{y^3}{6N_f^3\cos B_f}(1+2t_f^2+\eta_f^2)+\\&\quad\frac{y^5}{120N_f^5\cos B_f}(5+28t_f^2+24t_f^4+6\eta_f^2+8\eta_f^2t_f^2)\end{aligned}\right\}\tag{8-25}$$

式中:B_f——底点纬度,是以 $x=X$ 所对应的大地纬度;

t_f、η_f、N_f——相应于 B_f 之值。

此外,计算时还需考虑椭球的参数等问题,详细公式可参考有关专业书籍。

8.4.2 换带计算的基本方法

在进行附和导线坐标联测时,首先应确定导线两端所联系的国家控制点的横坐标值所冠的带号是否相同,若不相同,则表示所测导线已经由一个带进入了另一个带,必须进行换带计算。

利用高斯投影坐标计算公式进行坐标换带计算就是已知一点在轴子午线为 L_1 的某带上坐标为(x_1,y_1),换算其在轴子午线经度为 L_2 的邻带上的坐标(x_2,y_2)。换算时,先按高斯投影反算公式求出该点大地坐标 L、B;再按高斯投影正算公式计算其在邻带的坐标(x_2,y_2)。按这种方法进行换带计算时,应注意区分换带前后的轴子午线经度。这种方法的实质是把椭球面上的大地坐标作为过渡坐标。该计算可方便地利用一些测量计算软件程序进行。

8.5 三、四等水准测量

8.5.1 三、四等水准测量的主要技术要求

三、四等水准测量除了用于国家高程控制网的加密外,还可用于建立小地区首级高程控制。三、四等水准路线的布设,在加密国家控制点时,多布设为附合水准路线、结点网的形式;在独立测区作为首级高程控制时,应布设成闭合水准路线形式;而在山区、带状工程测区,可布设为水准支线。三、四等水准测量的主要技术要求详见表8-6和表8-7。

三、四等水准测量的主要技术要求(一) 表8-6

等级	水准仪型号	视线长度(m)	前后视距差(m)	前后视距累积差(m)	视线离地面最低高度(m)	基本分划、辅助分划(黑红面)读数差(mm)	基本分划、辅助分划(黑红面)高差之差(mm)
三	DS_1	100	3	6	0.3	1.0	1.5
	DS_3	75				2.0	3.0
四	DS_3	100	5	10	0.2	3.0	5.0

注:当进行三、四等水准观测,采用单面标尺变更仪器高度时,所测两高差,应与黑红面所测高差之差的要求相同。

三、四等水准测量的主要技术要求(二)　　表 8-7

等级	水准仪型号	水准尺	线路长度(km)	观测次数		每千米高差中误差(mm)	往返较差、附合或环线闭合差(mm)	
				与已知点联测	附合或环线		平地	山地
三	DS_1	因瓦	≤50	往返各一次	往一次	6	$12\sqrt{L}$	$4\sqrt{n}$
	DS_3	双面			往返各一次			
四	DS_3	双面	≤16	往返各一次	往一次	10	$20\sqrt{L}$	$6\sqrt{n}$

注：1. 结点之间或结点与高级点之间，其路线的长度，不应大于表中规定值的 0.7 倍。
2. L 为往返测段、附合或环绕的水准路线长度(km)，n 为测站数。

8.5.2 观测与记录方法

1) 双面尺法

采用水准尺为配对的双面尺，在测站应按以下顺序观测读数，读数应填入记录表的相应位置(表 8-8)。

三、四等水准测量记录(双面尺法)　　表 8-8

测站编号	点号	后尺 下丝 / 上丝 后视距 视距差 d(m)	前尺 下丝 / 上丝 前视距 $\sum d$(m)	方向及尺号	水准尺读数(m) 黑面	水准尺读数(m) 红面	K+黑-红	平均高差(m)	备注
		(1)	(4)	后	(3)	(8)	(14)		
		(2)	(5)	前	(6)	(7)	(13)		
		(9)	(10)	后-前	(15)	(16)	(17)	(18)	
		(11)	(12)						K 为 R 常数： $K_5=4.787$ $K_6=4.687$
1	BM.1-TP.1	1.536	1.030	后 5	1.242	6.030	-1		
		0.947	0.442	前 6	0.736	5.422	+1		
		58.9	58.8	后-前	+0.506	+0.608	-2	+0.5070	
		+0.1	+0.1						
2	TP.1-TP.2	1.954	1.276	后 6	1.664	6.350	+1		
		1.373	0.694	前 5	0.985	5.773	-1		
		58.1	58.3	后-前	+0.679	+0.577	+2	+0.6780	
		-0.2	-0.1						
3	TP.1-TP.3	1.146	1.744	后 5	1.024	5.811	0		
		0.903	1.449	前 6	1.622	6.308	+1		K 为尺常数： $K_5=4.787$ $K_6=4.687$
		48.6	49.0	后-前	-0.598	-0.497	-1	-0.5975	
		-0.4	-0.5						
4	TP.3-A	1.479	0.982	后 6	1.171	5.859	-1		
		0.864	0.373	前 5	0.678	5.465	0		
		61.5	60.9	后-前	+0.493	+0.394	-1	+0.4935	
		+0.6	+0.1						
每页校核		$\sum(9)=227.1$ $-)\sum(10)=227.0$ $=+0.1$ $=4$ 站(12) 总视距 $\sum(9)+\sum(10)=454.1$(m)		$\sum[(3)+(8)]=29.151$ $-)\sum[(6)+(7)]=26.989$ $=+2.162$			$\sum[(15)+(16)]$ $=+2.162$	$\sum(18)=+1.081$ $2\sum(18)=+2.162$	

(1)后视黑面,读取下、上、中丝读数,记入(1)、(2)、(3)中。

(2)前视黑面,读取下、上、中丝读数,记入(4)、(5)、(6)中。

(3)前视红面,读取中丝读数,记入(7)。

(4)后视红面,读取中丝读数,记入(8)。

以上(1)、(2)……(8)表示观测与记录的顺序。这样的观测顺序简称为“后—前—前—后”,其优点是可以大大减弱仪器下沉误差的影响。四等水准测量测站观测顺序也可为“后—后—前—前”的顺序观测。

2)单面尺法

四等水准测量时,如果采用单面尺观测,则可按变更仪器高法进行检核。观测顺序为“后—前—变仪器高—前—后”,变高前按三丝读数,以后按中丝读数。在每一测站上需变动仪器高 10cm 以上,记录格式见表 8-9。

四等水准测量记录、计算表(变更仪器高法)　　表 8-9

测站编号	后尺 下丝	前尺 下丝	水准尺读数(m)		高差(m)		平均高差(m)	备注
	后尺 上丝	前尺 上丝						
	后视距	前视距	后视	前视	+	-		
	视距差 d(m)	Σd(m)						
1	1.681(1)	0.849(4)	1.494(3)					
	1.307(2)	0.473(5)	1.372(8)					
	37.4(9)	37.6(10)		0.661(6)	0.833(13)		+0.832(5)	
	-0.2(11)	-0.2(12)		0.541(7)	0.831(14)			

8.5.3 测站计算与检核

1)双面尺法计算与检核

(1)在每一测站,应进行以下计算与检核工作。

①视距计算。

后视距离:(9) = (1) - (2)

前视距离:(10) = (4) - (5)

前、后视距离差:(11) = (9) - (10)。该值在三等水准测量时,不得超过 3m;四等水准测量时,不得超过 5m。

前、后视距离累积差:(12) = 前站(12) + 本站(11)。该值在三等水准测量时,不得超过 6m;四等水准测量时,不得超过 10m。

②同一水准尺黑、红面中丝读数的检核。

同一水准尺红、黑面中丝读数之差,应等于该尺红、黑面的常数 K(4.687 或 4.787),其差值如下。

前视尺:(13) = (6) + K - (7)

后视尺:(14) = (3) + K - (8)

(13)、(14)的大小:三等水准测量,不得超过 2mm;四等水准测量,不得超过 3mm。

③高差计算及检核。

黑面所测高差：(15)=100[(3)-(6)]

红面所测高差：(16)=100[(8)-(7)]

黑、红面所测高差之差：(17)=(15)-(16)±0.100=(14)-(13)。该值在三等水准测量中不得超过3mm，四等水准测量不得超过5mm。式中0.100为单、双号两根水准尺红面底部注记之差，以米为单位。

平均高差：$(18)=\frac{1}{2}\{(15)+[(16)\pm0.100]\}$

(2)记录手簿每页应进行的计算与检核。

①视距计算检核。

后视距离总和减去前视距离总和应等于末站视距累积差，即

$$\Sigma(9)-\Sigma(10)=\text{末站}(12)$$

检核无误后，算出总视距：

$$\text{总视距}=\Sigma(9)+\Sigma(10)$$

②高差计算检核。

红、黑面后视总和减去红、黑面前视总和应等于红、黑面高差总和，还应等于平均高差总和的2倍。

测站数为偶数：

$$\Sigma[(3)+(8)]-\Sigma[(6)+(7)]=\Sigma[(15)+(16)]=2\Sigma(18)$$

测站数为奇数：

$$\Sigma[(3)+(8)]-\Sigma[(6)+(7)]=\Sigma[(15)+(16)]=2\Sigma(18)\pm0.100$$

用双面尺法进行三、四等水准测量的记录、计算与检核实例见表8-8 。

(3)水准路线成果的整理计算。

外业成果经验核无误后，按水准测量成果计算的方法，经高差闭合差的调整后，计算各水准点的高程。

2)单面尺法的计算检核

单面尺法的计算见表8-9，变更仪器高所测量的两次高差之差不得超过5mm，其他要求与双面尺同，合格时取两次高差的平均值作为测站高差。

8.6 三角高程测量

随着光电测距仪器的普及，三角高程测量得到广泛应用，《工程测量规范》(GB 50026—2007)对其技术要求作了规定，高程测量的精度一般可以达到四等水准测量的精度。在地形起伏较大的地区和位于较高建筑物上的点，用水准测量方法测定其高程较为困难，这时可采用三角高程测量的方法。

8.6.1 三角高程测量的原理

如图 8-14 所示,三角高程测量是根据已知点高程及两点间的竖直角和距离,通过应用三角公式计算两点间的高差,求出未知点的高程。

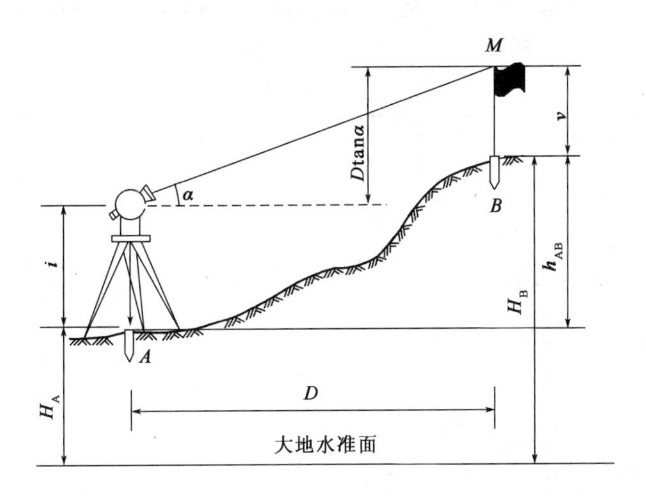

图 8-14 三角高程测量的原理

已知 A 点高程 H_A,欲测定 B 点高程 H_B,可在 A 点安置仪器,在 B 点竖立觇标或棱镜,用望远镜中丝瞄准觇标的顶点,测得竖直角 α,量取桩顶至仪器横轴的高度 i(仪器高)和觇标高 l。根据 AB 之间的平距 D,即可算出 A、B 两点间的高差:

$$h_{AB} = D\tan\alpha + i - l \tag{8-26}$$

若用测距仪测得斜距 S,则:

$$h_{AB} = S\sin\alpha + i - l \tag{8-27}$$

B 点的高程为:

$$H_B = H_A + h_{AB} = H_A + D\tan\alpha + i - l \tag{8-28}$$

或

$$H_B = H_A + h_{AB} = H_A + S\sin\alpha + i - l \tag{8-29}$$

当两点距离较远时,应考虑地球曲率和大气折光的影响。即对高差加上球气差改正数 $f = (1-k)\dfrac{D^2}{2R}$,若取折光系数 $k = 0.13$,则 $f = 0.43\dfrac{D^2}{R}$(mm)。

此时,三角高程测量的高差计算公式为:

$$h_{AB} = D\tan\alpha + i - l + 0.43\frac{D^2}{R} \tag{8-30}$$

三角高程测量一般应进行往返观测,即由 A 点向 B 点观测(称为直觇),再由 B 点向 A 点观测(称为反觇),这种观测称为对向观测(或双向观测)。取对向观测的高差平均值作为高差最后成果时,可以抵消球气差的影响,所以三角高程测量大多采用对向观测法。

8.6.2 三角高程测量的观测与计算

三角高程测量根据使用仪器不同分为电磁波测距三角高程测量和经纬仪三角高程测量。对于电磁波测距三角高程控制测量,测量规范分为两级,即四等和五等三角高程测量。三角高程控制宜在平面控制点的基础上布设成三角高程网或高程导线,也可布置为闭合或附合的高程路线。光电测距三角高程测量的主要技术要求见表8-10。

三角高程测量主要技术要求　　表8-10

等级	仪器	测回数		指标较差(″)	竖直角较差(″)	对向观测高差较差(mm)	附合或环型闭合差(mm)
		三丝法	中丝法				
四等	DJ_2	—	3	≤7	≤7	$40\sqrt{D}$	$20\sqrt{\sum D}$
五等	DJ_2	1	2	≤10	≤10	$60\sqrt{D}$	$30\sqrt{\sum D}$
图根	DJ_6	—	1	—	—	$\leqslant 400D$	$0.1Hd\sqrt{n}$

注:1. D 为测距边长度(km),n 为边数。

2. Hd 为等高距(m)。

三角高程测量的观测与计算如下:

(1)测站上安置仪器,量仪器高 i 和棱镜高度 l,读数至毫米。

(2)用经纬仪或测距仪采用测回法观测竖直角1~3个测回。前后半测回之间的较差及指标差如果符合表8-10的规定,则取其平均值作为结果。

(3)采用对向观测法且对向观测高差较差符合表8-10要求时,应用式(8-26)、式(8-27)进行计算高差及高程计算,取其平均值作为高差结果。

采用全站仪进行三角高程测量时,可先将球气差改正数参数及其他参数输入仪器,然后直接测定测点高程。

(4)对于闭合或附和的三角高程路线,应利用对向观测的高差平均值计算路线高差闭合差,符合闭合差限值规定时,进行高差闭合差调整计算,推算出各点的高程。

8.7 全站仪三维导线测量

全站仪测量速度快、精度高,目前已在道路等工程测量中被广泛采用。三维坐标(X,Y,Z)测量实际上就是平面二维坐标(X,Y)和高程 H 的测量。为求得控制点的坐标和高程,传统方法一般是按前述导线测量的方法通过测角和测距计算各点的平面坐标(X,Y);而高程需按照水准测量的方法获得。这就要求具备两组人员和两套仪器,一组进行导线测量,一组进行水准测量,然后分别平差计算。若能充分利用全站仪的三维坐标测量功能,坐标和高程测量可一次完成。全站仪可以通过内业将已知点三维坐标数据导入仪器内,外业运用仪器进行测站后视定向、测量等功能,获得未知点位的三维坐标数据。

8.7.1 全站仪三维坐标测量的基本原理与方法

全站仪是一种集光、机、电为一体的高技术测量仪器,是集水平角、垂直角、距离(斜距、平距)、高差测量功能于一体的测绘仪器系统。利用全站仪测量,可以将平面坐标测量和高程测

量融为一体。全站仪一般都有坐标测量的功能,观测可以直接得到坐标值,其三维坐标测量的基本原理与方法是:

(1)将全站仪安置于测站点上,选定三维坐标测量模式后,首先输入仪器高 i、目标高 l 以及测站点的三维坐标值(x_A,y_A,H_A)。

(2)照准另一已知点设定方位角。

(3)再照准目标点 P 上的反射棱镜。

(4)按坐标测量键,仪器就会按式(8-31),利用自身内存的计算程序自动计算,并瞬时显示出目标点 P 的三维坐标值(x_P,y_P,H_P)。其中,高程测量即根据三角高程测量的原理公式得到。

$$\left.\begin{aligned} x_P &= x_A + S\cdot\cos\alpha\cos\theta \\ y_P &= y_A + S\cdot\cos\alpha\sin\theta \\ H_P &= H_A + S\cdot\sin\alpha + i - l \end{aligned}\right\} \tag{8-31}$$

式中:S——仪器至反射棱镜的斜距;

α——仪器至反射棱镜的竖直角;

θ——仪器至反射棱镜的方位角。

8.7.2 全站仪三维导线测量的成果处理

由于导线测量本身不可避免地存在累积误差,所测导线必定出现全长闭合差,必须对闭合差进行处理,但在导线成果处理时与常规导线测量的做法有所不同,须将坐标作为观测值。因为利用全站仪的坐标测量功能,可以直接得到点的坐标值,简化了运算。

图 8-15 所示为一附合导线,用全站仪进行观测。观测时先置仪器于 B 点,观测 2 点坐标,再将仪器置于 2 点,观测 3 点坐标,依次观测最后得到 C 点的坐标观测值。设 C 点的坐标观测值为 x'_C、y'_C,其已知的坐标值分别为 x_C、y_C,导线的纵、横坐标闭合差应分别为:

$$\begin{aligned} f_x &= x'_C - x_C \\ f_y &= y'_C - y_C \end{aligned} \tag{8-32}$$

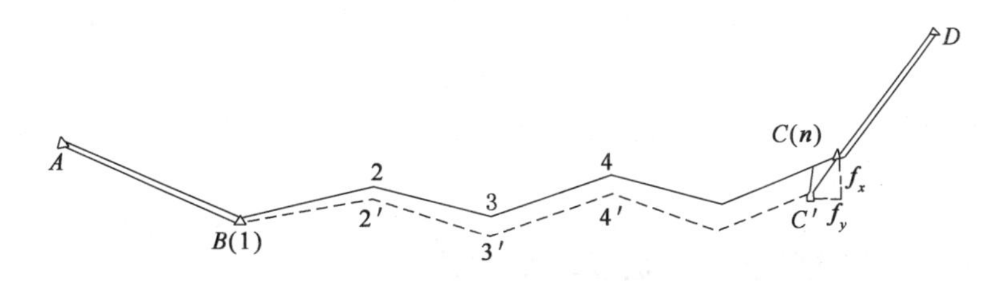

图 8-15 全站仪三维导线测量

由此,则可算出导线的全长闭合差为:

$$f = \sqrt{f_x^2 + f_y^2} \tag{8-33}$$

导线的全长相对闭合差为:

$$K = \frac{f}{\sum D} = \frac{1}{\sum D/f} \tag{8-34}$$

当导线的全长相对闭合差小于规定容许值时,即可按式(8-35)计算各点的坐标改正值:

$$\begin{aligned} \nu_{x_i} &= -\frac{f_x}{\sum D} \times \sum D_i \\ \nu_{y_i} &= -\frac{f_y}{\sum D} \times \sum D_i \end{aligned} \tag{8-35}$$

式中:D——导线水平边长,观测各点坐标时可以调阅得到;

$\sum D$——导线全长;

$\sum D_i$——第 i 点前的导线边长和。

改正后各点的坐标为:

$$\begin{aligned} x_{i改} &= x_i + \nu_{x_i} \\ y_{i改} &= y_i + \nu_{y_i} \end{aligned} \tag{8-36}$$

至于各点间的高差或点的高程,根据三角高程测量的原理得到。若已知始点 B、终点 C 的高程,把导线视为附和水准路线,对全站仪测得的各点间的高差进行高差闭合差处理。目前,理论与实践已经证明,用全站仪观测高程,如果采取对向,(往返) 观测,竖直角观测精度 $m_a \leqslant \pm 2''$, 测距精度不低于 $5\text{mm} + 5 \times 10^{-6}D$, 边长控制在 2km 之内,可达到四等水准的限差要求。所以,在导线测量时通常都是观测三维坐标,从而既得到点的坐标又得到点的高程。

8.8 GPS 控制测量简介

随着现代科学技术的不断进步,在工程测量中 GPS 技术的地位不断提高,并且应用越来越广泛。卫星定位测量技术已发展得比较成熟,有着测量精度高、快速、便捷的优势,让控制测量有了更好的技术选择和发展方向。GPS 控制测量是利用全球定位系统(GPS)技术测量获取各控制点三维坐标的方法。《工程测量规范》(GB 50026—2007)、《卫星定位城市测量技术规范》(CJJ/T 73—2010)、《城市测量规范》(CJJ/T 8—2011)等国家标准对卫星定位测量的技术内容均有比较详细的描述和要求。GPS 控制测量网形构造简单灵活、精度可靠、成本低、工期短,受通视条件和一般困难现场与天气条件的影响较小,在工程实践中值得推广应用。

8.8.1 GPS 控制测量的基本原理与方法

GPS 全球定位系统主要由三部分组成:由 GPS 卫星组成的空间部分、由若干地面站组成的控制部分和以接收机为主体的广大用户部分。三者既有独立的功能和作用,又是有机地配合而缺一不可的整体系统。

GPS 测量的基本原理是以全球定位卫星系统的卫星至用户接收机天线之间的距离(或距离差)为观测量,根据已知的卫星瞬时坐标,利用空间距离后方交会,确定用户接收机天线所对应的观测站的位置。如图 8-16 所示。

GPS 进行定位的方法,根据用户接收机天线在测量中所处的状态来分,可分为静态定位和动态定位;若按定位的结果进行分类,可分为绝对定位和相对定位。在工程测量中,RTK(即实时动态差分定位)测量是常用的方法,分为网络 RTK 测量和单基站 RTK 测量两种方式。

由 GPS 相对定位的基线向量,可以得到高精度的三维坐标差和它们的协方差阵,通过平差和坐标换算,可以获得精确的可供工程中运用的三维坐标数据。

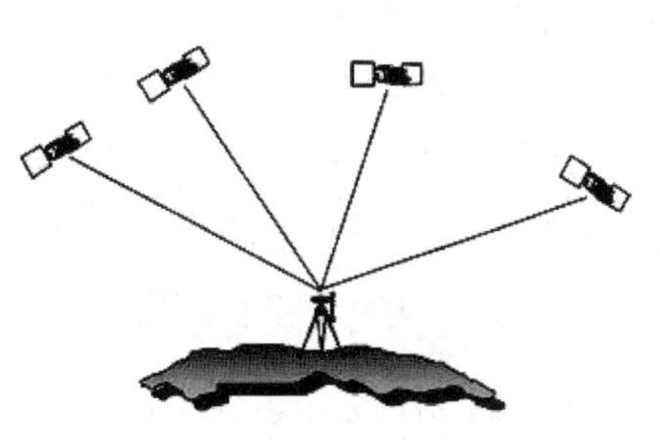

图 8-16 GPS 定位原理

8.8.2 GPS 平面控制测量的实施

GPS 平面控制测量一般采用动态测量,实施包括布点、观测、数据整理和平差计算等步骤。

1)布点

主要包括 GPS 控制点的选点、埋石、绘制点之记。布点工作应注意以下事项:

(1)实地勘察选定点位,保证交通尽量便利。

(2)点位应选择在地质条件稳定、满足长期保存及观测、联测条件的地点,并做好标记。

(3)应远离发射功率强大的无线发射源、微波信道、高压线(电压高于 20 万 V)等。

(4)选点时应避开多路径影响,点位周围应保证高度角 15°以上无遮挡,困难地区高度角大于 15°的遮挡物在水平投影范围总和不应超过 30°。

2)观测

主要包括接收机架设与观测、记录等步骤,观测时应注意:

(1)架设天线时要严格整平、对中,仪器气泡稳定。

(2)开机后应输入测站编号(或代码)、天线高等测站信息。

(3)观测值应记录收敛、稳定的固定解。

(4)观测手簿必须在观测现场填写,严禁事后补记和涂改编造数据。

(5)雷雨季节观测时,仪器、天线要注意防雷击,及时停止作业。

3)数据处理与平差计算

GPS 观测数据应及时下载,做好存储备份。数据处理一般采用仪器厂家提供的商用软件进行,获得 GPS 基线向量,进行内业平差计算、坐标转换等处理后,可以直接获得三维坐标数据。

8.8.3 GPS 高程控制测量的实施

GPS 高程控制测量可以与平面控制测量同时实施,选点与观测方法基本一致。由 GPS 相对定位的基线向量,可以得到高精度的大地高差。GPS 测量是在 WGS-84 地心坐标系中进行,直接测得的高程为相对于 WGS-84 椭球的大地高,记为 H_{GPS}。我国的实际工程实践中,采用以似大地水准面为基准的正常高高程系统,记为 $H_{正常}$。两者的关系为:

$$H_{正常} = H_{GPS} - \xi \tag{8-37}$$

式中:ξ——该点的高程异常。

在已知某点的高程异常时,可以直接将该点的 GPS 高程(大地高)转化为正常高高程。

GPS 高程控制测量一般在有高程异常模型覆盖的区域内进行。测量区域内有已知水准点时，GPS 高程控制测量应与水准点联测。测量应联测一个以上已知高程控制点进行检核，检核高程较差不应大于 0.06m。

GPS 拟合高程的计算应按照相关规范进行，成果应进行检验。高差检验，应采用相应等级的水准测量方法或三角高程测量方法进行。

8.8.4 GPS 控制网及提高精度的方法

GPS 控制点分布达到一定数量时，形成 GPS 控制网。一般采用长短边相结合的分级布网，既保证所需的密度，又能以长边为控制来限制误差的累积，提高控制网的精度。对于较大的控制网，分级布网更有其必要性，先以点数较少的首级 GPS 控制网覆盖整个测区，然后就能根据经济建设的需要分期、分区地逐步加密局部的次级网。在首级网中已顾及了远期发展的需要，加密网则随用随测。

GPS 控制网对点的位置和图形结构没有过多的要求，正因为 GPS 网中各点的位置直接测定，并不是以图形逐点推算，所以点位结构、图形形状均与点的位置精度关系不大。

提高 GPS 控制网精度的方法有：

(1) 为保证 GPS 网中各相邻点具有较高的相对精度，对网中距离较近的点一定要进行同步观测，以获得它们间的直接观测基线。

(2) 为提高整个 GPS 网的精度，可以在全面网之上布设框架网，以框架网作为整个 GPS 网的骨架。

(3) 在布网时要使网中所有最小异步环的边数不大于 6 条。

(4) 在布设 GPS 网时，引入高精度激光测距边，作为观测值与 GPS 观测值（基线向量）一同进行联合平差，或将它们作为起算边长。

(5) 若采用通过高程拟合的方法，为提高精度，则须在布网时，选定一定数量的水准点，且应在网中均匀分布，还要保证有部分点分布在网中的四周。

(6) 为提高 GPS 网的尺度精度，可增设长时间、多时段的基线向量。

本章小结

控制测量是其他测量工作的基础。在所有测量工作中，不仅其精度要求高，而且其理论性也最强。所以，该章内容也是本课程的学习重点。学习时，要在了解国家控制网、城市控制网和小地区控制网基本概念的基础上，重点掌握小地区平面控制测量和高程控制测量的方法。

1. 小区域平面控制测量

平面控制测量的方法主要有导线测量、小三角测量及交会定点。它们的主要目的都是确定地面控制点的平面直角坐标(X,Y)。

(1) 导线测量

导线测量即在地面上按一定要求选定一系列的点依相邻的次序连成折线，并测量各线段的边长和转折角，再根据起算数据确定各点平面位置(X,Y)。其外业工作主要是选点、测角和测距，内业计算即根据外业测量数据和起算数据计算各导线点的坐标，这是导线测量的学习重点。导线内业计算要经过角度闭合差的计算与调整、坐标方位角的推算、坐标增量计算、坐标增量闭合差的计算与调整，最后利用改正后的坐标增量和起算坐标推算各点的坐标。其中，角度闭合差的计算与调整和坐标增量闭合差的计算与调整是内业计算的关键，前者按平均分配原则反号分配角度闭合差，后者按与边长成正比的原则反号分配坐标增量闭合差。以上计算步骤相互联系，后一步以上一步的结果作为条件，所以，每一步都要经过检核条件的检核，以确保最终成果正确无误。

(2)交会定点

当原有控制点的数量不能满足测图和施工需要时，可采用交会法加密控制点。交会定点实际上就是根据2～3个已知的控制点坐标，通过测角或测距来计算待定点坐标。学习本节内容主要是弄清前方交会、后方交会和距离交会的特点及其公式的应用。

(3)坐标换带计算

高斯分带投影的结果使得各带独立建立了平面直角坐标系，从而产生各相邻带之间控制点坐标互相联系的问题。欲解决这一问题，就需要把一个带的平面直角坐标换算到相邻的另一个带上，即坐标换带。通过坐标换带计算可以使相邻带的坐标联系起来，以便计算导线的闭合差。

2. 高程控制测量

高程控制测量是指确定控制点高程值的测量工作。在小地区，高程控制测量主要采用三、四等水准测量和三角高程测量的方法，其中后者常用于地形起伏较大、不便水准测量的地区。对三、四等水准测量，学习时要重点掌握双面尺法测量的测站观测程序、记录和计算检核方法；对三角高程测量，主要掌握其原理和观测计算方法。

3. 全站仪三维坐标导线测量

全站仪三维坐标导线测量是利用全站仪的三维坐标测量功能，同时测量坐标和高程的方法，其数据处理以前面的三角高程测量、导线测量和水准测量成果处理为基础。

4. GPS 控制测量

GPS 控制测量是利用全球定位系统(GPS)技术测量获取各控制点三维坐标的方法。《工程测量规范》(GB 50026—2007)、《卫星定位城市测量技术规范》(CJJ/T 73—2010)、《城市测量规范》(CJJ/T 8—2011)等国家标准对卫星定位测量的技术内容均有比较详细的描述和要求。GPS 控制测量网形构造简单灵活、精度可靠、成本低、工期短，受通视条件和一般困难现场与天气条件的影响较小，在工程实践中值得推广应用。在工程测量中，RTK(即实时动态差分定位)测量是常用的方法，分为网络 RTK 测量和单基站 RTK 测量两种方式。

思考题与习题

1. 控制测量有哪几种？各有何作用？

2. 何谓小地区控制测量？何谓图根控制测量？

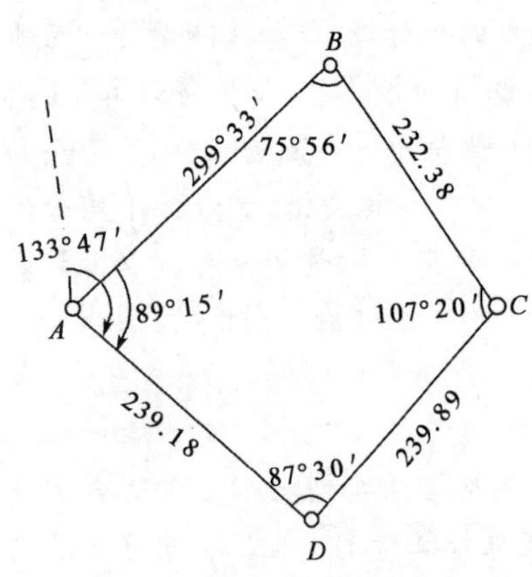

图 8-17 闭合导线观测数据

3. 导线有哪几种布设形式？各在什么情况下采用？

4. 选定导线点应注意哪些问题？导线的外业工作有哪些？

5. 导线坐标计算时应满足哪些几何条件？闭合导线与附合导线在计算中有哪些异同点？

6. 试述全站仪三维坐标测量的原理。

7. GPS 测量的优势有哪些？

8. 图 8-17 所示为一闭合导线 $ABCDA$ 的观测数据，已知 $x_A = 500.00\text{m}$，$y_A = 1000.00\text{m}$，试用表格解算各导线点坐标。

9. 附合导线 $AB12CD$ 的观测数据如图 8-18 所示，已知数据 $x_B = 200.00\text{m}$，$y_B = 200.00\text{m}$；$x_C = 155.37\text{m}$，$y_C = 756.06\text{m}$，试用表格解算导线点坐标。

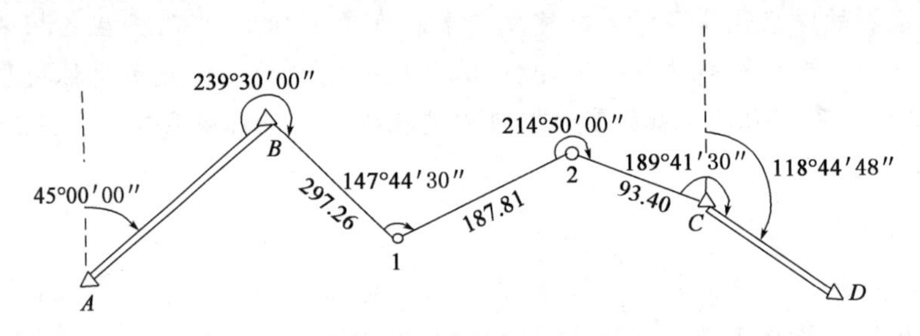

图 8-18 附合导线观测数据

10. 距离交会数据见图 8-19，已知 A、B 点的坐标分别为：$x_A = 500.000$，$y_A = 500.000$；$x_B = 615.825$；$y_B = 596.160$，试计算 P 点坐标。

11. 试用学过的计算机语言编写闭合导线和附合导线计算程序。

12. 用三、四等水准测量建立高程控制时，如何观测？如何记录和计算？

13. 在什么情况下采用三角高程测量？如何观测和计算？

14. 采用三角高程测量时，已知 A、B 两点间平距为 375.11m，在 A 点观测 B 点：$\alpha = +4°30'$，$i = 1.50\text{m}$，$\nu = 1.80\text{m}$；在 B 点观测 A 点：$\alpha = -4°18'$，$i = 1.40\text{m}$，$\nu = 2.40\text{m}$。求 A、B 两点间的高差。

15. 提高 GPS 控制网精度的方法有哪些？

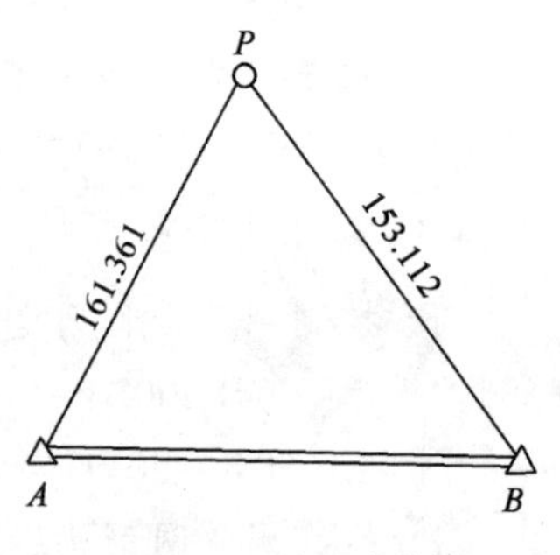

图 8-19 距离交会数据

第9章
大比例尺地形图测绘

【本章知识要点】

通过本章的学习,掌握地形图比例尺的概念、分类及比例尺精度与测距精度的关系;熟悉大比例尺地形图常用地物、地貌与注记符号的分类与意义,掌握地形图测绘的基本原理和方法。

9.1 地形图的基本知识

地球表面十分复杂,但大致可以将其分为地物和地貌两大类。地面上各种天然形成和人工修筑的具有一定轮廓的固定物体,如建筑物、道路、河流等称为地物;地表高低起伏的形态,如高山、谷地、丘陵等称为地貌。地物和地貌的总称为地形,而地形图就是将一定范围内的地物、地貌沿铅垂线投影到水平面上(正射投影),再按规定的符号和比例尺,经综合取舍,缩绘而成的图纸。

9.1.1 比例尺

图上某一线段长度 d 与实地相应线段的水平距离 D 之比称为定图的比例尺,即

$$\frac{d}{D}=\frac{1}{D/d}=\frac{1}{M} \tag{9-1}$$

式中:M——比例尺分母,M 越大,比例尺越小,反之亦反。

常见的比例尺形式有数字比例尺和图示比例尺。

1)数字比例尺

数字比例尺的分子为1,分母为一个比较大的整数 M。M 越大,比例尺的值就越小;M 越小,比例尺的值就越大,如数字比例尺 1:500 > 1:1 000。

2)图示比例尺

图示比例尺,又称图解比例尺,是以图形的方式来表示图上距离与实地距离关系的一种比例尺形式。可以用来在图上进行距离量算,图9-1是图示比例尺的一种。

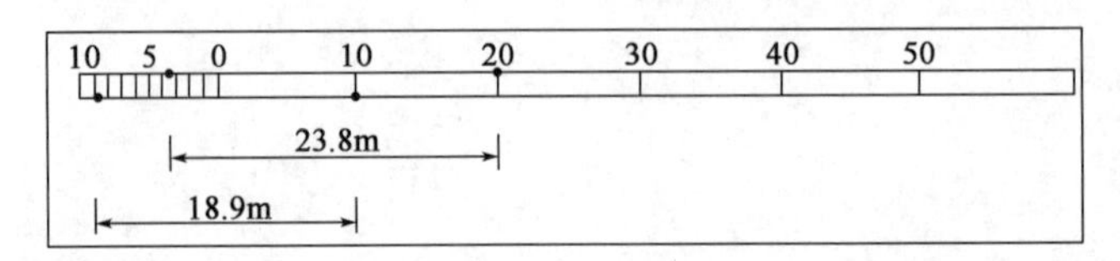

图9-1 图示比例尺及使用示意

地形图按比例尺的大小可以分为大、中、小三种比例尺,但大中小具有相对性,不同的应用领域,其含义不同。我国规定1:500、1:1 000、1:2 000、1:5 000、1:1 万、1:2.5 万、1:5 万、1:10 万、1:25 万、1:50 万、1:100 万 11 种比例尺地形图为国家基本比例尺地形图。一般将1:500、1:1 000、1:2 000、1:5 000的地形图称为大比例尺地形图;1:1 万、1:2.5 万、1:5 万、1:10 万的地形图称为中比例尺地形图;1:25 万、1:50 万、1:100 万的地形图称为小比例尺地形图。中比例尺地形图是国家的基本地图,由国家专业测绘部门负责测绘,目前均用航空摄影测量方法成图,小比例尺地形图一般由中比例尺地图缩小编绘而成。城市和工程建设一般需要大比例尺地形图,其中比例尺为1:500和1:1 000的地形图一般用全站仪等测绘;大面积1:5 000 ~ 1:500的地形图也可以用航空摄影测量方法成图。

地物地貌在图上表示的精确与详尽程度同比例尺有关。比例尺越大,越精确和详细。人眼的图上分辨率,通常为0.1mm。不同比例尺图上0.1mm所代表的实地平距,称为地形图比例尺的精度。根据比例尺精度可以在测图时确定量距的精度 ,也可以用来确定测图比例尺。

9.1.2 地形图的分幅与编号

为了编图、印刷、保管和使用的方便,必须对地图进行分幅与编号。

1)地图分幅

地图的分幅是指用图廓线分割制图区域,其图廓线圈定的范围为一个图幅。图幅之间沿图廓线相互拼接。通常有按坐标格网(矩形)分幅和按经纬线(梯形)分幅两种形式。

(1)矩形分幅

矩形分幅,是用矩形图廓线分割图幅,相邻图幅间的图廓线都是直线,矩形的大小根据图纸规格、用户使用方便以及编图的需要确定。大比例尺地图的矩形图幅多采用40cm×40cm、40cm×50cm、50cm×50cm等,如表9-1所示。

大比例尺地形图图幅大小 表9-1

比例尺	1:5 000	1:2 000	1:1 000	1:500
图幅大小(cm×cm)	40×40	50×50	50×50	50×50
实地面积(km^2)	4	1	0.25	0.0625

矩形分幅的主要优点是:建立制图网方便;图幅间结合紧密,图廓线即为坐标格网线;便于拼接和应用;各幅图印刷面积相对平衡,便于印刷;可以使分幅线有意避开重要地物;图幅大小相同,便于保管和使用。缺点是:整个制图区域只能一次投影,变形较大。

(2)梯形分幅

梯形分幅是以具有一定经纬差的梯形划分图幅,由经纬线构成每幅地图图廓的分幅方法。这是世界上许多国家地形图和大区域小比例尺分幅地图所采用的主要分幅形式。

2)地图编号

编号是每个图幅的数码标记,它们应具有系统性、逻辑性和不重复性。常见的编号方式如下。

(1)自然序数编号。将分幅地图按自然数的顺序编号。编号通常采用从左到右,自上而下的顺序排列编号。

(2)行列式编号。将制图区域划分成若干行和列,分别按数字或字母顺序编号,再以行号和列号的组合构成图幅编号。

(3)图角点坐标式编号。采用图幅的西南角点坐标公里数为图幅编号。纵坐标 x 在前,横坐标 y 在后,以短线相连,作为图号。

3)我国地形图的分幅与编号

我国的 11 种基本比例尺地形图的分幅与编号是在 1∶100 万比例尺地图的基础上进行的。

(1)1∶100 万地形图的分幅与编号

1∶100 万地形图按国际百万分一统一分幅,按经差 6°、纬差 4°,将整个地球椭球表面划分为 60 个纵列、22 个横行,因经线向两极收敛,纬度越高图幅面积越小,为使图幅保持差不多的大小,规定在纬度 60°~76°之间,按经差 12°、纬差 4°分幅;在纬度 76°~88°之间,按经差 24°、纬差 4°分幅;在纬度 88°以上的南北两极,以极点为中心,单独成幅(图 9-2)。

1∶100 万地形图按上述步骤分幅后,从赤道起向南北至纬度 ±88°,用大写拉丁字母 A、B、C……V 表示 22 个相应的横行号,极地单幅图用 Z 表示,行号前冠以 N 或 S 表示北半球或南半球地图,我国全境在北半球,国内图幅省略掉 N;从 180°经线起,自东向西,用阿拉伯数字 1、2、3……60 表示纵列号。每幅 1∶100 万比例尺地图图号由行号和列号组合而成,例如,北京所在的 1∶100 万地图的图号为“J50”(图 9-3)。

(2)1∶50 万~1∶5 000 比例尺地形图的分幅与编号

将这 7 种比例尺地图的分幅按一定经纬差在 1∶100 万地图的分幅基础上进行。每幅 1∶100万地形图按纬差 2°、经差 3°分为 2 行 2 列,共 4 幅 1∶50 万地形图;按纬差 1°、经差 1.5°分为 4 行 4 列,共 16 幅 1∶25 万地形图;按纬差 20′、经差 30′分为 12 行 12 列,共 144 幅 1∶10 万地形图;按纬差 10′、经差 15′分为 24 行 24 列,共 576 幅 1∶5 万地形图;按纬差 5′、经差 7′30″分为 48 行 48 列,共 2 304 幅 1∶2.5 万地形图;按纬差 2′30″、经差 3′45″分为 96 行 96 列,共 9 216幅 1∶1 万地形图;按纬差 1′15″、经差 1′52.5″分为 192 行 192 列,共 36 864 幅 1∶5 000 地形图(图 9-4)。该分幅系统各比例尺地形图的经纬差、行列数和图幅数成简单的倍数关系(表 9-2)。

这 7 种比例尺地图的编号都是在 1∶100 万地图的基础上进行,它们的编号都由 10 个代码组成(图 9-5),其中前三位是所在 1∶100 万地图的行号和列号,第 4 位是比例尺代码(表 9-3)。后面 6 位分为两段,前三位为该比例尺图幅在其所在 1∶100 万图幅中处于第几行,后三位为该比例尺图幅在其所在1∶100万图幅中处于第几列,行号从上而下,列号从左至右编排。不足三位前面补“0”。

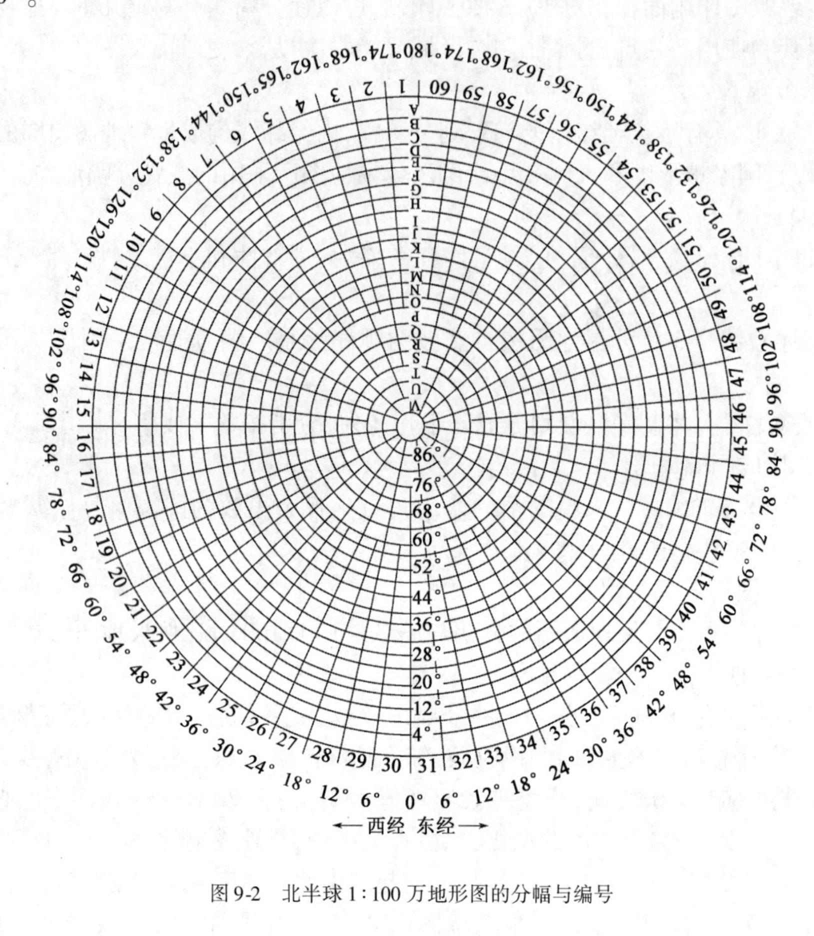

图9-2　北半球1∶100万地形图的分幅与编号

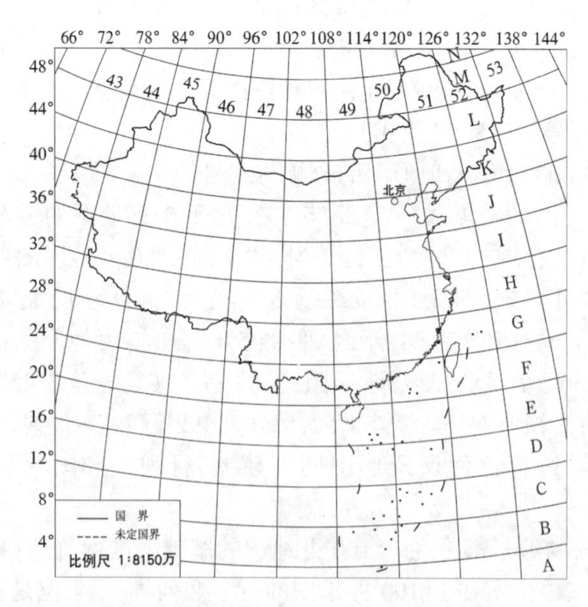

图9-3　我国1∶100万地形图的分幅与编号

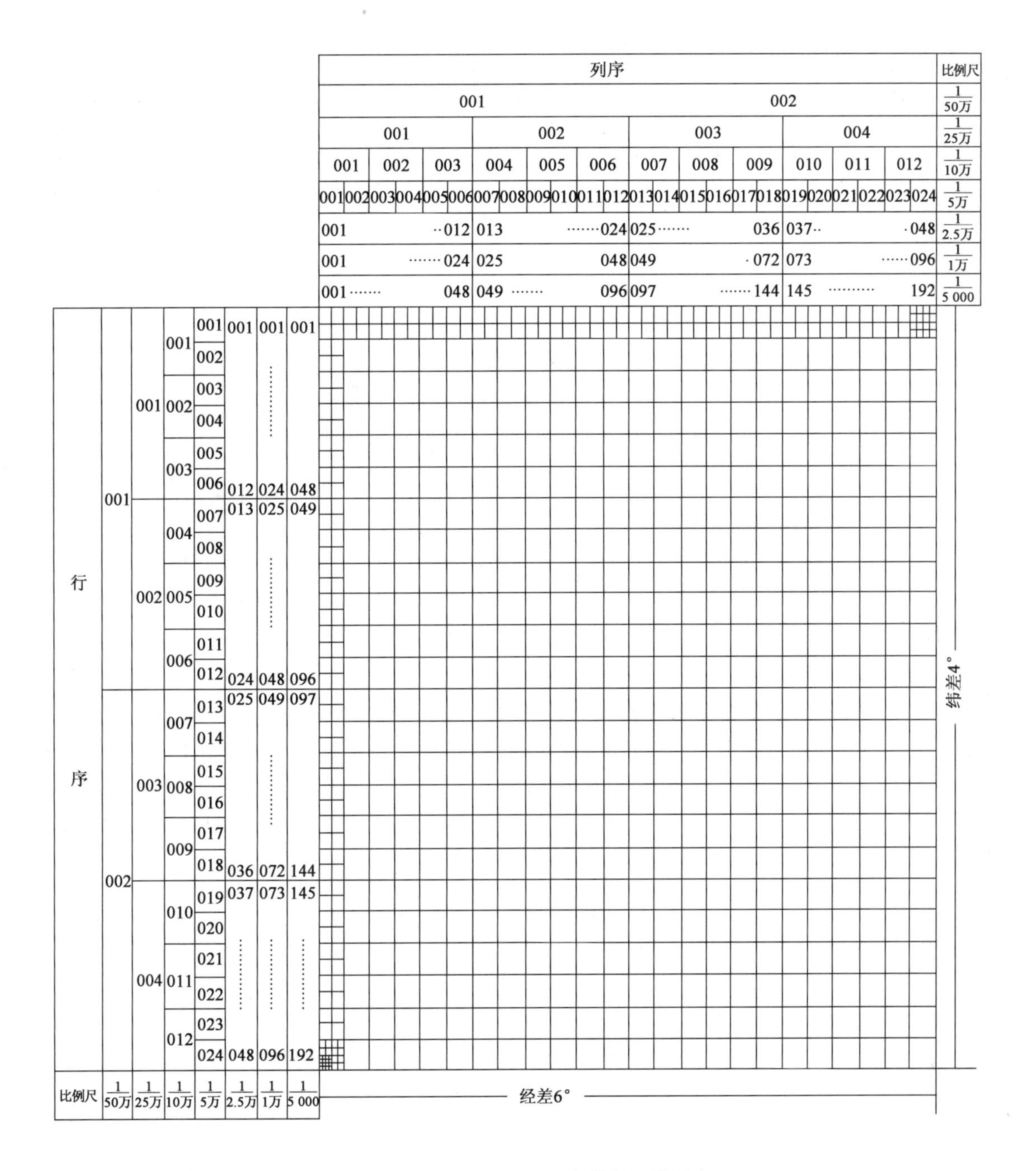

图9-4　1:100万~1:5 000地形图行列编号

各比例尺地形图经纬差、行列数及图幅数关系　　表9-2

比例尺		1:100万	1:50万	1:25万	1:10万	1:5万	1:2.5万	1:1万	1:5 000	1:2 000	1:1 000	1:500
图幅范围	经差	6°	3°	1°30′	30′	15′	7′30″	3′45″	1′52.5″	37.5″	18.75″	9.375″
	纬差	4°	2°	1°	20′	10′	5′	2′30″	1′15″	25″	12.5″	6.25″
行列数量关系	行数	1	2	4	12	24	48	96	192	576	1 152	2 304
	列数	1	2	4	12	24	48	96	192	576	1 152	2 304

续上表

比例尺	1:100 万	1:50 万	1:25 万	1:10 万	1:5 万	1:2.5 万	1:1 万	1:5 000	1:2 000	1:1 000	1:500
图幅间数量关系	1	4	16	144	576	2 304	9 216	36 864	331 776	1 327 104	5 308 416
		1	4	36	144	576	2 304	9 216	82 944	3 317 776	1 327 104
			1	9	36	144	576	2 304	20 736	82 944	331 776
				1	4	16	64	256	2 304	9 216	36 864
					1	4	16	64	576	2 304	9 216
						1	4	16	144	576	2 304
							1	4	36	144	576
								1	9	36	144
									1	4	16
										1	4

1:50 万～1:5 000 地形图比例尺代码　　表 9-3

比例尺	1:50 万	1:25 万	1:10 万	1:5 万	1:2.5 万	1:1 万	1:5 000	1:2 000	1:1 000	1:500
代码	B	C	D	E	F	G	H	I	G	K

(3)1:2 000、1:1 000、1:500 地形图分幅与编号

自 2012 年 10 月 1 日起实施的国家标准《国家基本比例尺地形图分幅和编号》(GB/T 13989—2012)中对于1:2 000、1:1 000、1:500 地形图的分幅与编号作了新的规定,将上述三种比例尺纳入到国家基本比例尺系列,提出了经纬度分幅编号和矩形分幅编号两种方案,并且推荐使用经纬度分幅编号方案。方案如下:

1:2 000 地形图宜以 1:100 万地形图为基础,按规定的经差和纬差划分图幅。地形图的图幅范围、行列数量和图幅数量关系见表 9-2。编号方法与 1:50 万～1:5 000 比例尺地形图相同,比例尺代码见表 9-3。

亦可根据需要以 1:5 000 地形图编号加短线,再加 1～9 表示(一幅 1:5 000 地形图可分为 9 幅 1:2 000 地形图),如图 9-6 所示,阴影处的 1:2 000 编号为 H49H192097-5。

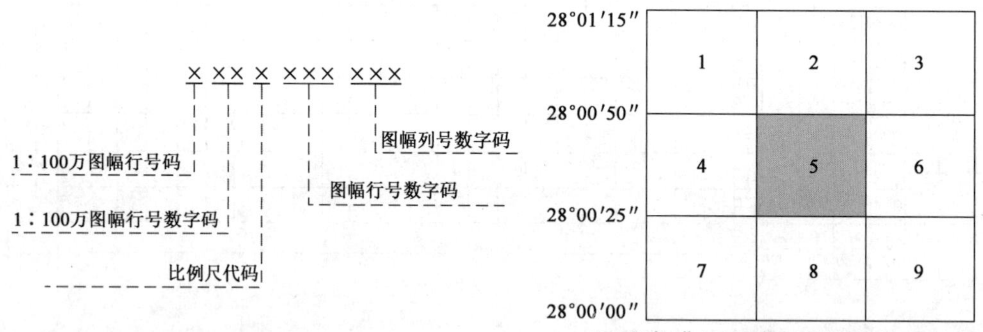

图 9-5　1:50 万～1:5 000 地形图编号构成　　图 9-6　1:2 000 地形图经纬度分幅顺序编号

1:1 000、1:500 地形图宜以 1:100 万地形图为基础,按规定的经差和纬差划分图幅。地形图的图幅范围、行列数量和图幅数量关系见表 9-2。编号方法与 1:50 万～1:5 000 比例尺地形图相同,比例尺代码见表 9-3,但行列号分别增加至 4 位,见图 9-7。

顾及《国家基本比例尺地图图式 第 1 部分:1:500　1:1 000　1:2 000 地形图图式》(GB/T 20257.1—2007),1:1 000、1:500 地形图可根据需要采用 50cm×50cm 正方形分幅和 40cm×50cm 矩形分幅,其图幅编号一般采用图廓西南角坐标编号法,也可采用行列编号法和流水编号法。

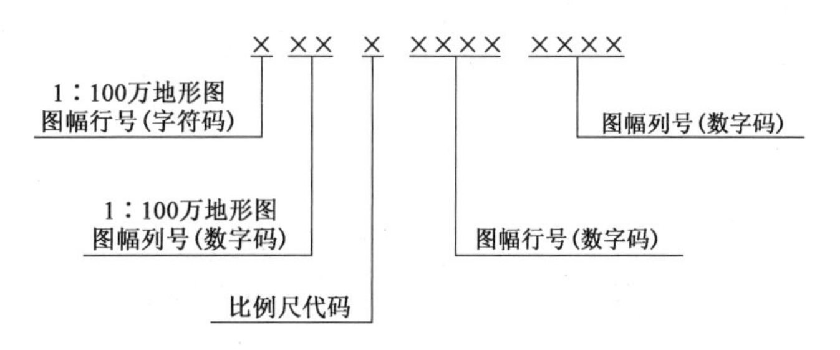

图9-7　1∶500、1∶1 000地形图编号构成

(4)图幅编号的计算

①计算1∶100万地形图的编号。

已知某点的经纬度或图幅西南图廓点的经纬度,可按式(9-2)计算1∶100万地形图的图幅编号。

$$a = \left[\frac{\phi}{4^\circ}\right] + 1$$

$$b = \left[\frac{\lambda}{6^\circ}\right] + 31 \tag{9-2}$$

式中:[　]——商取整;

a——1∶100万图幅所在纬度带的字符所对应的数字码;

b——1∶100万图幅所在经度带的数字码;

λ——图幅内某点的经度或图幅西南图廓点的经度;

ϕ——图幅内某点的纬度或图幅西南图廓点的纬度。

②计算所求比例尺地形图(1∶100万图号后)的图幅编号。

已知图幅内某点的经纬度或图幅西南图廓点的经纬度,可按式(9-3)计算所求比例尺地形图在1∶100万地形图图号后的行列号。

$$c = \frac{4^\circ}{\Delta\phi} - \left[\left(\frac{\phi}{4^\circ}\right) / \Delta\phi\right]$$

$$d = \left[\left(\frac{\lambda}{6^\circ}\right) / \Delta\lambda\right] + 1 \tag{9-3}$$

式中:(　)——商取余;

[　]——分数值取整;

c——所求比例尺地形图1∶100万地形图图号后的行号;

d——所求比例尺地形图在1∶100万地形图图号后的列号;

λ——图幅内某点的经度或图幅西南图廓点的经度;

ϕ——图幅内某点的纬度或图幅西南图廓点的纬度;

$\Delta\phi$——所求比例尺地形图分幅的纬差;

$\Delta\lambda$——所求比例尺地形图分幅的经差。

【例9-1】　某点经度为114°33′45″,纬度为39°22′30″,计算其所在1∶1万地形图图幅的编号。

$$a = \left[\frac{39^\circ22'30''}{4^\circ}\right] + 1 = 10(\text{对应字符码为 J})$$

$$b = \left[\frac{114°33'45''}{6°}\right] + 31 = 50$$

该点所在 1:100 万地形图图幅编号为 J50。

1:1 万地形图分幅经纬差分别为：

$\Delta\phi = 2'30''$，$\Delta\lambda = 3'45''$，将数据代入式(9-3)，得：

$$c = \frac{4°}{2'30''} - \left[\left(\frac{39°22'30''}{4°}\right) \div 2'30''\right] = 015$$

$$d = \left[\left(\frac{114°33'45''}{6°}\right) \div 3'45''\right] + 1 = 010$$

因此，1:1 万地形图的图号为 J50G015010。

9.1.3 地形图图廓外注记

地形图一般绘有内外图廓。内图廓为图幅的边界线，也是坐标格网的边线，用 0.1mm 细线绘出。外图廓线为图幅的最外围边线，用 0.5mm 粗线绘出。内、外图廓线相距 12mm，在内外图廓线之间注记坐标格网线坐标值。内图廓外四角处注有取至 0.1km 的纵横坐标值，图内绘制 10cm × 10cm 一格的坐标格网。坐标格网是测图时展绘控制点和用图时图上确定点的坐标的依据。

图廓外的注记一般包括：

(1)图名与图号。图名就是本幅图的名称，常用本幅图内主要的地名、村庄或工矿企事业单位的名称来命名。图号即地形图的编号。图名和图号标注在北图廓上方的中央，见图 9-8 所示。

(2)接图表。为了说明本幅图与相邻图幅之间的关系，便于索取相邻图幅，在图幅左上角列出相邻图幅图名，斜线部分表示本图位置。

(3)图廓外注记。在地形图外图廓正下方注有比例尺；左下方一般会标注坐标系统、高程系统和制图时间；右下方标有测绘单位、测量员和绘图员等；对于中小比例尺地形图，在地形图的内图廓右下方，一般绘有三北方向图，右侧一般绘有图例。

9.1.4 地形图图式

为了便于测图和用图，用各种符号将实地的地物和地貌表示在图上，这些符号为地形图图式，地形图图式包括地物符号、地貌符号和注记符号。我国以《国家基本比例尺地图图式　第 1 部分：1:500　1:1 000　1:2 000 地形图图式》(GB /T 20257.1)来规范大比例尺地形图的制图。

1)地物符号

地物符号分为比例符号、半比例符号、非比例符号。

(1)比例符号

有些地物可以按测图比例尺缩小并用地形图图式中的规定符号绘出，称为比例符号。比如地面上的房屋、桥梁、旱田等，见图 9-9。

(2)半比例符号

有些地物，其长度能按比例缩绘，但宽度则不能按比例表示，其相应的符号称为半比例符号。比如一些呈现线状延伸的地物，如铁路、公路、管线、围墙、篱笆等，见图 9-10。

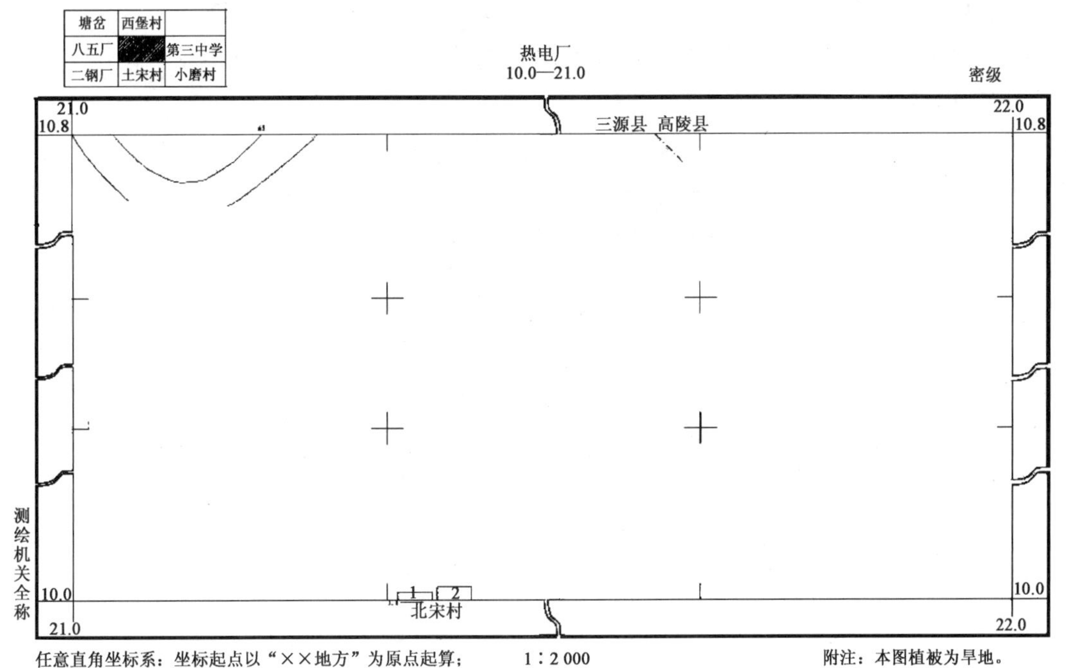

图 9-8 地形图图廓整饰示意图

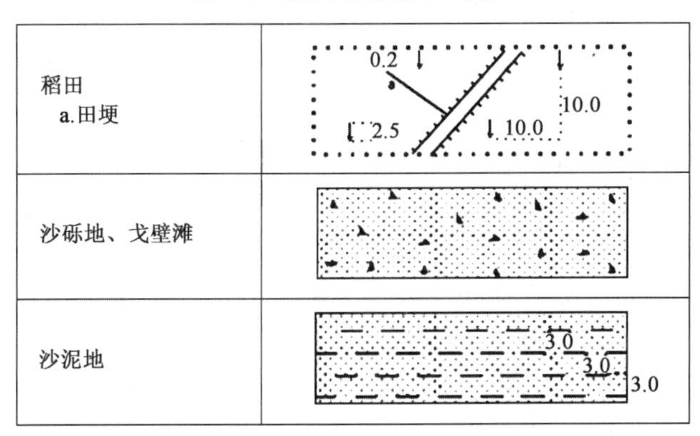

图 9-9 地形图图式中的比例符号

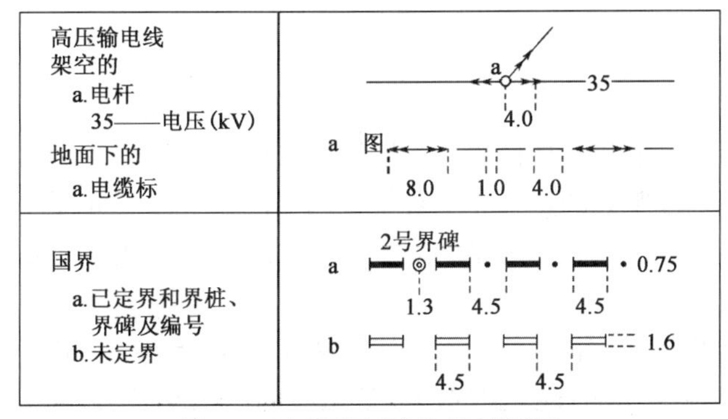

图 9-10 地形图图式中的半比例符号

(3)非比例符号

有的地物按比例无法在图上绘出,只能用特定的符号表示其中心位置,称为非比例符号。比如导线点、水准点、水井、电线杆等,见图9-11。

泉(矿泉、温泉、毒泉、间流泉、地热泉) 51.2——泉口高程 温——泉水性质	51.2 温
管道检修井孔 a.给水检修井孔 b.排水(污水)检修井孔 c.排水暗井	a 2.0 ⊖ b 2.0 ⊕ c 2.0 Ⓐ

图9-11 地形图图式中的非比例符合

2)地貌符号

地貌是指地球表面高低起伏、凹凸不平的自然形态。地球表面的自然形态多数是有一定规律性的,认识了这种规律性,采用恰当的符号,就能够将其表示在图纸上。

显示地貌的方法有很多,目前地形图上常用等高线法。等高线能够真实反映出地貌形态和地面高低起伏。

(1)地貌特征点和特征线

特征点和特征线构成地貌的骨骼。

地面坡度变化比较显著的地方,如山顶点、盆地中心点、鞍部最低点、谷口点、山脚点、坡度变换点等,都称为地貌特征点。

地球表面的形状,虽有千差万别,但实际上都可看作是由一个个不规则的曲面构成,而这些曲面是由不同方向和不同倾斜的平面所组成。两相邻斜面相交处即为棱线,山脊和山谷都是棱线,也称为地貌特征线(地性线),如果将这些棱线端点的高程和平面位置测出,则棱线的方向和坡度也就确定了。因此,山脊和山谷线,称为地貌特征线(地性线)。通常山脊线用点画线表示,山谷线用虚线表示。

(2)等高线

①等高线的概念。

a.等高线。等高线是地面上高程相等的相邻各点连成的闭合曲线,是水平面与地面相交的曲线。地貌被一系列等距离的水平面所截,在各平面上得到相应的截线,将这些截线沿铅垂方向投影(即垂直投影)到一个水平面 M 上,便得到了表示该高地的一圈套一圈的闭合曲线,即等高线。见图9-12。

b.等高距和等高线平距。相邻两条等高线的高程差,称为基本等高距,通常以 h 表示。在同一幅地形图中,等高距是相同的。相邻两条等高线间的水平距离,称为等高线平距,常以 d 表示。h 与 d 的比值就是地面坡度 i:

$$i = \frac{h}{d \cdot M} \tag{9-4}$$

式中：M——比例尺的分母。

坡度一般以百分率表示，向上为正、向下为负。因为同一张地形图内等高距 h 是相同的，所以在同一幅地形图中，等高线平距越大，地面坡度越小；等高线平距越小，地面坡度越大；若地面坡度均匀，则等高线平距相等，如图 9-13 所示。

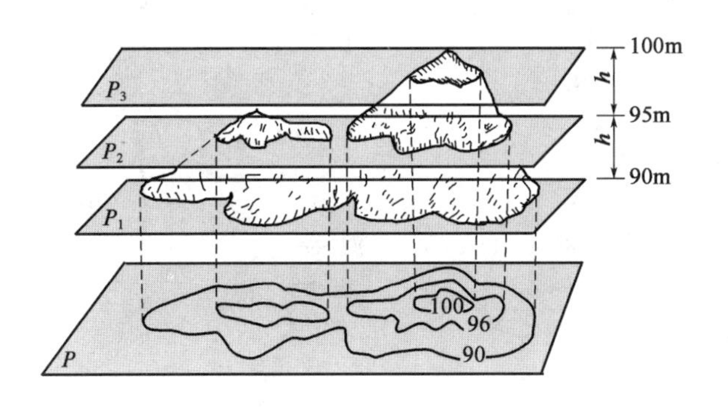

图 9-12 等高线示意图

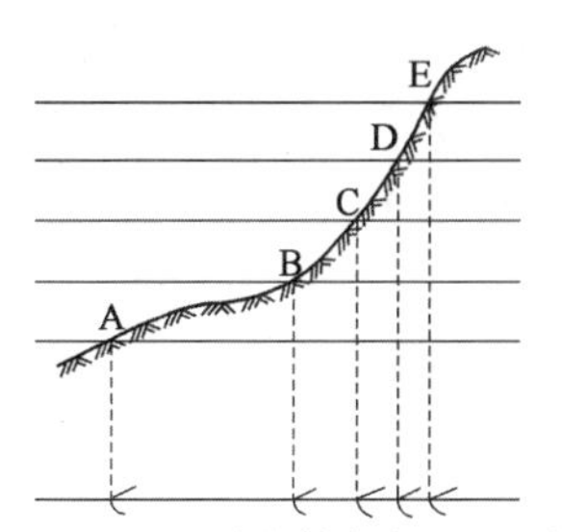

图 9-13 地面坡度与等高线平距的关系

测绘地形图时，基本等高距是根据测图比例尺及测区地形情况来确定的（表 9-4）。

基本等高距表 表 9-4

比例尺	地形类别			
	平地 0°~2°	丘陵地 2°~6°	山地	高山地
1:500	0.5m	0.5m	0.5m 或 1m	1.0m
1:1 000	0.5m	0.5m 或 1m	1.0 m	1.0m 或 2.0m
1:2 000	0.5m 或 1m	1.0m	2m	2.0m

c. 示坡线。在某些等高线的斜坡下降方向绘一短线表示坡向，这种短线称为示坡线。示坡线一般仅选择在最高、最低两条等高线上表示，能明显地表示出坡度方向即可。

②典型地貌的表示。

地貌一般可归纳为五种基本本形状。

a. 山。较四周显著凸起的高地称为山。山的最高点为山顶，尖的山顶为山峰。山的侧面为山坡（斜坡）。山坡的倾斜在 20°~45°的叫陡坡，几乎成竖直形态的叫峭壁（陡壁）。下部凹入的峭壁为悬崖，山坡与平地相交处为山脚。用等高线表示见图 9-14。

b. 山脊。山的凸棱由山顶伸延至山脚者叫山脊。山脊最高的棱线称山脊线（或分水线）。用等高线表示见图 9-15。

c. 山谷。两山脊之间的凹部称为山谷。两侧称谷坡。两谷坡相交部分叫谷底。谷底最低点连线称山谷线（又称集水线）。谷地与平地相交处称谷口。用等高线表示见图 9-16。

d. 鞍部。两个山顶之间的低洼山脊处，形状像马鞍形，称为鞍部。用等高线表示见图 9-17。

e. 盆地。四周高中间低的地形叫盆地。用等高线表示见图 9-18。

除上述几种典型地貌外，地表还存在着许多等高线不便于表达的微小的地貌形态，如独立微地貌、急变地貌和区域微地貌:坑穴、土堆、溶斗、火山口等属于独立微地貌;冲沟、陡崖、崩崖、滑坡等属于急变地貌;小草丘、残丘、石块地等属于区域微地貌。在地形图上应使用特殊地貌符号表示,如图 9-19 所示。

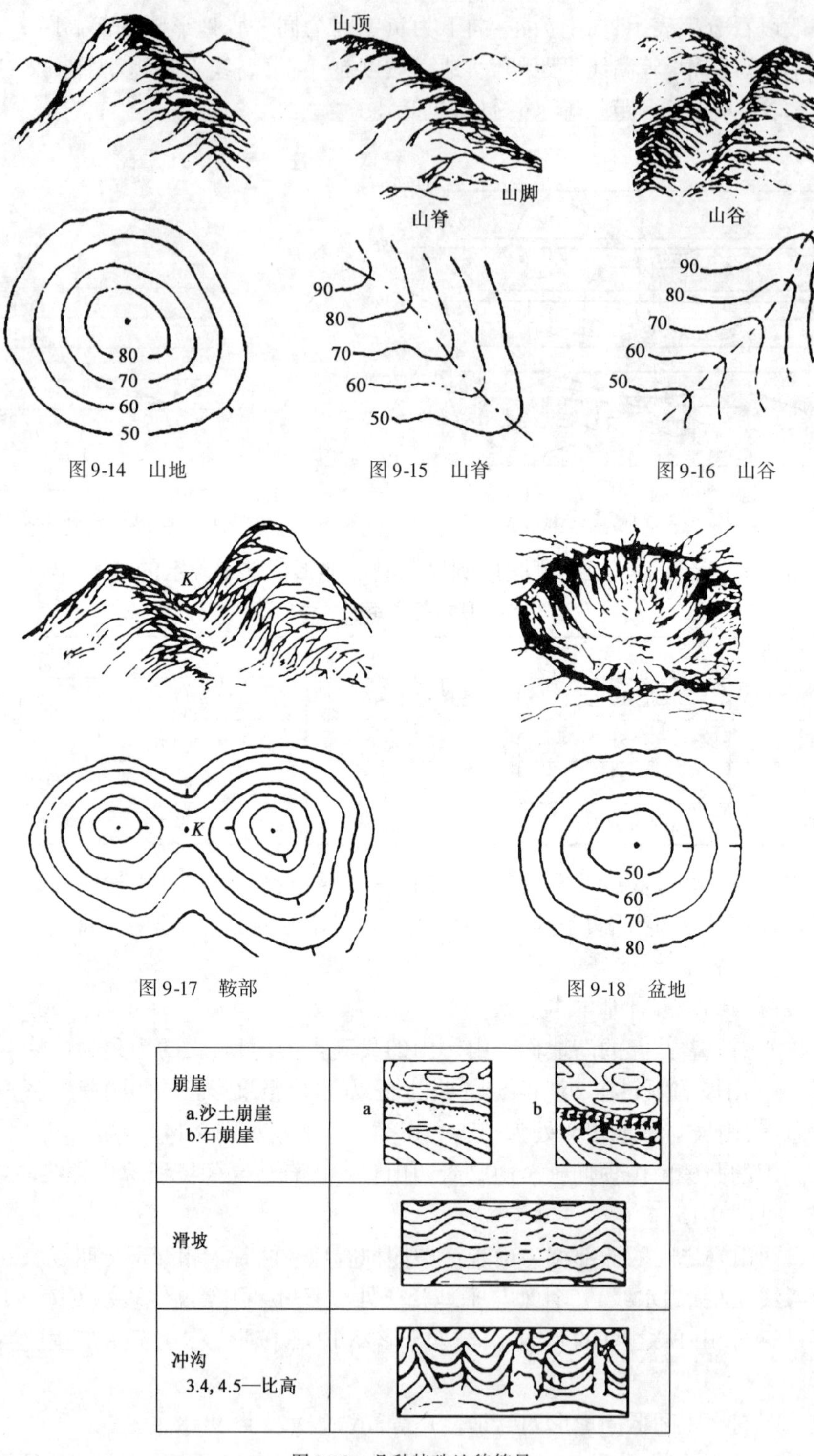

图 9-14　山地

图 9-15　山脊

图 9-16　山谷

图 9-17　鞍部

图 9-18　盆地

图 9-19　几种特殊地貌符号

③等高线的分类。

a. 首曲线。按所选定的等高距描绘的等高线，又称为基本等高线，用细实线表示。

b. 计曲线。为了计算高程方便，每隔四条首曲线加粗描绘一根等高线，又称加粗等高线。

c. 间曲线。在局部地区用基本等高线不足以表示地貌的实际状态时，可用二分之一等高距的等高线，又称为半距等高线，用长虚线表示。

d. 助曲线。有些地区用间曲线也不足以表示地貌细部特征，此时可用四分之一等高距的等高线。该线称为辅助等高线（助曲线），用短虚线表示。

④等高线的特性。

a. 在同一条等高线上各点的高程相等。等高线是水平面与地表面的交线，而在一个水平面上的高程是一样的。但需特别注意的是，并非高程相等的点一定在同一条等高线上。当水平面和两个山头相交时，会得出同样高程的两条等高线。

b. 每条等高线必为闭合曲线，如不在本幅图内闭合，也在相邻的图幅内闭合。

c. 不同高程的等高线不能相交。当等高线重叠时，表示陡坎或绝壁。这些地貌必须加用陡壁、陡坎符号表示 。

d. 山脊线（分水线）、山谷线（集水线）均与等高线垂直相交。

e. 等高线平距与坡度成反比。在同一等高距的情况下，如果地面坡度越小，等高线在图上的平距越大；反之，如果地面坡度越大，则等高线在图上的平距越小。换句话说，坡度陡的地方，等高线就密；坡度缓的地方，等高线就稀。

f. 等高线跨河时，不能直穿河流，须绕经上游正交于河岸线，中断后再从彼岸折向下游。

以上几个特性中，第一个是等高线最本质的特性，其他特性是由第一个特性所决定的。在碎部测图中，要掌握这些特性，才能用等高线较逼真地显示出地貌的形状。

3）注记符号

在地形图中用文字、数字和规定符号对地物、地貌加以注记和说明的符号，称为注记符号。比如河流的流向和流速、街道的名称、建筑物的层数、高程点的高程等。

9.2 测图前的准备工作

9.2.1 资料和仪器的准备

在测图工作开展前，首先要明确测图任务和要求，获取测区已知控制点的成果资料，并进行实地踏勘，拟定施测方案；根据方案所要求的测图方法准备仪器、工具和其他所需物品，并配备技术人员；对仪器应进行检查和校正；控制测量完成后，还应做好图纸的准备、绘制坐标方格网及展绘控制点等工作。

9.2.2 图纸准备

地形测绘一般选用半透明的聚酯薄膜作图纸，其厚度为0.07～0.1mm。其优点是坚韧、耐潮湿、伸缩率小、可清洗、可在其上直接着墨复晒蓝图。缺点是易燃、易折，在测绘、用图、保管时应加以注意。测图时，在测板上先垫一张硬胶板和浅色薄纸，衬在聚酯薄膜下面，然后用胶带纸或铁夹将其固定在图板上，即可进行测图，也可选用质量较好的绘图纸替代。为了测绘、保管和使用上的方便，测绘单位采用的图幅尺寸一般有 50cm×50cm、40cm×50cm、40cm×40cm 几种，测图时可根据测区情况选择所需的图幅尺寸。

9.2.3 绘制坐标方格网

为了准确地将控制点展绘到图纸上，首先要在图纸上精确地绘制直角坐标方格网。绘制方法有很多，下面简要介绍一种利用直尺绘制坐标格网的方法。

先用直尺在图纸上画出图纸四个角的两条相互垂直的对角线 AC、BD，如图 9-20 所示。再以对角线交点 O 为圆心量出长度相等（此长度可根据图幅尺寸计算求得）的四段线段，得 a、b、c、d 四点，连接各点即得正方形图廓。在图廓各边上标出每隔 10cm 的点，将上下和左右两边相对应的点一一连接起来，即构成直角坐标格网。连线时，纵横线不必贯通，只画出 1cm 长的正交短线即可。

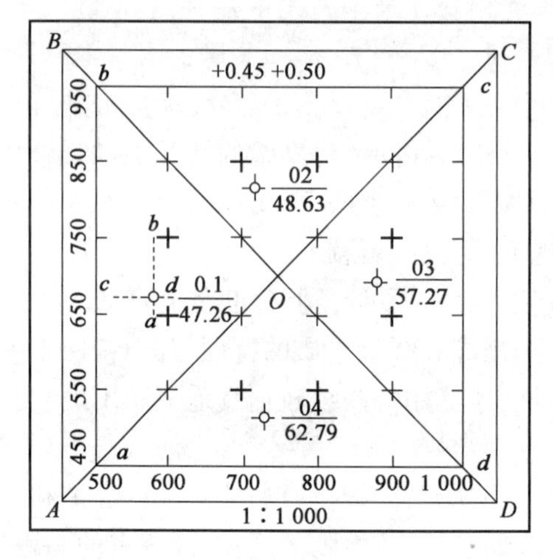

图 9-20 对角线法绘制坐标方格图

坐标方格网绘制后，要进行认真的检查。检查的内容有：①用直尺检查各方格网的交点是否在同一直线上，其偏差不应超过 ±0.2mm。②检查各 10cm 小方格边长，其偏差不应超过 ±0.2mm。③检查各小方格的对角线长度（14.14cm），其偏差不应超过 ±0.3mm。如有超限，应重新绘制坐标方格网。

方格网检查合格后，按照尽量把各控制点均匀分布在格网图中间的原则，确定本幅图的内图廓西南角点坐标，在图廓外注明格网的纵横坐标值，并在格网上边注明图号，下边注明比例尺。

9.2.4 展绘测图控制点

坐标格网绘制完毕后，进行测图控制点的展绘。首先根据控制点的坐标值，确定该点所在的方格。如图 9-20 控制点 01 的坐标 $x_1 = 679.12\text{m}$、$y_2 = 580.08\text{m}$，可以判断出 01 点所在方格为（$X = 650 \sim 750$，$Y = 500 \sim 600$），按比例在方格内截取 29.12m 得横线 cd，按比例在本格网内截取 80.08m 得纵线 ab，将相应截取的横线 cd 与纵线 ab 相交，其交点即为 1 点在图上的位置，按地形图图式规定的符号画出控制点符号，在此点的右侧平画一短横线，在横线上方注明点号，横线的下方注明此点的高程。控制点展好后应检查各控制点之间的图上长度与按比例尺缩小后的相应实地长度之差，其差数不应超过图上长度的 ±0.3mm，合格后才能进行测图。

9.3 碎部测量的方法

大比例尺地形图的测绘，就是在控制测量的基础上，采用适宜的测量方法，测定每个控制点周围地物、地貌特征点的平面位置和高程，以此为依据，将对应地物、地貌按地形图图式规定的符号逐一勾绘于图纸上。地物、地貌的特征点又称碎部点或地形特征点，因此此项工作又称为碎部测量或地形测量。碎部测量的方法有很多，如经纬仪测绘法、小平板仪测绘法、大平板仪测绘法、小平板仪与经纬仪联合测绘法等，它们的基本原理相似。其中，经纬仪测绘法操作简单、灵活，适用于各类地区的碎部点测量。

9.3.1 碎部点的选择

碎部点又叫地形特征点，包括地物特征点和地貌特征点，碎部点选取的质量，影响着测图和成图质量。

1）地物特征点的选择

测绘地物时，地物特征点应选择在地物外轮廓线上的转折点、交叉点、弯曲变化处及独立地物的中心点等处。测绘房屋时，只要测出房屋三个房角的位置，即可确定整个房屋的位置。测绘道路时，既可以将标尺立于公路路面中心，也可以将标尺交错立在路面两侧，或将标尺立在路面的一侧，实量路面的宽度；公路的转弯处、交叉处，标尺点应密一些，公路两旁的附属建筑物都应按实际位置测出。河流通常无特殊要求时以岸边为界。

2）地貌特征点的选择

地貌特征点应选择在地面坡度、方向变化处及反映地貌特征的山脊线、山谷线等地性线上，如坡脚、山顶、山脊、山谷、鞍部等坡度及方向变化处，如图 9-21 所示。

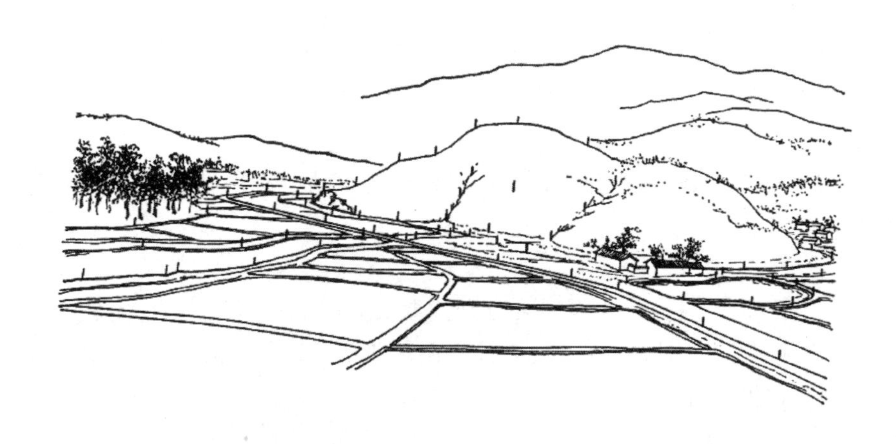

图 9-21 地貌特征点的选择

为了能真实地表示地貌，还应根据地貌的复杂程度，加测一些碎部点。如地面平坦或坡度无明显变化的区域，一般要求碎部点间距要满足表 9-5 的要求。

碎部点的最大间距和最大视距　　表 9-5

测图比例尺	碎部点最大间距（cm）	最大视距(m)			
		主要地物点		次要地物点和地貌点	
		一般地区	城市建筑区	一般地区	城市建筑区
1∶500	15	60	50(量距)	100	70
1∶1 000	30	100	80	150	120
1∶2 000	50	180	120	250	200
1∶5 000	100	300	—	350	—

9.3.2　经纬仪测绘法

经纬仪测绘法的原理是极坐标法。测量时先将经纬仪安置在控制点上，用经纬仪测定碎部点方向与已知控制方向之间的夹角、测站点到碎部点的距离和碎部点的高程，现场根据测量出的水平角度、距离和比例尺，用分度规（测图量角器）把碎部点的位置展绘在绘图板上固定的图纸上。然后，在实地按照地形图图式符号勾绘地形图。如图 9-22所示，在一个测站上的作业步骤为：

1）安置仪器

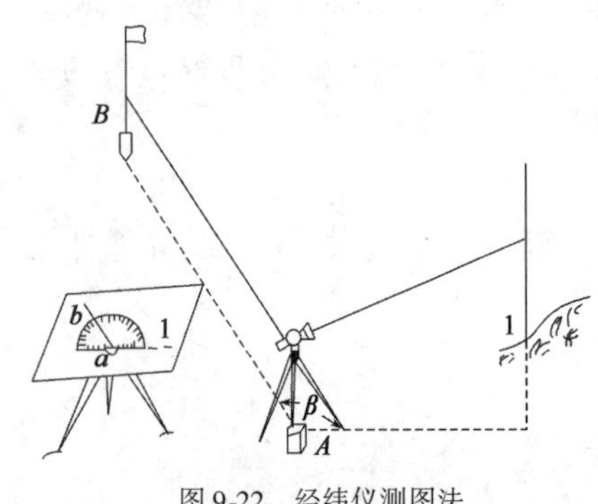

图 9-22　经纬仪测图法

（1）将经纬仪安置于某一控制点上，如 A 点。

（2）量取仪器 i，填入碎部测量手簿，见表 9-6。

（3）经纬仪后视另一控制点（如 B 点）定向，置水平度盘读数为 0°00′00″，AB 方向称为后视定向方向。

（4）用针将量角器固定于图纸上前期展绘的对应测站控制点上（A 点-a 点）。

（5）标定图上后视定向方向，在图上连接对应控制点 ab，在量角器读数位置画出一段短线，即为图上后视定向方向。

2）立尺

立尺员按 9.3.1 节所述方法选择碎部点，将标尺立在所选择的待测地物或地貌的特征点上（如图 9-22 中的 1 点）。

3）观测

转动经纬仪，瞄准所立标尺，根据需要分别读取尺间隔 l、中丝读数 V、竖盘读数 L 和水平角 β，并填入碎部测量手簿，见表 9-6。在备注栏内注明重要碎部点的名称，如房角、山顶、鞍部等，以便必要时查对和作图。

4）计算

依据测量出的结果，按前面章节中的视距测量和三角高程测量计算公式，计算碎部点的水平距离 D 和高程 H。

碎部测量手簿 表 9-6

测站：A （后视点 B） 仪器高：$i=1.62$m 指标差：$x=0$

测站高程：$H_A=62.45$m 视线高程：$H_i=H_A+i=63.87$m

点号	视距 l(cm)	中丝读数 V(m)	竖盘读数	竖直角	水平角	水平距离 D(m)	高程 H(m)	备注
1	75.5	1.62	93°28′	+3°28′	115°20′	75.2	67.00	山顶
2	61.4	1.62	93°40′	+3°40′	175°38′	61.2	66.37	山脊
3	37.5	1.8	91°20′	+1°20′	132°20′	37.5	63.34	电线杆
4	30.6	1.62	89°10′	−0°50′	121°18′	30.6	61.56	房角

5）碎部点展绘

绘图员在图板上转动分度规（量角器），使其测点（如1点）的水平角读数对准后视定向线 ab；再在量角器的零方向线上，用测量得到的水平距离 D 按比例尺定出碎部点的位置，并在点的右侧标注高程。

6）测站检查

在新测站开测前，应先检查已测过的几个主要明显碎部点，看其是否吻合，如相差较大，应查明原因，纠正错误，再继续观测。在一站工作中间和结束前，应照准后视方向进行归零检查，归零差不应大于4′。每站结束工作前应进行检查，确认无错测和漏测后，方可迁站。

7）地形图的勾绘

在外业测图过程中，应边测绘碎部点，边参照实地情况进行地形图的勾绘。所有地物要按照地形图图式符号绘制。建筑物轮廓需用直线连接起来，道路、河流的弯曲部分用光滑曲线连接，对于植被主要测出其边界，用地类界符号表示其范围，再加注植物符号和说明。不能用比例符号描绘的地物应按规定的非比例符号表示。

地貌用等高线勾绘表示。在等高线勾绘时，先根据实地地貌形态，勾绘出地性线（山脊线和山谷线），再根据碎部点的高程勾绘出等高线。由于等高线的高程是等高距的整倍数，而实际测定的碎部点的高程一般不为等高距的整倍数，因此在碎部点间需用内插法确定等高线的通过位置。因碎部点一般选取地面坡度变化处，所以可以把相邻的两碎部点间视为均匀坡度。这样在相邻两碎部点的连线上，按平距与高差成正比的关系，用内插的方法在两点之间确定出各条等高线通过的位置，最后将高程相同的相邻点用光滑曲线连接起来。

等高线的勾绘方法有解析法、图解法、目估法。下面以图9-23中相邻两碎部点 A、B 点为例，说明目估法勾绘等高线的步骤。

（1）用直线连接 AB。

（2）确定 A、B 点之间的等高线有哪几条通过，如图 A 点高程为62.7m，B 点高程为66.2m，若基本等高距为1m，则 A、B 点之间有63m、64m、65m、66m共4条等高线通过。

（3）用直尺量出 A、B 两点的平距，并根据两点的高差，计算坡度 i；根据 i 和 A 与63m等高线之间高差以及 B 与66m等高线之间高差计算两条等高

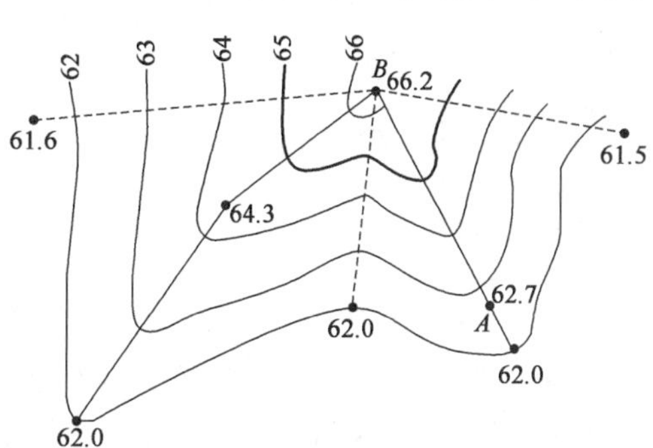

图9-23 等高线的勾绘方法

线通过 AB 直线的位置。

(4)在首尾(63m、66m)两条等高线通过直线 AB 的位置之间,按等高线间隔数平分间距,三等分定出其他等高线的通过位置,即图 9-23 中 64m、65m 等高线通过的位置。

(5)按以上步骤,定出其他相邻碎部点之间等高线通过位置后,用光滑曲线将高程相同的点连接起来,并注记高程。

9.4 地形图的拼接、检查和整饰

9.4.1 地形图的拼接

当测绘区域面积较大时,整个测区需采用分幅测图。相邻图幅的连接处,由于测量和绘图误差,会产生相邻图幅边上的地物、地貌不能衔接吻合的情况。因此,在相邻图幅测绘完成后要进行图幅的拼接。为了保证相邻图幅的拼接,每幅图的四边均须测出图廓线外 5mm。经拼接处理后使相邻图幅在接图边的地物、地貌能够衔接吻合。如图 9-24 所示,上、下两幅图在相邻边界处,房屋、道路、等高线等都有偏差。若其接边误差不超过表 9-7 中规定误差的 $2\sqrt{2}$ 倍时,在保证相互位置和走向正确的情况下,可取两图幅中地物、地貌的平均位置,进行调整修正。

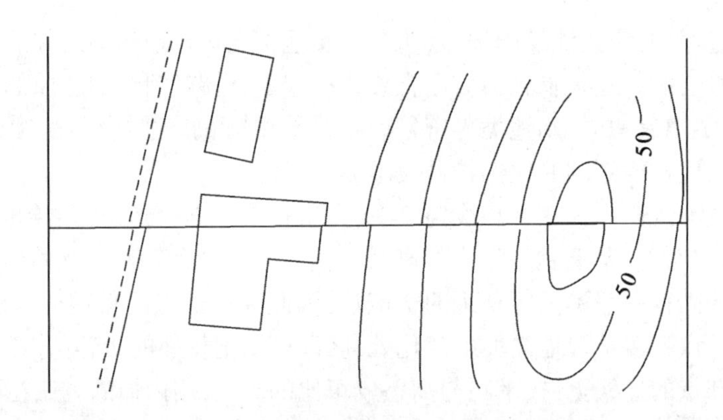

图 9-24 地形图的拼接

地物点点位中误差及等高线高程中误差 表 9-7

地区类别	地物点点位中误差(mm)		等高线高程中误差(等高距)			
	主要地物	次要地物	平地	丘陵	山地	高山地
一般地区	0.6	0.75	1/3	1/2	2/3	1
城市建筑区	0.4	0.5				

拼接方法,用宽 40 ~ 60mm 的透明纸蒙在左图幅的拼接边上,用铅笔把坐标格网线、地物、地貌符号描绘在透明纸上,然后将透明纸按坐标格网线的位置蒙在右图幅的拼接边上,同样用铅笔描绘地物、地貌符号于透明纸上,若两边地物、地貌偏差不超过规定要求,取平均位置调整修正。如果采用聚酯薄膜测图,可直接进行拼接调整修正。不必把坐标格网线、地物、地貌符

号描绘在透明纸上。

9.4.2 地形图的检查

测图的过程中,测绘人员要做到随测随检查,当一幅图测绘完毕后,还要进行成图质量的全面检查。总的来说,地形图的检查可分为室内检查和野外检查。

1)室内检查

室内检查的内容有,检查各记录手簿是否填写齐全,记录、计算有无错误,控制点的数量是否符合要求;控制测量和碎部测量的误差是否在限差以内,展点精度是否符合要求;地物、地貌符号、注记是否清晰、易读和正确,等高线与地貌特征点的高程是否相符,接边精度是否合乎要求等。如发现错误和疑点,不可随意修改,应加以记录,并到野外进行实地检查、修改。

2)野外检查

野外检查是在室内检查的基础上进行重点抽查。检查方法分巡视检查和设站检查两种。

(1)巡视检查。完成室内检查后携带图纸到实地进行核对,查对地物、地貌有无漏测,图上等高线表示的地貌与实际是否相符,注记与实地是否相符,综合取舍是否恰当,图式符号是否使用正确,发现问题要现场予以纠正。

(2)设站检查。经过室内检查和巡视检查修正后,对图上某些有疑问的地方或重点部分进行仪器设站检查,即在控制点上架设仪器对某些地物、地貌点重测,看是否与原图位置吻合,若个别点有问题,应现场修正,检查的点数一般不应少于原图的10%。

9.4.3 地形图的整饰

地形图测图检查合格后,还应按规定的地形图图式符号对地物、地貌进行清绘和整饰,使图面更加合理、清晰、美观。整饰的顺序是先图内后图外,先注记后符号,先地物后地貌。最后按图式要求标注上图名、图号、接图表、比例尺、坐标系及高程系,施测单位、测绘者、施测日期和审核人等。要注意地形图整饰时,先擦掉图中不必要的点、线,然后对所有的地物、地貌都按地形图图式的规定符号、尺寸和注记进行清绘,各种文字注记(如地名、山名、河流名、道路名等)应标注在适当位置,一般要求字头朝北,字体端正。等高线应用光滑的曲线勾绘,等高线高程注记应成列,其字头朝高处。

9.5 数字化测图

9.5.1 概述

数字化测图(Digital Surveying Mapping,简称DSM)是近30年发展起来的一种全新的测绘地形图方法。计算机技术的迅猛发展以及电子测量仪器的广泛应用,促进了地形测量的自动化和数字化。

从广义上说,数字化测图应包括:利用全站仪或其他测量仪器进行野外数字化测图;利用数字化仪对传统方法测绘的纸质地图的数字化;借助解析测图仪或立体坐标量测仪对航空摄影、遥感像片进行数字化测图等技术。利用上述技术将采集到的地形数据传输到计算机,并由专业测绘成图软件进行数据处理、成图显示,再经过编辑、修改,生成符合国标规范的地形图。最后将地形数据和地形图分类建立数据库,并用数控绘图仪或打印机完成地形图和相关数据的输出。

上述以计算机为核心,连接测量仪器的输入输出设备在软硬件的支持下对地形空间数据进行采集、输入、编辑、成图、输出、绘图、管理的测绘系统,称为数字化测图系统。其主要系统配置如图 9-25 所示。

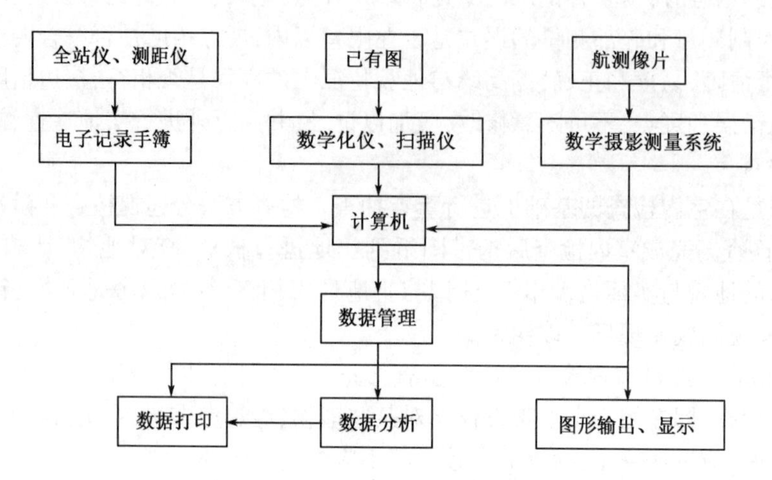

图 9-25　数学化测图系统配置

数字化测图利用计算机辅助绘图,不仅可以减轻测绘人员的劳动强度,提高绘图效率和精度,还可以直接建立数字地面模型和电子地图,为地理信息系统提供可靠的原始数据,以供国家、城市和行业部门的现代化管理,以及工程设计人员进行计算机辅助设计使用。提供数字化地图信息资料已成为一些政府管理部门和工程设计、建设单位必不可少的工作,越来越受到各行各业的普遍重视。

如前所述,数字化测图的方法有很多,本章以全站仪在野外进行数字化地形数据采集并机助绘制大比例尺地形图为例,简单介绍数字化测图的原理与方法。

利用全站仪进行数字测图技术在野外数据采集工作的实质是解析法测定地形点的三维坐标,与图解法传统地形图测绘方法相比,其优点主要表现在以下几个方面:

(1)自动化程度高

由于采用全站仪在野外采集数据,自动记录存储,并可直接传输至计算机进行数据处理、绘图,不但提高了工作效率,而且减少了测量错误的发生,使得绘制的地形图精确、美观、规范,并能生成数字地图和电子地图,有利于后续的成果应用和信息管理工作。

(2)精度高

数字测图的精度主要取决于对地物和地貌点的野外数据采集的精度,诸如数据处理、自动绘图等其他因素的误差对地形图成果的影响都很小,而全站仪的解析法数据采集精度则远远高于经纬仪平板测图的精度,且没有接图误差。

(3)使用方便

数字测图采用解析法测定点值坐标依据的是测量控制点。测量成果的精度均匀一致,并且与绘图比例尺无关，利用分层管理的野外实测数据，可以方便地绘制不同比例尺的地形图或不同用途的专题地图，实现了一测多用，同时便于地形图的检查、修测和更新。

9.5.2 数字测图系统的配置

数字测图系统中，主要用外业测量仪器进行野外数据采集，然后用计算机进行数据处理和图形编辑，用显示器和绘图仪输出地形图。数字测图系统的基本设备由以下几部分组成：

1）外业测量仪器

外业测量仪器是获取地形信息的基本设备，如电子全站仪、GPS-RTK、航空及地面近景摄影测量仪、三维激光扫描仪等。最为常见的是电子全站仪。

2）计算机

计算机是进行数据采集、储存、处理和自动成图的基本设备，根据测图系统的需要，电子计算机可选用台式机或便携机。

3）绘图仪

绘图仪用于地图的绘制，是数字测图系统中的主要部件。它能根据计算机中编辑好的图形信息绘制出各种图形。常用的绘图仪分为滚筒式和平台式两类。滚筒式绘图仪将绘图纸卷在滚筒上，当 X 向步进电机通过传动机构驱动滚筒转动时，链轮就带动图纸移动，从而实现 X 方向运动。Y 方向的运动，是由 Y 向步进电机驱动笔架来实现的。依靠这两种运动，就可以绘制图形。这种绘图仪结构紧凑，绘图幅面大。但它需要使用两侧有链孔的专用绘图纸。平台式绘图仪有导轨和横梁，横梁沿导轨作 X 方向运动，笔架在横梁上作 Y 方向运动，图纸在平台上固定，固定方式有真空吸附、静电吸附和磁条压紧。平台式绘图仪绘图精度高，对绘图纸无特殊要求，应用比较广泛。

9.5.3 数字测图方法

1）数字测图作业过程

数字测图作业过程大致可分为数据采集、数据传输、数据处理、图形编辑、图形输出等几个步骤。

（1）数据采集

数据采集就是采集供自动绘图的定位信息和绘图信息，数据采集的方式应根据不同的情况而定。

（2）数据传输

用专用电缆将全站仪或电子手簿与计算机连接起来，将野外采集的数据传输到计算机中，生成数据文件。

（3）数据处理

数据处理包括数据转换和数据运算。数据转换是将野外采集的数据格式文件转换为图形编辑系统要求的格式，即带绘图编码的数据文件。数据运算是对地物、地貌特征的再分类，各种特征的归化、分解和合并，曲线光滑、畸弯消除，最后生成图形数据文件。

（4）图形编辑

图形编辑是将数据处理后生成的图形文件进行编辑、修改、标注、分幅、图幅整饰等，最后形成数字化地形图。

(5)图形输出

图形输出指将数字化地形图以各种格式存储在诸如磁盘、光盘等各种存储介质中,通过绘图仪输出各种比例尺的地形图以及屏幕输出等。

2)数字测图野外数据采集方法

数字测图的野外数据采集作业模式主要有野外测量记录、室内计算机成图的数字测记模式和野外数字采集、便携式计算机实时成图的电子平板测绘模式。

图 9-26 为电子全站仪在野外进行数字地形测量数据采集的示意图。从图中可以看出,其数据采集的原理与普通测量方法类似,所不同的是,全站仪不但可测出测站到碎部点的距离和方向值,而且还可以直接测算出碎部点的坐标,并自动记录。

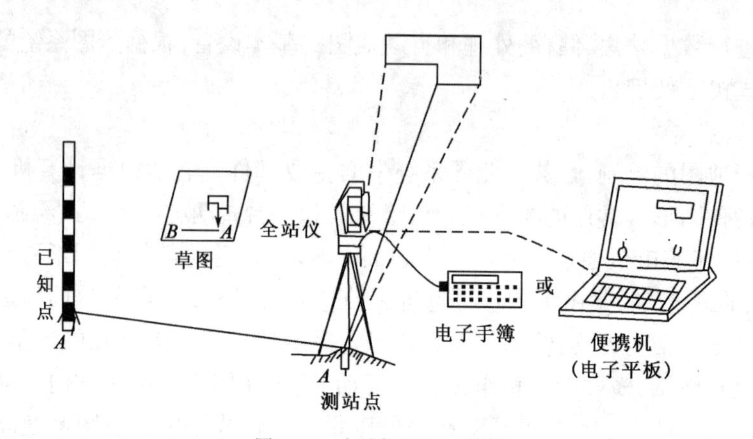

图 9-26　全站仪测图示意图

3)碎部测量的步骤

(1)测图准备工作

野外数字测图前,首先必须对要使用的测量仪器进行检校,如全站仪的轴系关系是否满足要求,水平角、竖直角和距离测量的精度是否小于限差,光学对中器及各种螺旋是否正常,反射棱镜常数的测定和设置是否正确等。还需要安装、调试好所使用的电子手簿及数字化测图软件,并通过数据接口传输或按菜单提示键盘输入控制点的点号、平面坐标(x,y)和高程(H)。

(2)测站设置与检核

全站仪安置在测站点上,经对中、整平后量取仪器高,连接电子手簿或便携式计算机,启动野外数据采集软件,按菜单提示输入测站信息。

用全站仪瞄准检核点棱镜,测量水平角、竖直角及距离,输入棱镜高度,即可自动算出检核点的三维坐标,并与该点已知信息进行比较,若检核不通过,则不能继续进行碎部测量。

(3)碎部点的信息采集

在实际野外作业时,完成了测站设置和检核后,即可用全站仪瞄准选定的碎部点棱镜,输入碎部点信息,如碎部点点号和棱镜高度 v,测量水平角、竖直角和距离,全站仪即自动计算待测点的三维坐标并存储。

4)数字测图内业编辑成图方法

(1)数字测图软件介绍

目前,国产数字测图软件具有代表性的有南方测绘仪器公司(简称南方测绘)基于 AUTO-

CAD 的 CASS 系统以及清华山维(现更名为北京山维)自主开发的 EPS 系统。下面主要以南方测绘的 CASS 系统为例介绍数字测图内业编辑成图方法。

启动 CASS 系统,图 9-27 是 AUTOCAD 环境下进入 CASS7.1 的界面。它与 AUTOCAD 的界面及操作方法基本相同,两者的区别在于下拉菜单及屏幕菜单的内容不同。

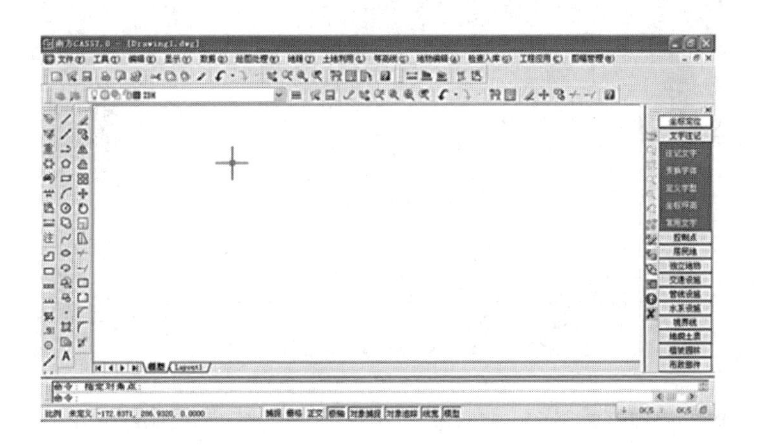

图 9-27 CASS7.1 的操作界面

数字地形图编辑成图工作的第一步是将观测数据输入计算机。CASS7.1 为几乎所有型号的全站仪设置了通信接口,能使各种型号的全站仪及电子手簿中的观测数据(图 9-28、图 9-29)以统一的坐标数据文件格式传送到计算机,并供 CASS7.1 打开、展绘及编辑成图。

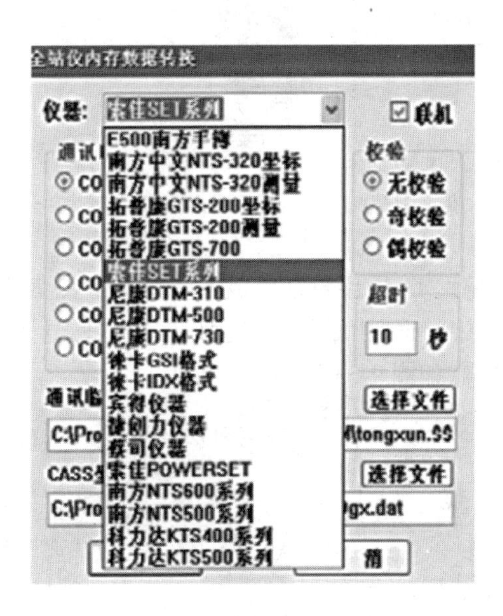

图 9-28 全站仪型号选取

图 9-29 全站仪数据通信设置

(2)数字成图内业编辑

在大比例数字测图的工作中,无论采用什么方法作业,人机交互编辑成图均是内业编辑成图的主要方式。

对于图形编辑,CASS7.1 提供“编辑”和“地物编辑”两种下拉菜单,如图 9-30 所示。其中,“编辑”菜单中的子菜单是 AUTOCAD 的编辑功能。“地物编辑”是由南方测绘 CASS 系统对地形图图形元素开发的编辑功能。

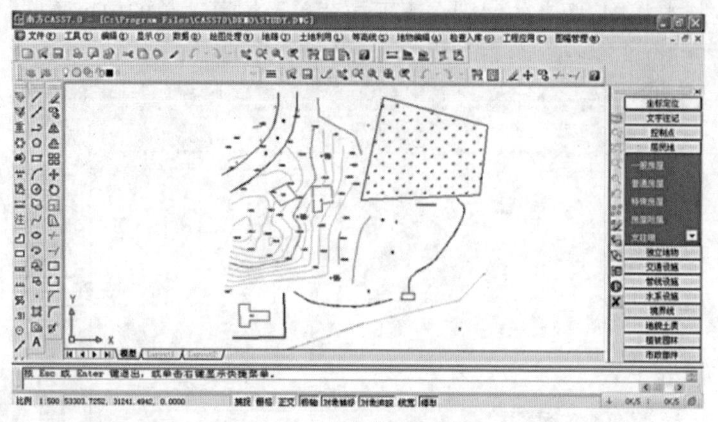

图 9-30　全站仪数据通信设置

CASS7.1 屏幕的右侧设置了“屏幕菜单”,这是一个地形图专用的交互绘图菜单,如图 9-31 所示。在此菜单中,包含了常用的地物、地形符号库,可以利用其提供的符号编绘地形图。

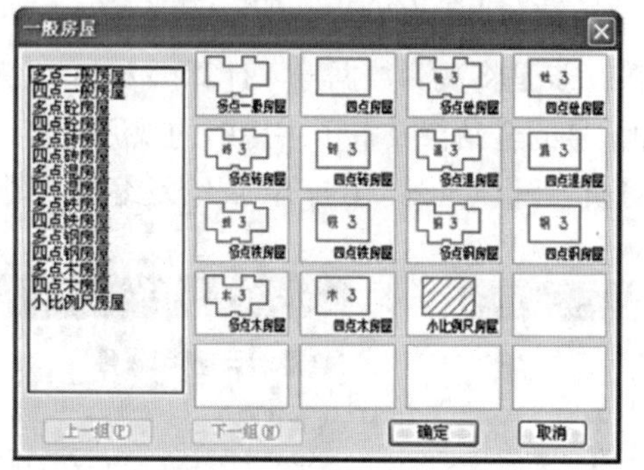

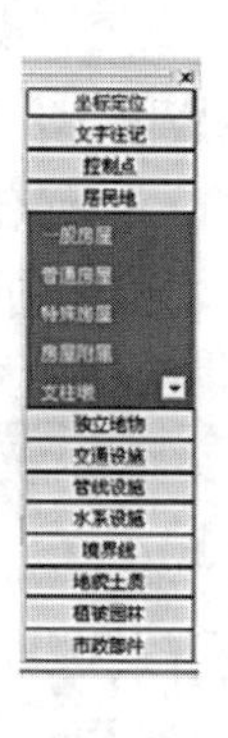

图 9-31　绘图菜单中“房屋”符号的选择

(3)等高线绘制

等高线是在 CASS 系统中通过创建数字地面模型 DTM 后自动生成的。执行下拉菜单“等高线\建立 DTM”命令,在弹出对话框“建立 DTM”中勾选“由数据文件生成”单选框,导入坐标数据文件,如图 9-32 所示。确定后屏幕显示三角网,如图 9-33 所示。

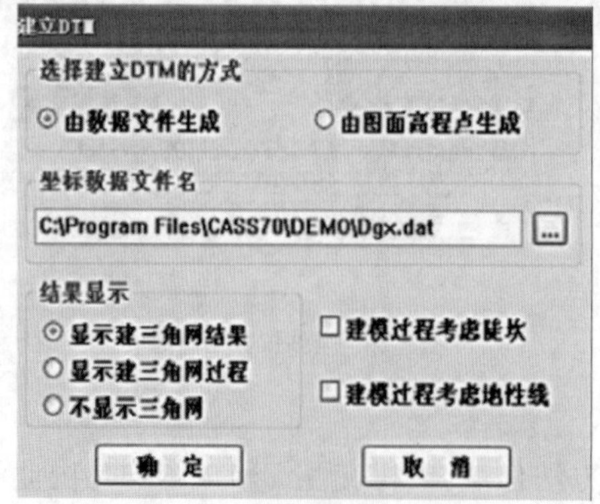

图 9-32　“建立 DTM”对话框

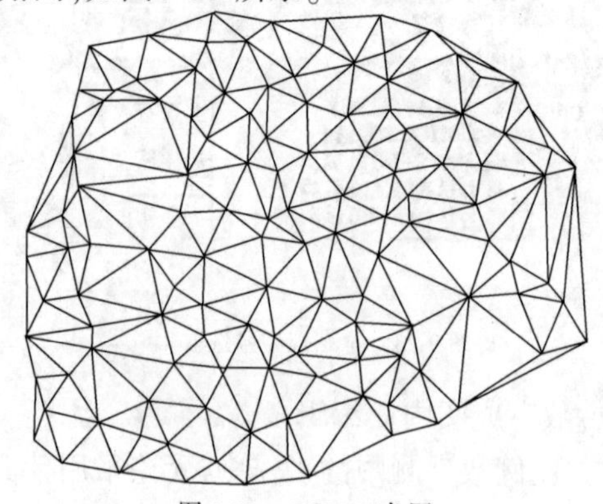

图 9-33　DTM 三角网

对创建的三角网执行“等高线\绘制等高线”命令，弹出对话框“绘制等值线”，如图 9-34 所示。根据需要完成对话框设置后点击“确定”，CASS 系统开始自动绘制等高线，如图 9-35 所示。

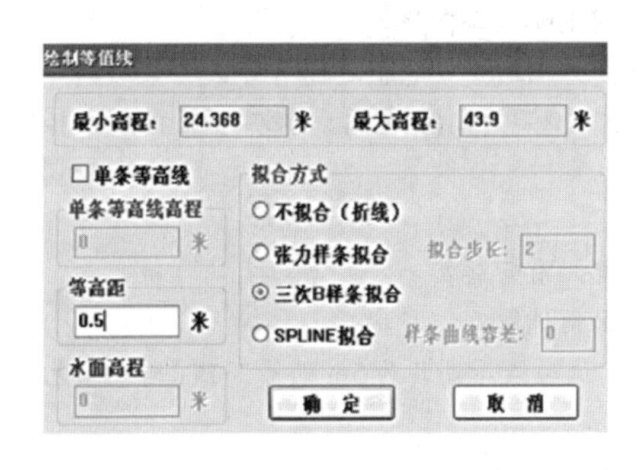

图 9-34　设置等高线参数

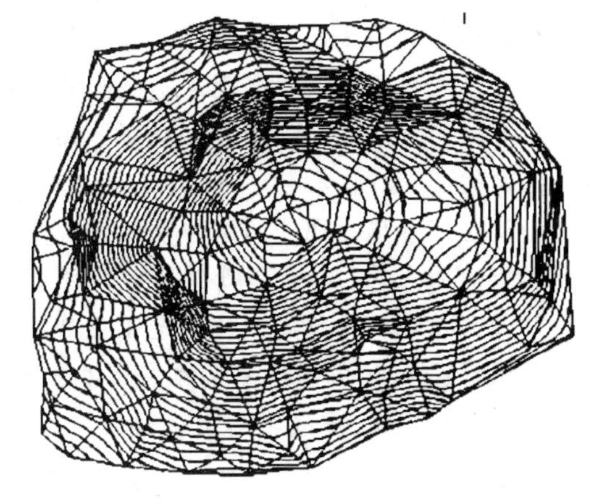

图 9-35　等高线绘制结果

(4) 地形图的整饰

地形图的整饰包括添加注记和图廓。执行下拉菜单“绘图处理\标准图幅”命令，弹出“图幅整饰”对话框，设置图廓外注记，并以内图框为边界自动修剪内图框外的所有对象，如图9-36所示。

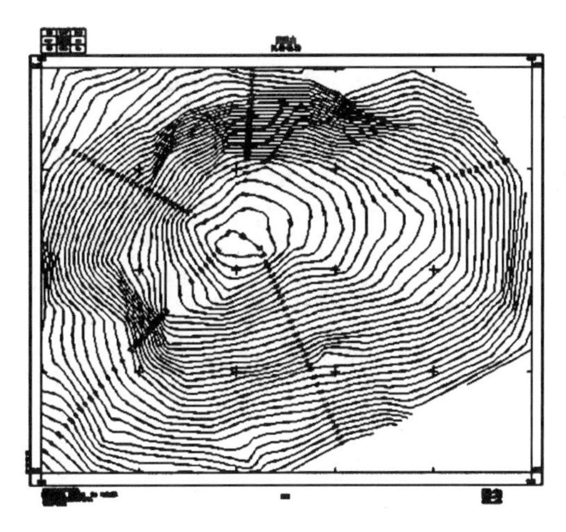

图 9-36　整饰后示意图

本章小结

本章介绍了地形图的概念和基本理论知识，包括地形图的比例尺、图式、等高线及分幅与编号等。按地形测量工作的程序，在完成平面控制测量和高程控制测量之后，即可进行地形图的测绘，又称碎部测量。大比例地形图的测绘方法通常使用全站仪测绘法。地形图测绘完成后，为了保证测图的质量，还要进行地形图的拼接、检查与整饰。

思考题与习题

1. 什么是比例尺？什么是比例尺精度？比例尺精度的作用是什么？
2. 什么是等高线？等高线有什么特性？地形图上哪些等高线？
3. 什么是等高距？什么是等高线平距？什么是地面坡度？它们之间有什么关系？
4. 某地的纬度 $\varphi = 34°10'$，经度 $\lambda = 108°50'$，试求该地 1:100 万、1:10 万、1:1 万这三种图幅的图号。
5. 试述经纬仪测图法的工作步骤。
6. 地形图上的符号包括哪几类？地图图廓外标记有哪些？
7. 什么是地物特征点？什么是地貌特征点？如何选取？
8. 根据图 9-37 中各碎部点的平面位置和高程，试勾绘等高距为 5m 的等高线（图中黑色三角表示山顶，虚线圆圈表示鞍部）。

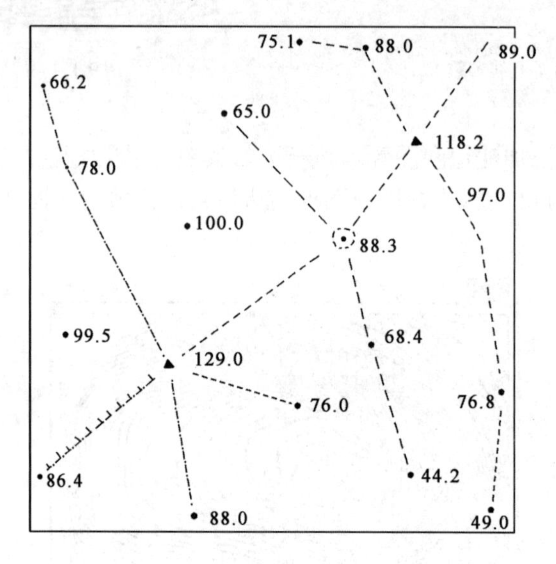

图 9-37　题 8 图

9. 什么是数字化测图？它有哪些特点？
10. 简述数字测图野外数据采集的步骤。

第10章

地形图的应用

【本章知识要点】

本章重点讲述地形图的识读及其在工程建设中的作用。主要内容包括地形图图外注记,地物、地貌的识读,地形图应用的基本知识,利用地形图绘纵横断面图、选等坡线、确定汇水面积、平整场地,数字地面模型及其在线路工程中的应用。

10.1 地形图的识读

为了正确地应用地形图,首先要能看懂地形图。读图时,首先应了解和掌握常用的地形图符号和注记,懂得用等高线方法来表示地貌的基本形态等基础知识。其次应识读图外注记,清楚地形图的比例尺、坐标系统、高程系统、编号及测绘时间等。最后,仔细地阅读地形图上所测绘的地物和地貌,包括建筑物、道路、管线、河流、湖泊、绿化植被、农业状况等各种地物的分布、所在方位、面积大小及性质,以及表示地形起伏变化的丘陵、洼地、平原、山脊、山谷等地貌特征。

10.1.1 地形图注记的识读

根据地形图图廓外的注记,可全面了解地形的基本情况。如根据测图的日期可以知道地形图的新旧程度,对图面比较陈旧、实地变化较大的区域,应考虑补测或重测;由地形图的比例尺可以知道该地形图反映地物、地貌的详略;从图廓坐标可以掌握图幅的范围;通过接图表可以了解与相邻图幅的关系。了解地形图的坐标系统、高程系统、等高距等,对正确用图有很重要的作用。

1)图名与图号

图名是指本图幅的名称,一般以本图幅内最重要的地名或主要单位名称来命名,注记在图廓外上方的中央。如图10-1所示,地形图的图名为“大王庄”。

图号,即图的分幅编号,注在图名的下方。如图10-1所示,图号为2 110.0-120.0,它由左下角纵、横坐标组成。

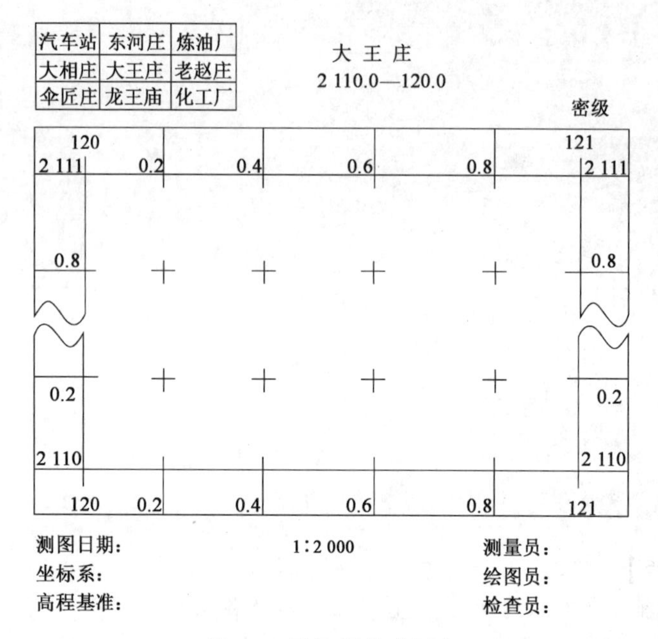

图10-1 图名、图号、接图表

2)接图表与图外文字说明

为便于查找、使用地形图,在每幅地形图的左上角都附有相应的图幅接图表,用于说明本图幅与相邻八个方向图幅位置的相邻关系。如图10-1所示,中央为本图幅的位置。

文字说明是了解图件来源和成图方法的重要资料。通常在图的下方或左右两侧注有文字说明,内容包括测图日期、坐标系、高程基准、测量员、绘图员和检查员等。在图的右上角标注图纸的密级。

3)图廓与坐标格网

图廓是地形图的边界,正方形图廓只有内、外图廓之分。内图廓为直角坐标格网线,外图廓用较粗的实线描绘。外图廓与内图廓之间的短线用来标记坐标值。如图10-1所示,左下角的纵坐标为2 110.0km,横坐标为120.0km。

4)直线比例尺与坡度尺

直线比例尺也称图示比例尺,它是将图上的线段用实际的长度来表示,见图10-2。因此,可以用分规或直尺在地形图上量出两点之间的长度,然后与直线比例尺进行比较,就能直接得出该两点间的实际长度值。

为了便于在地形图上量测两条等高线(首曲线或计曲线)间两点直线的坡度,通常在中、小比例尺地形图的南图廓外绘有图解坡度尺,见图10-2。坡度尺是按等高距与平距的关系 $d = h \cdot \tan\alpha$ 制成的。如图10-2所示,在底线上以适当比例定出0°、1°、2°……各点,并在点上绘垂线。将相邻等高线平距 d 与各点角值 α_i 按关系式求出相应平距 d_i。然后,在相应点垂线上按地形图比例尺截取 d_i 值定出垂线顶点,再用光滑曲线连接各顶点。应用时,用卡规在地形图上量取等高线 a、b 点平距 ab,在坡度尺上比较,如图10-2所示,即可查得 ab 的角值约为1°45′。

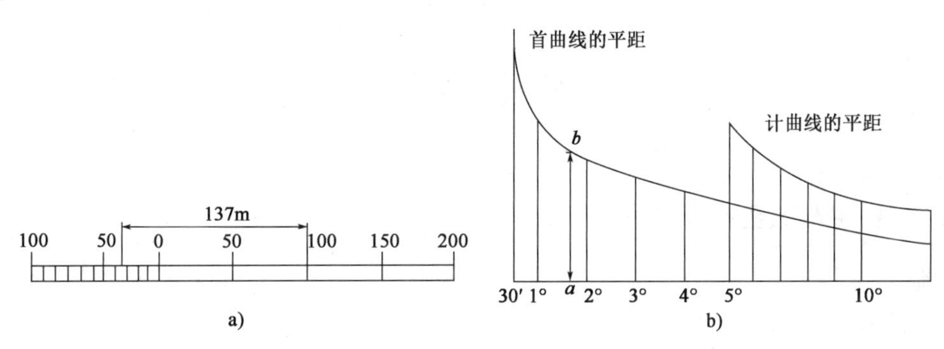

图10-2 直线比例尺与坡度

10.1.2 地物识读

地物识读的目的是了解地物的大小、种类、位置和分布情况。通常按先主后次的程序,并顾及取舍的内容与标准进行,根据《地形图图式》符号、等高线的性质和测绘地形图时综合取舍的原则来识读。地物的种类很多,主要包括以下内容:

(1)测量控制点。包括三角点、导线点、图根点、水准点等。控制点在地形图上一般注有点号或名称、等级及高程。

(2)居民地。包括居住房屋、寺庙、纪念碑、学校、运动场等。房屋建筑分为特种房屋、坚固房屋、普通房屋、简单房屋、破坏房屋和棚房六类。房屋符号中注写的数字表示建筑层数。

(3)工矿企业建筑。这是国民经济建设的重要设施,包括矿井、石油井、探井、吊车、燃料库、加油站、变电室、露天设备等。

(4)独立地物。这是判定方位、确定位置的重要标志,如纪念碑、宝塔、亭、庙宇、水塔、烟囱等。

(5)道路。包括公路及铁路、车站、路标、桥梁、天桥、高架桥、涵洞、隧道等。

(6)管线和垣栅。管线主要包括各种电力线、通信线以及地上、地下的各种管道、检修井、阀门等。垣栅是指长城、砖石城墙、围墙、栅栏、篱笆、铁丝网等。

(7)水系及其附属建筑。包括河流、水库、沟渠、湖泊、岸滩、防洪墙、渡口、桥梁、拦水坝、码头等。

(8)境界。包括国界、省界、县界、乡界。

10.1.3 地貌识读

地貌识读的目的是了解各种地貌的分布和地面的高低起伏状态。识读时,主要是根据基本地貌的等高线特征和特殊地貌符号进行。因此,要先熟悉等高线表示地貌的原理、特点和规定，然后由等高线的形状、走向，判断山头、山脊、山谷和洼地等。根据等高线的疏密及变化方向来判定地面的坡度变化情况，从总体上把握住图内地貌分布特点和变化趋势，形成立体概念。

10.1.4 植被识读

植被是指覆盖在地表上的各种植物的总称。在地形图上按植物分布、类别特征、面积大小表示，包括树林、竹林、草地、经济林、耕地等。

10.2 地形图应用的基本内容

10.2.1 确定图上某点的坐标

由地形图的特点，当需要在地形图上量测一些设计点的坐标时，可根据地形图上的坐标网格用图解法来求得，如图 10-3 所示。

欲求图上 A 点的坐标，先连接 A 点所在的方格网 $abcd$，过 A 点作格网线的平行线，得交点 e、g、f、k，用比例尺量得 af、ae 长度，再根据图廓坐标注记求得 A 点所在方格西南角角点的坐标 x_a、y_a，则：

$$\begin{cases} x_A = x_a + af \cdot M \\ y_A = y_a + ae \cdot M \end{cases} \tag{10-1}$$

若精度要求较高时，则应考虑图纸伸缩变形及量距误差的影响，即当 ab、cd 长度不等于 10cm 或量取的 $af+fb$、$ae+ed$ 不等于 10cm 时：

$$\begin{cases} x_A = x_a + \dfrac{10}{af+fb} af \cdot M \\ y_A = y_a + \dfrac{10}{ae+ed} ae \cdot M \end{cases} \tag{10-2}$$

10.2.2 确定图上某点的高程

如图 10-4 所示，若所求点 A 恰好位于某等高线上，则等高线的高程即是 A 点的高程。若

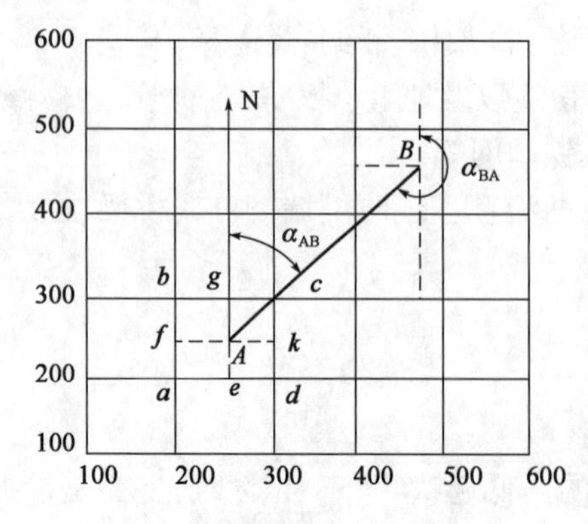

图 10-3 确定图上某点的坐标

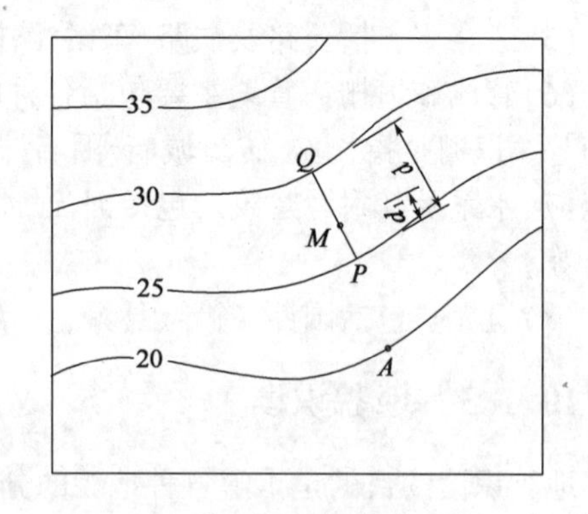

图 10-4 确定图上某点的高程

M 点位于两等高线之间，则可过 M 点画一直线，此直线应正交于等高线，交两相邻等高线于 P、Q 两点，分别量出 PM 和 PQ 的长度，则 M 点的高程按式(10-3)比例内插求得。

$$H_M = H_P + \Delta h = H_P + \frac{d_1}{d}h \tag{10-3}$$

式中：h——等高距；

H_P——P 点的高程（即与 M 点相邻的下等高线的高程）。

10.2.3 确定图上两点间的水平距离

确定图上两点间的水平距离可采用图上直接量取和解析计算等方法。

1）图解法（直接量取）

$$D = dM \tag{10-4}$$

式中：D——两点之间的实地水平距离；

d——图上量的长度；

M——比例尺分母。

2）解析法

如图 10-3 所示，求水平距离 D_{AB}，先用求点坐标的方法求出 x_a、y_a、x_b、y_b，则：

$$D_{AB} = \sqrt{(x_b - x_a)^2 + (y_b - y_a)^2} \tag{10-5}$$

10.2.4 确定两点间直线的坐标方位角

如图 10-3 所示，求直线 AB 的坐标方位角 α_{AB}，可采用图解法和解析法。

1）图解法

当精度要求不高时，采用图解法直接量取。先过 A、B 两点作坐标格网纵轴线的平行线，然后用量角器分别量取 AB 直线上的坐标方位角 α'_{AB} 和 α'_{BA}，则直线 AB 的坐标方位角为：

$$\alpha_{AB} = \frac{1}{2}(\alpha'_{AB} + \alpha'_{BA} \pm 180°) \tag{10-6}$$

2）解析法

先求出 A、B 点的坐标，则直线 AB 的坐标方位角：

$$\alpha_{AB} = \arctan\frac{y_B - y_A}{x_B - x_A} = \arctan\frac{\Delta y_{AB}}{\Delta x_{AB}} \tag{10-7}$$

使用式(10-7)计算 α_{AB} 时，应根据 Δx_{AB}、Δy_{AB} 的正负号，判断 AB 直线所在的象限，然后才能求得 α_{AB}。

10.2.5 确定两点间直线的坡度

直线坡度是指直线段两端点的高差与其水平距离的比值，以 i 表示。坡度 i 一般用百分率表示，坡度有正、负之分。“+”表示上坡，“-”表示下坡，计算公式为：

$$i = \frac{h}{D} = \frac{h}{dM} \tag{10-8}$$

式中：d——两点之间的图上长度；

M——比例尺分母。

10.2.6 在地形图中计算面积

1)求多边形的面积

(1)几何图形法:对规则的几何图形,直接量取几何要素,按几何图形计算面积公式进行计算。如图10-5所示,对不规则的多边图形,可分解成多个规则图形,分别计算后求和。

$$S = S_1 + S_2 + \cdots + S_n = \sum_{i=1}^{n} S_i \tag{10-9}$$

(2)坐标法:对于任意多边形,也可在图上求出各转折点的坐标,利用坐标计算面积公式进行计算,如图10-6所示。

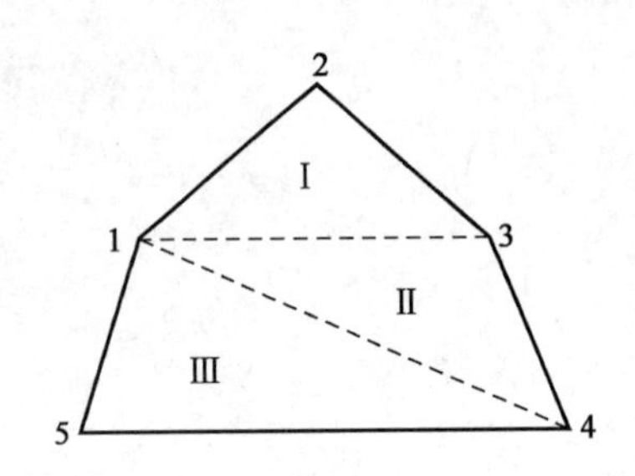

图10-5 几何图形法求面积

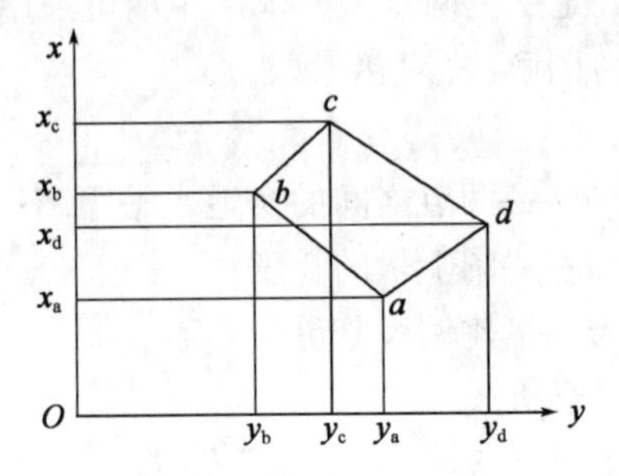

图10-6 利用坐标法计算面积

任意四边形中的顶点 a、b、c、d,各点坐标分别为 (x_a,y_a)、(x_b,y_b)、(x_c,y_c)、(x_d,y_d),对 x 轴投影,则四边形的面积为:

$$S = \frac{1}{2}[(y_c + y_d)(x_c - y_d) + (y_d + y_a)(x_d - x_a) -$$

$$(y_c + y_b)(x_c - y_b) - (y_b + y_a)(x_b - x_a)]$$

$$= \frac{1}{2}[x_a(y_b - y_d) + x_b(y_c - y_a) + x_c(y_d - y_b) + x_d(y_a - y_c)]$$

若图中有 n 个折点,则图形面积为:

$$S = \frac{1}{2}x_1(y_2 + y_n) + x_2(y_3 - y_1) + \cdots + x_n(y_1 - y_{n-1})$$

即

$$S = \frac{1}{2}\sum_{i=1}^{n} x_i(y_{i+1} - y_{i-1}) \tag{10-10}$$

若对 y 轴投影,同理推出

$$S = \frac{1}{2}\sum_{i=1}^{n} y_i(x_{i-1} - x_{i+1}) \tag{10-11}$$

注意,在式(10-10)和式(10-11)中,当 $i=1$ 时,$i-1$ 取 n 值;当 $i=n$ 时,$i+1$ 取1值。如果折点按逆时针方向编号,则计算结果取绝对值。式(10-10)和式(10-11)的计算结果可作为计算检核。

2)求不规则曲边图形的面积

(1)透明方格网法:如图10-7所示,先在透明纸上按一定边长绘制小正方形格网,然后将透明方格纸覆盖在待测面积的图形上,数出图形内的整方格数 $n_{整}$ 和非整数的格数 $n_{非}$,则曲边图形的面积为：

$$S = (n_{整} + \frac{1}{2}n_{非})a^2M^2 \tag{10-12}$$

式中：a——小方格的边长；

M——比例尺分母。

（2）平行线法：如图10-8所示，先在透明纸上按一定间距 h 绘平行线，将绘有平行线的透明纸覆盖在待测图形上，转动透明纸使平行线与图形出现两条相切的线，则相邻两平行线间截取的图形近似为等高梯形。用比例尺分别量取图形内的平行线段长 l_1、l_2……l_n，则各梯形的面积为：

$$S_1 = \frac{1}{2}(0 + l_1)h$$

$$S_2 = \frac{1}{2}(l_1 + l_2)h$$

$$\cdots$$

$$S_{n+1} = \frac{1}{2}(l_n + 0)h$$

将以上各式等号两端相加，即得待测图形的总面积为：

$$S = S_1 + S_2 + \cdots + S_{n+1} = (l_1 + l_2 + \cdots + l_n)h = h\sum_{i=1}^{n} l_i \tag{10-13}$$

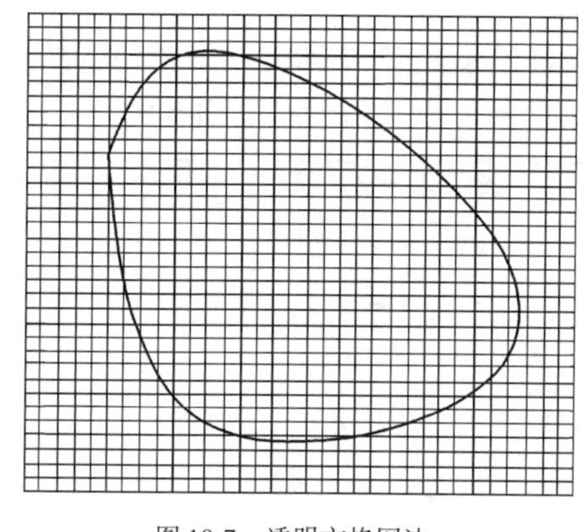

图10-7　透明方格网法

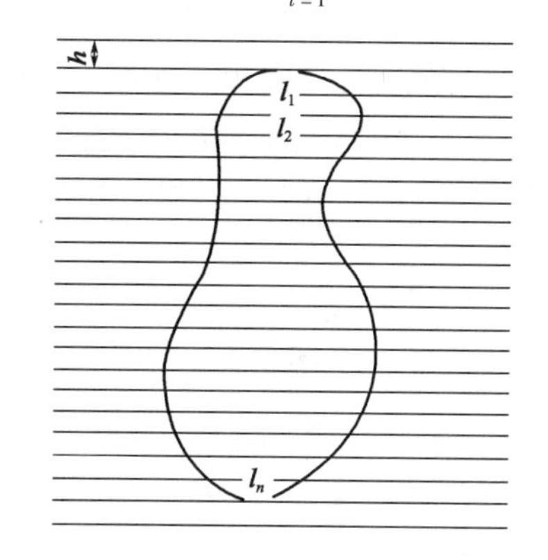

图10-8　平行线法

（3）求积仪法：求积仪是一种专门在图上量算面积的仪器，有机械式和数字式两种，现在主要使用的是先进的数字式求积仪。其优点是操作简便、速度快、精度高，适用于各种曲线图形面积的量算。有关数字求积仪的具体使用方法，因各厂家的仪器不同而有所不同，可参阅所使用的数字求积仪使用说明书掌握使用方法。

10.3　地形图在工程中的应用

10.3.1　按规定坡度选定最短线路

在进行道路、管线、渠道等工程项目设计时，往往要求线路在不超过某一限制坡度的条件下，选择一条最短线路或等坡线路。如图10-9所示，设在1∶2 000的地形图上选定一条从A点到B点的线路，要求线路的纵向坡度不超过5%，图上等高距为5m，选线步骤如下。

(1)坡度不超过5%的线路通过相邻等高线间的最短距离为：

$$d=\frac{h}{iM}=\frac{5\text{m}}{0.05\times 2\,000}=50\text{mm}$$

(2)在地形图上以A为圆心、d为半径，画弧与45m等高线交于1点；再以1点为圆心，用同样的方法画弧与50m等高线交于2点，依次到B点为止。最后连接A-1-2-3-4-5-6-7-B，便在图上得到符合规定坡度的线路。这只是A到B的线路之一，为了便于选线比较，还需要另选其他线路进行综合比较。

按上述方法选定线路方向时，可能会出现下面两种情况：一是相邻等高线的平距大于d时，说明地面坡度小于规定坡度，在这种情况下，可直接按最短距离线路连线，如图中67、7B；二是以d为半径作弧与某一等高线相交于两点，此时可根据线路所需方向及其他因素而取其中的一点。

10.3.2 在图上确定汇水面积

在水利水坝、道路桥涵及排水工程中，往往要知道有多大面积的雨水和雪水往这条河流或谷地汇集，这个面积，就称为汇水面积。

因落在山脊上的水，向其两侧流下，只要将某一地区一些相邻的山脊线连接起来，则它所包围的面积，就是汇水面积。如图10-10所示，m点为修筑道路时经过山谷需要建造的桥涵。涵洞的大小，应根据流经该处的水量大小来决定，而水量的大小又与汇水面积有关。

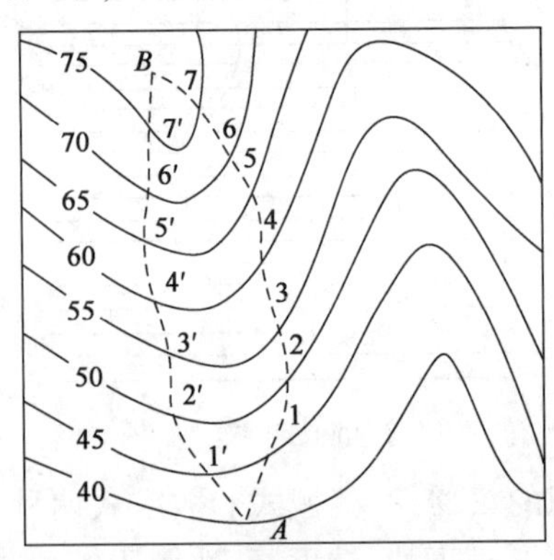

图10-9 按规定的坡度选择路线

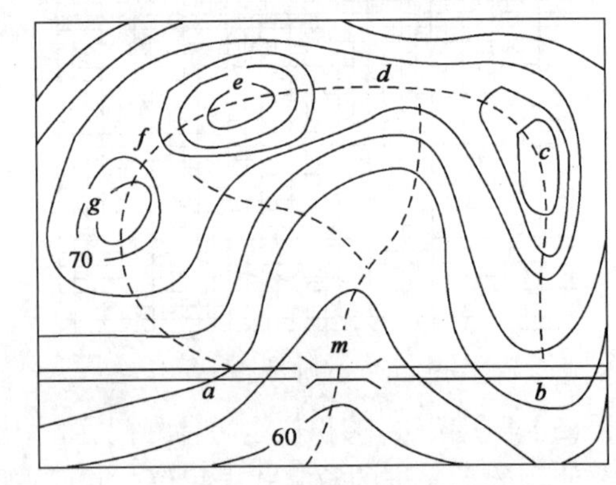

图10-10 在图上确定汇水面积

从图10-10中可以看出，由分水线bc、cd、de、ef、fg、ga及道路ab所围成的面积即为汇水面积，用求面积的方法，求得汇水面积的大小，结合气象水文资料，可计算出流经m处的水流量。

10.3.3 根据地形图绘制规定方向的断面图

断面是指用一个竖直平面与地面相截的截面，竖直平面与地面相截的交线称为断面线。为了了解地面上某一方向的地形起伏情况，通常会绘出该方向的断面线图，简称断面图。

如图10-11所示，要了解图上A、B两点间的地形起伏情况，可以沿AB线作一断面图，步骤如下：

(1)连接 A、B 两点,找出 A、B 线与等高线的交点,并进行编号,如图中的1、2、3……。

(2)绘制一横轴表示水平距离 D,纵轴表示高程 H 的直角坐标轴。为了能明显地反映出地面的起伏形态,一般高程比例尺比水平距离比例大10~20倍。

(3)在横轴上定出 A 点位置,在地形图中用卡规量出 $A1$、$A2$……AB 的距离,并转绘在横轴上。

(4)通过横轴上的点作垂线与相应高程线相交,找出交点。当断面过山脊、山谷时,需根据等高线或碎部点的高程内插增设最高或最低高程点。

(5)把相邻的点用光滑的曲线连接起来,便得到 AB 方向的断面图。

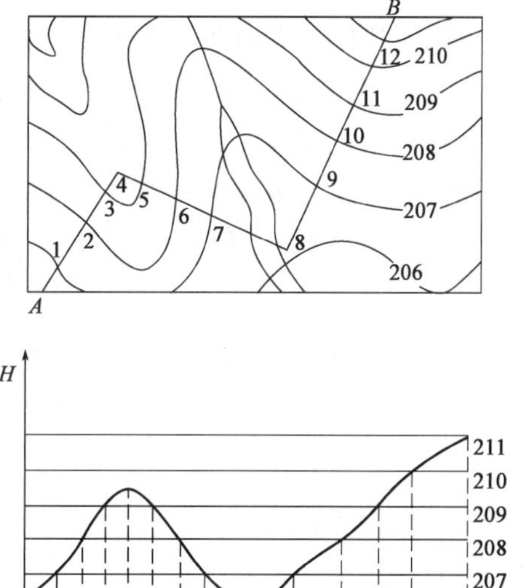

图10-11 绘制断面

10.3.4 地形图在场地平整中的应用

在各种工程建设中,除了对建筑物要作合理的规划设计外,往往还要对拟建场地的地貌作必要的改造,使之适合整体布局的需要。此类地貌改造称为场地平整。

在平整场地工作中,常需要预估土方的工程量,即利用地形图进行填挖土方量的概算。常用的方法有三种:方格网法、等高线法和断面法。三者各有其优缺点和适用场合,可以根据现场地形起伏情况以及任务要求选用。当实际工程要求以更高精度估算土石方量时,往往需要在现场实测方格网图、断面图或更大比例尺地形图,然后再计算土石方量。

1)方格网法

当地形变化不大或地形变化比较有规律时,通常采用方格网法。

(1)设计面为水平面时的场地平整。如图10-12所示,假设要求将拟建场地地貌按填挖土方量平衡的原则改造成平面,其具体步骤如下:

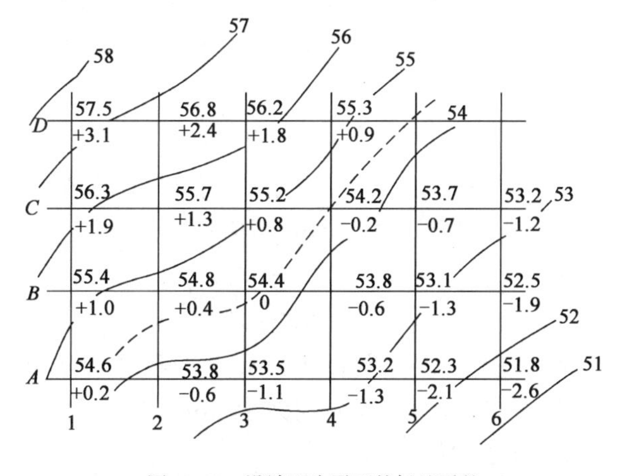

图10-12 设计面为平面的场地平整

①绘制方格网。在地形图上拟建场地内绘制方格网。方格网的大小取决于地形复杂情况、地形图的比例尺及土方概算的精度要求等。一般边长取10m或20m即可,图10-12中方

格边长为10m。

②求方格网角点的地面高程。根据地形图中的等高线高程,用内插的方法求出各方格角点的地面高程,并标注在各方格角点的右上位置。

③计算设计高程。在场地平整中最佳的设计高程是使场地平整中填(挖)方量基本平衡时的高程。计算方法是算出所有小方格平均高程的总和再除以小方格的格数,即得设计高程。计算平均高程时可知,角点高程用到一次,边点高程用到两次,拐点高程用到三次,中间点高程用到四次,则设计高程的简化计算公式为:

$$H_{设} = \frac{1}{4n}(\sum H_{角} + 2\sum H_{边} + 3\sum H_{拐} + 4\sum H_{中}) \tag{10-14}$$

式中:n——方格总数;

$H_{角}$——角点高程;

$H_{拐}$——拐点高程;

$H_{边}$——边点高程;

$H_{中}$——中间点高程。

将图10-12中各方格角点的高程及方格数代入式(10-14)中得设计高程为$H_{设}=54.4$m。

④绘制填、挖边界线。根据地形图等高线的高程用内插法定出设计高程54.4m的点位,连接各点,即为填(挖)边界线(图中虚线)。

⑤计算填(挖)高度。每格角点上的填(挖)高度为:

$$h_{填(挖)} = H_{地} - H_{设} \tag{10-15}$$

计算结果中,"+"表示挖方,"-"表示填方,并将填挖高度分别标注在角点的左上方位置。

⑥计算填(挖)方量。填挖土方量可根据方格点的位置特点,按下列公式计算。

$$\begin{aligned}
&角点: && 填(挖)高度\ h \times \frac{1}{4}方格面积 \\
&边点: && 填(挖)高度\ h \times \frac{2}{4}方格面积 \\
&拐点: && 填(挖)高度\ h \times \frac{3}{4}方格面积 \\
&中点: && 填(挖)高度\ h \times \frac{4}{4}方格面积
\end{aligned} \tag{10-16}$$

然后再统计填方总量和挖方总量,两者应基本相等,满足填挖土方平衡的要求。将图10-12中计算出的填(挖)方高度代入式(10-16)中得:

$$V_{挖} = 1855\text{m}^3$$

$$V_{填} = 1851\text{m}^3$$

(2)设计面为倾斜面时的场地平整。如图10-13所示,图中A、B、C三点是倾斜场地平整后要保留的高程不变的控制点,其地面高程分别为84.8m、81.5m和83.6m,将原地形平整成通过A、B、C三点的倾斜面。其步骤如下:

①确定设计等高线的平距。选取A、B、C三点中的最高点及最低点连线,图10-13中为AB,用比例内插法在直线段AB上点绘出高程分别为84m、83m、82m……的各点a、b、c……。

②确定设计等高线的方向。在AB连线上求出一点Q,使其地面高程等于C点高程。连

接 QC，则虚线 QC 就是设计等高线的方向线。

③插绘设计倾斜面等高线。因倾斜面的等高线为一组相互平行的直线，故过 a、b、c……作 QC 的平行线，即为设计倾斜面等高线。

④确定填挖边界线。地面上原等高线与倾斜面等高线的交点即为不填不挖点，图 10-13 中 1、2、3……各点，连接这些点，形成的平滑曲线即为填挖边界线。

⑤计算填挖土方量。与设计面为水平面的场地平整的计算方法相同。

2）等高线法

当场地起伏较大，且仅计算挖方或填方量时，可采用等高线法。在水利建设工程中常利用等高线法计算库区或洼地的容水量。这种方法是从场地设计高程的等高线开始，首先量出各条等高线范围内的面积，再分别用相邻两条等高线围成的面积平均值乘以等高线的间隔高度（即等高距），算出两等高线间的分层体积，最后将各分层体积相加，即为所求的总体积。

如图 10-14 所示，设欲将高程 100m 以上的土丘平整为水平场地。设各条等高线范围内的面积为 S_0、S_1、S_2、S_3，h 为等高距，V_{01}、V_{12}、V_{23} 为各等高线夹层的体积，V_k 为顶上部分的体积，则：

$$V_{01} = \frac{1}{2}(A_0 + A_1)h$$

$$V_{12} = \frac{1}{2}(A_1 + A_2)h$$

$$V_{23} = \frac{1}{2}(A_2 + A_3)h$$

$$V_k = \frac{1}{3}A_k h_k$$

式中：h_k——最上一条等高线至山顶的高度（即不足一个等高距的高度）；

V_k——把不足一个等高距高度的山头当作圆锥体计算的体积。

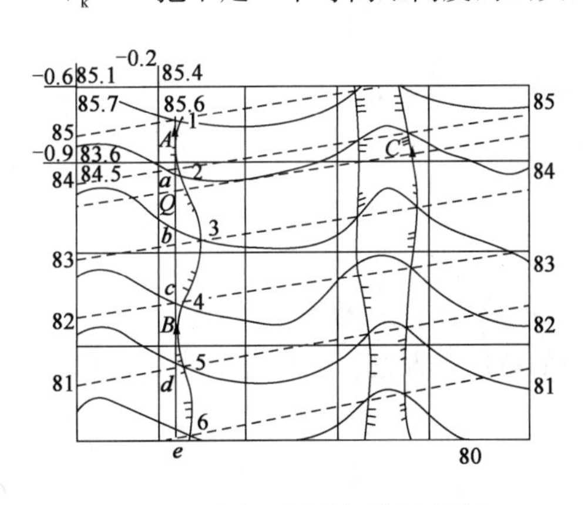

图 10-13 设计面为倾斜面的场地平整

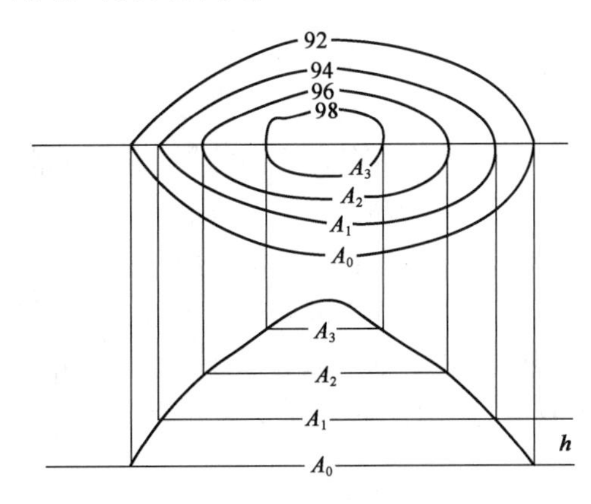

图 10-14 等高线法

将上列各式等号两端相加，则总体积为：

$$V = V_{01} + V_{12} + V_{23} + V_k = \frac{1}{2}h(A_0 + 2A_1 + 2A_2 + A_3) + \frac{1}{3}A_3 h_k \tag{10-17}$$

式（10-17）为利用等高线法计算体积的公式。各条等高线范围内的面积，可用求积仪量算并换算为实地面积。

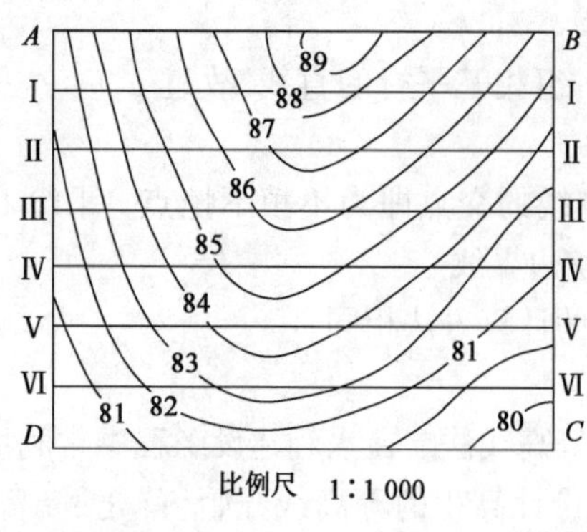

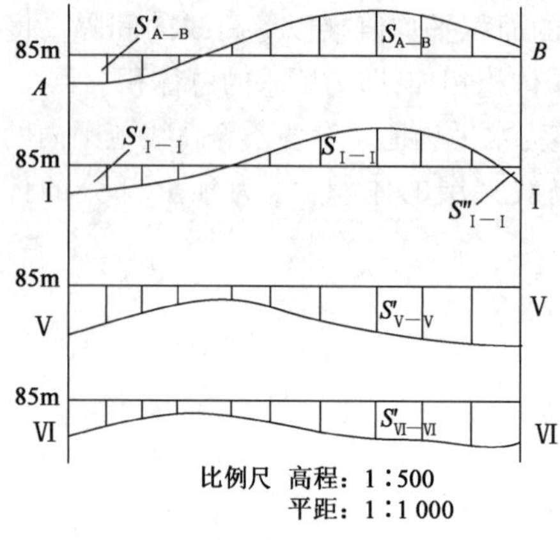

图 10-15 断面法估算土石方量

3)断面法

在地形起伏变化较大的地区,或者道路、管线等线状建设场地,则宜采用断面法来估算填挖土方量。如图 10-15 所示,$ABCD$ 是某建设场地的边界线。按设计要求,拟按设计高程 85m 将建设场地进行平整,并分别估算填方和挖方的土方量。

根据建设场地边界线 $ABCD$ 内的地形情况,每隔一定间距绘一垂直于场地左、右边界线 AD、BC 的断面图。图 10-15 中仅绘制出 A—B 和 Ⅰ—Ⅰ、Ⅴ—Ⅴ、Ⅵ—Ⅵ的断面图。

由于设计高程定为 85m,在每个断面图上,凡低于 85m 的地面与 85m 设计等高线所围成的面积即为该断面的填方面积,如图 10-15 中的 S'_{A-B}、S'_{I-I}、S''_{I-I}、S'_{V-V}、S'_{VI-VI} 等,凡高于 85m 的地面与 85m 设计等高线所围成的面积即为该断面的挖方面积,如图 10-13 中的 S_{A-B}、S_{I-I} 等。

分别计算出每一断面的总填、挖土方面积后,即可计算相邻两断面间的填挖土方量。具体方法是将相邻两断面的总填挖土方面积相加后取平均值,再乘以相邻两断面间距 L,可分别得到填方和挖方的土方量。例如,在 A—B 断面与Ⅰ—Ⅰ断面间的填挖土方量计算公式可以分别表述如下。

$$\left.\begin{aligned}&\text{挖方} \qquad V_{A-B}=\frac{S_{A-B}+S_{I-I}}{2}\times L\\&\text{填方} \qquad V'_{A-B}=\frac{S'_{A-B}+(S'_{I-I}+S''_{I-I})}{2}\times L\end{aligned}\right\}\tag{10-18}$$

式中:V、V'——相邻断面间的挖、填土方量;

S——断面处的挖方面积;

S'、S''——断面处的填方面积;

L——相邻断面间距。

用同样的方法可以分别计算出其他相邻断面间的填挖土方量。汇总后则可以估算出场地 $ABCD$ 的总填土方量和总挖土方量。

10.4 数字地面模型及其在线路工程中的应用

数字地面模型(Digital Terrain Model,简称 DTM)作为对地形特征点空间分布及关联信息的一种数字表达方式,现已广泛应用于测绘、地质、水利、工程规划设计等众多学科领域。

建立数字地面模型是将实地采集的地物和地貌特征点的三维坐标,经过检索处理后,由计算机识别碎部点的地形信息编码,将相应地物特征点自动连成地物轮廓线,将地貌特征点连成地性线,并组成规则方格网或非规则三角网等建模形式的地面高程模型,以便根据任意一点的平面坐标来内插求得该点的高程,从而绘制等高线、断面图,或直接提供给道路、管线等线路工程的设计使用。

10.4.1 数字地面模型数据的获取

建立数字地面模型的基础是数据点,有了地面三维信息,就能根据这些已知信息来确定地表数字函数模型,内插需要的数据点。数据获取应根据建立数字地面模型的用途,确定数据源和获取的技术手段,选择建立数字地面模型的数据源和采集方法,进而确定采点的密度。获取正确的数据是建立数字地面模型的关键。常用的数据获取方法有:

(1)以航空摄影像片为数据源获取数据。

(2)以地形图为数据源获取数据。

(3)以地面实测记录为数据源获取数据。

(4)以专题图为数据源获取数据。

(5)以统计报表和行政区域地形图获取数据。

10.4.2 数字地面模型的建立方法

根据碎部点三维地形数据采集方式的不同,可分别采用不同的数字地面模型的建模方法,常用的有密集正方形格网法和不规则三角形格网法两种。

(1)密集正方形格网法。密集正方形格网法是将一系列高程采样点按一定格网形式有规则地排列。它的优点是数据结构简单,格网顶点的平面坐标 (x,y) 可由方格起始原点及设计的格网边长推算求得而无须记录。地表高低起伏的形态,只需用规划排列的格网节点序号 (i,j) 按二维数组(矩阵)的形式存储其相应点高程 $H_{i,j}$ 即可,因而存储量少,便于数据的检索、处理和应用,即

$$
\begin{matrix}
H_{0,0} & H_{0,1} & \cdots & H_{0,n-1} & H_{0,n} \\
H_{1,0} & H_{1,1} & \cdots & H_{1,n-1} & H_{1,n} \\
\vdots & \vdots & \ddots & \vdots & \vdots \\
H_{m,0} & H_{m,1} & \cdots & H_{m,n-1} & H_{m,n}
\end{matrix}
$$

该方法主要适用于大范围的水准测量或碎部观测点呈规则分布且点是等距离或网格边长较短的情况,此时能较逼真地反映地形的起伏状态。

(2)不规则三角形格网法。不规则三角形格网(Triangle Irregulation Network,简称 TIN)是直接利用测区内野外实测的所有离散地形特征点,构造出邻接三角形组成的格网形结构。这种建模方式的关键是不规则三角形的组成。构造 TIN 的原理和方法有很多,但其基本思路大致相同:首先对野外根据实际地形随机采集的、呈不规则分布的碎部点进行检索,判断出最邻近的三个离散碎部点,并将其连接成最贴近地球表面的初始三角形;以这个三角形的每一条边为基础,连接邻近地形点组成新的三角形;再以新三角形的每条边作为连接其他碎部点的基础,不断组成新的三角形;如此继续,所有地形碎部点构造的邻接三角形就组成了 TIN。

10.4.3 数字地面模型在线路工程中的应用

数字地面模型的建立就意味着获得了该地区的地表形态，凡是为了显示该地区地形特征的纵断面图、横断面图、等高线地形图等，以及工程设计所需要的地面上的面积、体积和坡度等数据资料，都可以从数字地面模型上取得。

1)用数字地面模型绘制等高线地形图

利用数字地面模型绘制等高线地形图，概括起来要经过两个步骤：首先根据数字地面模型的数据点来探求等高线上点的平面坐标；其次用平滑连续的曲线将位于同一高程的诸点顺序连成一条条的等高线。假设数字地面模型是按正方形格网形式建成的，为此只需求出等高线穿过格网边上点的平面坐标。某格网边上是否有等高线穿过，如图 10-16 所示，可根据该边上两端点高程 Z_A、Z_B 能否满足

$$Z_A \geqslant Z \geqslant Z_B \quad \text{或} \ Z_A \leqslant Z \leqslant Z_B$$

即

$$(Z_A - Z)(Z_B - Z) \leqslant 0 \tag{10-19}$$

而定，式中 Z 为等高线高程。当发现某边满足式(10-19)时，就可用线性内插求出等高线所通过的点位。按着等高线的走向，将位于同一等高线上的各点平面坐标顺序排列，便可连成圆滑连续的等高线，这种等高线地形图可用于初步设计阶段选择路线的初步走向。沿路线走向可绘制纵断面图，垂直于路线走向可绘制路线横断面图。

2)数字地面模型在线路工程设计中的应用

如前所述，初步设计阶段在等高线地形图上大致确定线路的走向后，到了线路的设计阶段需要进一步了解沿线的纵、横断面的地形以及土、石方工程的数量，凭借这些资料数据可以修改初步设计时的线路走向，重新测绘纵、横断面上的地形信息。

(1)平面曲线设计。平面曲线设计实质上就是解决圆曲线与缓和曲线的设置问题，在 V、R_i、L_i 确定后，就可按一定公式算出缓和曲线增值、圆曲线内移值、不设缓和曲线时切线长、总切线长和平面导线方位角等。为了能绘制平面曲线，也是为了利用 DTM 能内插出现状纵断面，纵断面线上各分测点(所谓分测点，就是曲线上一定间隔的点，间隔的长度，可视绘图要求而定)的高程，应求出平面曲线上各分测点的平面坐标及桩号里程，即将平面曲线数字化。

(2)纵断面设计。将 DTM 及计算机引入线路纵断面设计，其基本过程就是先根据平面曲线分测点的平面坐标，利用带状 DTM，采用移动拟合法内插，就获得了现状纵断面，如图 10-17 所示。

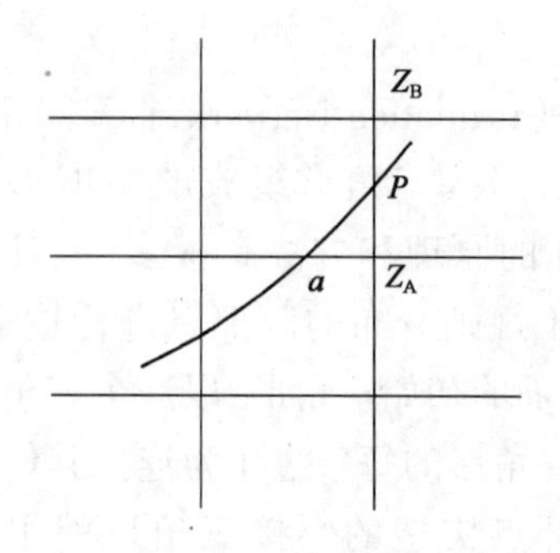

图 10-16 绘制等高线

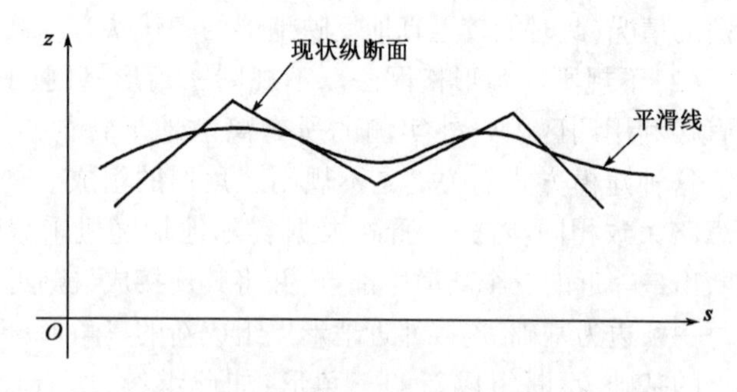

图 10-17 DTM 中内插出现状纵断面图

(3)横断面设计。利用 DTM 可以在不必作进一步野外作业的情况下,利用平面曲线点的坐标及参数求得现状横断面上各分测点的平面坐标,然后在带状 DTM 中内插出高程,即现状横断面,在此基础上就可以进行设计及计算等一系列工作了,如图 10-18 所示。

(4)土方量计算。土方量是工程费用估算及方案选优的重要因素,故线路工程必须计算土方量。

计算时采用平均断面法。

填、挖方:

$$V_1 = [(A_1 + A_2)/2] \cdot L_i$$

$$V_{总} = \sum V_i$$

其中, A_1 为某横断面的填(挖)面积, L_i 为相邻横断面线路长,关键是求 A_i ($i = 1,2,\cdots$)。如图 10-19 所示, A_i 的计算就是各三角形和梯形的面积之和。这里现状横断面线为 AB ,其中 A_i 的面积为Ⅰ、Ⅱ、Ⅲ、Ⅳ、Ⅴ、Ⅵ、Ⅶ各个图形的面积之和。

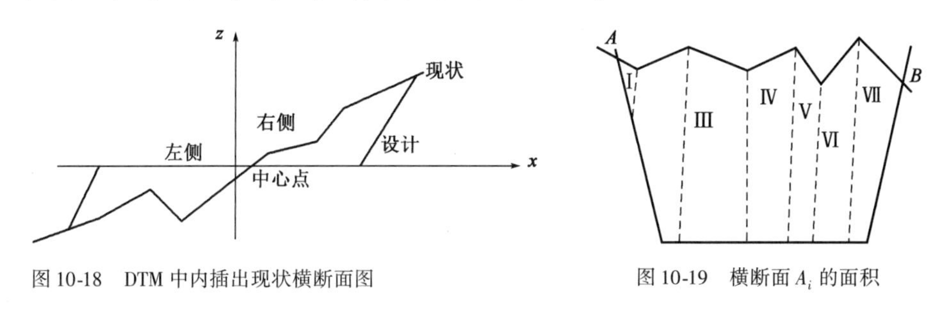

图 10-18 DTM 中内插出现状横断面图

图 10-19 横断面 A_i 的面积

本章小结

地形图是用各种规定的符号和注记表示地物、地貌及其他有关资料,包含丰富的自然地理、人文地理和社会经济信息的载体。因此,学习识图、用图的基本知识;应用地形图求某点的坐标和高程,确定某直线的坐标方位角、长度和坡度;量算图形面积,绘纵横断面图,选等坡线,确定汇水面积,进行土石方量的计算;并把数字地面模型应用到线路工程当中,对土木工程的规划、设计和施工具有重要的现实意义。

思考题与习题

1. 地形图识读的主要目的是什么? 主要从哪几个方面进行?
2. 地形图在工程建设中主要有哪些应用?
3. 如何确定地形图上直线的长度、坡度和坐标方位角?
4. 如图 10-20 所示,每一方格面积为 $400m^2$,计算设计高程以及填挖方量。

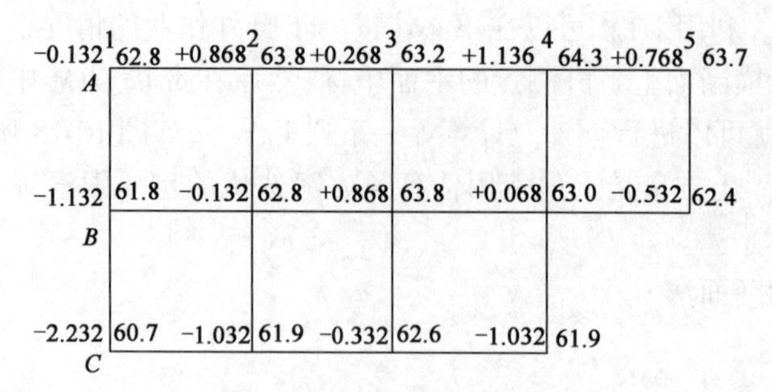

图 10-20　题 4 图

5. 试述根据地形图等高线选择规定坡度路线和绘制某方向断面图的基本方法。

6. 何谓数字地面模型？它有哪些应用？

第11章
测设的基本工作

【本章知识要点】

了解测设的特点、主要内容和基本要求；掌握距离、角度、高程的测设方法；掌握点的平面位置、坡度线的测设方法。

测设的主要任务是在工程的实施阶段将设计在图纸上的建筑物的平面位置和高程，按设计与施工要求，以一定的精度测设(放样)到施工作业面上，以指导和保证工程按设计要求进行。测设是直接为工程服务的，它既是施工的先导，又贯穿于整个施工过程。

其基本特点与要求是：

(1)与地形测量相反，测设是将设计的建(构)筑物由图上标定在工程作业面上，但是它们都同样遵循“从整体到局部、先控制后细部”的原则。一般情况下，施工控制网的精度高于测图控制网的精度，施工放样的精度高于测图的精度，测设精度要求的高低，主要取决于建筑物的大小、性质、用途和施工方法等，测设时应该根据有关规范标准选择合理的精度。

(2)现代工程规模大，进度要求快，测设前应熟悉设计图纸，了解现场情况、施工方案和进度安排，制订可行的施测计划，健全测量人员组织，认真做好准备工作。

(3)测设的质量将直接影响建筑物的正确性，所以工程测设应建立健全检查制度。例如，在熟悉图纸的同时，应核对图上分尺寸与总尺寸的一致性等，如发现问题立即提出；放样之前检查放样数据的正确性；放样之后复查成果的可靠性，当查证内外业成果都无差错时，方能将成果交付施工。

(4)施工现场情况复杂,干扰大,应妥善保存维护各种测量标志,并采取必要的安全措施,防止安全事故发生。

11.1 水平距离、水平角和高程的测设

测设的基本任务是正确地将各种建筑物的位置(平面及高程)在实地标定出来,而距离、角度和高程是构成位置的基本要素。在工程测量中,经常需要进行距离、角度和高程的测设工作。

11.1.1 测设已知水平距离

在地面上测设已知水平距离是从地面一个已知点开始,沿已知方向,量出给定的实地水平距离,定出这段距离的另一端点。根据测量仪器工具不同,主要有以下两种方法。

1)钢尺测设法

(1)一般测设方法

当测设精度要求不高时,可从起始点开始,沿给定的方向和长度,用钢尺量距,定出水平距离的终点。为了校核,可将钢尺移动10~20cm,再测设一次。若两次测设之差在允许范围内,取它们的平均位置作为终点最后位置。

(2)精确测设方法

在实地测设已知距离与在地面上丈量两点间距离的过程正好相反。当测设精度要求较高时,应先根据给定的水平距离 D,结合尺长改正数、温度变化和地面高低,经改正计算出地面上应测设的距离 l。其计算公式为:

$$l = D - (\Delta l_d + \Delta l_t + \Delta l_h) \tag{11-1}$$

式中:Δl_d——尺长改正数;

Δl_t——温度改正数;

Δl_h——高差改正数。

然后根据计算结果,使用检定过的钢尺,用经纬仪定线,沿已知方向用钢尺进行测设。现举例说明测设过程。

如图11-1所示,从 A 点沿 AC 方向在倾斜地面上测设 B 点,使水平距离 $D=60\text{m}$,所用钢尺的尺长方程式为:

$$l_t = 30\text{m} + 0.003\text{m} + 12.5 \times 10^{-6} \times 30 \times (t - 20℃)\text{m}$$

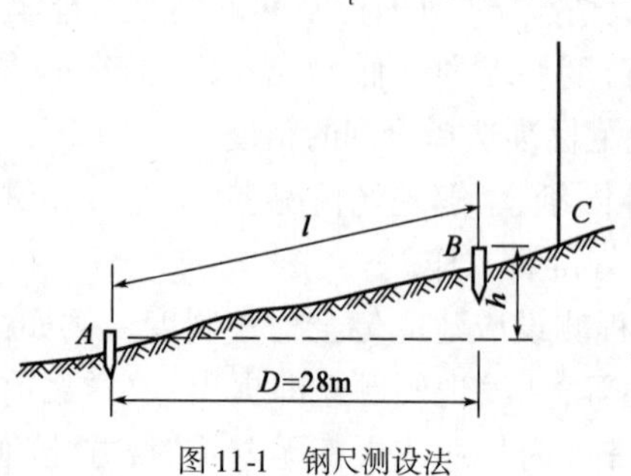

图11-1 钢尺测设法

测设之前,通过概量定出终点,用水准仪测得两点之间的高差为 $h=+1.200\text{m}$。设测设时温度为 $t=4℃$,测设时拉力与检定钢尺时拉力相同,均为100N。先求应测设距离 l 的长度。

根据已知条件,按第4章的公式求出三项改正数。计算如下:

$$\Delta l_d = D\Delta l/l_0 = 60 \times 0.003/30 = +0.006(\text{m})$$

$\Delta l_{t}=D\alpha(t-t_{0})=60\times12.5\times10^{-6}\times(4-20)=-0.012(m)$

$\Delta l_{h}=-h^{2}/(2D)=-1.2^{2}/(2\times60)=-0.012(m)$

根据式(11-1),应测设的距离 l 为:

$l=60-(0.006-0.012-0.012)=60.018(m)$

实地测设时,用经纬仪定线,沿 AC 方向,并使用检定时拉力,用钢尺实量60.018m,标定出 B 点。这样,AB 的水平距离正好为60m。

2)光电测距仪测设法

如图11-2所示,安置光电测距仪于 A 点,指挥立镜员使反光棱镜在已知方向上移动,使仪器显示值略大于测设的距离,定出 C' 点。在 C' 点安置反光棱镜,测出竖直角 α 及斜距 l(必要时加测气象改正),计算水平距离 $D'=l\cos\alpha$,求出 D' 与应测设的水平距离 D 的差值,将差值通知立镜员,由立镜员根据差值的符号在实地用钢尺沿测设方向将 C' 改正至 C 点,并用木桩标定其点位。为了检核,应将反光镜安置于 C 点,实测 AC 距离,其不符值应在限差之内,否则应再次进行改正,直至规定限差为止。由于光电测距仪的普及,目前水平距离的测设,尤其是长距离的测设多采用光电测距仪。值得指出的是,有些光电测距仪(或全站仪)本身具有距离放样功能,给距离测设带来方便,具体方法应参考仪器说明书。

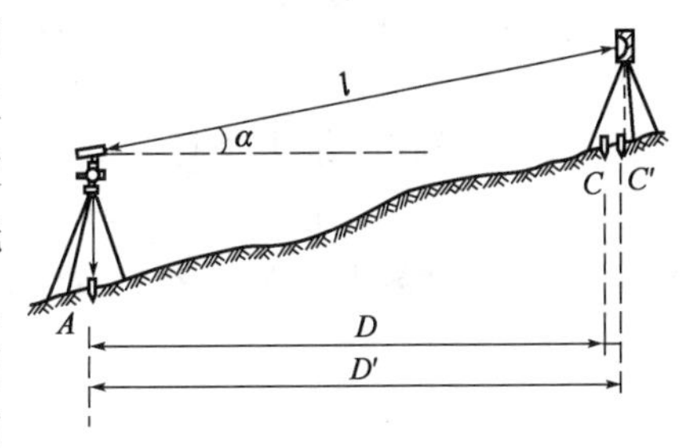

图11-2 光电测距仪测设法

11.1.2 测设已知水平角

测设水平角是根据一个已知方向和角顶位置,按给定的水平角值,把该角的另一方向在实地上标定出来。根据精度要求的不同,测设方法有如下两种。

1)一般测设方法

当测设精度要求不高时,可用盘左盘右取中的方法,得到欲测设的角度。如图11-3所示,安置仪器于 A 点,先以盘左位置照准 B 点,使水平度盘读数为零,松开制动螺旋,旋转照准部,使水平度盘读数为 β,在此视线方向上定出 C'。再用盘右位置重复上述步骤,测设 β 角定出 C'' 点。取 C' 和 C'' 的中点 C,则 $\angle BAC$ 就是要测设的 β 角。

2)精确测设方法

当测设水平角精度要求较高时,需采用精确方法。其基本原理是在一般测设的基础上进行垂线改正,从而提高测设精度。如图11-4所示,安置仪器于 A 点,先用一般方法测设 β 角,在地面上定出 C 点。再用测回法观测 $\angle BAC$,测回数可视精度要求而定,取各测回角值的平均

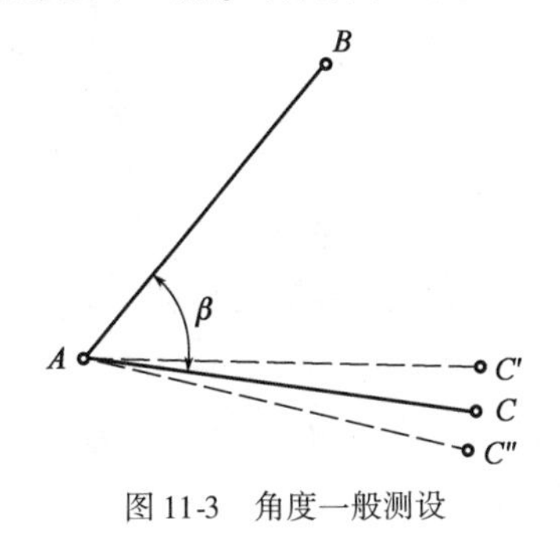

图11-3 角度一般测设

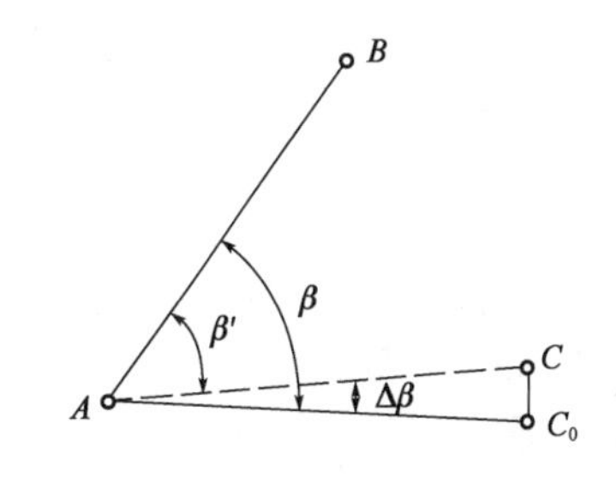

图11-4 角度精确测设

值 β' 作为观测结果。设 $\beta - \beta' = \Delta\beta$，即可根据 AC 长度和 $\Delta\beta$ 计算其垂直距离 CC_1：

$$CC_1 = AC \cdot \tan\Delta\beta = \frac{\Delta\beta}{\rho''} \tag{11-2}$$

过 C 点作 AC 的垂直方向，向外量出 0.012m 即得 C_1 点，则 $\angle BAC_1$ 就是精确测定的 β 角。注意 CC_1 的方向，要根据 $\Delta\beta$ 的正负号定出向里或向外的方向。

11.1.3 测设已知高程

1）地面上点高程测设

高程测设就是根据附近的水准点，将已知的设计高程测设到现场作业面上。在建筑设计和施工中，为了计算方便，一般把建筑物的室内地坪用 ±0 表示，基础、门窗等的标高都是以 ±0为依据确定的。

假设在设计图纸上查得建筑物的室内地坪高程为 $H_{设}$，而附近有一水准点 A，其高程为 H_A，现要求把 $H_{设}$ 测设到木桩 B 上。如图 11-5 所示，在木桩 B 和水准点 A 之间安置水准仪，在 A 点上立尺，读数为 a，则水准仪视线高程为：

$$H_i = H_A + a$$

根据视线高程和地坪设计高程可算出 B 点尺上应有的读数为：

$$b_{应} = H_i - H_{设} \tag{11-3}$$

然后将水准尺紧靠 B 点木桩侧面上下移动，直到水准尺读数为 $b_{应}$，沿尺底在木桩侧面画线，此线就是测设的高程位置。

2）高程传递

建筑施工中的开挖基槽或修建较高建筑，需要向低处或高处传递高程，此时可用悬挂钢尺代替水准尺。

如图 11-6 所示，欲根据地面水准点 A，在坑内测设点 B，使其高程为 $H_{设}$。为此，在坑边架设一吊杆，杆顶吊一根零点向下的钢尺，尺的下端挂一重量相当于钢尺检定时拉力的重物，在地面上和坑内各安置一台水准仪，分别在尺上和钢尺上读得 a、b、c，则 B 点水准尺读数 d 应为：

$$d = H_A + a - (b - c) - H_{设} \tag{11-4}$$

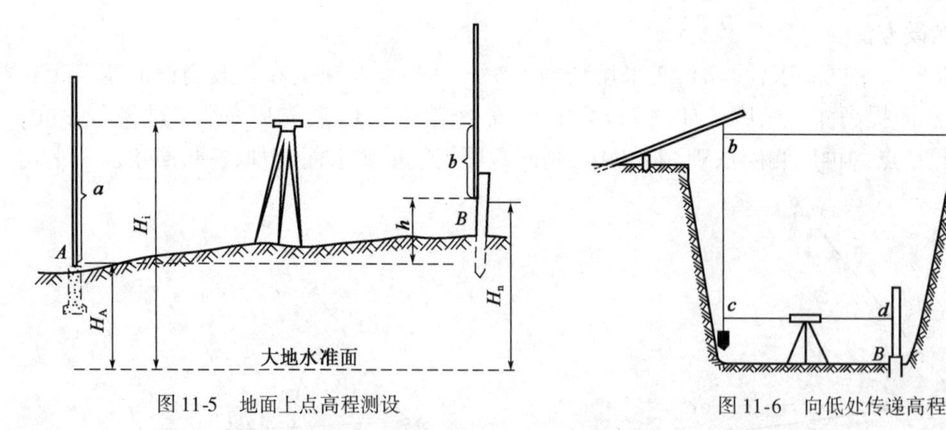

图 11-5　地面上点高程测设　　　图 11-6　向低处传递高程

若向建筑物上部传递高程时，可采用如图 11-7 所示方法。欲在 B 处设置高程 H_B，可在该处悬挂钢尺，使零端在上，上下移动钢尺，使水准仪的前视读数为：

$$b = H_B - (H_A + a) \tag{11-5}$$

则钢尺零刻线所在的位置即为欲测设的高程。

3)测设水平面

工程施工中,欲使某施工平面满足规定的设计高程 $H_{设}$,如图 11-8 所示,可先在地面上按一定的间隔长度测设方格网,用木桩标定各方格网点。然后,根据上述高程测设的基本原理,由已知水准点 A 的高程 H_A 测设出高程为 $H_{设}$ 的木桩点。测设时,在场地与已知点 A 之间安置水准仪,读取 A 尺上的后视读数 a,则仪器视线高程为:

$$H_i = H_A + a$$

依次在各木桩上立尺,使各木桩顶的尺上读数均为:

$$b_{应} = H_i - H_{设}$$

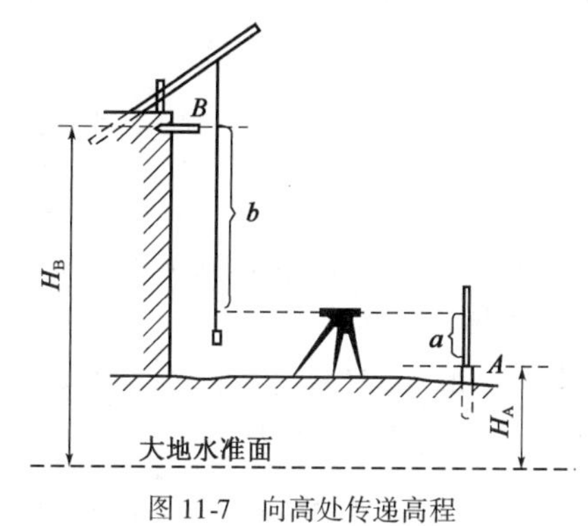

图 11-7 向高处传递高程

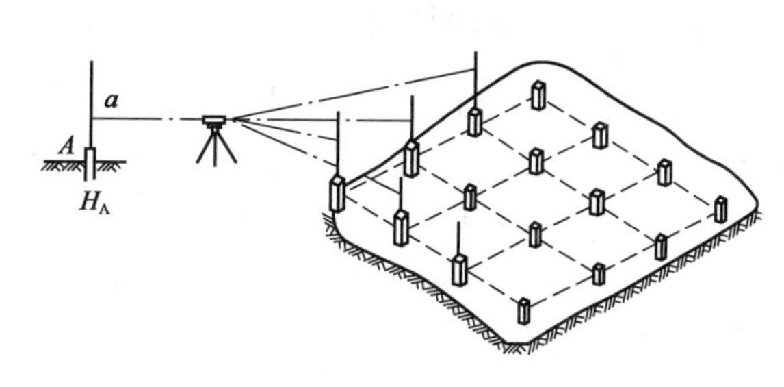

图 11-8 测设水平面

此时各桩顶就构成了测设的水平面。

11.2 点的平面位置测设

点的平面位置测设方法有直角坐标法、极坐标法、角度交会法和距离交会法等。测设时,可根据控制点的分布情况、地形条件、精度要求等合理选用。

11.2.1 直角坐标法

当施工场地布设有相互垂直的矩形方格网或主轴线且量距比较方便时可采用此法。测设时,先根据图纸上的坐标数据和几何关系计算测设数据,然后利用仪器工具实地设置点位。

现以图 11-9 为例说明具体方法。图 11-9 中 OA、OB 为相互垂直的主轴线,它们的方向与建筑物相应两轴线平行。下面根据设计图上给定的 1、2、3、4 点的位置及 1、3 两点的坐标,用直角坐标法测设 1、2、3、4 点的位置。

(1)计算测设数据

图 11-9 中,建筑物的墙轴线与坐标线平行,根据 1、3 两点的坐标可以算得建筑物的长度为 $y_3 - y_1 = 80.000\text{m}$,宽度为 $x_1 - x_3 = 35.000\text{m}$。过 4、3 分别作 OA 的垂线得 a、

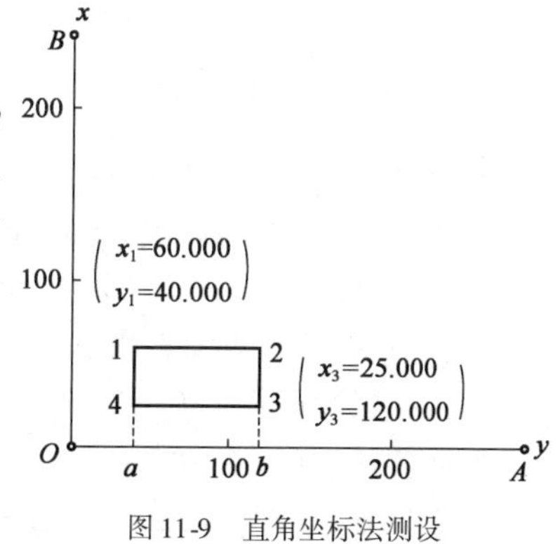

图 11-9 直角坐标法测设

b,由图可得 $Oa=40.000\text{m}$,$Ob=120.000\text{m}$,$ab=80.000\text{m}$。

(2)实地测设点位

①安置经纬仪于 O 点,瞄准 A,按距离测设方法由 O 点沿视线方向测设 Oa 距离为 40m,定出 a 点,继续向前测设 80m,定出 b 点。若主轴线上已设置了距离指标桩,则可根据 OA 边上的 100m 指标桩向前测设 20m 定出 b 点。

②安置经纬仪于 a 点,瞄准 A 水平度盘置零,盘左盘右取中法逆时针方向测设直角 90°,由 a 点起沿视线方向测设距离 25m,定出 4 点,再向前测设 35m,即可定出 1 点的平面位置。

③安置经纬仪于 b 点,瞄准 A,方法同②定出 3 和 2 两点的平面位置。

④测量 1-2 和 3-4 之间的距离,检查它们是否等于设计长度 80m,若较差在规定的范围内,则测设合格。一般规定相对误差不应超过 1/5 000 ~ 1/2 000。在高层建筑或工业厂房放样中,精度要求更高。

11.2.2 极坐标法

极坐标法是根据一个角度和一段距离测设点的平面位置。具备电子全站仪时,利用该方法测设点位具有很大的优越性。如采用经纬仪、钢尺测设,一般要求测设距离应较短,且便于量距。现以图 11-10 为例说明极坐标法测设点位的基本原理。

图 11-10 中,A、B 为已知控制点,P 点为待设点,其设计坐标为(x_P,y_P)。测设前,先根据已知点的坐标和待设点的坐标反算水平距离 d 和方位角,然后再根据方位角求出水平角 β,水平角 β 和距离 d 是极坐标法的测设数据。其计算公式为:

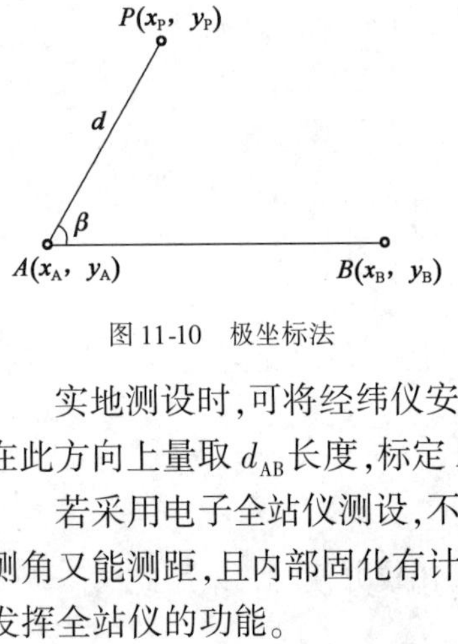

图 11-10 极坐标法

$$\alpha_{AB}=\arctan\frac{y_B-y_A}{x_B-x_A}$$

$$\alpha_{AP}=\arctan\frac{y_P-y_A}{x_P-x_A}$$

$$\beta=\alpha_{AB}-\alpha_{AP}$$

$$d_{AP}=\sqrt{(x_P-x_A)^2+(y_P-y_A)^2}$$

实地测设时,可将经纬仪安置在 A 点,瞄准 B 点,水平度盘置零,逆时针方向测设 β 角,并在此方向上量取 d_{AB} 长度,标定 P 点的位置。为确保精度,然后用其他点进行校核。

若采用电子全站仪测设,不受地形条件的限制,测设距离可较长。尤其是电子全站仪既能测角又能测距,且内部固化有计算程序,可直接进行坐标放样。所以,应用极坐标法能极大地发挥全站仪的功能。

11.2.3 角度交会法

角度交会法适用于待测设点位离控制点较远或不便于量距的情况。它是通过测设两个或多个已知角度,交会出待定点的平面位置。这种方法又称为方向交会法。

如图 11-11 所示,A、B、C 为坐标已知的平面控制点,P 为待测设点,其设计坐标为 $P(x_p,y_p)$,现根据 A、B、C 三点测设 P 点。测设时,应先根据坐标反算公式分别计算出 α_{AB}、α_{AP}、α_{BP}、α_{CP}、α_{CB},然后计算测设数据 β_1、β_2、β_3,最后实地测设点位。

具体方法:在 A、B 两个控制点上安置经纬仪,分别测设出相应的 β 角,但应注意实地测设时的后视已知点应与计算时所选用的后视方向相同。当测设精度要求较低时,可用标杆作为照准目标，通过两个观测者指挥把标杆移到待定点的位置。当精度要求较高时，先在 P 点处打下一个大木桩，并由观测员指挥，在木桩上依 AP、BP 绘出方向线及其交点 P。然后在控制点 C 上安置经纬仪，同样可测设出 CP 方向。若交会没有误差，此方向应通过前两条方向线的交点，否则将形成一个"示误三角形"，如图 11-11 所示。"示误三角形"的最大边长的限差视测设精度要求而定。例如，精密放样精度要求"示误三角形"的最大边长不超过 1cm，若符合限差要求，取三角形的重心作为待定点 P 的最终位置；若误差超限，应重新交会。为了提高交会精度，测设时交会角 γ_1、γ_2 宜为 30°～150°。

11.2.4 距离交会法

距离交会法是由两个控制点测设两段已知距离交会点的平面位置的方法。在施工场地平坦、量距方便且控制点离测设点不超过一尺段时采用此法较为适宜。

如图 11-12 所示，A、B、C 为已知平面控制点，1、2 为待测设点。首先，由控制点 A、B、C 和待设点 1、2 的坐标反算出测设数据 d_1、d_2、d_3、d_4。然后，分别从 A、B、C 点用钢尺测设已知距离 d_1、d_2、d_3、d_4。测设时，同时使用两把钢尺，由 A、B 测设长度 d_1、d_2 交会定出 1 点，同样由 B、C 测设长度 d_3、d_4 交会定出 2 点。最后，应量取点 1 至点 2 的长度，与设计长度比较，以检核测设的准确性。这种方法所使用的工具简单，多用于施工中距离较近的细部点放样。

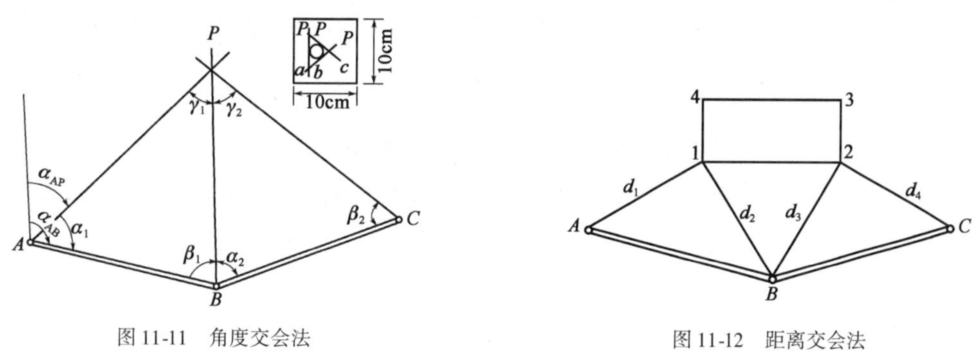

图 11-11 角度交会法

图 11-12 距离交会法

11.3 坡度线的测设

道路、管道、地下工程、场地平整等工程施工中，常需要测设已知设计坡度的直线。已知坡度直线的测设工作，实际上就是每隔一定距离测设一个符合设计高程位置桩，使之构成已知坡度。

如图 11-13 所示，A、B 为设计坡度的两个端点，已知 A 点高程 H_A，设计的坡度 i，则 B 点的设计高程可用下式计算：

$$H_B = H_A + i \cdot D_{AB} \tag{11-6}$$

式中：坡度上升时 i 为正，反之为负。

测设时，可利用水准仪设置倾斜视线测设方法，其步骤如下：

(1)先根据附近水准点，将设计坡度线两端 A、B 的设计高程 H_A、H_B 测设于地面上，并打入木桩。

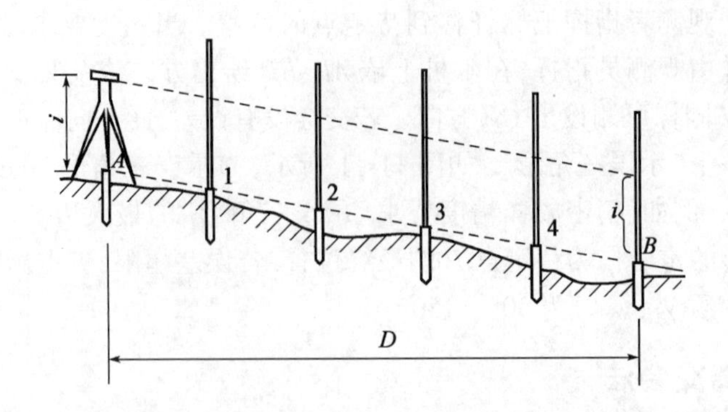

图 11-13　坡度直线的测设

(2)将水准仪安置于 A 点,并量取仪高 i,安置时使一个脚螺旋在 AB 方向上,另两个脚螺旋的连线大致垂直于 AB 方向线。

(3)照准 B 点上的水准尺,旋转 AB 方向上的脚螺旋或微倾螺旋,使视线在 B 标尺上的读数等于仪器高 i,此时水准仪的倾斜视线与设计坡度线平行。

(4)在 A、B 之间按一定距离打桩,当各桩点 P_1、P_2、P_3 上的水准尺读数都为仪器高 i 时,则各桩顶连线就是所需测设的设计坡度。

施工中,有时需根据各地面点的标尺读数决定填挖高度。这时可利用以下方法确定:若各桩顶的标尺实际读数为 b_i,则可按下式计算各点的填挖高度:

$$填挖高度 = i - b_i$$

上式中,$i = b_i$ 时,不填不挖;$i > b_i$ 时,须挖;$i < b_i$ 时,须填。

由于水准仪望远镜纵向移有限,若坡度较大,超出水准仪脚螺旋的调节范围时,可使用经纬仪测设。

本章小结

本章内容是工程施工测量的基础,在实际工程施工测量工作中具有重要的应用。学习时,要搞清本章各种施工测量工作的主要内容以及它们之间的相互关系。

(1)测设的基本工作

测设的基本工作包括已知距离、角度和高程的测设,这三个基本量的测设是平面点位、曲线等后续测设内容的重要基础。学习这部分内容时,要注意这三个基本量的测设与前面已学习的距离、角度、高程测量的本质不同。

(2)点的平面位置测设

点的平面位置测设重点介绍了直角坐标法、极坐标法、角度交会法和距离交会法。使用这些方法测设时均需先计算测设数据,然后进行待定点位置的实地测设。这些测设方法实际上是以距离和角度测设为基础的。例如,直角坐标法是两段距离的测设;极坐标法是对一个角度和一段距离的测设;角度交会法是对两个以上角度的测设;距离交会法则是对两段距离的测设。测设完毕后,要注意利用其他已知点进行校核。

(3)已知坡度的测设

已知坡度的测设在地面平整和道路施工工作中常用。已知坡度的测设实际上就是多个点的高程测设,因此它是以高程测设方法为基础的。坡度较小时一般使用水准仪测设,坡度较大时可使用经纬仪测设。

思考题与习题

1. 测设主要内容有哪些?其基本特点是什么?

2. 说明测设已知水平距离和测量两点间距离的区别。

3. 试述已知水平角的一般测设方法。

4. 在地面上欲测设一段长49.00m的水平距离,所用钢尺的名义长度为50m,在标准温度20℃时,其检定长度为49.994m,测设时的温度为12℃,所用拉力与检定时的拉力相同,钢尺的膨胀系数为1.25×10^{-5},概量后测得两点间的高差为$h=-0.58$m,试计算在地面上应测设的长度。

5. 场地附近有一水准点A,其高程为$H_A=138.316$m,欲测设高程为139.000m的室内±0高程,设水准仪在水准点A所立水准尺上的读数为1.038m,试说明其测设方法。

6. 试述利用水准仪测设已知坡度的基本方法。

7. 测设点的平面位置有哪些方法?各有何特点?

8. 设A、B为已知平面控制点,其坐标分别为A(162.32m,566.39m),B(206.78m,478.28m),欲根据A、B两点测设P点的位置,P点设计坐标为P(178.00m,508.00m)。试计算用极坐标法测设P点的测设数据,并绘图说明测设方法。

第12章

道路工程测量

【本章知识要点】

本章主要讲授道路中线各种平面线形的测设理论及方法;路线纵横断面的测量方法;道路施工测量等。要求掌握交点及转点、转角的测设方法,圆曲线、缓和曲线的测设方法,路线纵、横断面的测设方法。了解虚交时曲线的测设方法、回头曲线测设方法、复曲线测设方法、道路施工测量方法。

通常道路都是由直线和曲线组成的空间曲线。为了选择一条经济合理的路线,必须进行路线勘测。路线勘测分为初测和定测。初测阶段的任务是:在指定范围内布设导线,测量路线各方案的带状地形图和纵断面图,收集沿线水文、地质等有关资料,为纸上定线、编制比较方案等初步设计提供依据。定测阶段的任务是在选定方案的路线上进行中线测量、纵断面测量、横断面测量以及局部地区的大比例尺地形图测绘等,为路线纵坡设计、工程量计算等道路技术设计提供详细的测量资料。

技术设计经批准后,即可施工。在施工前、施工中以及竣工后,还应进行线路工程施工测量。

12.1 道路中线测量

线路为平面线形,在直线转向处要用曲线连接起来,这种曲线称为平曲线。平曲线包括圆曲线和缓和曲线两种,如图 12-1 所示。圆曲线是具有一定曲率半径的圆弧。缓和曲线是在直线与圆曲线之间加设的、曲率半径由无穷大逐渐变化为圆曲线半径的曲线。我国公路一般采用回旋线作为缓和曲线。

图 12-1 道路的平面线形

中线测量就是通过直线和曲线的测设,将线路的中线具体地测设到地面上去,并测出中桩的里程。

12.1.1 交点的测设

路线改变方向时,两相邻直线段延长后相交的点,称为路线交点,用符号 JD 表示,它是中线测量的控制点。交点的测设可采用现场标定的方法,即根据既定的技术标准、结合地形、地质等条件,在现场反复比较,直接定出线路交点的位置。这种方法不需要测地形图,比较直观,但只适用于等级较低的公路及一般管线。对于高等级公路、铁路或地形复杂、现场标定困难的地段,应采用纸上定线的方法,即先在实地布设导线,测绘大比例尺地形图(通常为 1∶1 000 或 1∶2 000 地形图),在图上定出路线,计算中桩坐标,再到实地放线,将交点在实地标定出来,一般可用以下两种方法:

1)穿线交点法

穿线交点法是利用地形图上的测图导线点与图上的路线之间的角度和距离关系,在实地将路线中线的直线段测设出来,然后将相邻直线延长相交,定出交点桩的位置。具体测设步骤如下:

(1)放点

放点常用的方法有极坐标法和切线支距法。

如图 12-2 所示为极坐标法放点。P_1、P_2、P_3、P_4 是设计图纸中线上的四点,欲放到实地上,4、5 是图上与实地相对应的导线点,用量角器和比例尺在图上分别量出或由坐标反算方位角计算出 β_1、β_2、β_3、β_4 及距离 l_1、l_2、l_3、l_4 的数值 。实地放点时,如在 4 点安置仪器,以 4 点为极点拨角 β_1 定出方向,用皮尺从 4 点起在视线上丈量 l_1 定出 P_1 。以同样方法定出 P_2 ,迁站至 5 点定出 P_3、P_4 点。

如图 12-3 所示为支距法放点,在图上以导线点 4、5 点等为垂足,作导线边的垂线,交路中线各点 P_1、P_2 等为欲放的临时点,用比例尺量出相应的 l_1、l_2、…在实地用经纬仪或方向架测设直角的标定方向,在视线上用皮尺量距,放出 P_i 各点。上述方法放出的点为临时点,这些点应尽可能选在地势较高、通视条件较好的位置,以利于下一步的穿线或放置转点。

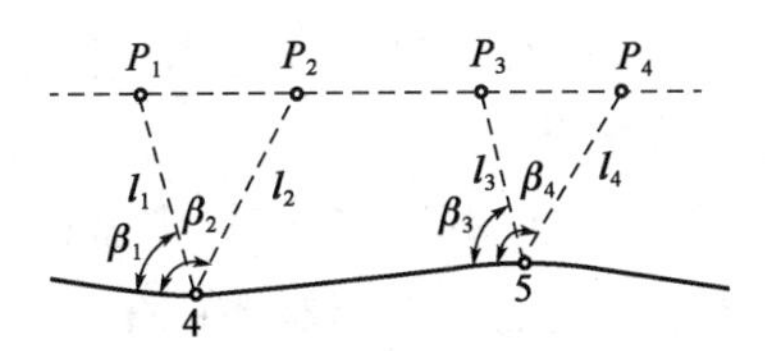

图 12-2 极坐标法放点

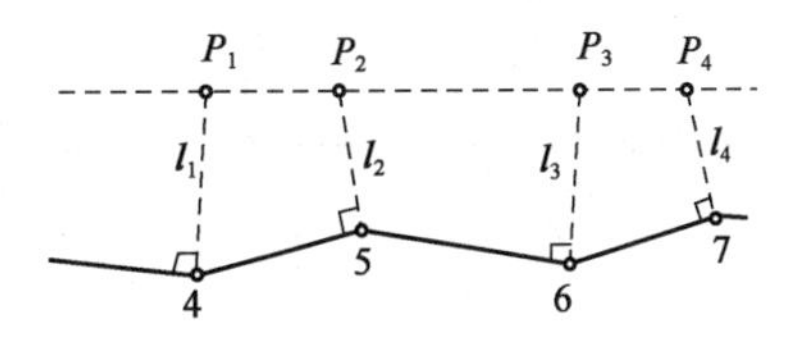

图 12-3 支距法放点

(2)穿线

用上述方法放在实地的临时点,理论上应在同一条直线上,但由于放点时图解数据和测设误差及地形的影响,使放出的点不在一条直线上,如图 12-4 所示。这时可根据实地情况,采用目估法或经纬仪法穿线,通过比较和选择,定出一条尽可能多地穿过或靠近临时点的直线 AB,在 A、B 或其方向线上打下两个以上的转点桩,随即取消临时点,这种确定直线位置的工作叫作穿线。

(3)交点

如图 12-5 所示,当相邻两相交的直线在地面上确定后,即可进行交点。将经纬仪安置于 ZD_2 瞄准 ZD_1,倒镜,在视线方向上接近交点的概略位置前后打下两桩(称骑马桩)。采用正倒镜分中法在该两桩上定出 a、b 两点,并钉以小钉,挂上细线。仪器搬至 ZD_3,同法定出 c、d 点,挂上细线,两细线的相交处打下木桩,并钉以小钉,得到交点 JD。

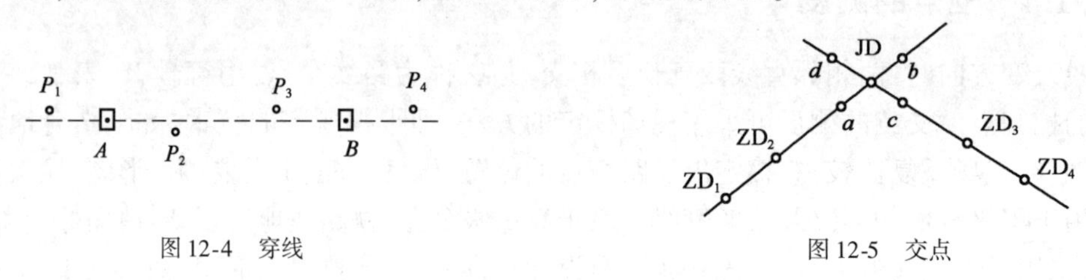

图 12-4 穿线

图 12-5 交点

2)拨角放线法

拨角放线法是在地形图上量出纸上定线的交点坐标,反算相邻交点间的直线长度、坐标方位角及转角,然后在野外将仪器置于路线中线起点或已确定的交点上,拨出转角,测设直线长度,依次定出各交点位置。

这种方法工作迅速,但拨角放线的次数愈多,误差累积也愈大,故每隔一定距离应将测设的中线与测图导线连测,以检查拨角放线的精度。连测闭合的精度要求与测图导线相同。当闭和差超限时,应检查原因予以纠正;当闭和差符合精度要求时,则按具体情况进行调整,使交点位置符合纸上定线的要求。

12.1.2 转点的测设

路线测量中,当相邻两点互不通视或直线较长时,需要在其连线上或延长线上测定一点或数点,以供交点、测角、量距或延长直线瞄准使用,这样的点称为转点(以 ZD 表示)。测设方法如下:

1)在两交点间设转点

如图 12-6 所示。JD_5、JD_6 为已在实地标定的相邻两交点,但互不通视,ZD′为粗略定出的转点位置。将经纬仪置于 ZD′,用正倒镜分中法延长直线 JD_5-ZD′于 JD_6'。如 JD_6'与 JD_6 重合或偏差 f 在路线容许移动的范围内,则转点位置即为 ZD′,这时应将 JD_6 移至 JD_6',并在桩顶上钉上小钉表示交点位置。

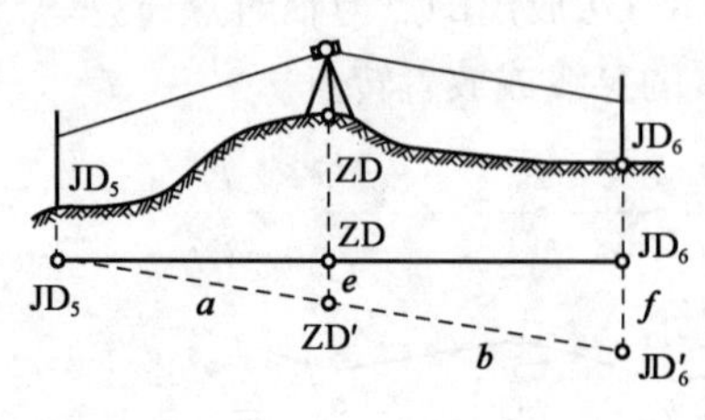

图 12-6 两交点间设转点

偏差 f 超出容许范围或 JD_6 不许移动时,则需重新设置转点。设 e 为 ZD′应横向移动的距离,仪器在 ZD′用视距测量方法测出 a、b 距离,则:

$$e = \frac{a}{a+b}f \tag{12-1}$$

将 ZD′沿偏差 f 的相反方向横移 e 至 ZD。将仪器移至 ZD,延长直线 JD_5-ZD 看是否通过 JD_6 或偏差 f 是否小于容许值。否则应再次设置转点,直至符合要求为止。

2)在两交点延长线上设转点

如图 12-7 所示,设 JD_8、JD_9 互不通视, ZD′为其延长线上转点的概略位置。仪器置于 ZD′,盘左瞄准 JD_8,在 JD_9 处标出一点;盘右再瞄准 JD_8,在 JD_9 处也标出一点,取两点的中点得 JD_9',若 JD_9'与 JD_9 重合或偏差 f 在容许范围内,即可将 JD_9'代替 JD_9 作为交点,ZD′即作为转点。否则应调整 ZD′的位置。设 e 为 ZD′应横向移动的距离,用视距测量方法测出距离,则:

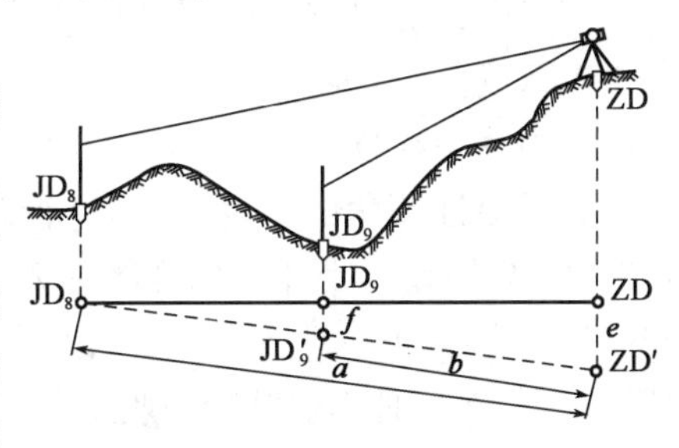

图 12-7 两交点延长线上设交点

$$e = \frac{a}{a-b}f \tag{12-2}$$

将 ZD′沿与 f 相反方向移动 e,即得新转点 ZD。置仪器于 ZD,重复上述方法,直至 f 小于容许值为止。最后将转点和交点 JD_9 用木桩标定在地上。

12.1.3 路线转角的测定

在路线转折处,为了测设曲线,需要测定转角。所谓转角,是指路线由一个方向偏转至另一方向时,偏转后的方向与原方向间的夹角,以 α 表示。如图 12-8 所示,当偏转后的方向位于原方向右侧时,为右转角 α_y(路线向右转);当偏转后的方向位于原方向左侧时,为左转角 α_z(路线向左转)。在路线测量中,习惯上是通过观测路线的右角 β 计算出转角。右角通常用 DJ_6 级经纬仪按测回法观测一个测回。当 $\beta < 180°$时为右转角,当 $\beta > 180°$时为左转角。右转角和左转角的计算式如下:

$$\alpha_y = 180° - \beta \tag{12-3}$$

$$\alpha_z = \beta - 180° \tag{12-4}$$

测定右角 β 后,为方便测设曲线,在不变动水平度盘位置的情况下,定出分角线方向。如图 12-9 所示,设测角时,后视方向的水平度盘读数为 a,前视方向的读数为 b,则分角线方向的水平度盘读数 c 应为:

$$c = b + \frac{\beta}{2}$$

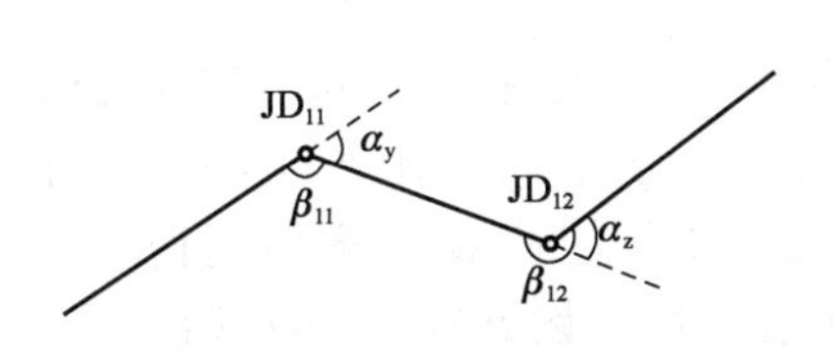

图 12-8 路线的转角及右角

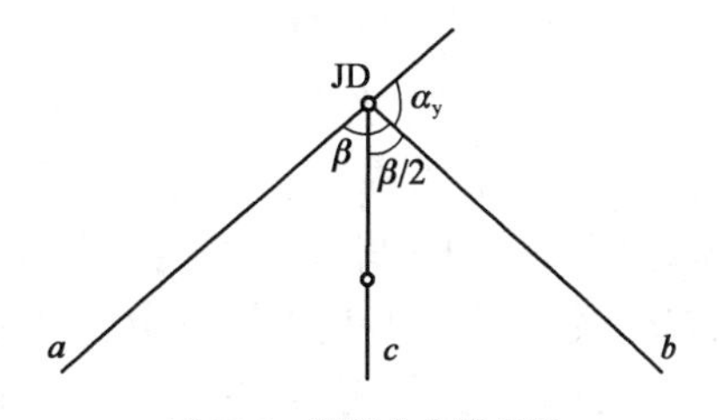

图 12-9 测设分角线方向

因$\beta = a - b$,则:

$$c = \frac{a + b}{2} \tag{12-5}$$

实践中,无论是在路线右侧还是左侧设置分角线,均可按式(12-5)计算。当转动照准部使水平度盘读数为c时,视线方向即为分角线方向,然后打桩标定。若$\beta > 180°$时,倒镜后的视线方向则为分角线方向。

为了保证测角的精度,还须进行路线角度闭合差的检核。当路线导线与高级控制点连接时,可按附和导线计算角度闭和差。如在限差之内,则可进行闭合差的调整。当路线未与高级控制点连测时,可每隔一段距离,观测一次真方位角用来检核角度。为了及时发现测角错误,可在每日作业开始与收工前用罗盘仪各观测一次磁方位角,与以角度推算的方位角相核对。

此外,在角度观测后,还须用视距测量方法测定相邻交点间的距离,以检核中线测量的量距结果。

12.1.4 里程桩的设置

在路线交点、转点及转角测定后,即可进行实地量距、设置里程桩、标定中线位置。里程桩亦称中桩,桩上写有桩号(亦称里程),表示该桩至路线起点的水平距离。如某桩距路线起点的水平距离为1 234.56m,则桩号记为K1 +234.56。

里程桩分为整桩和加桩两类。整桩是按规定桩距以10m 、20m或50m的整倍数桩号而设置的里程桩。百米桩和公里桩均属于整桩,一般情况下均应设置。如图12-10所示为整桩的书写情况。

加桩分为地形加桩、地物加桩、曲线加桩和关系加桩。地形加桩是于中线地形变化点设置的桩;地物加桩是在中线上桥梁、涵洞等人工构造物处以及与公路、铁路、高压线、渠道等交叉处设置的桩;曲线加桩是在曲线起点、中点、终点等设置的桩;关系加桩是在转点和交点上设置的桩。如图12-11所示,在书写曲线加桩和关系加桩时,应在桩号之前加写其缩写名称。例如我国公路采用汉语拼音的缩写名称,如表12-1所示。

图12-10 整桩　　图12-11 加桩

钉桩时,对起控制作用的交点桩、转点桩以及一些重要的地物加桩,如桥位桩、隧道定位桩等均应用方桩。将方桩钉至与地面齐平,顶面钉一小钉表示点位。在距方桩20cm左右设置指示桩,上面书写桩的名称和桩号。钉指示桩时要注意应朝向方桩,在直线上应打在路线的同一侧,在曲线上则应打在曲线的外侧。除此之外,其他桩一般不设方桩,直接将指示桩打在点位上,桩号要面向路线起点方向,并露出地面。

路线主要标志点名称表　　表 12-1

名　　称	简　　称	汉语拼音缩写	英 语 缩 写
交点		JD	IP
转点		ZD	TP
圆曲线起点	直圆点	ZY	BC
圆曲线中点	曲中点	QZ	MC
圆曲线终点	圆直点	YZ	EC
公切点		GQ	CP
第一缓和曲线起点	直缓点	ZH	TS
第一缓和曲线终点	缓圆点	HY	SC
第二缓和曲线起点	圆缓点	YH	CS
第二缓和曲线终点	缓直点	HZ	ST

12.2　圆曲线测设

圆曲线又称单曲线，是指具有一定半径的圆弧线。圆曲线的测设一般分两步进行：先测设曲线的主点，即曲线的起点、中点和终点；然后在主点之间按规定桩距进行加密，测设曲线的其他各点，称为曲线的详细测设。

12.2.1　圆曲线主点的测设

1）曲线测设元素计算

如图 12-12 所示，设交点 JD 的转角为 α，圆曲线半径为 R，则曲线的测设元素可按下列公式计算：

$$\left.\begin{aligned} &\text{切线长} \qquad T = R\tan\frac{\alpha}{2} \\ &\text{曲线长} \qquad L = R\alpha\frac{\pi}{180^\circ} \\ &\text{外矢距} \qquad E = R\left(\sec\frac{\alpha}{2} - 1\right) \\ &\text{切曲差} \qquad D = 2T - L \end{aligned}\right\} \tag{12-6}$$

2）主点测设

（1）主点里程的计算

交点 JD 的里程由中线丈量得到，根据交点的里程和曲线测设元素，即可算出各主点的里程。由图 12-12 可知：

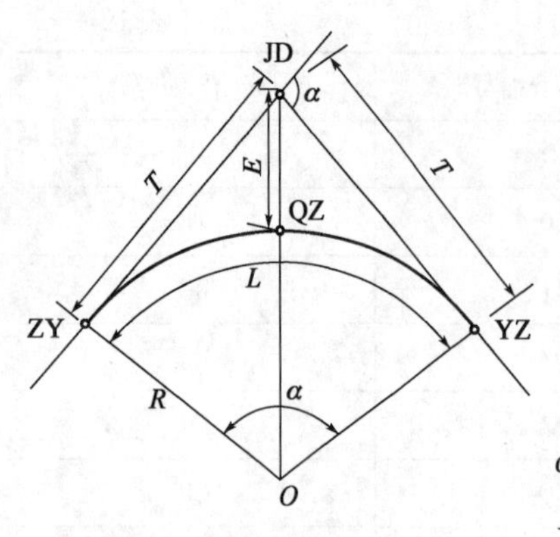

图 12-12　圆曲线的主点及主元素

$$\left.\begin{aligned}&\text{ZY 里程} = \text{JD 里程} - \text{T}\\&\text{YZ 里程} = \text{ZY 里程} + L\\&\text{QZ 里程} = \text{YZ 里程} - \frac{L}{2}\\&\text{JD 里程} = \text{QZ 里程} + \frac{D}{2}(\text{校核})\end{aligned}\right\} \quad (12\text{-}7)$$

【例 12-1】 已知交点的里程为 K3 + 182.76，测得转角 $\alpha_y = 25°48'$，圆曲线半径 $R = 300$m，求曲线测设元素及主点里程。

解：(1) 曲线测设元素

由公式(12-6)可得：

$T = 68.71$m，　　$L = 135.09$m，

$E = 7.77$m，　　$D = 2.33$m

(2) 主点里程

JD	K3 + 182.76
$-T$	68.71
ZY	K3 + 114.05
$+L$	135.09
YZ	K3 + 249.14
$-L/2$	67.54
QZ	K3 + 181.60
$+D/2$	1.16
JD	K3 + 182.76

(计算无误)

(2) 主点的测设

置经纬仪于交点 JD 上，望远镜照准后视相邻交点或转点方向，沿此方向线量取切线长 T，得曲线起点 ZY。插一测钎，然后丈量 ZY 至最近一个直线桩的距离，如两桩号之差等于丈量的距离或相差在容许范围内，即可在测钎处打下 ZY 桩。否则应查其原因，以确保点位的正确性。设置终点时，将望远镜照准前一方向线的交点或转点，自 JD 沿望远镜方向量取切线长 T，打下曲线终点 YZ 桩。最后沿测定路线转折角时所定的分角线方向，量取外矢距 E 得曲线中点，打下 QZ 桩。

12.2.2　圆曲线的详细测设

1) 曲线上对桩距的要求

在圆曲线的主点设置后，即可进行曲线的详细测设。详细测设所采用的桩距 l_0 与曲线半径有关，一般有如下规定：

$R \geqslant 100$m 时，$l_0 = 20$m

$25\text{m} < R < 100$m 时，$l_0 = 10$m

$R \leqslant 25$m 时，$l_0 = 5$m

按桩距 l_0 在曲线上设桩，通常有两种方法：

(1)整桩号法

将曲线上靠近起点 ZY 的第一个桩号凑整成为 l_0 倍数的整桩号，然后按桩距 l_0 连续向曲线终点 YZ 设桩。这样设置的桩均为整桩号。

(2)整桩距法

从曲线起点 ZY 和终点 YZ 开始，分别以桩距 l_0 连续向曲线中点 QZ 设桩。由于这样设置的桩，桩距为整数，桩号多为零数，因此应注意加设百米桩和公里桩。中线测量中一般均为采用整桩号法。

圆曲线的详细测设的方法很多，下面介绍两种基本的方法。

2)切线支距法

切线支距法是以曲线的起点 ZY 为坐标原点(下半曲线则以终点 YZ 为坐标原点)，以切线为 X 轴，过原点的半径为 Y 轴，按曲线上各点的坐标 x、y 设置曲线。如图 12-13 所示，设 p_i 为曲线上欲测设的点位，该点至 ZY 点或 YZ 点的弧长为 l_i，φ_i 为 l_i 所对的圆心角，R 为圆曲线半径，则 P_i 的坐标可按下式计算：

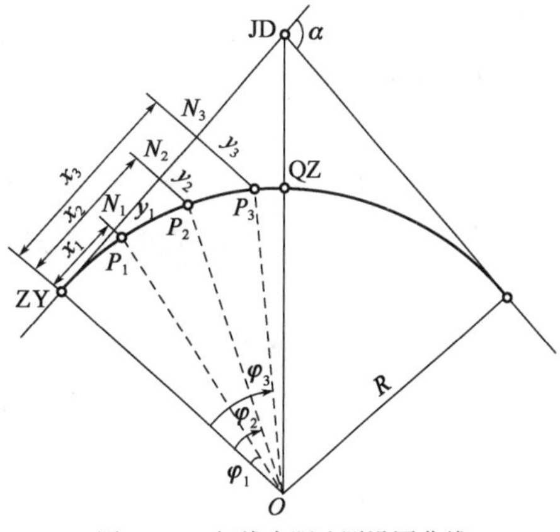

图 12-13　切线支距法测设圆曲线

$$
\begin{aligned}
\varphi_i &= \frac{l_i}{R} \cdot \frac{180^\circ}{\pi} \\
x_i &= R\sin\varphi_i \\
y_i &= R(1-\cos\varphi_i)
\end{aligned}
\tag{12-8}
$$

式中：φ_i ——以度为单位($i = 1,2,3,\cdots$)。

【例 12-2】 若[例 12-1]采用切线支距法并按整桩号法设桩，试计算各桩坐标。

解：[例 12-1]已计算出主点里程，在此基础上按整桩号法列出详细测设的桩号，并计算其坐标。具体计算结果见表 12-2。

切线支距法计算结果　　表 12-2

桩　号		各桩至 ZY 或 YZ 的曲线长度(l_i)	圆心角(φ_i)	x_i	y_i
ZY	K3 + 114.05	0	0°00′00″	0	0
	+ 120	5.95	1°08′11″	5.95	0.06
	+ 140	25.95	4°57′22″	25.92	1.12
	+ 160	45.95	8°46′33″	45.77	3.51
	+ 180	65.95	12°35′44″	65.42	7.22
QZ	K3 + 181.60	67.55	12°54′04″	66.98	7.57
	+ 200	49.14	9°23′06″	48.92	4.02
	+ 220	29.14	5°33′55″	29.09	1.41
	+ 240	9.14	1°44′44″	9.14	0.14
YZ	K3 + 249.14	0	0°00′00″	0	0

切线支距法测设曲线时,为了避免支距过长,一般由 ZY、YZ 点分别向 QZ 点施测。其测设步如下:

(1)从 ZY(或 YZ)点开始用钢尺或皮尺沿切线方向量取 P_i 的横坐标 x_i ,得垂足 N_i 。

(2)在各垂足 N_i 上用方向架(低等级道路)或经纬仪定出垂直方向,量取纵坐标 y_i ,即可定出 P_i 点。

(3)曲线上各点测设完毕后,应量取相邻各桩之间的距离,并与相应的桩号之差比较,若误差在限差范围之内,则曲线测设合格,可将偏差做适当调整;否则应查明原因,予以纠正。

这种方法适用于平坦开阔的地区,具有测点误差不累积的优点。

3)偏角法

偏角法是以曲线起点 ZY(或终点 YZ)至曲线上任一点 P_i 的弦长与切线 T 之间的弦切角 Δ_i(称偏角)和相邻点间的弦长 c_i 来确定 P_i 点的位置。如图 12-14 所示,根据几何原理,偏角 Δ_i 等于相应弧长所对的圆心角 φ_i 的一半,即

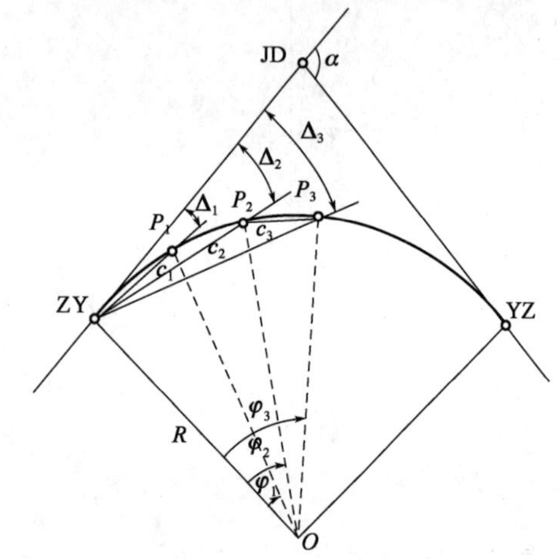

图 12-14 偏角法测设圆曲线

$$\Delta_i = \frac{\varphi_i}{2} \tag{12-9}$$

将式(12-9)代入,则:

$$\Delta_i = \frac{l_i}{R} \cdot \frac{90^\circ}{\pi} \tag{12-10}$$

弦长 c_i 可按下式计算:

$$c_i = 2R\sin = \frac{\varphi_i}{2} \tag{12-11}$$

其弧弦差为:

$$\delta_i = l_i - c_i = \frac{l_i^3}{24R^2} \tag{12-12}$$

在实际工作中,弦长 c_i 可通过式(12-11)计算,亦可先按式(12-12)计算弧弦差 δ_i ,再计算弦长 c_i 。

【例 12-3】 仍以[例 12-1]为例,采用偏角法按整桩号法设桩,计算各桩的偏角和弦长。

解:设曲线由 ZY 点和 YZ 点分别向 QZ 点测设,计算见表 12-3。

偏角法计算结果 表 12-3

桩 号	各桩至 ZY 或 YZ 的曲线长度(l_i)	偏角值(° ′ ″)	偏角读数(° ′ ″)	相邻桩间弧长(m)	相邻桩间弦长(m)
ZY K3 +114.05	0	0 00 00	0 00 00	0	0
+120	5.95	0 34 05	0 34 05	5.95	5.95
+140	25.95	2 28 41	2 28 41	20	20.00
+160	45.95	4 23 16	4 23 16	20	20.00
+180	65.95	6 17 52	6 17 52	20	20.00
QZ K3 +181.60	67.55	6 27 00	6 27 00	1.60	1.60
			353 33 00	18.4	18.40
+200	49.14	4 41 33	355 18 27	20	20.00

续上表

桩　　号	各桩至 ZY 或 YZ 的曲线长度(l_i)	偏角值(° ′ ″)	偏角读数(° ′ ″)	相邻桩间弧长(m)	相邻桩间弦长(m)
+220	29.14	2 46 58	357 13 02	20	20.00
+240	9.14	0 52 22	359 07 38	9.14	9.14
YZ K3 +249.14	0	0 00 00	0 00 00	0	0

由于经纬仪水平度盘的注记是顺时针方向增加的，因此测设曲线时，如果偏角的增加方向与水平度盘一致，也是顺时针方向增加，称为正拨；反之称为反拨。对于右转角(本例为右转角)，仪器置于 ZY 点上测设曲线为正拨，置于 YZ 点上则为反拨。对于左转角，仪器置于 ZY 点上测设曲线为反拨，置于 YZ 点上则为正拨。正拨时，望远镜照准切线方向，如果水平度盘读数配置在0°，各桩的偏角读数即等于各桩的偏角值。但在反拨时则不同，各桩的偏角读数应等于360°减去各桩的偏角值。

本例的偏角法的测设步骤如下：

(1)将经纬仪置于 ZY 点上，瞄准交点 JD 并将水平度盘配置在0°00′00″。

(2)转动照准部使水平度盘读数为0°34′05″，从 ZY 点沿此方向量取弦长 5.95m，定出 K3 +120。

(3)转动照准部使水平度盘为2°28′41″，由桩 +120 量弦长 20m 与视线方向相交，定出 K3 +140。

(4)按上述方法逐一定出其他各整桩点。

(5)校核。当测至 QZ 点及 YZ 点时，应检查 QZ 与 YZ 点是否与主点测设时定出的点重合，如不重合，其闭和差一般不得超过如下规定：

纵向(切线方向)　　$\pm \frac{L}{1000}$

横向(半径方向)　　$\pm 0.1\ \text{m}$

式中：L——测设的曲线长度。

偏角法不仅可以在 ZY 和 YZ 点上测设曲线，而且可在 QZ 点上测设，也可在曲线任一点上测设。它是一种测设精度较高、实用性较强的常用方法。但这种方法存在着测点误差累积的缺点，所以宜从曲线两端向中点或自中点向两端测设曲线。

12.3　带有缓和曲线的平曲线测设

车辆在曲线上行驶，会产生离心力。由于离心力的作用，车辆将向外侧倾倒，影响车辆的安全和顺适。为了减小离心力的影响，路面必须在曲线外侧加高，称为超高。在直线上超高为0，在圆曲线上超高为 h，这就需要在直线与圆曲线之间插入一段曲率半径由无穷大逐渐变化至圆曲线半径 R 的曲线，使超高由0逐渐增加到 h，同时实现曲率半径的过渡，这段曲线称为缓和曲线。

缓和曲线可采用回旋线(亦称辐射螺旋线)、三次抛物线、双纽线等线形。目前我国公路和铁路系统中，均采用回旋线作为缓和曲线。

12.3.1 缓和曲线公式

1）基本公式

如图 12-15 所示，回旋线是曲率半径随曲线长度的增大而成反比地均匀减小的曲线，即在回旋线上任一点的曲率半径 ρ 与曲线的长度成反比。以公式表示为：

$$\rho = \frac{c}{l}$$

或

$$\rho l = c \tag{12-13}$$

式中：c——常数，表示缓和曲线半径的变化率。

当 l 等于所采用的缓和曲线长度 l_s 时，缓和曲线的半径等于圆曲线半径 R，故：

$$c = Rl_s \tag{12-14}$$

2）切线角公式

回旋线上任一点 P 处的切线与起点 ZH（或 HZ）切线的交角为 β，称为切线角。该角值与 P 点至起点曲线长 l 所对的中心角相等。在 P 处取一微分弧段 dl，所对的中心角为 dβ，于是：

$$\mathrm{d}\beta = \frac{\mathrm{d}l}{\rho} = \frac{l\mathrm{d}l}{c}$$

积分得：

$$\beta = \frac{l^2}{2c} = \frac{l^2}{2Rl_s} \tag{12-15}$$

当 $l = l_s$ 时，缓和曲线全长 l_s 所对的中心角即切线角，β_0 为：

$$\beta_0 = \frac{l_s}{2R}(\mathrm{rad}) \tag{12-16}$$

以角度表示则为：

$$\beta_0 = \frac{l_s}{2R} \cdot \frac{180°}{\pi} \tag{12-17}$$

3）参数方程式

如图 12-15 所示，设缓和曲线起点为原点，过该点的切线为 x 轴，半径为 y 轴，任取一点 P 的坐标为 (x,y)，则微分弧段 dl 在坐标轴上的投影为：

$$\left.\begin{aligned} \mathrm{d}x &= \mathrm{d}l \cdot \cos\beta \\ \mathrm{d}y &= \mathrm{d}l \cdot \sin\beta \end{aligned}\right\} \tag{12-18}$$

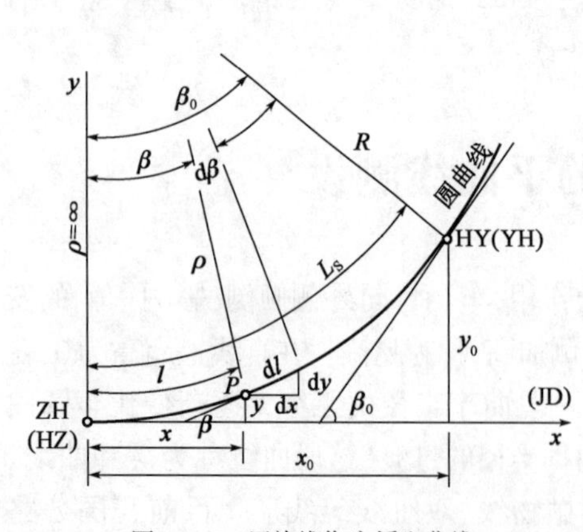

图 12-15　回旋线作为缓和曲线

将式（12-18）中的 $\cos\beta$、$\sin\beta$ 按级数展开，并将式（12-15）代入，积分，略去高次项，得：

$$\left.\begin{aligned} x &= l - \frac{l^5}{40R^2 l_s^2} \\ y &= \frac{l^3}{6Rl_s} - \frac{l^7}{336R^3 l_s^3} \end{aligned}\right\} \tag{12-19}$$

式（12-19）称为缓和曲线参数方程。

当 $l = l_s$ 时，得到缓和曲线终点坐标：

$$\left.\begin{aligned} x_0 &= l_s - \frac{l_s^3}{40R^2} \\ y_0 &= \frac{l_s^2}{6R} - \frac{l_s^4}{336R^3} \end{aligned}\right\} \tag{12-20}$$

12.3.2 带有缓和曲线的圆曲线要素计算及主点的测设

1)内移值 p 与切线增值 q 的计算

如图 12-16 所示,在直线与圆曲线之间插入缓和曲线时,必须将原有的圆曲线向内移动距离 p,才能使缓和曲线的起点位于直线方向上,这时切线增长 q。公路上一般采用圆心不动的平行移动方法,即未设缓和曲线时的圆曲线为弧 FG ,其半径为$(R+p)$;插入两段缓和曲线弧 AC 和弧 BD 后,圆曲线向内移,其保留部分为弧 CMD,半径为 R,所对的圆心角为 $\alpha-2\beta_0$ 。由图可知:

$$\left.\begin{aligned} p &= y_0 - R(1-\cos\beta_0) \\ q &= x_0 - R\sin\beta_0 \end{aligned}\right\} \tag{12-21}$$

将 $\cos\beta_0$、$\sin\beta_0$ 展开为级数,略去高次项,并按式(12-17)和式(12-20)将 β_0、x_0、y_0 代入,可得:

$$\left.\begin{aligned} p &= \frac{l_s^2}{24R} \\ q &= \frac{l_s}{2} - \frac{l_s^3}{240R^2} \end{aligned}\right\} \tag{12-22}$$

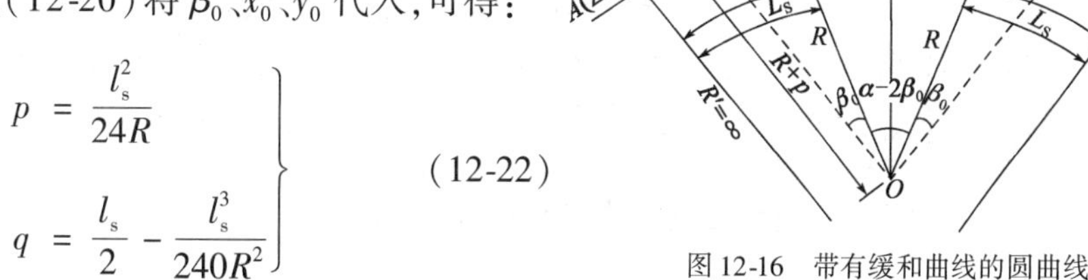

图 12-16 带有缓和曲线的圆曲线

2)曲线测设元素计算

当测得转角 α ,圆曲线半径 R 和缓和曲线长 l_s 后,即可按式(12-16)及式(12-22)计算切线角 β_0、内移值 p 和切线增值 q。在此基础上计算曲线测设元素。曲线测设元素可按下式计算:

切线长

$$\left.\begin{aligned} T_H &= (R+p)\tan\frac{\alpha}{2} + q \\ T_H &= R\tan\frac{\alpha}{2} + \left(p\tan\frac{\alpha}{2} + q\right) = T + t \end{aligned}\right\} \tag{12-23}$$

曲线长

$$\left.\begin{aligned} L_H &= R(\alpha - 2\beta_0)\frac{\pi}{180^\circ} + 2l_s \\ L_H &= R\alpha\frac{\pi}{180^\circ} + l_s \end{aligned}\right\} \tag{12-24}$$

其中圆曲线长 $$L_Y = R(\alpha-2\beta_0)\frac{\pi}{180^\circ}$$

外矢距

$$\left.\begin{aligned} E_{\mathrm{H}} &= (R+p)\sec\frac{\alpha}{2} - R \\ E_{\mathrm{H}} &= \left(R\sec\frac{\alpha}{2} - R\right) + p\sec\frac{\alpha}{2} = E + e \end{aligned}\right\} \tag{12-25}$$

切曲差

$$\left.\begin{aligned} D_{\mathrm{H}} &= 2T_{\mathrm{H}} - L_{\mathrm{H}} \\ D_{\mathrm{H}} &= 2(T+t) - (L - l_{\mathrm{s}}) = D + d \end{aligned}\right\} \tag{12-26}$$

3)主点测设

根据交点里程和曲线测设元素,计算主点里程。

直缓点　　$ZH = JD - T_{\mathrm{H}}$

缓圆点　　$HT = ZH + l_{\mathrm{s}}$

圆缓点　　$YH = HY + L_{\mathrm{Y}}$

缓直点　　$HZ = YH + l_{\mathrm{s}}$

曲中点　　$QZ = HZ - L_{\mathrm{H}}/2$

交点　　$JD = QZ + D_{\mathrm{H}}/2$(校核)

主点 ZH、HZ、QZ 的测设方法与圆曲线主点测设方法相同。HY 及 YH 点通常是根据缓和曲线终点坐标值 x_0、y_0 用切线支距法测设。

12.3.3　带有缓和曲线的曲线详细测设

1)切线支距法

切线支距法是以缓和曲线起点 ZH 或终点 HZ 为坐标原点,以切线为 x 轴,过原点的半径为 y 轴,利用缓和曲线和圆曲线上各点的坐标 x、y 值测设曲线。如图 12-17 所示, 在缓和曲线段上各点的坐标可按缓和曲线参数方程式(12-19)计算,即

$$\left.\begin{aligned} x &= l - \frac{l^5}{40R^2 l_{\mathrm{s}}^2} \\ y &= \frac{l^3}{6Rl_{\mathrm{s}}} - \frac{l^7}{336R^3 l_{\mathrm{s}}^3} \end{aligned}\right\}$$

圆曲线部分各点坐标的计算,因坐标原点是缓和曲线起点,可先按圆曲线公式计算出坐标 x'、y',再分别加上 q、p 值,即可得到圆曲线上任一点 p 的坐标:

$$\left.\begin{aligned} x &= x' + q = R \cdot \sin\varphi + q \\ y &= y' + p = R(1 - \cos\varphi) + p \end{aligned}\right\} \tag{12-27}$$

式中:$\varphi = \dfrac{l}{R} \cdot \dfrac{180^\circ}{\pi} + \beta_0$,$l$ 为该点至 HY 或 YH 的曲线长,仅为圆曲线部分的长度。

缓和曲线和圆曲线段上各点的坐标值,均可在曲线测设用表中查取。其测设方法与圆曲线切线支距法相同。

2)偏角法

(1)缓和曲线段

如图12-18所示,设缓和曲线上任意一点 P 至起点ZH(P 点位于YH ~ HZ之间时至HZ)的曲线长为 l,偏角为 δ,其弦长 c 近似与曲线长相等,则:

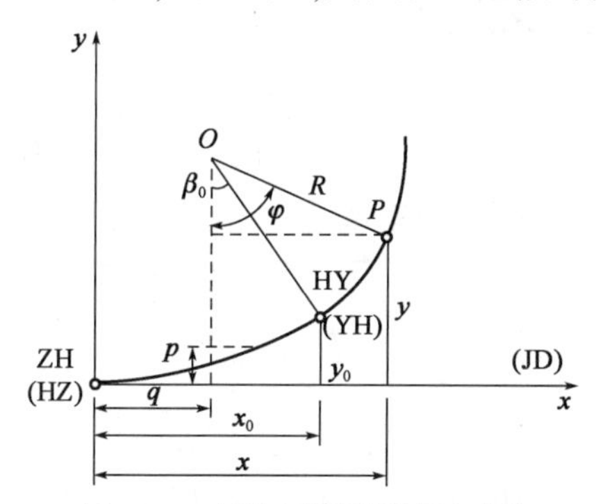

图12-17 切线支距法测设缓和曲线

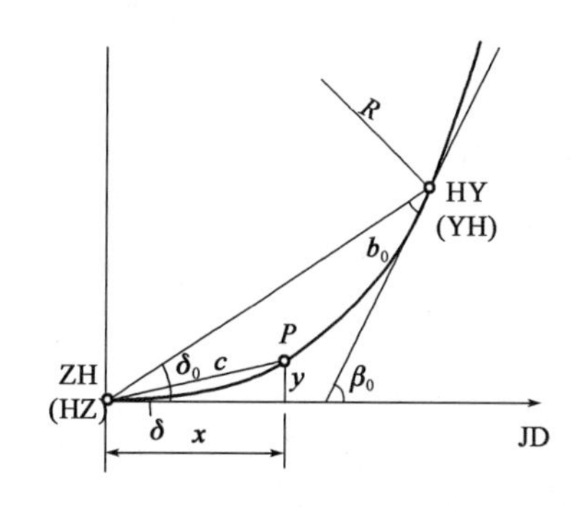

图12-18 偏角法测设带有缓和曲线的圆曲线

$$\sin\delta = \frac{y}{l}$$

因 δ 很小,则 $\sin\delta \approx \delta$,顾及 $y = \frac{l^3}{6Rl_s}$,则:

$$\delta = \frac{l^2}{6Rl_s} \tag{12-28}$$

HY或YH点的偏角 δ_0 为缓和曲线的总偏角。将 $l = l_s$ 代入式(12-27)得:

$$\delta_0 = \frac{l_s}{6R} \tag{12-29}$$

顾及 $\beta_0 = \frac{l_s}{2R}$,则:

$$\delta_0 = \frac{1}{3}\beta_0 \tag{12-30}$$

将式(12-28)与式(12-30)相比得:

$$\delta = \left(\frac{l}{l_s}\right)^2 \delta_0 \tag{12-31}$$

由式(12-31)可知,缓和曲线上任一点的偏角,与该点至缓和曲线起点的曲线长的平方成正比。在按式(12-28)计算出缓和曲线上各点的偏角后,将仪器置于ZH或HZ点上,与偏角法测设圆曲线一样进行测设。由于缓和曲线上弦长:

$$c = l - \frac{l^5}{90R^2 l_s^2} \tag{12-32}$$

近似等于相对应的曲线长,因而在测设时,弦长 c 一般以弧长 l 代替。

(2)圆曲线段

圆曲线上各点的测设须将仪器迁至HY或YH点上进行。这时只要定出HY或YH点的切线方向,就与前面所讲的无缓和曲线的圆曲线一样测设。如图12-18所示,显然应计算出 b_0:

$$b_0 = \beta_0 - \delta_0 = 3\delta_0 - \delta_0 = 2\delta_0 \tag{12-33}$$

将仪器置于 HY 点上,瞄准 ZH 点,水平度盘配置在 b_0(当曲线右转时,配置在 $360° - b_0$),旋转照准部使水平度盘读数为 0°00′00″并倒镜,此时视线方向即为 HY 点的切线方向。

12.4 困难地段中线测设

曲线测设中,往往因地形复杂、地物障碍,不能按常规方法进行,如交点、曲线起点不能安置仪器,视线受阻等,必须根据现场情况具体解决。虚交是指线路交点 JD 落入水中或遇建筑物等不能设桩或安置仪器时的处理方法。有时交点虽可钉出,但因转角很大,交点远离曲线或遇地形地物等障碍,也可改成虚交。下面介绍两种虚交的处理方法。

1)圆外基线法

如图 12-19 所示,路线交点落入河里,不能设桩为此在曲线外侧沿两切线方向各选择一辅助点 A 和 B,构成圆外基线 AB。用经纬仪测出 α_A 和 α_B,用钢尺往返丈量 AB,所测角度和距离均应满足规定的限差要求。由图 12-19 可知:

$$\alpha = \alpha_A + \alpha_B \tag{12-34}$$

$$\left.\begin{aligned} AC &= AB\frac{\sin\alpha_B}{\sin\alpha} \\ BC &= AB\frac{\sin\alpha_A}{\sin\alpha} \end{aligned}\right\} \tag{12-35}$$

根据转角 α 和选定的半径 R,即可算得切线长 T 和曲线长 L。再由 a、b、T,计算辅助点 A、B 至曲线 ZY 点和 YZ 点的距离 t_1 和 t_2:

$$\left.\begin{aligned} t_1 &= T - AC \\ t_2 &= T - BC \end{aligned}\right\} \tag{12-36}$$

如果计算出的 t_1、t_2 出现负值,说明曲线的 ZY 点、YZ 点位于辅助点与虚交点之间。根据 t_1、t_2 即可定出曲线的 ZY 点和 YZ 点。A 点的里程量出后,曲线主点的里程亦可算出。

曲中点 QZ 的测设,可根据 ΔACD 中的 AD 边和 γ 角以极坐标法进行,按余弦定理,有:

$$AD = \sqrt{AC^2 + CD^2 - 2AC \cdot CD\cos\theta} \tag{12-37}$$

按正弦定理,有:

$$\gamma = \arcsin\left(\frac{CD}{AD} \cdot \sin\theta\right) \tag{12-38}$$

其中,AC 已求出 $CD = E$;$\theta = (180° - \alpha)/2$。

施测时将经纬仪置于 A 点,后视 ZY 点,拨角 $180° + \gamma$(右转弯)或 $180° + \gamma$(左转弯),在视线方向量长度 AD,定出 D 点。

2)切基线法

与圆外基线法相比较,切基线法计算简单,而且容易控制曲线的位置,是解决虚交问题的常用方法。

如图 12-20 所示,圆曲线有 ZY、YZ 和 GQ 三个切点(GQ 为公切点),曲线被分为两个同半径的圆曲线,其切线长分别为 T_1 与 T_2,切线 AB 称为切基线。

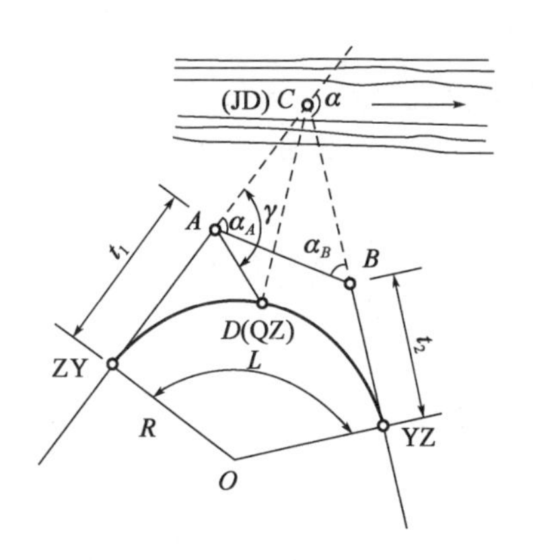

图 12-19 圆外基线法测设圆曲线

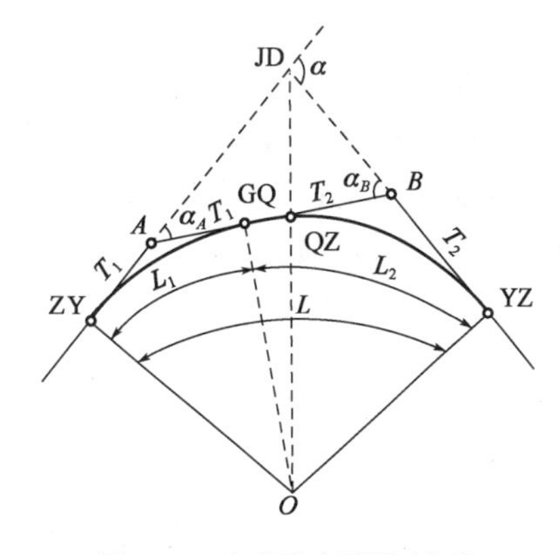

图 12-20 切基线法测设圆曲线

测设时，根据地形和路线的最佳位置，作适当切基线，定出在两切线方向上的 A、B 两点观测 α_A、α_B，丈量 AB 长度，求解半径 R。

$$T_1 = R\tan\frac{\alpha_A}{2}; T_2 = R\tan\frac{\alpha_B}{2}$$

将以上两式相加，整理后得：

$$R = \frac{T_1 + T_2}{\tan\frac{\alpha_A}{2} + \tan\frac{\alpha_B}{2}} = \frac{AB}{\tan\frac{\alpha_A}{2} + \tan\frac{\alpha_B}{2}} \tag{12-39}$$

求得半径 R 后，根据 α_A、α_B 计算得到 T_1、T_2、L_1、L_2 将 L_1 与 L_2 相加得圆曲线总长 L。

设置主点时，由 A 沿切线方向向后量 T_1 得 ZY 点，由 A 点沿 AB 方向量 T_1 得 GQ 点，由 B 点沿切线方向向前量 T_2 得 YZ 点。

曲线中点 QZ 可以 GQ 为坐标原点，用切线支距法求得。由图可知 QZ 在 GQ 前（或后），它与 GQ 点间的弧长为 $\frac{L}{2} - L_1\left(\text{或}\frac{L}{2} - L_2\right)$。以此弧长和 R 计算切线支距法直角坐标 x、y，便可定出 GQ 点。

12.5 复曲线测设

复曲线是由两个或两个以上不同半径的同向圆曲线直接连接而成的。在测设时，必须先定出其中一个圆曲线的半径，该曲线称为主曲线，其余的曲线称为副曲线。副曲线的半径则通过主曲线半径和测量的有关数据求得。

如图 12-21 所示，设 JD_1、JD_2 为相邻两交点，C 为公切点（GQ）。主曲线元素为 T_1、L_1、E_1、D_1，副曲线元素为 T_2、L_2、E_2、D_2。

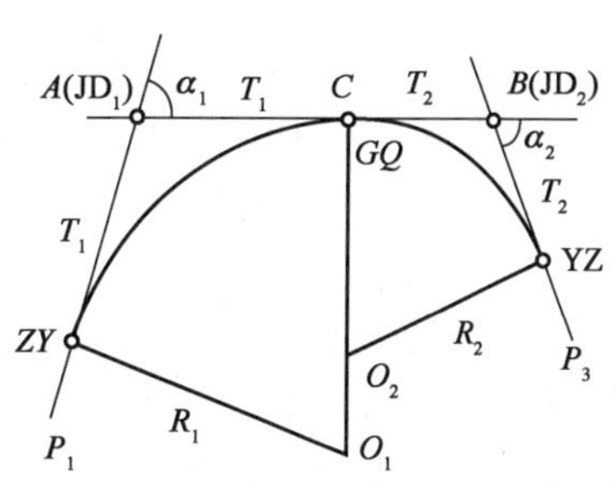

图 12-21 复曲线

测设复曲线的方法和步骤如下：

（1）测量 AB 距离，在 A、B 处测得转折角 α_1 和 α_2。

（2）按照预先选定的主曲线半径 R_1 和测得的 α_1，计算 T_1、L_1、E_1、D_1。

(3)计算副曲线切线长 $T_2 = AB - T_1$。

(4)根据 T_2 和 α_2 可求得 $R_2 = T_2/\tan(\alpha_1/2)$。当求得 R_2 后,应判断 R_2 是否符合技术和地形要求,如不符合,应修改主曲线半径 R_1,重复(2)、(3)、(4)步骤,再计算 R_2。

(5)根据 R_2 和 α_2 计算 T_2、L_2、E_2、D_2。

(6)求得主、副曲线各主点测设元素后,即可进行实地测设,并推算各主点桩号。

12.6 回头曲线测设

回头曲线是一种半径小、转弯急、线形标准低的曲线形式。但在路线跨越山岭时,为了减缓坡度而展线,往往需要设置回头曲线。如图 12-22 所示,回头曲线一般由主曲线和两个副曲线组成。主曲线为一转角 α 接近、等于或大于 180°的圆曲线;副曲线在路线上、下各设置一个,为一般圆曲线。在主、副曲线之间一般以直线连接。下面介绍主曲线的测设方法。

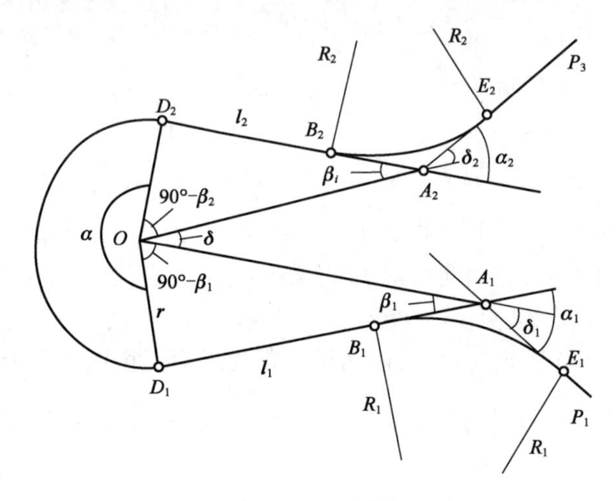

图 12-22 回头曲线

12.6.1 辐射法

这是配合圆心已定的回头曲线的一种测设方法。如图 12-23 所示,半径 r 已定,要测设曲线上点 P_1、P_2,…,P_n,设 $\overset{\frown}{BP_1} = l_1$、$\overset{\frown}{BP_2} = l_2$、…、$\overset{\frown}{BP_n} = l_n$ 和 $\overset{\frown}{BE} = L$,可根据圆弧长 l_i,计算对应的圆心角 α_i。

测设方法是:安置仪器于 O 点,并后视 B 点,依次拨出 $\overset{\frown}{BP_1}$,$\overset{\frown}{BP_2}$,…,$\overset{\frown}{BE}$ 所对应的中心角 α_1,α_2,…,α,分别量出 r 值即可定出整个曲线,到最后一点闭合。

12.6.2 推磨法

此法是用半径与弦长交汇的方法,要求圆心 O 与测设各点的高差不大,以使半径 r 丈量准确,如图 12-24 所示,要测定回头曲线上 P_1,P_2,…,P_n 点,设 $BP_1 = c_1$,$P_1P_2 = c_2$,…,$P_nE = c$。测设时从圆心 O 和曲线起点 B 分别用 r 和 c_1 的距离交汇出 P_1 点位置,再从圆心 O 和 P_1 点分别以 r 和 c_2 的距离交汇出 P_2 点的位置,依此类推,最后到曲线终点闭合。

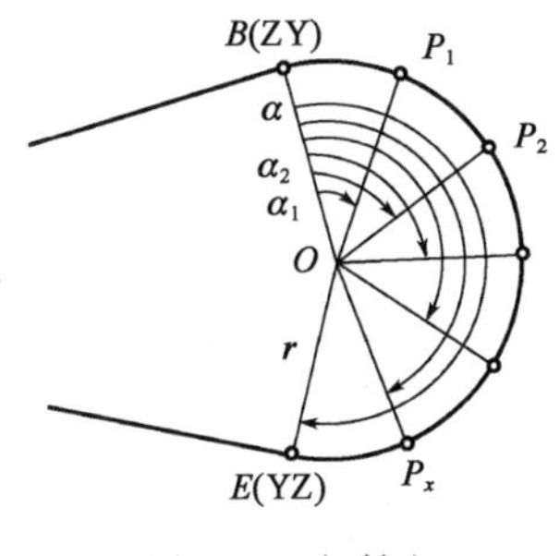

图 12-23 辐射法

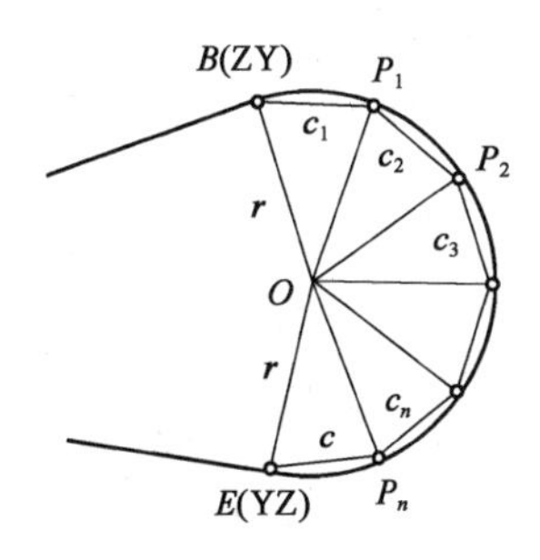

图 12-24 推磨法

此方法具有使用工具简单、计算和测设方法简便的优点，但是点位是逐次定出的，误差因为累积使测设精度降低。最好是由曲线两端向曲线中间测设到中部闭合，以减少误差的累积。

12.7 道路中线逐桩坐标计算与测设

12.7.1 中线逐桩坐标的计算

逐桩坐标的测量和计算方法是按“从整体到局部”的原则进行的。

1）测定和计算导线点坐标

采用两阶段勘测设计的路线或一阶段设计但遇地形困难的线路工程，一般都要先作平面控制，而路线的平面控制测量多采用导线测量的方法。在有条件时可优先采用 GPS 卫星全球定位系统测量控制点坐标。

2）计算交点坐标

当导线点的坐标得到后，将导线点展绘在图纸上测绘地形图。在测出地形图之后，即可进行纸上定线，交点坐标可以在地形图上量取；受条件限制或地形、方案较简单，也可采用现场定线，交点坐标则可用测距仪或全站仪测量、计算获得。

3）计算逐桩坐标

如图 12-25 所示，交点的坐标（X_{JD}，Y_{JD}）（为区别于切线支距法坐标，故用大写）已经测定或推算出，按坐标反算求得路线相邻交点连线的坐标方位角 A 和边长 S。在选定各圆曲线半径 R 和缓和曲线长度 l_s 后，计算测设元素，根据各桩的里程桩号，按下述方法即可算出相应的坐标值（X，Y）。

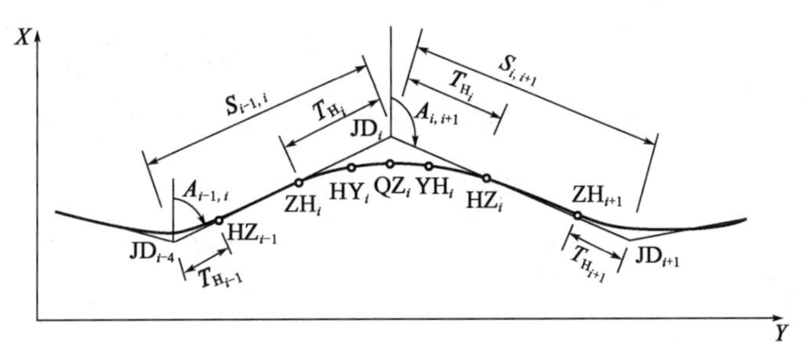

图 12-25 中桩坐标计算示意图

(1)HZ(包括路线起点)~ZH点之间的中桩坐标计算

如图10-25所示,此段为直线,先由下式计算HZ点坐标:

$$\left.\begin{aligned}X_{HZ_{i-1}} &= X_{JD_{i-1}} + T_{H_{i-1}}\cos A_{i-1,i}\\ Y_{HZ_{i-1}} &= X_{JD_{i-1}} + T_{H_{i-1}}\cos A_{i-1,i}\end{aligned}\right\}\tag{12-40}$$

式中:$X_{JD_{i-1}}$、$Y_{JD_{i-1}}$——交点JD_{i-1}的坐标;

$T_{H_{i-1}}$——切线长;

$A_{i-1,I}$——JD_{i-1}~JD_i的坐标方位角。

然后按下式计算直线上桩点的坐标:

$$\left.\begin{aligned}X &= X_{HZ_{i-1}} + D\cos A_{i-1,i}\\ Y &= Y_{HZ_{i-1}} + D\sin A_{i-1,i}\end{aligned}\right\}\tag{12-41}$$

式中:D——计算桩点至HZ_{i-1}点的距离,即桩点里程与HZ_{i-1}点里程之差。

*ZH*为直线的终点,除可按式(10-42)计算外,亦可按下式计算:

$$\left.\begin{aligned}X_{ZH_i} &= X_{JD_{i-1}} + (S_{i-1,i} - T_{H_i})\cos A_{i-1,i}\\ Y_{ZH_i} &= Y_{JD_{i-1}} + (S_{i-1,i} - T_{H_i})\sin A_{i-1,i}\end{aligned}\right\}\tag{12-42}$$

式中:$S_{i-1,i}$——路线交点JD_{i-1}~JD_i的距离。

T_{H_i}——JD_i的切线长。

(2)ZH~QZ点之间的中桩坐标计算

此段包括第一缓和曲线及上半圆曲线,可按式(12-19)和式(12-27)先算出切线支距法坐标(x,y),然后通过坐标变换转换为统一坐标(X,Y)。坐标变换公式为:

$$\begin{bmatrix}X\\Y\end{bmatrix}=\begin{bmatrix}X_{ZH_i}\\Y_{ZH_i}\end{bmatrix}+\begin{bmatrix}\cos A_{i-1,i} & -\zeta\cdot\sin A_{i-1,i}\\ \sin A_{i-1,i} & -\zeta\cdot\cos A_{i-1,i}\end{bmatrix}\begin{bmatrix}x\\y\end{bmatrix}\tag{12-43}$$

式中,当曲线为右转时$\zeta=1$,左转时$\zeta=-1$。

(3)QZ~HZ点之间的中桩坐标计算

此段包括下段圆曲线及第二缓和曲线,仍可按式(12-19)和式(12-27)先计算切线支距法坐标(x,y),再按下式转换为统一坐标(X,Y):

$$\begin{bmatrix}X\\Y\end{bmatrix}=\begin{bmatrix}X_{HZ_i}\\Y_{HZ_i}\end{bmatrix}+\begin{bmatrix}-\cos A_{i-1,i} & -\zeta\cdot\sin A_{i,i+1}\\ -\sin A_{i-1,i} & -\zeta\cdot\cos A_{i,i+1}\end{bmatrix}\begin{bmatrix}x\\y\end{bmatrix}\tag{12-44}$$

式中:$A_{i,i+1}$——JD_i~JD_{i+1}的坐标方位角;

ζ——意义同前。

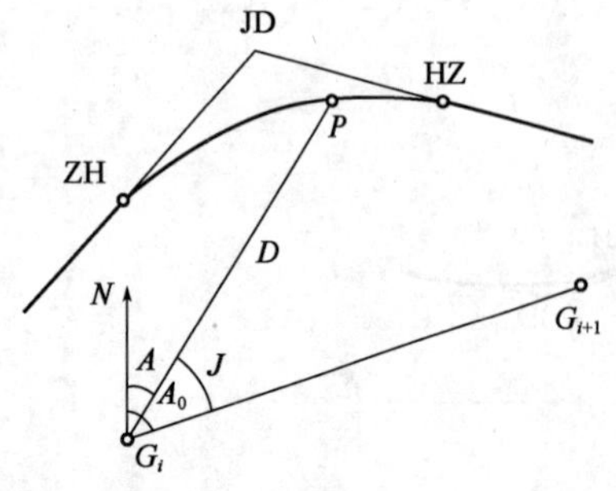

图12-26 极坐标法测设中桩

12.7.2 极坐标法测设中线

极坐标法测设中线的基本原理是以控制导线为依据,以角度和距离定点。如图12-26所示,在导线点G_i安置仪器,后视G_{i+1},待放点为P。已知G_i的坐标(x_i,y_i),G_{i+1}的坐标(x_{i+1},y_{i+1}),P点的坐标$(x_P、y_P)$,由此求出坐标方位角A、A_0,则:

$$J = A_0 - A\tag{12-45}$$

$$D = \sqrt{(x_P - x_i)^2 + (y_p - y_i)^2} \tag{12-46}$$

当仪器瞄准 G_{i+1} 定向后，根据夹角 J 找到 P 点的方向，从 G_i 沿此方向量取距离 D，即可定出 P 点。

若利用全站仪的坐标放样功能测设点位，只需输入有关的坐标值即可，现场不需做任何手工计算，而是由仪器内电脑自动完成有关数据计算。具体操作可参照全站仪操作手册。

另外，对于通视条件较差的路线，亦可用 GPS 卫星全球定位系统进行中桩定位。

12.8 GPS RTK 技术在公路中线测设中的应用

实时动态(Real Time Kinematic-RTK)测量系统，是 GPS 测量技术与数据传输技术相结合，而构成的组合系统，是 GPS 测量技术发展中的一个新的突破。其基本原理如图 12-27 所示。在基准站上安置一台 GPS 接收机，对所有可见 GPS 卫星进行连续的观测，并将其观测数据通过无线电传输设备，实时地发送给用户观测站。在用户站上，GPS 接收机在接收 GPS 卫星信号的同时，通过无线电传输设备，接收基准站传输的观测数据，然后根据相对定位的原理，实时地计算并显示用户站的三维坐标，GPS-RTK 技术采用求差法减弱了载波相位测量改正后的残余误差及接收机钟差和卫星改正后的残余误差等因素的影响，使测量精度达到厘米级精度。可满足公路中线测量精度的要求，而且与常规方法相比，具有精度高、速度快、操作简单、自动化程度高等优点。本书以中海达 GPS 接收机为例，对 GPS-RTK 测量的作业模式及中线测设放样基本方法进行介绍。

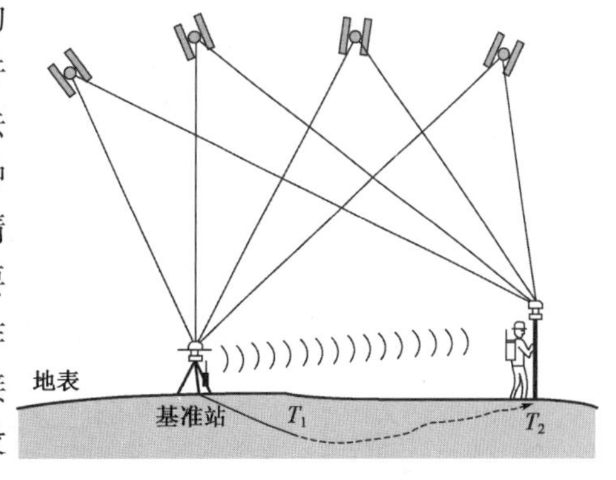

图 12-27　GPS-RTK 实时动态定位示意图

12.8.1 GPS-RTK 测量系统作业模式

1)GPS-RTK 作业的仪器配置

(1)基准站的设置

设置基准站主要设定基准站的工作参数，包括基准站坐标、基准站数据链等参数。

①基准站位置。

设定基准站的坐标为 WGS-84 坐标系下的经纬度坐标，在架设基准站时，可以通过【平滑】进行采集，获得一个相对准确的 WGS-84 坐标进行设站，如果基准站架设在已知点上，也可以通过输入已知点的当地平面坐标，或通过点击右端【点库】按钮从点库中获取基准站坐标，如图 12-28 所示。

②基准站数据链。

用于设置基准站和移动站之间的通信模式及参数，包括"内置电台""内置网络""外部数据链"等。

基准站使用内置电台功能时，只需设置数据链为内置电台、设置频道与功率；进入【高级】

界面可获取最优频道;功率有高、中、低三个选项,如图 12-29 所示。

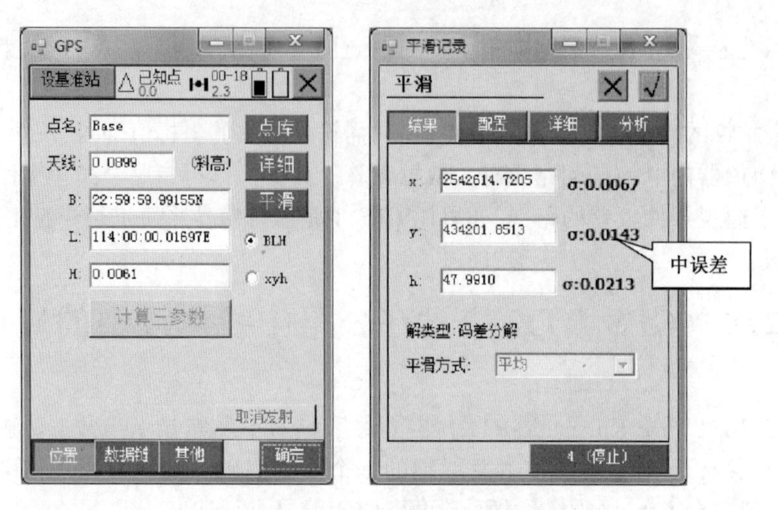

图 12-28 基准站位置设置图

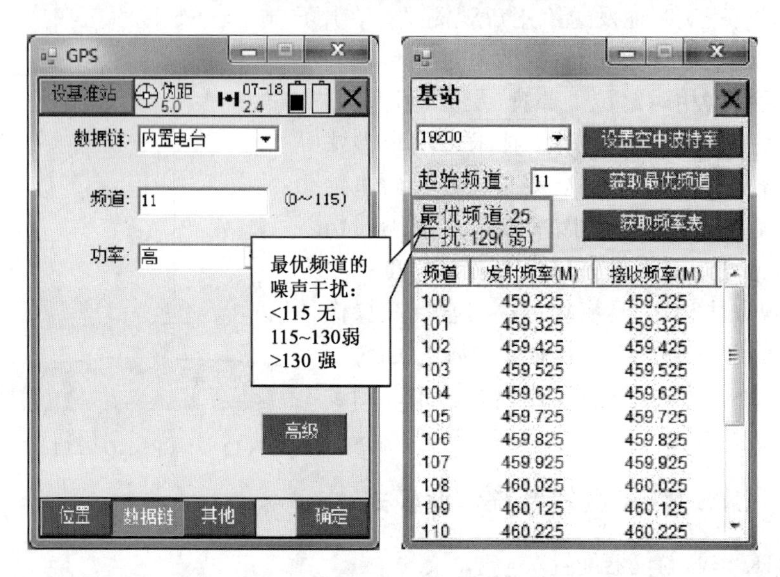

图 12-29 基准站数据链设置图

③基准站其他选项。

设定差分模式与差分电文格式、GNSS 截止角、天线高等参数,如图 12-30 所示。

"差分模式":包括 RTK、RTD、RT20,默认为 RTK,RTD 表示码差分,RT20 为单频 RTK。

"电文格式":包括 RTCA,RTCM(2.X),RTCM(3.0),CMR,NovAtel,sCMRx。若使用三星系统接收机,基准站电文格式必须设置为 sCMRx,才可以支持北斗差分导航定位;若使用北斗版 RTK 接收机,基准站电文格式必须设置为 RTCM3.0,才可以发送差分数据。

"高度截止角":表示接收卫星的截止角,可在 5°~20°之间调节。

"启用 Glonass":设置是否启用 Glonass 卫星系统,打钩表示 Glonass 卫星参与解算;若处于不可选择状态,表示接收机不支持 Glonass 卫星系统。

"启用 BD2":设置是否启用 BD2 卫星系统,打钩表示 BD2 卫星参与解算;若处于不可选择状态,表示接收机不支持 BD2 卫星系统。

(2) 移动站设置

设置移动站主要设定移动站的工作参数，包括移动站数据链等参数，移动站的设置与基准站设置的类似，只是输入的信息不同。

①移动站数据链。用于设置移动站和基准站之间的通信模式及参数，包括内置电台、内置网络、外部数据链以及数据采集器网络，其中内置网络又包括 GPRS、GSM 及 CDMA。

②移动站使用内置电台。只需设置数据链为内置电台，修改电台频道，电台频道必须和基准站一致。

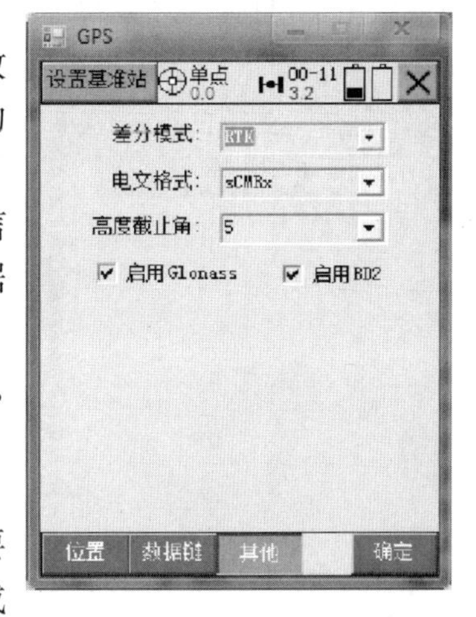

图 12-30 基准站其他选项设置图

2)野外点校正(求解转换参数)

GPS 实测的坐标为 WGS-84 大地坐标系坐标，而我们需要的是 1954 北京坐标系、西安 80 坐标系或者地方独立坐标系成果。在静态测量中，通过与地方坐标控制点联测，并使用后处理软件求得 WGS-84 坐标与地方坐标的转换关系，进而把观测的 WGS-84 坐标成果转换为地方坐标成果。在 RTK 测量中如果该测区进行过静态控制测量，可以直接采用后处理得到的转换关系。如果该测区没有进行过静态控制测量，可以采用现场点校正的方法来求解转换参数。

12.8.2 基于 GPS 手簿的公路中线设计

利用 GPS 手簿进行公路中线设计的方式包括：交点法、线元法(又称积木法)及坐标法。交点法基于一定的约定(例如单交点线路定义交点内线元组合为缓和—圆曲—缓和)，对线形有一定的表达限制；而使用线元法，则可以任意的组合出线路形状，对于复杂曲线(例如卵形线、多交点曲线、虚交点等交点表数据)，需用相应的辅助软件转换获得线元数据，然后用线元法定线；坐标法类似线元法，但是每个线元的定义是通过定义线元的起终点坐标来确定的。

1)交点法定线

点击【交点法】进入交点表数据编辑界面，如图 12-31 所示。

点击添加交点数据，输入参数包括交点名称，交点坐标 X、Y，交点里程，圆弧半径，第一缓和曲线长，第二缓和曲线长。重复添加直至添加完所有交点，交点按里程顺序添加。

点击插入，一个交点数据。

点击编辑，可对已经输入的交点数据进行编辑。

点击删除，删除一个已经输入的交点数据。

点击打开一个已经编辑好的交点文件(＊.PHI)，交点文件可手工输入，也可以从文件中导入到手簿。

点击保存交点文件成(＊.PHI)格式。

点击按钮进入查看图形是否正确，如图 12-32 所示。

右下角方框输入里程数，点击【检查里程】可以显示特定里程点的坐标以及切线方位，点击【详细数据】可显示线路的详细曲线要素，包括转角值、曲线长、切线长等参数以及特征点坐标，如图 12-33 所示。

2)线元法定线

线元法定线也叫积木法定线，一条复杂的线元通常都是由几段简单线段首尾相连组成，简单线段主要包括直线、圆弧、缓和曲线。

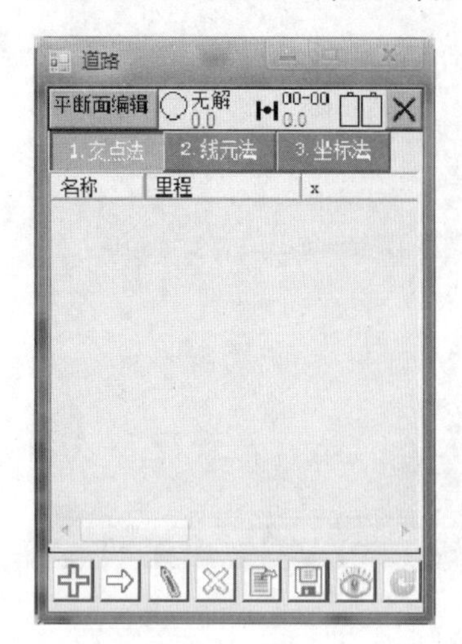

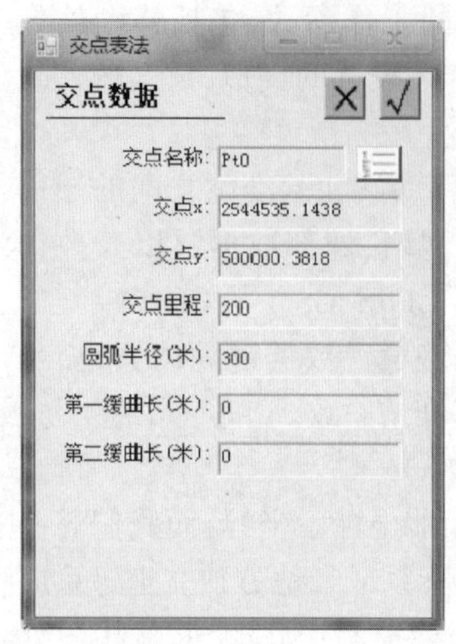

图 12-31　交点法数据编辑图示

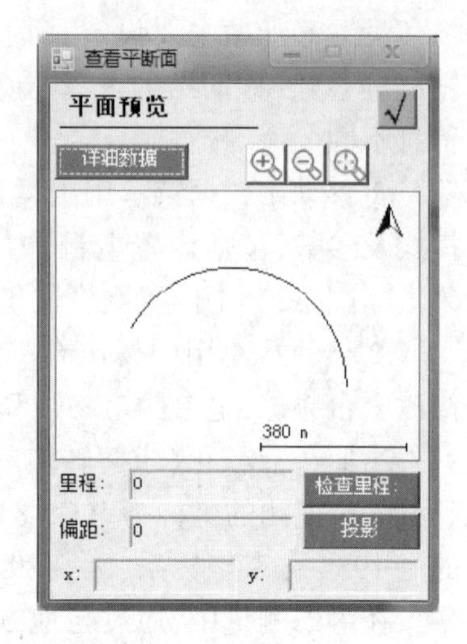

图 12-32　平面线形查看图示

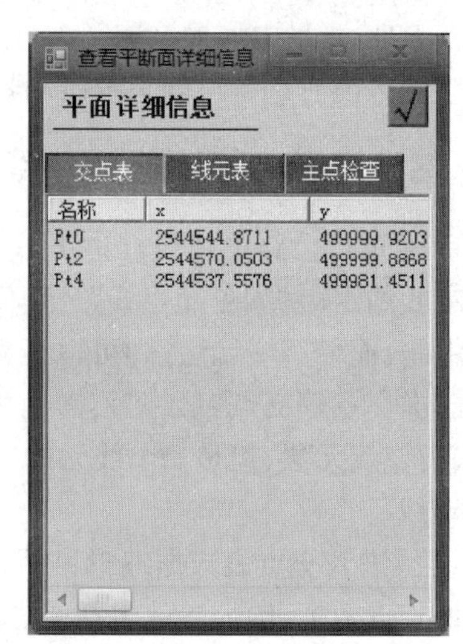

图 12-33　详细数据检查图

在一般工作过程中，只需要输入起点坐标、里程、方位角，点击✚，添加线元数据，选择线形，输入线元要素，如图 12-34 所示。

“直线”：只需要输入线元长。

“圆弧”：输入起点半径（∞代表无限大即直线）、线元长、方向（前进方向为参考的偏转方向）。

“缓和曲线”：输入起点半径、终点半径、线元长、方向。

在平断面界面进行创建或编辑交点表文件，并可以点击👁按钮进入查看图形是否正确，右下角方框输入里程数。

点击【检查里程】：可以显示特定里程点的坐标以及切线方位。点击【详细数据】：可显示线路的详细曲线要素，包括线段类型、特征点坐标、起点里程起点方位等参数，如图 12-35 所示。

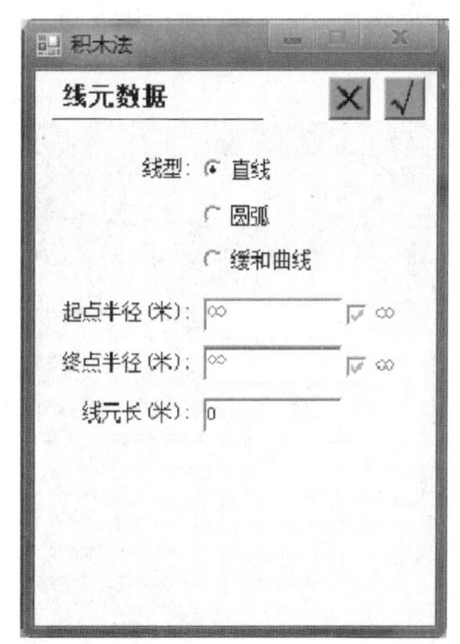

图 12-34　线元法数据编辑图

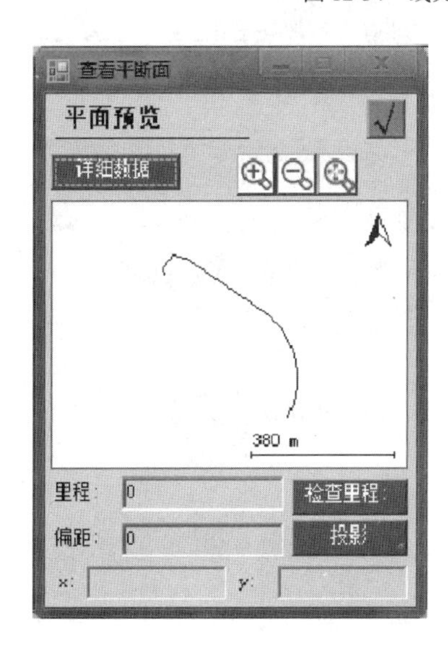

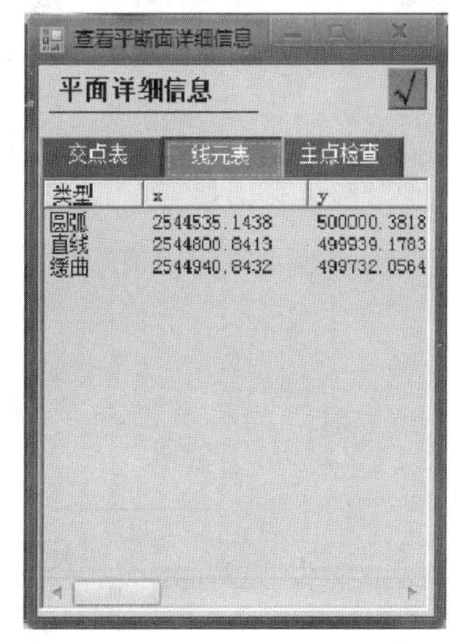

图 12-35　线元法里程检查图

3)坐标法

坐标法类似线元法,只是每个线元的定义是通过定义线元的起终点坐标来确定。在界面上与线元法稍有一些差别。在一般工作过程中,只需要输入起点坐标、终点坐标,如图 12-36 所示。

点击✚,添加线元数据,选择线形,输入线元要素。

“直线”:只需要输入线元长。

“圆弧”:输入起点半径(∞代表无限大即直线)、线元长、方向(前进方向为参考的偏转方向)。

12.8.3　基于 GPS-RTK 的道路放样

1)定义线路

点击▤调入路线的平断面文件,文件调入后可以点击后面对应的显示按钮进行图形查看以检查数据是否正确调入,调入后的数据文件路径同时显示在下方,以方便进行核对,如图 12-37 所示。

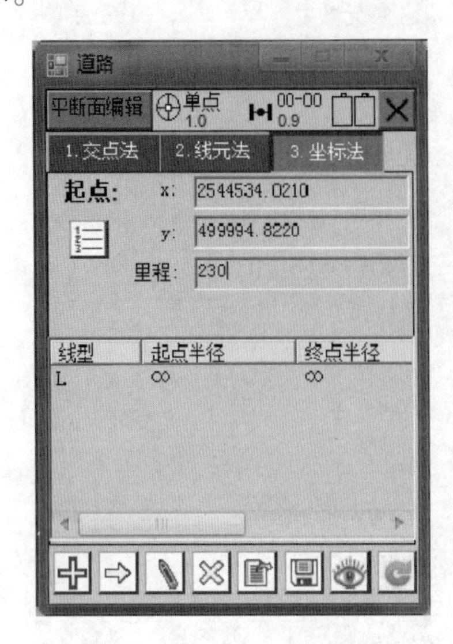

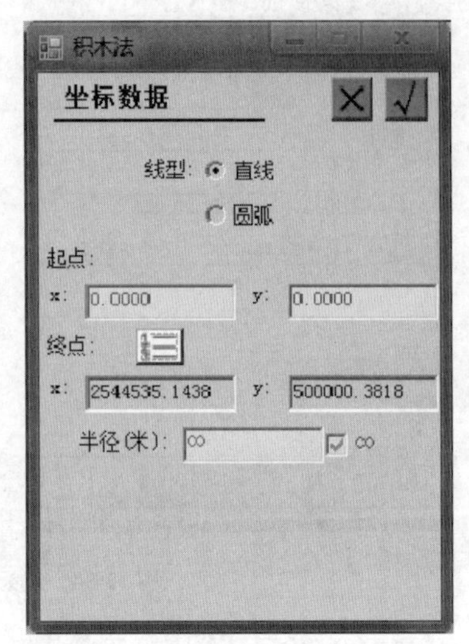

图 12-36 坐标法数据编辑图

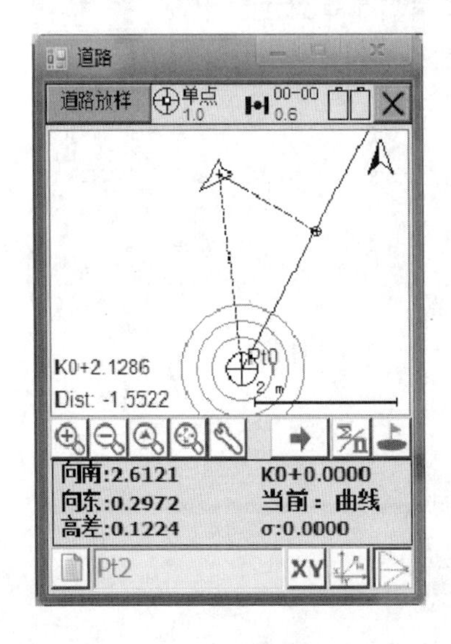

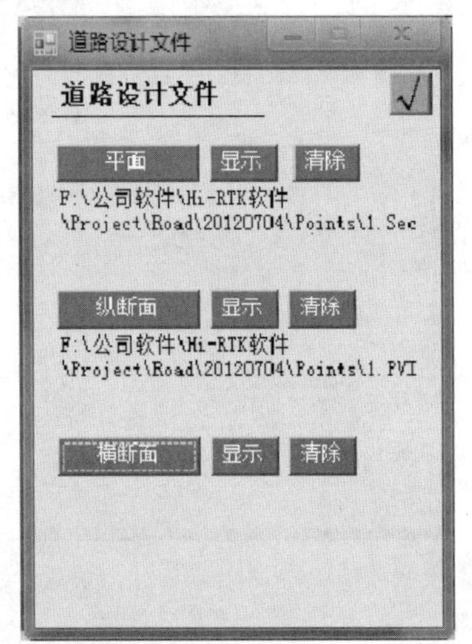

图 12-37 线路定义界面

2)确定放样点位置

点击➡下一点/里程,输入待放样点的里程,其中里程、边距会根据增量自动累加,点击【√】进入放样界面,如图 12-38 所示。

计算放样点位置,输入里程数(若有必要,可计算边桩),界面中的“向左”“向右”符号可帮助快速调整里程数,单位调整量就是增量,这些数据是记录在全局变量的,每次进入界面,软件会自动计算一个里程/边桩作为默认,以节省时间。例如要每隔 10m 放样一个桩,那么将增量设置为 10,开始放样点的里程是“1 850”,结束第一点的放样后,再次进入这个界面,软件会自动计算里程为“1 860”,直接点击确认即可进行后续放样工作。

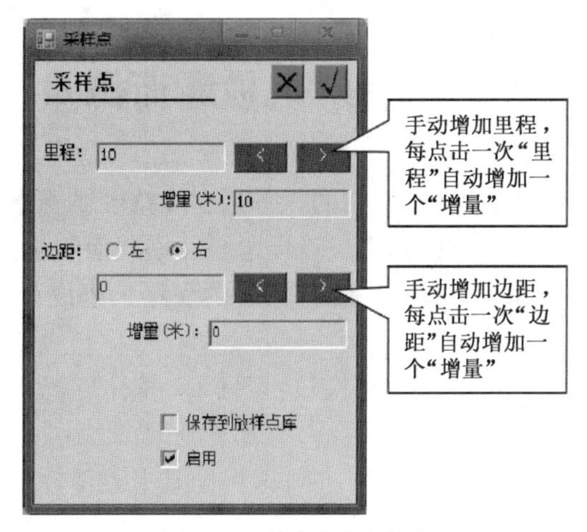

图 12-38　放样点确定界面

3)进行放样

根据放样提示,放样出指定里程点的过程就是当前点(三角形标志)到目标点(圆形加十字标志)的靠近过程,如图 12-39 所示。

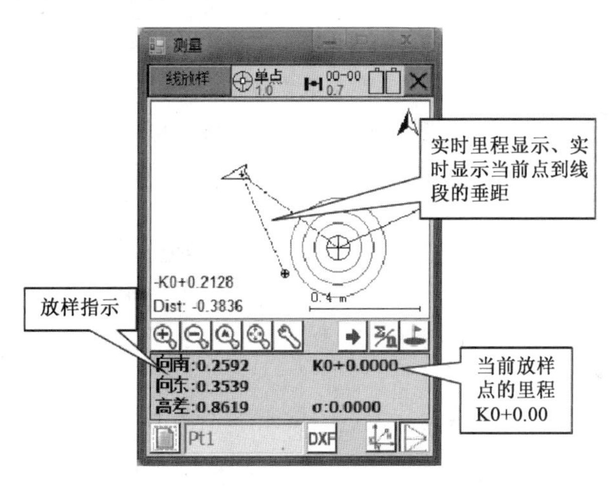

图 12-39　线路放样界面

放样时,手簿界面中绘制了一条连接线,只要保证当前行走方向与该连接线重合,即可保证行走方向正确。同时,手簿下方还有放样指示,放样指示分为两种提示方式:前后向和南北向。按照放样指示进行移动,即可以很快找到要放样的点位。

当手簿中放样点位的圆圈显示为绿色时,说明放样已经达到预设的提示范围;当该圆圈显示为红色时,表示放样成功,说明达到设置的放样精度,如图 12-40 所示。

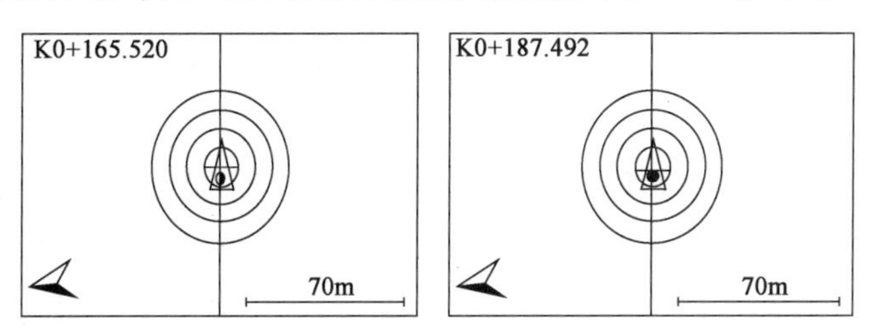

图 12-40　放样提示界面

12.9　路线纵、横断面测量

线路纵断面测量又称中线水准测量，它的任务是在线路中线测定之后，测定中线各里程桩的地面高程，绘制线路纵断面图，供线路纵坡设计之用。横断面测量是测定中线各里程桩两侧垂直于中线的地面各点距离和高程，绘制横断面图，供线路工程设计、计算土石方数量以及施工放边桩之用。

为了提高测量精度和有效地进行成果检核，根据“由整体到局部”的测量原则，纵断面测量一般分为两步进行：一是高程控制测量，亦称为基平测量，即沿线路方向设置水准点，测量水准点高程；二是中桩高程测量，亦称为中平测量，即根据基平测量建立的水准点及其高程，分段进行水准测量，测定各里程桩的地面高程。

12.9.1　基平测量

1)线路水准点的设置

高程系统一般应采用国家统一的高程系统，独立工程或要求较低的线路工程若与国家水准点联测有困难时可采用假定高程。

水准点的设置应根据需要和用途，设置永久性或临时性水准点。路线起点、终点或需长期观测的重点工程附近应设置永久性水准点。水准点的密度应根据地形和工程需要而定，在重丘和山区每隔 0.5 ~ 1km 设置一个，平原和微丘区每隔 1 ~ 2km 设置一个。大桥、隧道口及其他大型构造物附近应增设水准点。

水准点是路线高程测量的控制点，在勘测和施工阶段要长期使用，因此，其位置应选在稳固、醒目、便于引测以及施工时不易遭受破坏的地方。永久性水准点可埋设标石，也可设置在永久性建筑的基础上或用金属标志嵌在基岩上。

2)基平测量的方法

基平测量时首先应将起始水准点与附近国家水准点进行连测，以获得绝对高程。同时在沿线水准测量中，也应尽量与附近国家水准点连测，形成附合水准路线，以获得更多的校核条件。当路线附近没有国家水准点或连测困难时，则可参考地形图选定一个与实地高程接近的数值作为起始水准点的假定高程。

基平测量应使用不低于 S_3 级水准仪，采用一组往返或两组单程在两水准点之间进行观测。

水准测量的精度要求，往返观测或两组单程观测的高差不符值，应满足：

$$f_{h容} \leq \pm 30\sqrt{L}\ \text{mm} \qquad (平地)$$

或

$$f_{h容} \leq \pm 9\sqrt{n}\ \text{mm} \qquad (山地)$$

对于重点工程附近的水准点，可采用：

$$f_{h容} \leq \pm 20\sqrt{L}\ \text{mm} \qquad (平地)$$

或

$$f_{h容} \leq \pm 6\sqrt{n}\ \text{mm} \qquad (山地)$$

式中：L——单程水准路线长度(km)；

n——测站数。

当高差不符值在限差以内时,取其高差平均值作为两水准点间高差,超限时应查明原因重测。由起始点高程及调整后高差,计算各水准点高程。

12.9.2 中平测量

1)中平测量的方法

中平测量一般是以两相邻水准点为一测段,从一个水准点开始,逐个测定中桩的地面高程,直至附合于下一个水准点上。在每一个测站上应尽量多地观测中桩,还需在一定距离内设置转点。相邻两转点间所观测的中桩,称为中间点。由于转点起着传递高程的作用,在测站上应先观测转点,后观测中间点。转点读数至毫米,视线长不应大于150m,水准尺应立于尺垫、稳固的桩顶或坚石上。中间点读数可至厘米,视线也可适当放长,立尺应紧靠桩边的地面上。

如图12-41所示,水准仪置于Ⅰ站,后视水准点BM_1,前视转点ZD_1,将读数记入表12-4后视、前视栏内。然后观测BM_1与ZD_1间的中间点K0+000、+020、+040、+060、+080,将读数记入中视栏。再将仪器搬至Ⅱ站,后视ZD_1,前视ZD_2,然后观测各中间点+100、+120、+140、+160、+180,将读数分别记入后视、前视和中视栏。按上述方法继续前测,直至水准点BM_2为一测段。

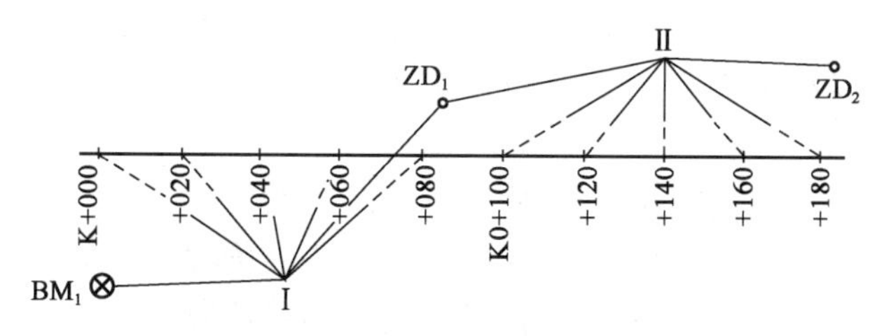

图12-41 中平测量示意图

中平测量记录计算表 表12-4

测点	水准尺读数			视线高程(m)	高程(m)	备注
	后视	中视	前视			
BM_1	2.191			514.505	512.314	BM_1 高程为基平所测
K0+000			1.62		512.89	
+020	1.90			512.61		
+040	0.62			513.89		
+06	2.03			512.48		
+0	0.90			513.61		
ZD_1	3.162		1.006	516.661	513.499	
+100	0.50			516.16		
+120	0.52			516.14		
+140	0.82			515.84		
+160	1.20			515.46		
+180	1.01			515.65		
ZD_2	2.246		1.521	517.386	515.140	

续上表

测点	水准尺读数			视线高程（m）	高程（m）	备　注
	后视	中视	前视			
…	…	…	…	…	…	基平测得 BM_2 高程为 524.824
K1 +240		2.32			523.06	
BM_2		0.606			524.782	

复核：$\sum h_{中} = 524.782 - 512.314 = 12.468\ (m)$

$\sum a - \sum b = (2.191 + 3.162 + 2.246 + \cdots) - (1.006 + 1.521 + \cdots + 0.606) = 12.468\ (m)$

$f_h = 524.782 - 524.808 = -0.026\ (m) = 26\ mm$

$f_{h容} = \pm 30\sqrt{1.24} = \pm 33\ (mm)$

中平测量一般只作单程观测。一测段观测结束后，应先计算测段高差$\sum h_{中}$，它与基平所测测段两端水准点高差之差，称为测段高差闭和差。铁路、高速公路、一级公路及要求较高的线路工程允许闭和差为$\pm 30\sqrt{L}$（mm）；二级、二级以下公路以及一般线路工程允许闭和差为$\pm 50\sqrt{L}$（mm）（L为测段长度，以 km 计）。中桩地面高程可观测一次，读数取位至厘米。中桩地面高程允许误差，对于铁路、高速公路、一级公路为 ±5cm，其他线路工程为 ±10cm。

中桩的地面高程以及前视点应按所属测站的视线高程进行计算。每一测站的计算按下列公式进行：

$$视线高程 = 后视点高程 + 后视读数 \tag{12-47}$$

$$中桩高程 = 视线高程 - 中视读数 \tag{12-48}$$

$$转点高程 = 视线高程 - 前视读数 \tag{12-49}$$

2）纵断面图的绘制

纵断面图是沿中线方向绘制的反映地面起伏和纵坡设计的线状图，它表示出各路段纵坡的大小和中线位置的填挖尺寸，是线路设计和施工中的重要文件资料。不同的线路工程，其纵断面图所绘制的内容也有所不同。

以道路纵断面图为例，如图 12-42 所示，在图的上半部，从左至右有两条贯穿全图的线。一条是细的折线，表示中线方向的实际地面线，是以里程为横坐标，高程为纵坐标，根据中桩地面高程绘制的。为了明显反映地面的起伏情况，一般里程比例尺取 1 : 5 000、1 : 2 000 或 1 : 1 000，而高程比例尺则比里程比例尺大 10 倍，取 1 : 500、1 : 200 或 1 : 100。图中另一条是粗线，是包含竖曲线在内的纵坡设计线，是在设计时绘制的。此外，图上还注有水准点的位置和高程，桥涵的类型、孔径、跨数、长度、里程桩号和设计水位，竖曲线示意图及其曲线元素，与现有公路、铁路等工程建筑物的交叉点的位置和有关说明等。

图的下部注有有关测量及纵坡设计的资料，主要包括以下内容：

（1）直线与曲线。按里程表明路线的直线和曲线部分。曲线部分用折线表示，上凸表示路线右转，下凸表示路线左转，并注明交点编号和圆曲线半径，带有缓和曲线者应注明其长度。在不设曲线的交点位置，用锐角折线表示。

（2）里程。按里程比例尺标注百米桩和公里桩。

（3）地面高程。按中平测量成果填写相应里程桩的地面高程。

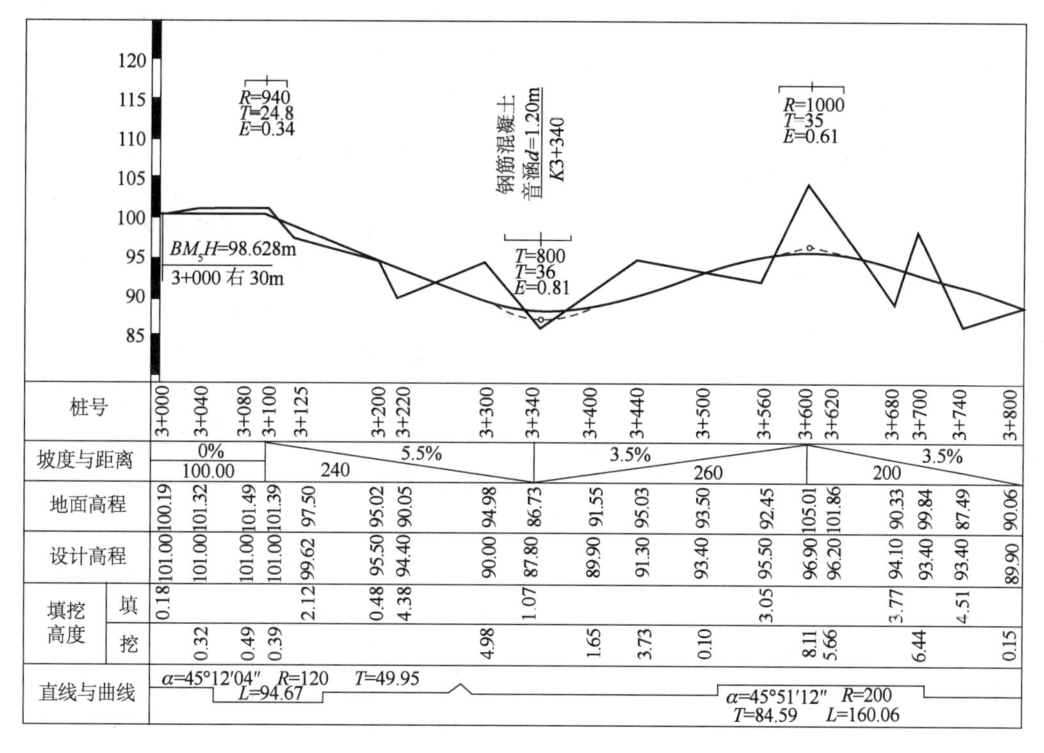

图 12-42　道路纵断面图

(4)设计高程。根据设计纵坡和相应的平距推算出的里程桩的设计高程。

(5)坡度。从左至右向上斜的直线表示上坡(正坡),下斜的表示下坡(负坡),水平的表示平坡。斜线或水平线上面的数字表示坡度的百分数,下面的数字表示坡长。

(6)土壤地质说明。标明路段的土壤地质情况。

纵断面图的绘制一般可按下列步骤进行:

(1)按照选定的里程比例尺和高程比例尺打格制表,填写里程桩号、地面高程、直线与曲线、土壤地质说明等资料。

(2)绘出地面线。首先选定纵坐标的起始高程,使绘制出的地面线位于图上的适当位置。一般是以5m整倍数的高程标注在高程标尺上,便于绘图和阅图。然后根据中桩的里程和高程,在图上按纵、横比例尺依次点出各中桩的地面位置,再用直线将相邻点一个个连接起来,就得到地面线。在高差变化较大的地区,如果纵向受到图幅限制时,可在适当地段变更图上高程起算位置,此时地面线将构成台阶形式。

(3)根据设计纵坡计算设计高程和绘制设计线。当路线的纵坡确定后,即可根据设计纵坡和两点间的水平距离,由一点的高程计算另一点的设计高程。

如设计坡度为 i,起算点的高程为 H_0,推算点的高程为 H_p,推算点至起算点的水平距离为 D,则:

$$H_p = H_0 + i \cdot D \tag{12-50}$$

式中,上坡时 i 为正,下坡时 i 为负。

然后根据设计的竖曲线半径 R,计算竖曲线切线长 T、外矢距 E、竖曲线内中桩设计高程改正值和改正后设计高程,再根据改正后的设计高程绘出设计线。

(4)计算各桩的填挖高度。同一桩号的设计高程与地面高程之差,即为该桩号的填挖高度,正号为填高,负号为挖深。可在图中专列一栏注明填挖尺寸。

(5)在图上注记有关资料,如水准点、桥涵、竖曲线等。

12.9.3 横断面测量

由于横断面测量是测定中桩两侧垂直于中线的地面线,因此首先要确定横断面的方向,然后在此方向上测定地面坡度变化点的距离和高差。横断面测量的宽度,应根据线路工程宽度、填挖高度、边坡大小、地形情况以及有关工程的特殊要求而定,一般要求中线两侧各测 10~50m。横断面测绘的密度,除各中桩应施测外,在大、中桥头,隧道洞口,挡土墙等重点工程地段,可根据需要加密。对于地面点距离和高差的测定,一般只需精确至 0.1m。

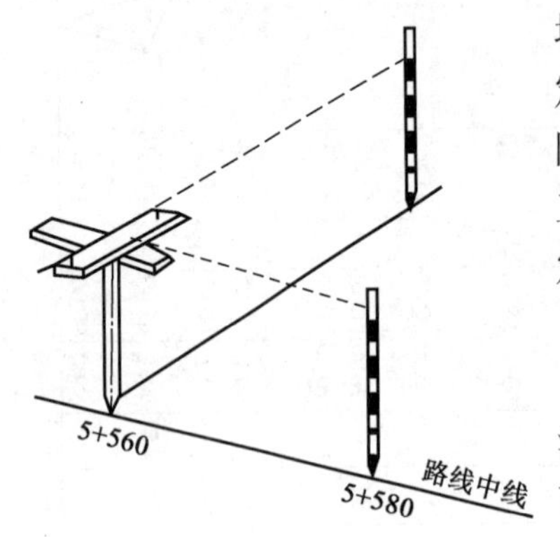

图 12-43 直线段横断面方向的测定

1)横断面方向的测定

直线段横断面方向与路线中线垂直,一般采用方向架测定。如图 12-43 所示,将方向架置于桩点上,方向架上有两个相互垂直的固定片,用其中一个瞄准该直线上任一中桩,另一个所指方向即为该桩点的横断面方向。

(1)圆曲线段横断面方向的测定。

圆曲线上一点的横断面方向即该点的半径方向,测定时一般采用球心方向架,即在方向架上安装一个可以转动的活动片,并有一固定螺旋可将其固定。如图 12-44 所示,欲测圆曲线上桩点的横断面方向, 将方向架置于曲线起点 A 上,交点或直线上一中桩点,则另一方向 cc' 即为 A 点的横断面方向。为了继续确定 B 点的横断面方向,达时转动定向杆 ee' 对准曲线上 B 点,拧紧固定螺旋,然后将方向架移至 B 点,用 cc' 对准 A 点,则定向杆 ee' 的方向即为 B 点的横断面方向。为了确定下一点 C 的断面方向,以 cc' 对准 B 点横断面方向,转动定向杆 ee' 对准 C 点,拧紧固定螺旋。然后将方向架移至 C 点,用 cc' 对准 B 点,则定向杆 ee' 的方向即 C 点的横断面方向。

(2)缓和曲线横断面方向的测定。

缓和曲线上任一点的横断面方向,就是该点的法线方向,或者说是该点切线的垂线方向。因此,只要求出该点至前视点或后视点的偏角值,即可定出该点的法线方向。

如图 12-45 所示,欲测定缓和曲线上 D 点的横断面方向,B 为 D 点的后视点,E 为前视点

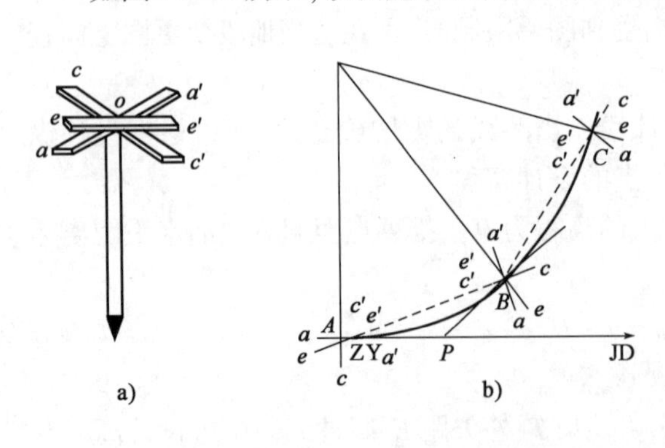

图 12-44 圆曲线横断面方向

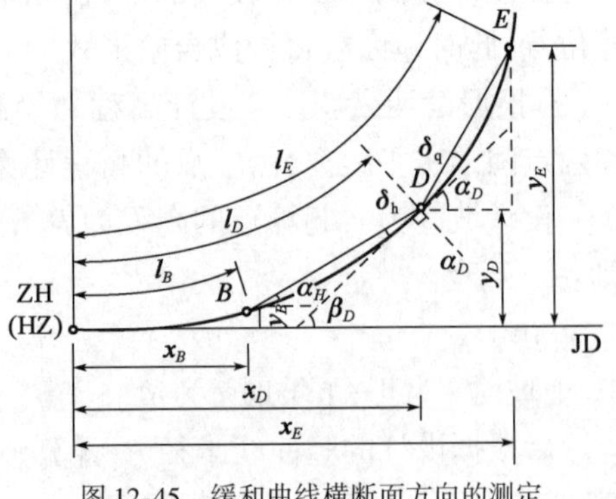

图 12-45 缓和曲线横断面方向的测定

l_B、l_D、l_E 分别为 B、D、E 至缓和曲线起点 ZH(或 HZ)的曲线长,(x_B,y_B)、(x_D,y_D)、(x_E,y_E) 分别为 B、D、E 的支距坐标,β_D 为 D 点的切线角。由图可知,D 点至前视点 E 的偏角为:

$$\delta_{\mathrm{q}} = \alpha_D - \beta_D \tag{12-51}$$

其中:

$$\alpha_D = \arctan\frac{y_E - y_D}{x_E - x_D}$$

$$\beta_D = \frac{l_D^2}{2Rl_{\mathrm{s}}}$$

同样可得出 D 点至后视点 B 的偏角为:

$$\delta_{\mathrm{h}} = \beta_D - \alpha_B \tag{12-52}$$

其中:

$$\alpha_B = \arctan\frac{y_D - y_B}{x_D - x_B}$$

施测时,将经纬仪置于 D 点,以 0°00′00″照准前视点 E(或后视点 B),再顺时针转动照准部使水平度盘读数为 $90° + \delta_{\mathrm{q}}$(或 $90° - \delta_{\mathrm{h}}$),此时经纬仪的视线方向即为 D 点的横断面方向。

2)横断面的测量方法

(1)花杆皮尺法

如图 12-46 所示,A、B、C…为横断面方向上所选定的变坡点,将花杆立于 A 点,从中桩处地面将尺拉平量出至 A 点的距离,并测出皮尺截于花杆位置的高度,即 A 相对于中桩地面的高差。同法可测得 A 至 B、B 至 C…的距离和高差,直至所需要的高度为止。中桩一侧测完后再测另一侧。

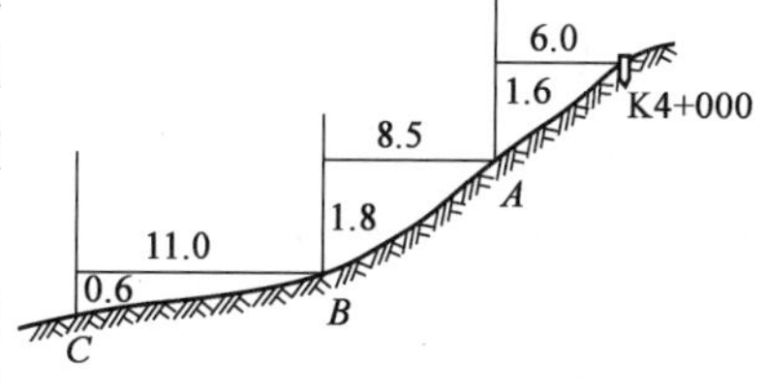

图 12-46 花杆皮尺法测量横断面

记录表格如表 12-5 所示,表中按路线前进方向分左侧、右侧。分数的分子表示测段两端的高差,分母表示其水平距离。高差为正表示上坡,为负表示下坡。

横断面测量记录表 表 12-5

左侧			桩号	右侧			
……				……			
$\frac{-0.6}{11.0}$	$\frac{-1.8}{8.5}$	$\frac{-1.6}{6.0}$	K4 +000	$\frac{+1.5}{4.6}$	$\frac{+0.9}{4.4}$	$\frac{+1.6}{7.0}$	$\frac{+0.5}{10.0}$
$\frac{-0.5}{7.8}$	$\frac{-1.2}{4.2}$	$\frac{-0.8}{6.0}$	K3 +980	$\frac{+0.7}{7.2}$	$\frac{+1.1}{4.8}$	$\frac{-0.4}{7.0}$	$\frac{+0.9}{6.5}$

(2)水准仪法

在平坦地区可使用水准仪测量横断面。施测时,以中桩为后视,以横断面方向上各变坡点为前视,测得各变坡点高程。用钢尺或皮尺分别量取各变坡点至中桩的水平距离。根据变坡点的高程和至中桩的距离即可绘制横断面图。

(3)经纬仪法

在地形复杂、山坡较陡的地段宜采用经纬仪施测。将经纬仪安置在中桩上,用视距法测出横断面方向各变坡点至中桩的水平距离和高差。

3)横断面图的绘制

横断面图一般采用现场边测边绘的方法,以便及时对横断面进行核对。但也可在现场记录(表 12-5),回到室内绘图。绘图比例尺一般采用 1∶200 或 1∶100。手工绘图时一般绘在毫米方格纸上。绘图时,先将中桩位置标出,然后分左、右两侧,按照响应的水平距离和高差,逐一将变坡点标在图上,再用直线连接相邻各点,即得横断面地面线。如图 12-47 所示为道路横断面图,粗线为路基横断面设计线。

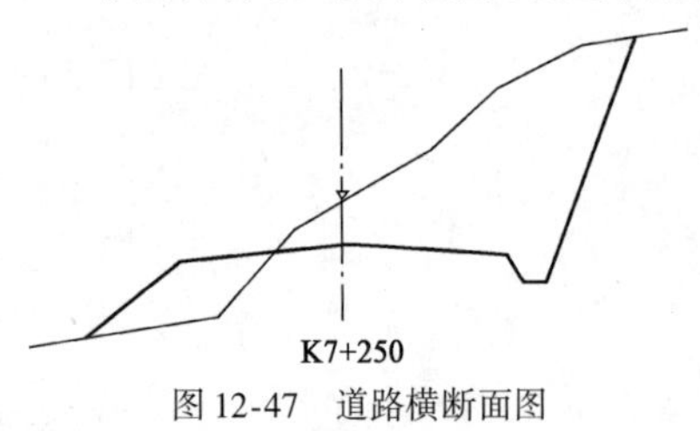

图 12-47 道路横断面图

12.10 道路施工测量

道路施工测量主要包括恢复路线中线、路基边桩的测设、竖曲线的测设等项工作。

12.10.1 路线中线的恢复

1)施工测量前的准备工作

在恢复路线前,测量人员需熟悉设计图纸,了解设计意图对测量精度的要求,到实地找出各交点桩、转点桩、主要的里程桩及水准点位,了解移动、丢失情况,拟定解决办法。

2)恢复中桩

实地查看后,根据原定路线对丢失和移动的桩位进行复核,及时进行补充,并根据施工需要进行曲线测设,将有关涵洞、挡土墙等构筑物的位置在实地标定出来。对部分改线地段则应重新测设定线,测绘相应的纵横断面图。

3)测设施工控制桩

由于中线上所定的各桩点在施工中往往被破坏,在实际施工中,为了确定中线桩的桩点,在离中桩一定距离处,且不受施工干扰、易于保存的地方设立施工控制桩,以便在施工时能很快恢复中线桩的点位。其方法有:

(1)平行线法

如图 12-48 所示,在路基以外测设两排平行于中线的施工控制桩。此法适用于地势平坦、直线段较长的地段。

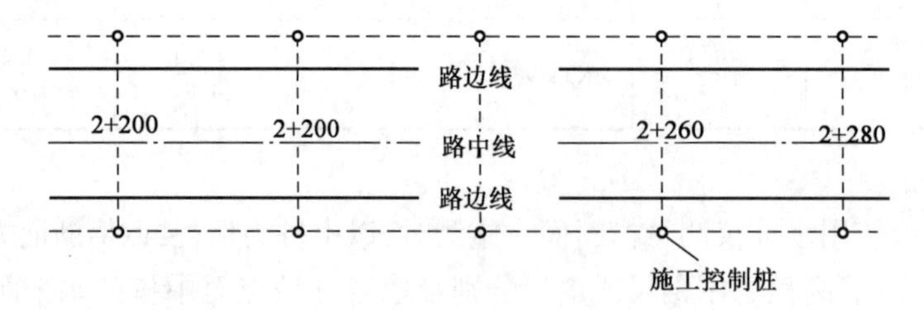

图 12-48 平行线法定施工控制桩

(2)延长线法

延长线法是在道路转折处的中线延长线上以及曲线中点(QZ)至交点(JD)的延长线上打下施工控制桩,如图 12-49 所示。延长线法多用在地势起伏较大、直线段较短的山区公路,主要是为了控制 JD 的位置,故应量出控制桩到 JD 的距离。

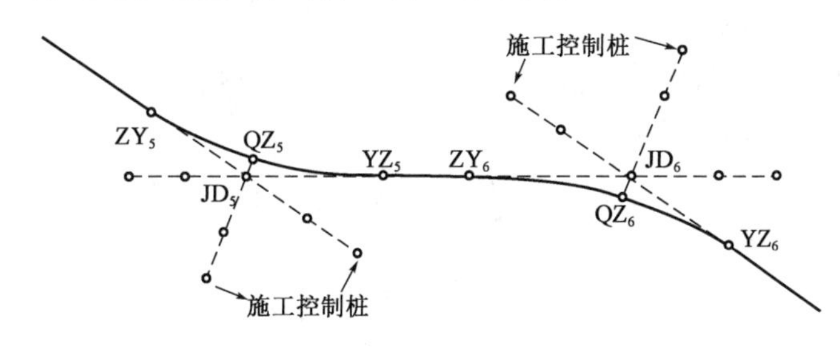

图 12-49 延长线法定施工控制桩

12.10.2 路基边桩的测设

测设路基边桩就是将每一个横断面的路基两侧的边坡线与地面的交点,用木桩标定在实地上,作为路基施工的依据。边桩的位置由两侧边桩至中桩的平距来确定。常用的测设方法如下:

1)图解法

图解法即直接在路基设计的横断面图上,按比例量取中桩至边桩的距离,然后在实地用钢尺沿横断面方向将边桩丈量并标定出来。在填挖方不大时,采用此方法较简便。

2)解析法

根据路基填挖高度、边坡率、路基宽度及横断面地形情况,先计算出路基中心桩至边桩的距离,然后在实地沿横断面方向按距离将边桩放出来。具体测设按以下两种情况进行:

(1)平坦地段的边桩测设

如图 12-50 所示为填土路堤,坡脚至中桩的距离为:

$$D = \frac{B}{2} + (1:m)H \tag{12-53}$$

如图 12-51 所示为挖方路堑,坡顶桩至中桩的距离 D 为:

$$D = \frac{B}{2} + s + (1:m)H \tag{12-54}$$

式中:B——路基设计宽度;

$1:m$——路基边坡坡度;

H——填土高度或挖土高度;

s——路堑边沟顶宽。

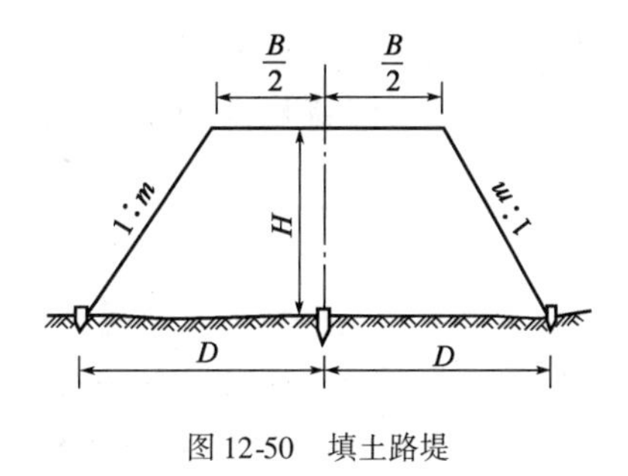

图 12-50 填土路堤

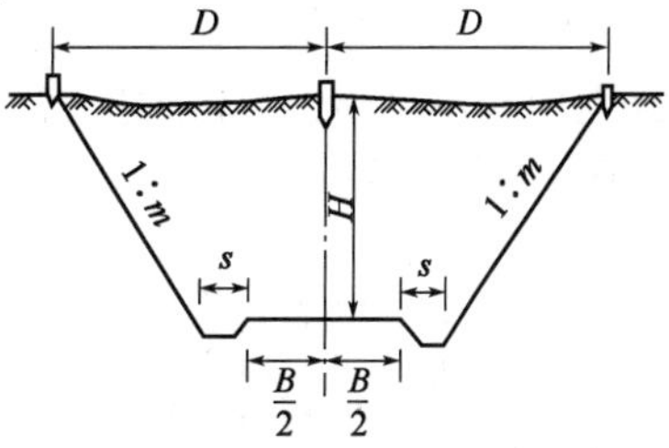

图 12-51 挖方路堑

以上是断面位于直线段时求算 D 值的方法。若断面位于曲线上有加宽时,在用上述方法

求出 D 值后，还应在加宽一侧的 D 值中加上加宽值。

(2)倾斜地段的边桩测设

在倾斜地段，边桩至中桩的平距随着地面坡度的变化而变化。如图 12-52 所示，路基坡脚桩至中桩的距离 $D_{上}$、$D_{下}$ 分别为：

$$\left.\begin{aligned} D_{上} &= \frac{B}{2} + m(H - h_{上}) \\ D_{下} &= \frac{B}{2} + m(H + h_{下}) \end{aligned}\right\} \tag{12-55}$$

如图 12-53 所示，路堑坡顶至中桩的距离 $D_{上}$、$D_{下}$ 分别为：

$$\left.\begin{aligned} D_{上} &= \frac{B}{2} + s + m(H + h_{上}) \\ D_{下} &= \frac{B}{2} + s + m(H - h_{下}) \end{aligned}\right\} \tag{12-56}$$

式中：$h_{上}$、$h_{下}$——上、下侧坡脚(或坡顶)至中桩的高差。

其中 B、s 和 m 为已知，故 $D_{上}$、$D_{下}$ 随，$h_{上}$、$h_{下}$ 变化而变化。由于边桩未定，所以，$h_{上}$、$h_{下}$ 均为未知数，因此实际工作中采用“逐渐趋近法”测设边桩，在现场一边测一边进行标定。如果结合图解法，则更为简便。

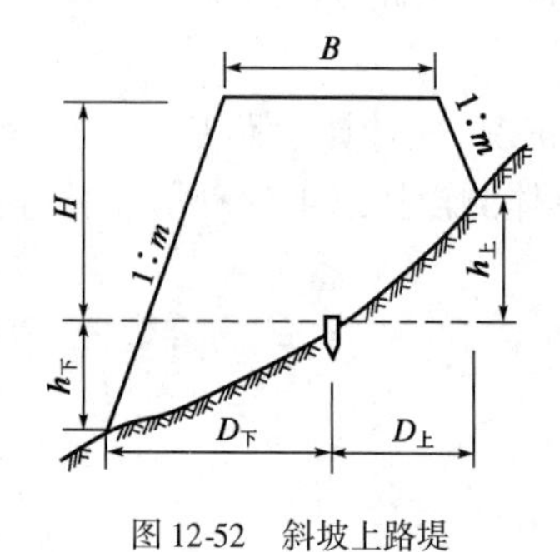

图 12-52　斜坡上路堤

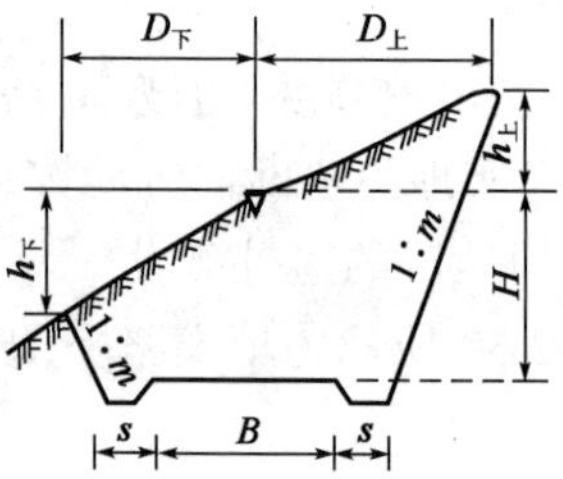

图 12-53　斜坡上路堑

12.10.3　路基边坡的测设

在放样出边桩后，为了保证填、挖的边坡达到设计要求，还应把设计边坡在实地标定出来，以方便施工。

1)用竹竿、绳索测设边坡

如图 12-54 所示，O 为中桩，A、B 为边桩，CD 为路基宽度。测设时在 C、D 处竖立竹竿，于高度等于中桩填土高度 H 处的 C'、D'点用绳索连接，同时由点 C'、D'用绳索连接到边桩 A、B 上。

当路堤填土不高时，可按上述方法一次挂线；当路堤填土较高时，可随路基分层填筑分层挂线。如图 12-55 所示。

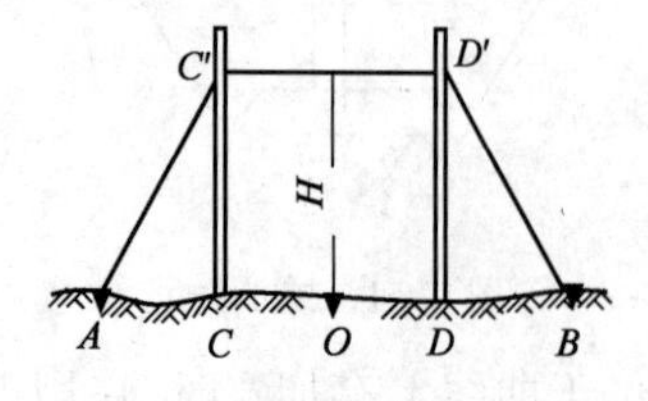

图 12-54　用竹竿、绳索放边坡

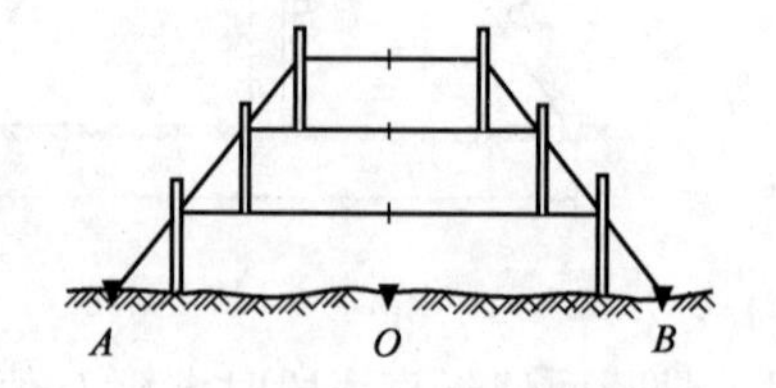

图 12-55　分层挂线放边坡

2)用边坡样板测设边坡

施工前按照设计边坡制作好边坡样板,施工时,按照边坡样板进行测设。

(1)用活动边坡尺测设边坡:如图 12-56 所示,当水准器气泡居中时,边坡尺的斜边所指示的坡度正好为设计边坡坡度,可依此来指示与检核路堤的填筑,或检核路堑的开挖。

(2)用固定边坡样板测设边坡:如图 12-57 所示,在开挖路堑时,于坡顶桩外侧按设计坡度设立固定样板,施工时可随时指示并检核开挖和修整情况。

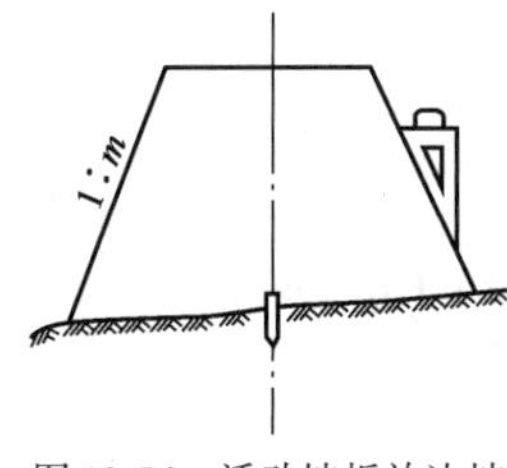

图 12-56 活动坡板放边坡

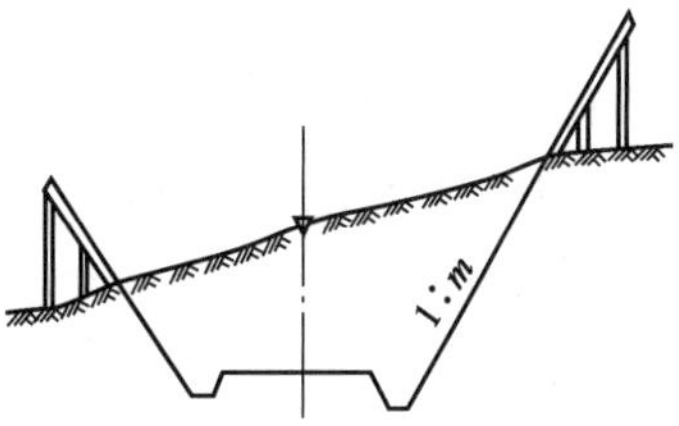

图 12-57 固定样板放边坡

12.10.4 竖曲线的测设

在线路的纵坡变更处,为了满足视距的要求和行车的平稳,在竖直面内用圆曲线将两段纵坡连接起来,这种曲线称为竖曲线。如图 12-58 所示为凸形竖曲线与凹形竖曲线示意图。

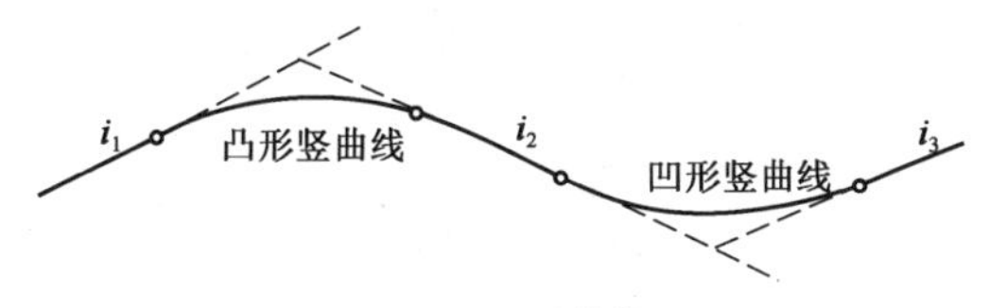

图 12-58 竖曲线

测设竖曲线时,根据路线纵断面图设计中所设计的竖曲线半径 R 和相邻坡道的坡度 i_1、i_2,计算测设数据。如图 12-59 所示,竖曲线元素的计算可用平曲线的计算公式:

$$\left.\begin{aligned} T &= R\tan\frac{\alpha}{2} \\ L &= R\cdot\alpha \\ E &= R\left(\sec\frac{\alpha}{2}-1\right) \end{aligned}\right\} \tag{12-57}$$

由于竖曲线的转角 α 很小,可简化为:

$$\alpha = (i_1 - i_2)$$

$$\tan\frac{\alpha}{2} = \frac{\alpha}{2}$$

因此:

$$T = \frac{1}{2}R(i_1 - i_2)$$

$$L = R(i_1 - i_2)$$

因 α 很小,可以认为: $DF = E$

$$AF = T$$

根据 ΔACO 与 ΔACF 相似,可以得出:

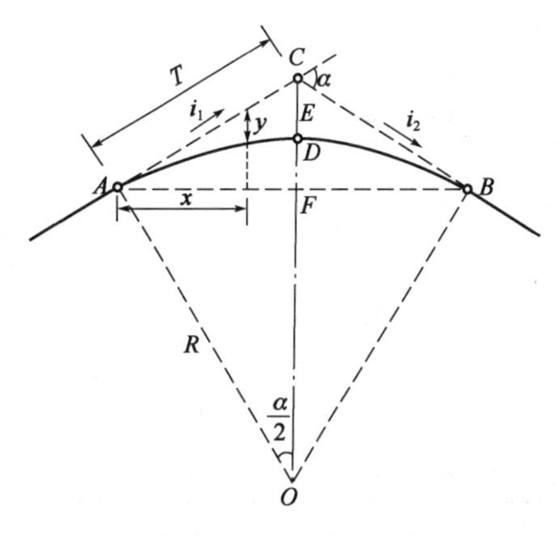

图 12-59 竖曲线测设元素

$$R:T = T:2E$$

$$E = \frac{T^2}{2R}$$

同理,可导出竖曲线中间各点按直角坐标法测设的纵距(亦称高程改正值)计算公式:

$$y_i = \frac{x_i^2}{2R} \tag{12-58}$$

式中,y_i 值在凹形竖曲线中为正号,在凸形竖曲线中为负号。

【例 12-4】 设竖曲线半径 $R=3\,000$m,相邻坡段的坡度 $i_1=+3.1\%$,$i_2=+1.1\%$,变坡点的里程桩号为 K16+770,其高程为 396.67m。如果曲线上每隔 10m 设置一桩,试计算竖曲线上各桩点的高程。

解:(1)计算竖曲线测设元素

$$L = 3\,000 \times (3.1 - 1.1)\% = 60$$

$$T = \frac{60}{2} = 30$$

$$E = \frac{30^2}{2 \times 3\,000} = 0.15$$

(2)计算竖曲线起、终点桩号及坡道高程

起点桩号　K16+(770−30)=K16+740

起点高程　396.67−30×3.1%=395.74

终点桩号　K16+(770+30)=K16+800

终点高程　396.67+30×1.1%=397.00

(3)计算各桩竖曲线高程

由于两坡道的坡度均为正值且 $i_1>i_2$,故为凸形竖曲线,y 取负号。计算结果如表 12-6 所示。

计算结果　表 12-6

桩　号	至竖曲线起点或终点的平距 x(m)	高程改正值 y(m)	坡道高程(m)	竖曲线高程(m)	备　注
起点 K16+740	0	0.00	395.74	395.74	
+750	10	−0.02	396.05	396.03	
+760	20	−0.07	396.36	396.29	
变坡点 K16+770	30	−0.15	396.67	396.52	
+780	20	−0.07	396.78	396.71	
+790	10	−0.02	396.89	396.87	
终点 K16+800	0	0.00	397.00	397.00	

计算出各桩的竖曲线高程后,即可在实地进行竖曲线的测设。

本章小结

本章主要介绍路线中线测设和纵横断面测量的方法，重点介绍圆曲线及缓和曲线的测设方法；并简单介绍困难地段曲线测设以及复曲线、回头曲线测设方法以及 GPS RTK 技术在公路中线测设中的应用；结合工程实际介绍道路施工测量。本章内容将理论学习与实习相结合，可更有利于知识的学习与掌握。

思考题与习题

1. 试述穿线交点法测设交点的步骤。

2. 已测出路线的右角 JD_1：$\beta_1 = 210°42'30''$；JD_1：$\beta_2 = 162°06'18''$。试计算路线转角值，并说明是左转角还是右转角。

3. 已知交点的里程桩号为 K4 + 300.18，测得转角 $\alpha_{左} = 17°30'18''$，圆曲线半径 $R = 500$m，若采用切线支距法并按整桩号法设桩，试计算各桩坐标（要求前半曲线由曲线起点开始测设，后半曲线由曲线终点开始测设），并绘出示意图说明测设步骤。

4. 第 3 题若采用偏角法按整桩号法设桩，试计算各桩的偏角及弦长（要求前半曲线由曲线起点开始测设，后半曲线由曲线终点开始测设），并绘出示意图说明测设步骤。

5. 什么是虚交？切基线法与圆外基线法相比，有何优点？

6. 已知交点的里程桩号为 K21 + 476.21，转角 $\alpha_{右} = 37°16'00''$，圆曲线半径 $R = 300$m，缓和曲线长 $l_s = 60$m，试计算该曲线的测设元素、主点里程，并说明主点的测设方法。

7. 第 6 题在定出主点后，若采用切线支距法按整桩号详细测设，试计算各桩坐标。

8. 某公路交点 JD_2 的坐标：$x_{JD_2} = 2\ 588\ 711.270$m；$y_{JD_2} = 38\ 478\ 702.880$m；$JD_3$ 的坐标：$x_{JD_3} = 2\ 591\ 069.056$m，$y_{JD_3} = 38\ 478\ 662.850$m；$JD_4$ 的坐标：$x_{JD_4} = 2\ 594\ 145.875$m，$y_{JD_4} = 38\ 481\ 070.750$m。$JD_3$ 的里程桩号为 K6 + 790.306，圆曲线半径 $R = 1\ 200$m，缓和曲线长 $l_s = 300$m。求中桩 K6 + 420、K7 + 000、K7 + 260、K7 + 400 的坐标。

9. 路线纵、横断面测量的任务是什么？

10. 试完成表 12-7 某公路中平测量记录的计算和检核。

中平测量记录计算表 表 12-7

测点	水准尺读数（m）			视线高程（m）	高程（m）	备注
	后视	中视	前视			
BM_1	1.426				417.628	
K4 + 980		0.87				
K5 + 000		1.56				基平测得 BM_2 高程为
+ 020		4.25				
+ 040		1.62				

续上表

测点	水准尺读数（m）			视线高程(m)	高程(m)	备注
	后视	中视	前视			
+060		2.30				
ZD_1	0.876		2.402			
+080		2.42				
+092.4		1.87				
+100		0.32				
ZD_2	1.286		2.004			
+120		3.15				基平测得
+140		3.04				BM_2 高程为
+160		0.94				
+180		1.88				
414.636m						
+200		2.00				
BM_2				2.186		
检核						

11. 道路施工测量的项目有哪些？

第13章 桥梁工程测量

【本章知识要点】

本章重点内容是：桥梁工程测量所包含的内容；桥位控制测量；桥轴线纵断面测量；河流比降测量；桥梁墩台中心定位方法；涵洞施工测量。

13.1 概　　述

桥梁工程测量的主要内容包括桥位勘测和桥梁施工测量两部分。建设一座桥梁，需要进行各种测量工作，其中包括：勘测、施工测量、竣工测量等；在施工过程中及竣工通车后，还要进行变形观测工作。根据不同桥梁类型和不同的施工方法，测量的工作内容和测量方法也有所不同。

桥位勘测的目的就是选择桥址和为桥梁设计提供地形、水文地质资料等。桥位勘测的主要测量工作包括：桥位控制测量、桥位地形测量、桥轴线纵断面测量、桥轴线横断面测量、水文地质调查等工作。对造价不高的中、小型桥梁，桥址一般要服从路线的走向，桥梁勘测是在路线勘测的同时进行的，不单独进行勘测。但对于大型桥梁来说，桥址的选择直接影响到桥梁的总长、跨度、高度、墩台和基础类型及引桥的布设等，桥址选择得是否合理对投资造价、施工周期、使用和维护都会带来极大的影响，因此，大型桥梁通常要单独进行勘测，以便比选出最优的桥址。

桥梁施工测量的目的即是将设计的桥梁位置、高程及几何尺寸在实地标出以指导施工。桥梁施工测量的主要工作包括:施工控制测量;桥轴线长度测量;墩、台中心的定位;墩、台细部放样以及梁部放样;其他防护和排水构造物的放样等。

近代的施工方法,日益走向工厂化和拼装化,梁部构件一般都在工厂制造,在现场进行拼接和安装,这就对测量工作提出了十分严格的要求。

桥位勘测和桥梁施工测量的技术应符合《公路桥位勘测设计规范》(JTG C30—2015)和《公路桥涵施工技术规范》(JTG/T F50—2011)的要求。本章结合桥位勘测和桥梁施工,重点介绍桥梁控制测量、桥轴线纵断面测量、河流比降测量、桥梁墩台施工测量和涵洞施工测量。

13.2 桥梁控制测量

桥梁控制测量分为平面控制测量和高程控制测量。

13.2.1 平面控制测量

在选定的桥梁中线上,在桥头两端埋设两个控制点,两控制点间的连线称为桥轴线。由于墩、台定位时主要以这两点为依据,所以桥轴线长度的精度直接影响墩、台定位的精度。

建立平面控制网的目的是为了依规定精度测定桥轴线长度和据以进行墩、台位置的放样;同时,也可用于施工过程中的变形监测。对于跨越无水河道的直线小桥,桥轴线长度可以直接采用测距仪测定,墩、台位置也可直接利用桥轴线的两个控制点测设,无需建立平面控制网。但跨越有水河道的大型桥梁,墩、台无法直接定位时,则必须建立平面控制网。

根据桥梁跨越的河宽及地形条件,平面控制网多布设成如图13-1所示的形式。

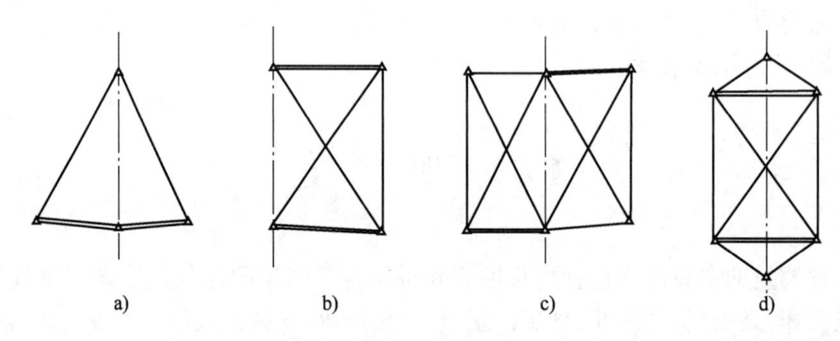

图13-1 平面控制网布设形式

选择控制点时,应尽可能使桥的轴线作为三角网的一个边,以利于提高桥轴线的精度。如不可能,也应将桥轴线的两个端点纳入网内,以间接求算桥轴线长度,如图13-1d)所示。

对于控制点的要求,除了图形刚强而外,还要求地质条件稳定,视野开阔,便于交会墩位,其交会角不致太大或太小。

在控制点上要埋设标石及刻有“+”字的金属中心标志。如果兼作高程控制点用,则中心标志宜做成顶部为半球状的形式。

控制网可采用测角网、测边网或边角网。采用测角网时宜测定两条基线,如图13-1所示的双线所示。过去测量基线是采用因瓦线尺或经过检定的钢卷尺,现在已被光电测距仪取代。测边网是测量所有的边长而不测角度;边角网则是边长和角度都测。测边网有利于控制长度误差即纵向误差,而测角网有利于控制方向误差即横向误差。一般说来,在边、角精度互相匹配的条件下,边角网的精度较高,在全站仪普遍应用的今天,桥梁控制网多采用边角同测的边角网。

桥梁控制网也可采用精密光电测距导线测量或 GPS 测量建立。

桥梁控制测量的等级,应根据桥梁长度确定,对特殊的桥梁结构,根据结构特点,确定桥梁控制测量的等级与精度。主要技术要求见表 13-1。

桥梁三角网主要技术要求 表 13-1

等级	桥轴线长度(m)	桥轴线相对中误差	测角中误差(″)	基线相对中误差	三角形最大闭合差(″)
五	501 ~ 1 000	1/20 000	±5.0	1/40 000	±15.0
六	201 ~ 500	1/10 000	±10.0	1/20 000	±30.0
七	≤200	1/5 000	±20.0	1/10 000	±60.0

上述规定是对测角网而言,由于桥轴线长度及各个边长都是根据基线及角度推算的,为保证桥轴线有可靠的精度,基线精度要高于桥轴线精度 2 ~ 3 倍。如果采用测边网或边角网,由于边长是直接测定的,所以不受或少受测角误差的影响,测边的精度与桥轴线要求的精度相当即可。

由于桥梁三角网一般都是独立的,没有坐标及方向的约束条件,所以平差时都按自由网处理。它所采用的坐标系,一般是以桥轴线作为 X 轴,而桥轴线始端控制点的里程作为该点的 X 值。这样,桥梁墩台的设计里程即为该点的 X 坐标值,可以便于以后施工放样的数据计算。

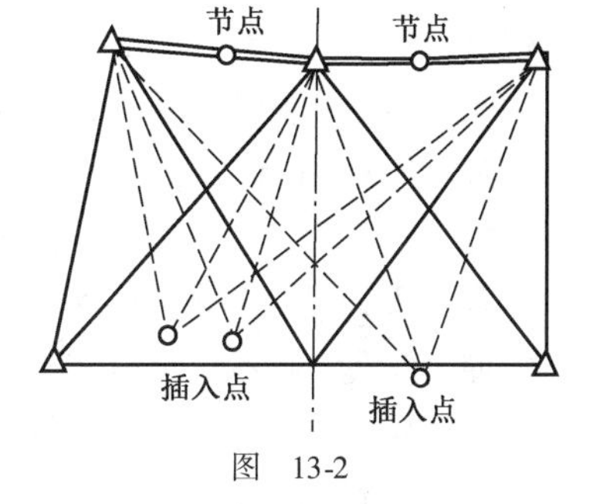

图 13-2

有时桥长太长,控制点不利于放样,或施工时如因机具、材料等遮挡视线,无法利用主网的点进行施工放样时,可以根据主网两个以上的点对控制点进行加密。这些加密点称为插点。当插入点位于两岸主网的一条边上时,称为节点,如图 13-2 所示。插入点的观测方法与主网相同,但在平差计算时,主网上点的坐标不得变更。

13.2.2 测量坐标系与施工坐标的转换

设计图纸上构筑物各部分的平面位置,是以构筑物的主轴线(如桥轴线、隧道轴线、大坝轴线等)作为定位的依据的。为方便放样数据的计算,以构造物主轴线为 X 坐标轴(或与主轴线平行的轴线为 X 坐标轴),当为曲线桥梁或曲线隧道时,坐标轴是以桥梁或隧道一端的切线(或平行于切线)方向为 X 坐标轴,这样所建立的坐标系称为施工坐标系。在施工放样中建筑物细部点一般采用施工坐标系,而路线控制点或测图控制点采用的是测量坐标系,往往施工坐标系与测量坐标系是不一致的。当桥梁或隧道控制点与路线控制点发生联系时,为便于计算放样数据和实地放样,必须采用统一的坐标系统。在施工放样中经常需要将测量坐标系下的坐标转换为施工坐标系下的坐标,或将施工坐标系下的坐标转换为测量坐标系下的坐标,这便是两个不同的坐标系统中点的坐标转换。

如图13-3所示。设 xoy 为测量坐标系（第一坐标系），$x'o'y'$ 为施工坐标系（第二坐标系），如果知道了施工坐标系原点 o' 的测量坐标（x'_0, y'_0）及方位角 α（纵横的转角），由图可以知道，P 点由施工坐标（x'_P, y'_P）换算成测量坐标（x_P, y_P）的转换公式为：

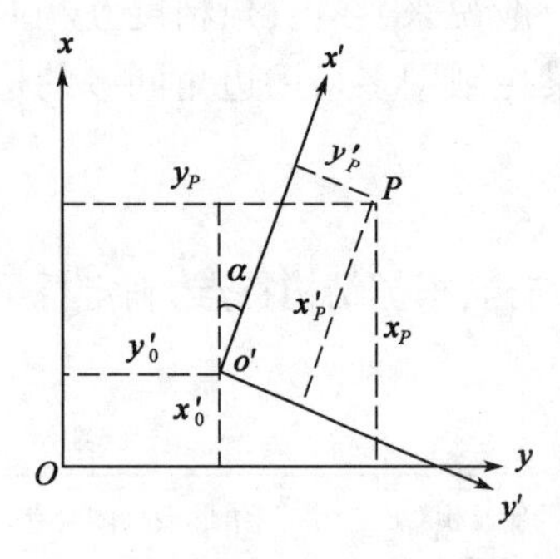

图13-3　测量坐标系与施工坐标系

$$\left.\begin{aligned} x_P &= x'_0 + x'_P\cos\alpha - y'_P\sin\alpha \\ y_P &= y'_0 + x'_P\sin\alpha + y'_P\cos\alpha \end{aligned}\right\} \tag{13-1}$$

或将测量坐标转换为施工坐标的计算为：

$$\left.\begin{aligned} x'_P &= (x_P - x'_0)\cos\alpha + (y_P - y'_0)\sin\alpha \\ y'_P &= -(x_P - x'_0)\sin\alpha + (y_P - y'_0)\cos\alpha \end{aligned}\right\} \tag{13-2}$$

式中，施工坐标系的原点 o' 的测量坐标（x'_0, y'_0）与方位角 α 由设计资料给出。

13.2.3　高程控制测量

在桥梁的施工阶段，为了作为放样的高程依据，应建立高程控制，即在河流两岸建立若干个水准基点。这些水准基点除用于施工外，也可作为以后变形观测的高程基准点。桥位的高程控制，一般是在勘测阶段建立的。

水准基点布设的数量视河宽及桥的大小而异。一般小桥可只布设1个；在200m以内的大、中桥，宜在两岸各设1个；当桥长超过200m时，由于两岸连测不便，为了在高程变化时易于检查，则每岸至少设置2个。

水准基点是永久性的，必须十分稳固。除了它的位置要求便于保护外，根据地质条件，可采用混凝土标石、钢管标石、管柱标石或钻孔标石。在标石上方嵌以凸出半球状的铜质或不锈钢标志。

为了方便施工，也可在附近设立施工水准点，由于其使用时间较短，在结构上可以简化，但要求使用方便，也要相对稳定，且在施工时不易被破坏。

桥梁水准点与线路水准点应采用同一高程系统。与线路水准点连测的精度不需要很高，当包括引桥在内的桥长小于500m时可用四等水准连测，大于500m时可用三等水准进行测量。但桥梁本身的施工水准网，则宜用较高精度，因为它是直接影响桥梁各部放样的精度的。

当跨河距离大于200 m时，宜采用过河水准法连测两岸的水准点。跨河点间的距离小于800m时可采用三等水准，大于800m时则采用二等水准进行测量。

13.2.4　跨河水准测量

在水准测量中，常常遇到要跨越较大的水城，如跨越江河、湖泊、海峡等进行高程传递，统称为跨河水准测量。当水面宽度超过了水准测量规定的视线长度时，则应采用特殊的方法施测。

1）跨河场地的选择

跨河水准测量应选择在水面较窄、地质稳固、高差起伏不大的地段，以便使用最短的跨河视线；视线不得通过草丛、干丘、沙滩的上方，以减少折光的影响；河道两岸仪器的水平视线；距水面的高度应大致相等；当跨河视线长度在300m以内时，视线距水面的高度应不小于2m，视线长度在300m以上时，视线距水面的高度不小于3m；如果用两台同精度仪器在河道两岸对向观测时，两岸仪器至水边的一段河岸，其距离应尽量相等，其地形、土质也应相似；同时，仪器安置的位置应选在开阔、通风之处，不要靠近陡岩、墙壁、石堆等处。跨河水准的场地布设，应使在河两岸安置仪器及标尺的位置能构成如图13-4中a)、b)、c)所示形式。图中I_1、I_2及b_1、b_2分别为两岸的测站和立尺点，立尺点须打入大木桩，桩顶钉圆帽钉。要求两条跨河视线尽量相等，而同岸上的视线I_1b_1及I_2b_2的长度不得短于10m，且彼此相等。

2）观测方法

跨河水准测量对仪器要求较高，在观测前应对仪器进行严格的检验校正，i角应校正至6″以下，当采用两台仪器对向观测时，还须尽量使两台仪器的i角同号；应选择无风、气温变化小的阴天进行观测；观测时，仪器应用白色测伞遮蔽阳光，水准标尺要用支架撑稳。

跨河视线较长时，可采用精密水准仪光学测微法观测，须特制一个觇牌以利照准和读数。觇牌如图13-5所示。觇牌其一测回的观测步骤如下：

（1）观测本岸近标尺，按光学测微法接连照准基本分划两次读数。

（2）观测对岸远标尺，使气泡精密符合，转动测微器，使平行玻璃居于垂直位置；指挥对岸立尺者将觇牌上下移动，使觇板标志线移至望远镜楔形平分丝中央，并将觇板指标线精确对准尺上最邻近的基本分划线，记下觇板指标线在标尺上的读数，通知测站。

旋转仪器测微器，按光学测微法连续5次精确照准觇板标志线读取测微器读数，构成一组观测，然后移动觇板重新对准标尺分划线，按相同顺序作第二组观测。

以（1）、（2）两项操作组成一测回的上半测回。

（3）上半测回结束后，水准仪和标尺搬运至对岸，并互换标尺，在搬运中不得碰动对光螺旋和目镜筒，以保证视准轴不变，然后进行下半测回的观测。下半测回先测远标尺而后近标尺，观测操作与上半测回相同。

当三、四等水准路线跨越宽度在300m以内，且标尺尚能直接照准读数，采用一台水准仪进行观测时，可按如图13-4c）所示的“Z”字形布设跨河场地。

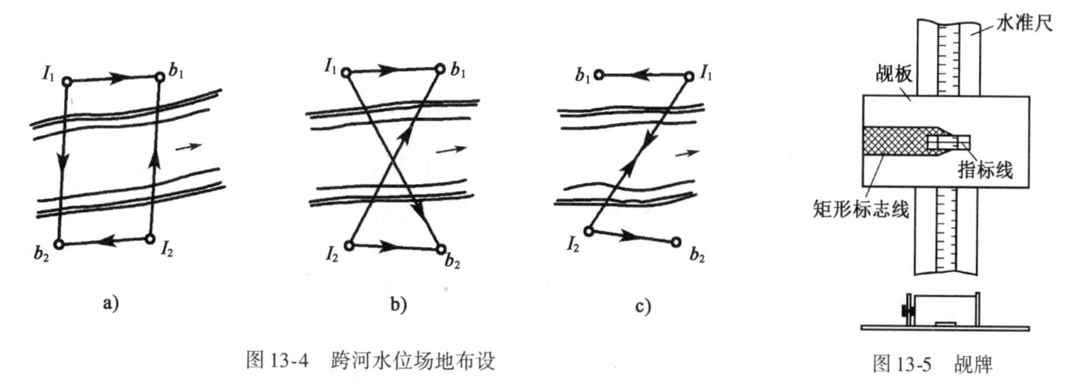

图13-4 跨河水位场地布设

图13-5 觇牌

每一跨河水准测量须观测两个测回。用两台仪器对向观测时，应从两岸同时各观测一个测回。两测回高差的不符值，三等跨河水准测量应不超过8mm，四等跨河水准测量应不超过16mm。

在北方地区跨越河流、沼泽、水草地等，可以利用冬季在冰上进行水准测量。

跨越水流平缓的河流、静水湖泊、池塘等的四等水准测量，可采用静水面等高的原理，选择平静无风的时候，分别在两岸同时观测水位，以求得两点的高差。

13.3　桥轴线纵断面测量

在桥梁的设计中需了解桥梁的全断面河床、水深的变化情况，分析河床变化与水流流速的关系，需要根据桥轴线河床变化情况以及水深等决定桥梁的孔径和选择墩台的类型和基础的深度等。为此，需要进行桥梁的纵断面测量，就是测量桥轴线方向地表的起伏状态，并根据测量结果绘制成纵断面图，称为桥轴线纵断面图。

路线上的大、中桥梁桥轴线纵断面应尽量与路线中线测量一起完成。桥轴线纵断面的测绘范围一般按设计需要确定，受地形控制的桥梁，一般情况下应测至两岸线路路基设计高程以上。如果河流的两岸陡峭或者有河堤，则应测至陡岸边或堤的顶部。如河滩过宽，两岸为浅滩漫流时，则岸上的测绘范围以能满足设计桥梁孔跨、导流建筑物和桥头引道的需要为原则。当地质条件复杂且地形起伏较大，为了更好地反映地面状况供设计时参考，尚需在上、下游各6～20m位置处加测辅助纵断面，并根据设计需要，可在桥梁墩台基础范围内再增测辅助断面。

桥轴线纵断面图包括岸上和水下两部分，两部分的测量方法不同，下面分别加以说明。

岸上部分与路线纵断面测量方法相同，因而应在进行路线纵断面测量的同时完成。如果路线中线上的整桩及加桩尚嫌不足，应根据地形地质的变化情况进行加密。水上部分的测量一般采用水准测量的方法进行，测点距离一般在山区不大于5m，平坦地区不大于20～40m，按水准测量要求与水准点进行闭合，闭合差限差为$\pm 50\sqrt{L}$mm（L以km计）。也可采用测距仪或全站仪测定各测点的距离和高程。

由于水下部分看不见，不能像陆地上一样钉设里程桩，水准测量测量方法不能使用，所以测点的位置及其高程都是用间接方法测求。测点高程的测定是先测出水面高程（水位）和水深，然后由水面高程减去水深，以求河底的高程。

水面高程是随着时间变化的，特别是在洪水季节，其变化尤为显著。所以必须求得测量水深时的瞬时水面高程，才能用水面高程减去水深求出河底的高程。

为了测水面高程，简单的水位观测可在岸边水中竖立水中标尺。水标尺的构造与水准尺相似。如果水位变化很大，则可在岸边高低不同的位置上竖立若干个水标尺，如图13-6所示。

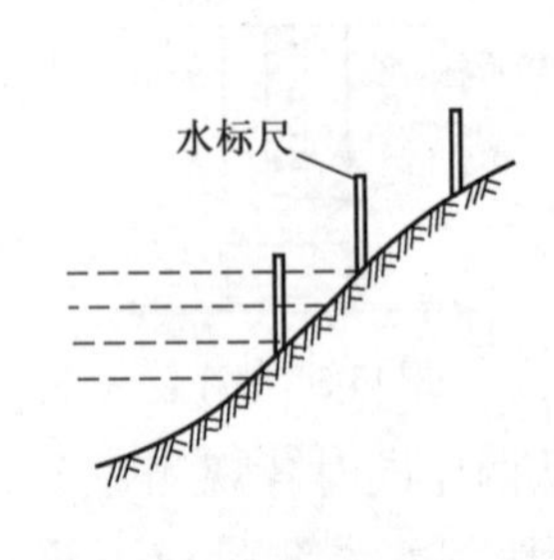

图13-6　水标尺示意图

采用水准测量的方法自附近的水准点测算出水标尺零点的高程。水标尺零点高程H_0加上水面在水标尺上的读数$\Delta Z(t_i)$等于水面的高程$[H_0+\Delta Z(t_i)]$。由于水位随时变化，观测频率在水位比较稳定时可以在断面测深的开始和结束时各观测一次，取两次读数的平均值计算测量时水位。如在水位涨落较快的洪水季节，应适当增加观测次数，按一定的时间间隔（如10min或30min）对水中标尺读数$\Delta Z(t_i)$。在取得时间及水位资料以后，即可以时间为横坐标，以水位为纵坐标，绘出时间—水位曲线图，如图13-7所示。利用这一曲线，即可查出在测水深时的水位。

纵断面上测点的平面位置和水深是同时测定时。水深测量所采用的工具,根据水深及流速的大小,可以采用测深杆、测深锤或回声测深仪进行。

简单的水深测量工具可以采用测深杆或测深锤。测深杆一般由直径5~8cm、长3~5m的竹竿制成,也可采用玻璃钢管或者金属管、硬塑料管制成。杆上涂有测量深度的标记,下端镶一直径10~15cm的铁制或木制底盘,用以防止测深时测杆插入河地淤泥而影响测深精度,如图13-8a)所示。测深杆宜在水深5m以内、流速和船速不大的情况下使用。用测深杆测深时,应在距船头1/3船长处作业,以减少波浪对读数的影响。测探杆要顺船插入水中,使测杆触到水底时,正好垂直以读取水深。

测深锤又名水铊。测深锤为一质量为3.8kg的铅铊上系一根作了分米标记的绳索。如图13-8b)所示。测深锤测深时,应预估水深,取相应绳长盘好,过长使收绳困难,过短达不到水底。将铊抛向船首方向,在测声锤触水底,测绳垂直时,取水深读数。测深锤适用于测量水深小于20m,河流流速小、船速小,河流底质较硬的条件下测量水深。

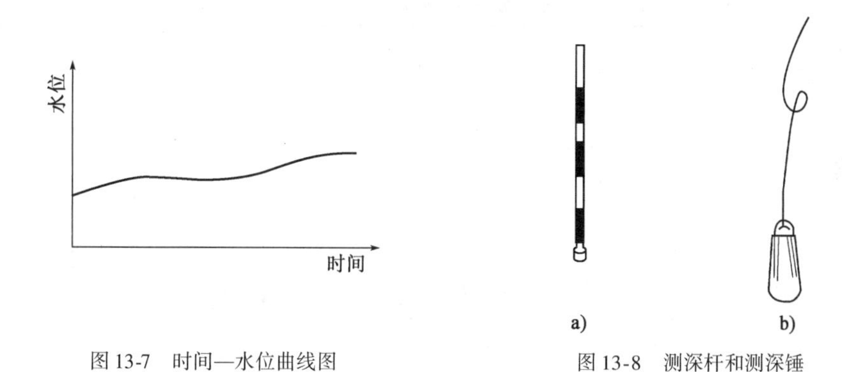

图13-7 时间—水位曲线图

图13-8 测深杆和测深锤

回声测深仪简称测深仪,是测量水深的一种仪器。其基本原理是测量超声波由水面到水底的往返时间间隔再乘上超声波在水中的传播速度推算出水深。在水深流急的江河与港湾,测深仪得到广泛的应用。测深仪可分为单波束测声仪、双波束测声仪及多波束测声仪,大多具有自动记录和自动成图的功能,使用测深仪测量水深时,应按仪器使用方法操作。

纵断面上测点的平面位置的测定,根据河宽及地形条件,可采用直接丈量、全站仪法及差分GPS定位等方法。

直接丈量法一般是在两岸桥位桩间拉一根作了距离记号的绳索,这根绳索称为断面索,测量时测船沿断面索前进,按预先规定的间距测出水深,并在同时记下测深时间和位置。这种方法适用于河流较窄而水深较深的河上。

全站仪定位。传统的光学经纬仪定位,以行驶的测船上与测深点在同一铅直线的标志为观测目标,由岸上的两台经纬仪同时照准目标,实施前方交会法定位,并且做到与水深测量工作同步。为了达到上述要求,通常用对讲机报点号,记录测深点的交会角和水深值。随着全站仪的普遍使用,传统的光学经纬仪前方交会法定位已很少采用。新的方法是直接利用全站仪,按方位和距离的极坐标法进行定位。在定位时可将全站仪安置在桥轴线已知里程的点上(如已知里程的桥址桩),瞄准桥轴线方向,测站观测者指挥测船到轴线方向后直接测量测站到测深点的距离,从而算得测深点里程。在桥轴线方向视线遮挡时也可不在桥轴线上架设仪器,可采用极坐标法支点,在支点上架设全站仪进行测量,该方法应先计算出测点坐标,再采用全站仪坐标放样的方法定位。采用全站仪定位的方法方便灵活,自动化程度高,精度高。用全站仪定位时一般采用全站仪的跟踪测量模式。

差分 GPS 定位技术的应用,可以快速地测定测深仪的位置。测量时将 GPS 接收机与测深仪器组合,前者进行定位测量,后者同时进行水深测量。利用便携机(或电子手簿)记录观测数据,并配备一系列软件和绘图仪硬件,便可组成水下测量自动化系统。一般野外有两人便可完成岸上和船上的全部操作,当天所测数据只用 1 ~ 2h 就可处理完毕,并可及时绘出水下地形图、测线断面图、水下地形立体图等。随着 GPS 接收机,特别是双频实时动态 GPS 接收机价格的降低,采用实时差分 GPS 定位在大型桥梁的水下纵断面测量中得到了广泛的应用。另外,一种将定位 GPS 技术和回声测深仪集成在一起,通过遥控技术操作的自动化程度很高的测量船也在水深测量工作中得到很多的应用。

桥轴线纵断面上测深点数目,以能正确表示河床变化为原则。在一般情况下,测深垂线的间距不应大于表 13-2 的规定。

河床纵断面测量布点间距　　表 13-2

水面宽(m)	<50	50 ~ 100	100 ~ 300	300 ~ 1 000	>1 000
最大间距(m)	3 ~ 5	5 ~ 10	10 ~ 20	20 ~ 50	50

在测得断面上的测点位置及岸上和水下的地面高程以后,即可以用绘制路线纵断面图的方法绘制出桥轴线纵断面图。图上应注明施测水位、最大洪水位及最低水位。

13.4　河流比降测量

河流比降测量也就是水面坡度测量,它等于同一瞬间两处水面高程之差与两处的距离之比。沿水流方向的比降称为纵比降,垂直于水流方向的比降称为横比降。本节主要讲述纵比降(简称比降)测量。比降与流速有关,它直接影响流量与河床的冲刷,所以比降是桥梁设计的一项重要资料。

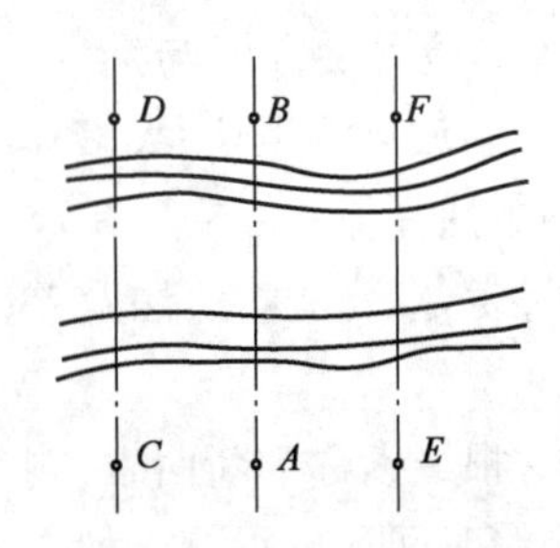

图 13-9　河流比降测量方法

河流比降直接受水位高低、水流深浅及河流宽度的影响。为了满足桥梁设计的需要,一般要在桥轴线处分别在不同水位条件下进行河流比降测量。

河流比降的测量方法如图 13-9 所示,在桥轴线处布设断面 AB,在上下游分别布设断面 CD 及 EF。断面间的距离视河流比降大小而定,比降小时距离大些,而比降大时则距离小些,一般比降断面的间距不应小于如表 13-3 所示的要求间距。

比降观测断面间距　　表 13-3

每公里水面落差(mm)	50	60	80	130	200	500
断面间距(m)	2 000	1 500	1 000	500	300	100

水面较窄河面在比降断面处观测的一岸设立水标尺,一般是在桥轴线断面设立两个或两个以上的基本水尺,在上游断面和下游断面设立一个比降水尺,也可采用在比降断面的同侧打入木桩代替水标尺,桩顶要高出水面。当水面较宽时两岸均应设立水标尺。水标尺零点或桩

顶的高程,用水准测量的方法施测。水位观测应在几个水标尺或木桩上同时进行,观测时要有几个人根据同一信号或规定的时刻同时读数。如果由一人观测,则应往返进行,而取其平均值。当利用水标尺时,水标尺零点高程加上水标尺读数即为水位高程;当利用木桩时,则用桩顶高程减去桩顶至水面的距离以求出水面高程。

根据相邻断面间水位的高差 h 及其距离 D,即可以用下式求出河流比降 i:

$$i = \frac{h}{D} \tag{13-3}$$

河流比降测量要在不同的水位进行,一般要分别在低水位、常水位及高水位时进行观测。根据不同水位的比降,可绘出水位与比降的关系曲线,如图 13-10 所示。在桥梁设计中,起控制作用的是历史最高洪水位的比降,但在一般情况下无法直接测出,所以就在水位与比降的关系曲线上,根据调查得到的历史最高洪水位高程,采用外插(即延长曲线)的办法求出最高洪水位时的河流比降。

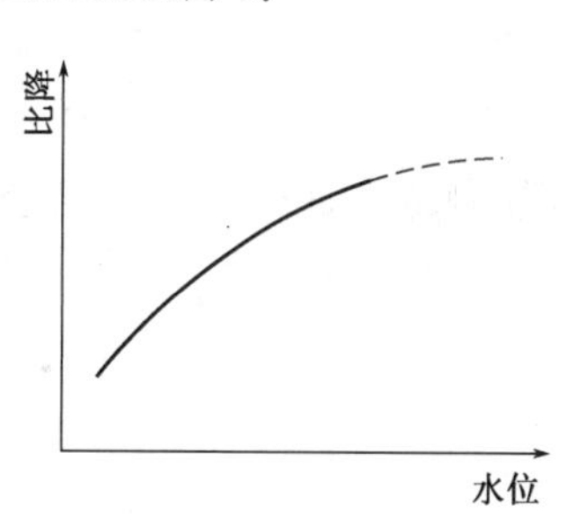

图 13-10　水位与比降关系图

13.5　桥梁墩、台施工测量

13.5.1　桥梁墩、台中心的测设

在桥梁墩、台的施工测量中,最主要的工作的是测设出墩、台的中心位置及墩、台的纵横轴线。其测设数据是根据控制点坐标和设计的墩、台中心位置计算出来的。放样方法可采用直接测设法、角度交会法或极坐标法。

1)直接测距法

线桥的墩、台中心都位于桥轴线的方向上。墩、台中心的设计里程及桥轴线起点的里程是已知的,如图 13-11 所示,相邻两点的里程相减即可求得它们之间的距离。根据地形条件,可采用直接测距法测设出墩、台中心的位置。

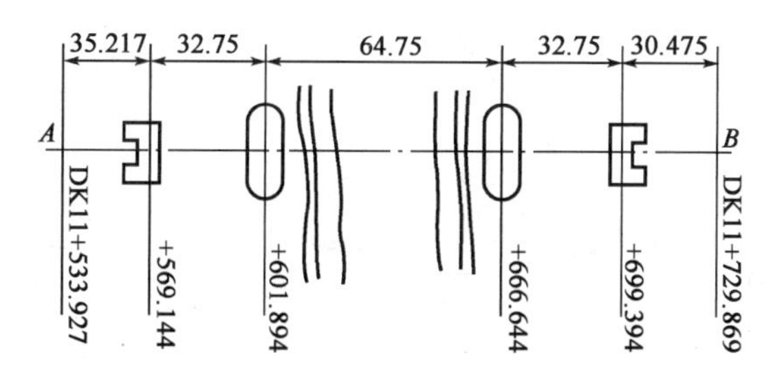

图 13-11　直接测距法(尺寸单位:m)

这种方法适用于无水或浅水河道。根据计算出的距离,从桥轴线的一个端点开始,用检定过的钢尺逐段测设出墩、台中心,并附合于桥轴线的另一个端点上。如在限差范围之内,则依各段距离的长短按比例调整已测设出的距离。在调整好的位置上钉一小钉,即为测设的点位。

如用光电测距仪测设,则在桥轴线起点或终点架设仪器,并照准另一个端点。在桥轴线方向上设置反光镜，并前后移动，直到测出的距离与设计距离相符，则该点即为要测设的墩、台中心位置。为了减少移动反光镜的次数，在测出的距离与设计距离相差不多时，可用小钢尺测出其差数，以定出数、台中心的位置。

2）角度交会法

当桥墩位所在位置水位较深，无法丈量距离及安置反射棱镜时，则采用角度交会法测设墩位。

如图 13-12 所示，A、C、D 为控制网的三角点，且 A 为桥轴线的端点，E 为墩中心位置。在控制测量中 ϕ、ϕ'、d_1、d_2 已经求出。AE 的距离 l_E 可根据两点里程求出。则：

$$\alpha = \arctan\left(\frac{l_E \sin\phi}{d_1 - l_E \cos\phi}\right) \tag{13-4}$$

$$\beta = \arctan\left(\frac{l_E \sin\phi'}{d_2 - l_E \cos\phi'}\right) \tag{13-5}$$

α、β 也可以根据 A、C、D、E 的已知坐标求出。

在 C、D 点上架设 J_2 或 J_1 经纬仪，分别自 CA 及 DA 测设出 α 及 β 角，则两方向的交点即为桥墩中心 E 点的位置。

为了检核精度及避免错误，通常都用三个方向交会，即同时利用桥轴线 AB 的方向进行交会。由于测量误差的影响，三个方向不交于一点，而形成如图 13-13 所示的三角形，这个误差三角形称为示误三角形。示误三角形的最大边长，对于墩，台底部定位时不应大于 25mm，对于墩顶定位时不应大于 15mm。如果在限差范围内，则将交会点 E' 投影至桥轴线上，作为墩中心的点位。

在墩、台定位中，随着工程的进展，需要经常进行交会定位。为了简化工作，提高效率，可以在交会方向的延长线上设立标志，如图 13-14 所示。在以后交会时即不再测设角度，而是直接照准标志即可。为避免发生混淆，相应的标志应进行编号。当桥墩筑出水面以后，即可在墩上架设反光镜，利用光电测距仪，以直接测距法定出墩中心的位置。

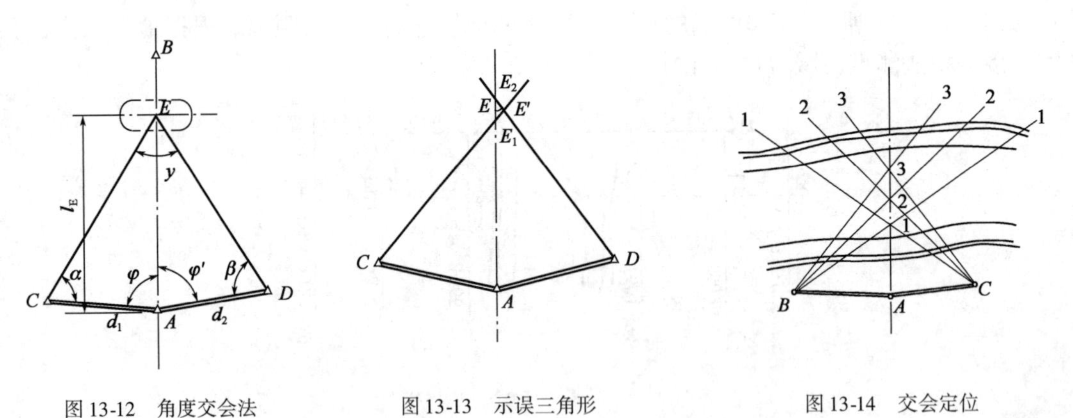

图 13-12　角度交会法　　图 13-13　示误三角形　　图 13-14　交会定位

3）极坐标法

如果在桥梁墩位可以架设反射棱镜，也可采用极坐标法测设墩、台中心位置。这种方法是算出墩、台中心的坐标（为放样方便，一般是桥梁施工坐标），计算放样元素，即放样点到测站的距离和放样方向与已知方向的夹角，在控制点上架设全站仪进行放样，也可将放样点的坐标、测站坐标、后视点坐标输入全站仪利用全站仪的坐标放样功能进行放样。为提高放样点位的精度,可采用盘左和盘右分别放样再取点位均值。为保证放样数据的正确,可以再在另一控制点上放样,两次放样的差值在容许的范围内时,取均值作为放样点位。

当放样点精度要求较高,或放样距离较远时(一般超过200m),应考虑气象改正,将测出的气温、气压参数输入全站仪,由全站仪自动进行气象改正。

极坐标法放样灵活、方便、迅速,只要墩、台中心处能够安置反射棱镜,全站仪与之能够通视即可。这种放样方法是工程中采用最多的方法。当要求精度很高时,可以采用精密放样已知角的方法,根据拟定的测回数精确放样已知方向,再放样已知距离,定出点位。

在直线桥上,桥梁和线路的中线都是直的,两者完全重合,可以采用上述几种方法进行测设。但在曲线桥上则不同,曲线桥的线路中线是曲线,而每跨梁却是直的,所以桥梁中线与线路中线基本构成了附合的折线,这种折线称为桥梁工作线,如图13-15所示。桥梁工作线与路中线不能完全重合,墩、台中心即位于折线的交点上,曲线桥的墩、台中心测设,就是测设这些转折角的中心位置,即工作线的交点。

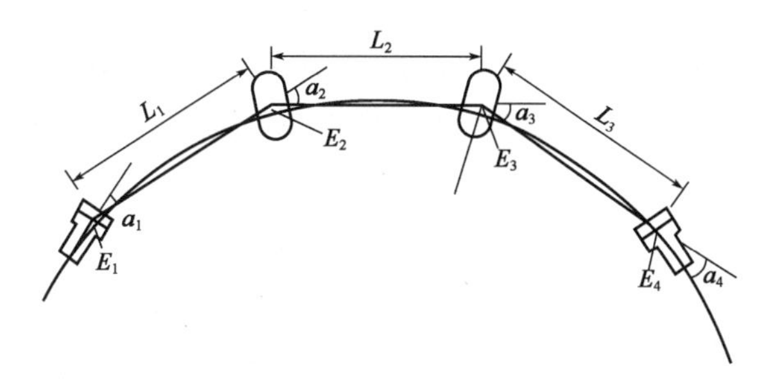

图13-15 桥梁工作线

测设时,设计资料偏距E、偏角a、墩台中心距L是已知的,但在测设前应根据梁的布置形式进行校核计算,无误后才能进行放样。放样时可以采用公路曲线测设的方法(如偏角法、切线支距法等)和上述的几种方法灵活处理。也可计算出墩中心位置的坐标,采用极坐标法放样。

13.5.2 墩台纵、横轴线的测设

为了进行墩、台施工的细部放样,需要测设其纵、横轴线。所谓纵轴线是指过墩、台中心平行于线路方向的轴线,而横轴线是指过墩、台中心垂直于线路方向的轴线。

直线桥墩、台的纵轴线与线路中线的方向重合,在墩、台中心架设仪器,自线路中线方向测设90°角,即为横轴线方向(图13-16)。

曲线桥的墩、台纵轴线位于桥梁偏角的分角线上,在墩、台中心架设仪器,照准相邻的墩、台中心,测设$\alpha/2$角,即为纵轴线的方向。自纵轴线方向测设90°角,即为横轴线方向(图13-17)。在施工过程中,墩、台中心的定位桩要被挖掉,但随着工程的进行,又经常需要恢复墩、台中心的位置,因而要在施工范围以外订设护桩,据以恢复墩台中心的位置。所谓护桩即在墩、台的纵、横轴线上,于两侧各钉设至少两个木桩,因为有两个桩点才可恢复轴线方向。为防破坏,可以多设几个。在曲线桥上的护桩纵横交错,在使用时极易弄错,所以在桩上一定要注明墩台编号。

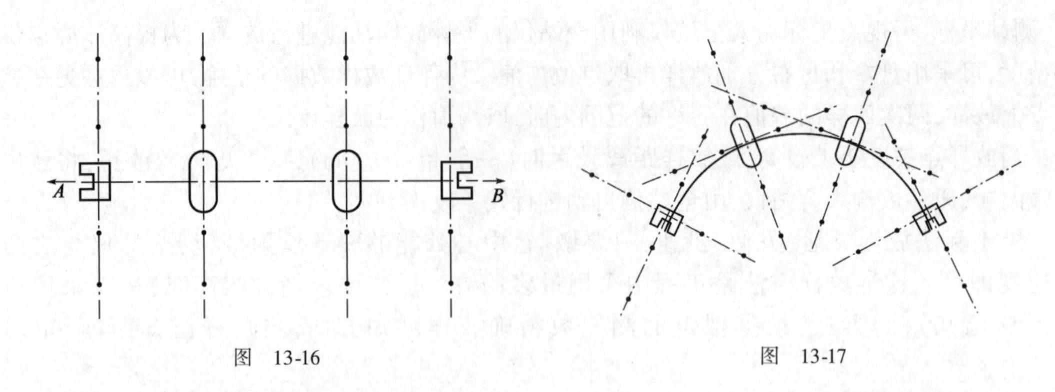

图 13-16　　　　图 13-17

13.5.3 桥梁细部施工测量

随着施工的进展,随时都要进行放样工作,但桥梁的结构及施工方法千差万别,所以测量的方法及内容也各不相同。总的说来,主要包括基础放样、墩、台放样及架梁时的测量工作。

中小型桥梁的基础,最常用的是明挖基础和桩基础。明挖基础的构造如图 13-18 所示,它是在墩、台位置处挖出一个基坑,将坑底平整后,再灌注基础及墩身。根据已经测设出的墩中心位置,纵、横轴线及基坑的长度和宽度,测设出基坑的边界线。在开挖基坑时,如坑壁需要有一定的坡度,则应根据基坑深度及坑壁坡度测设出开挖边界线。边坡桩至墩、台轴线的距离 D(图 13-19)依下式计算:

$$D = \frac{b}{2} + hm \tag{13-6}$$

式中:b——坑底的长度或宽度;

h——坑底与地面的高差;

m——坑壁坡度系数的分母。

桩基础的构造如图 13-20 所示,它是在基础的下部打入基桩,在桩群的上部灌注承台,使桩和承台连成一体,再在承台以上修筑墩身。

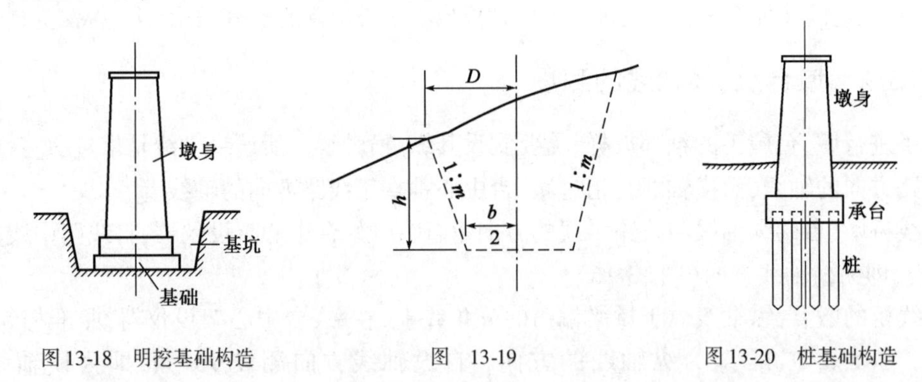

图 13-18　明挖基础构造　　图 13-19　　图 13-20　桩基础构造

基桩位置的放样如图 13-21 所示,它是以墩、台纵、横轴线为坐标轴,按设计位置用直角坐标法测设。在基桩施工完成以后,承台修筑以前,应再次测定其位置,以作竣工资料。

明挖基础的基础部分、桩基的承台以及墩身的施工放样,都是先根据护桩测设出墩、台的纵、横轴线,再根据曲线设立模板。即在模板上标出中线位置,使模板中线与桥墩的纵横、轴线对齐,即为其应有的位置。

墩台施工中的高程放样，通常都在墩台附近设立一个施工水准点，根据这个水准点，以水准测量方法测设各部的设计高程。但在基础底部及墩、台的上部，由于高差过大，难于用水准尺直接传递高程，可用悬挂钢尺的办法传递高程。

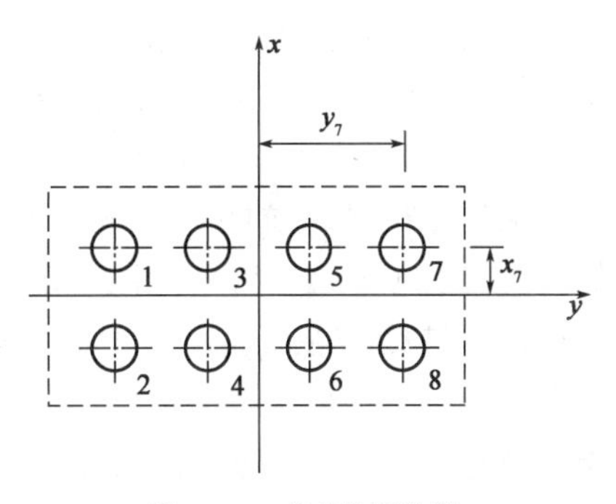

图 13-21　基础位置放样

架梁是建造桥梁的最后一道工序。无论是钢梁还是混凝土梁，都预先按设计尺寸做好，再运到工地架设。

梁的两端是用位于墩顶的支座支撑，支座放在底板上，而底板则用螺栓固定在墩、台的支承垫石上。架梁的测量工作，主要是测设支座底板位置，测设时也是先设计出它的纵、横中心线的位置。支座底板的纵、横中心线与墩、台纵横轴线的位置关系是在设计图上给出的。因而在墩、台顶部的纵横轴线设出以后，即可根据它们的相互关系，用钢尺将支座板的纵、横中心线设放出来。

13.6　涵洞施工测量

公路工程中桥梁和涵洞按跨径划分，单孔跨径小于 5m，多孔跨径总长小于 8m 均为涵洞（管涵和箱涵无论孔径大小均称为涵洞）。涵洞施工测量和桥梁施工测量方法大体相似，不同的是涵洞属于小型构造物，无需单独建立施工控制网，直接利用道路导线控制点即可进行放样工作。

涵洞施工放样工作大体为放样涵洞的轴线，以确定涵洞的平面位置；放样涵洞的进、出口高程，使之符合设计坡度的要求；在此基础上放样涵洞的细部位置；涵洞洞口附属设施的放样。

在进行涵洞放样前，应研究设计图纸找出涵洞的中心里程和涵洞的布置形式及各部位尺寸，再到实地进行放样。

涵洞施工测量时要首先放出涵洞的轴线位置，即根据设计图纸上涵洞的里程，放出涵洞轴线与路线中线的交点，并根据涵洞轴线与路线中线的夹角，放出涵洞的轴线方向。

放样直线上的涵洞时，依涵洞的里程，自附近测设的里程桩沿路线方向量出相应的距离，即得涵洞轴线与路线中线的交点 P。若涵洞位于曲线上，则采用曲线测设的方法定出涵洞与路线中线的交点 P。依地形条件，涵洞轴线与路线有正交的，也有斜交的。将经纬仪安置在涵洞轴线与路线中线的交点 P 处，测设出已知的夹角 θ，即得涵洞轴线的方向，在涵洞轴线方向上定设轴线桩 P_1、P_2、P_3、P_4，如图 13-22 所示。

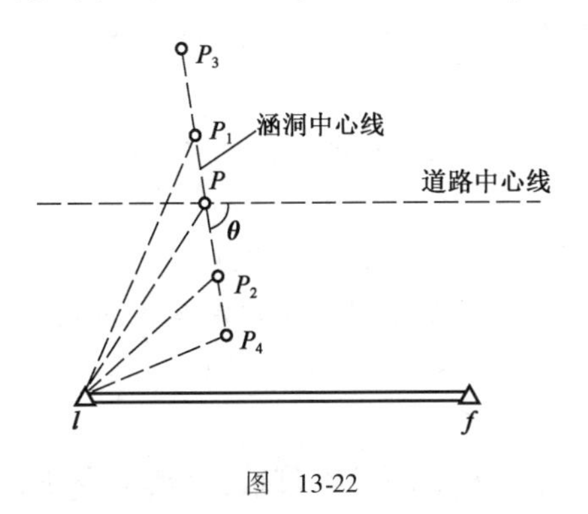

图　13-22

如采用全站仪在导线点上放样，如图 13-22 所示，则首先根据涵洞里程计算出涵洞轴线与道路中线的交点 P 的坐标，利用公路导线控制点将涵洞轴线与公路轴线的交点 P 位置放样出来，然后按前述方法放样涵洞的轴线。也可以先计算出轴线桩的坐标，由导线控制点直接放出轴线桩 P_1、P_2、P_3、P_4。

涵洞轴线用大木桩标志在地面上,这些标志桩应在路线两侧涵洞的施工范围以外,且每侧两个。自涵洞轴线与路线中线的交点处沿涵洞轴线方向量出上下游的涵长,即得涵洞口的位置,涵洞口要用小木桩标出来。

涵洞基础及基坑的边线根据涵洞的轴线测设,在基础轮廓线的转折处都要钉设木桩,如图 13-23a)所示。为了开挖基础,还要根据开挖深度及土质情况定出基坑的开挖界线,即所谓的边坡线。在开挖基坑时很多桩都要挖掉,所以通常都在离基础边坡线 1 ~ 1.5m 处设立龙门板,然后将基础及基坑的边线用线绳及垂球投放在龙门板上,并用小钉加以标志。当基坑挖好后,再根据龙门板上的标志将基础边线投放到坑底,作为砌筑基础的根据,如图 13-23b)所示。

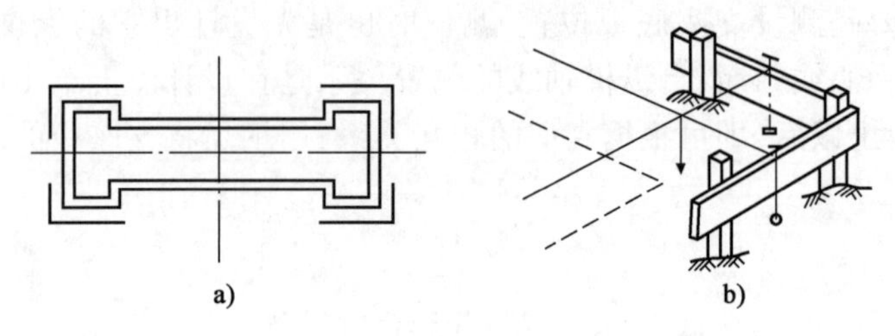

图 13-23

在基础砌筑完毕,安装管节或砌筑墩台身及端墙时,各个细部的放样仍以涵洞的轴线作为放样的依据,即自轴线及其与路线中线的交点,量出各有关的尺寸。

涵洞细部的高程放样,一般是利用附近的水准点用水准仪测设或采用光电测距三角高程测量的方法进行。

涵洞施工测量的精度要求比桥梁施工测量的精度要求低。在平面放样时,主要是保证涵洞轴线与公路轴线保持设计的角度,即控制涵洞的长度。在高程放样时,要控制洞底与上、下游的衔接,保证水流顺畅。不要造成洞底积水,保证洞底纵坡与设计图纸一致。

本章小结

(1)桥梁测量的主要内容主要包括桥位勘测和桥梁施工测量两个部分。

(2)桥位勘测的主要测量工作包括:桥位控制测量、桥位地形测量、桥轴线纵断面测量、桥轴线横断面测量、水文地质调查等工作。

(3)桥梁施工测量的主要工作包括:施工控制测量;桥轴线长度测量;墩、台中心的定位;墩、台细部放样以及梁部放样等。

(4)桥轴线纵断面测量:测量桥轴线方向地表的起伏状态,绘制成桥轴线纵断面图。在河岸上用水准测量方法进行。水下部分需测水面高程和水深,由水面高程减去水深后求出河底高程。

(5)河流比降测量:水面坡度测量。

(6)桥梁墩、台中心测设的常用方法:直接丈量法,适用于无水或浅水河道;角度交会法,适用于河水较深,无法丈量距离及安置反射棱镜时;极坐标法,适用于墩、台中心处能安置反射棱镜的地方,是一种方便、灵活的方法。

思考题与习题

1. 桥梁测量的主要内容分哪几部分?桥位测量的目的是什么?
2. 桥梁控制网坐标系是如何确定的?为什么要建立这样的坐标系?
3. 何谓桥轴线纵断面测量?其测量范围如何确定?
4. 何谓河流比降?
5. 何谓墩、台施工定位?简述墩、台定位常用的几种方法。
6. 简述涵洞轴线放样的方法。

第14章

隧道工程测量

【本章知识要点】

本章重点内容是:掌握隧道工程测量工作的主要内容和测量方法;掌握一井定向的概念和竖井联系测量的工作步骤;掌握隧道横向贯通误差的测定和调整方法。

14.1 概　　述

随着现代化建设的快速发展,我国地下隧道工程项目也日益增多,如公路隧道、铁路隧道、水利工程输水隧道、地下铁道、矿山巷道、城市地下铁道工程、人防工程以及地下厂房仓库(洞室)等。按所在平面位置(直线或曲线)及洞身长度,隧道可分为超长隧道、长隧道和短隧道。对于直线隧道,其长度在3 000m以上的属超长隧道;长度在1 000~3 000m的属长隧道;长度在500~1 000m的属中长隧道;长度在500m以下的属短隧道。对于同等级的曲线隧道,其长度界限为直线隧道的一半。

14.1.1 隧道工程测量的内容及其作用

隧道施工测量是地下工程测量的一部分。由于工程性质和地质条件的不同,地下工程的施工方法也不相同。如浅埋的隧道可以采用明挖法,对于深埋的地下工程和软质地层多采用盾构法开挖,而硬质地层则使用矿山法(过去多用压缩空气打眼进行爆破的方法,或使用联合掘进机)等。总的来说,地下隧道工程测量的主要内容及作用如下。

1)隧道工程测量的主要内容

(1)地面控制测量:在地面上建立平面和高程控制网。

(2)竖井联系测量:将地面上的坐标、方向和高程等数据传到地下,建立地面、地下统一的坐标系统。

(3)地下控制测量:为洞内施工测量建立地下平面和高程控制网。

(4)隧道施工测量:根据隧道设计数据进行放样、指导开挖及衬砌等的中线及高程测量,以保证在两个相向开挖面的掘进中,施工中线及高程能够正确贯通。

2)隧道工程测量的主要作用

(1)在地下标定出地下工程建筑物的设计中心线和高程,为开挖、衬砌和施工指定方向和位置。

(2)保证在两个相向开挖面的掘进中,施工中线在平面和高程上按设计的要求正确贯通,保证开挖不超过规定的界线,保证所有建筑物在贯通前能正确地修建。

(3)保证各种设备的正确安装。

(4)为设计和管理部门提供竣工测量资料等。

14.1.2 隧道贯通误差的测量要求

在隧道施工中,由于地面控制测量、联系测量、地下控制测量以及细部放样的误差,使得两个相向开挖的工作面的施工中线不能理想地衔接,而产生错开现象,即所谓贯通误差(图14-1)。其在线路中线方向的投影长度称为纵向贯通误差(简称纵向误差 Δt),其允许值一般为 ±20cm。在垂直于中线方向的投影长度称为横向贯通误差(简称横向误差 Δu),其允许值一般为 ±10cm。在高程方向的投影长度称为高程贯通误差(简称高程误差 Δh),其允许值一般为 ±5cm。对于公路及铁路山岭隧道来说,纵向误差只影响隧道中线的长度,只要它不大于定测中线的误差,能够满足预作路面或铺轨的要求即可,这是容易做到的,其对隧道的贯通没有多大的影响。而高程误差影响隧道的坡度,若应用水准测量的方法,也容易达到所需的精度要求。因此在实际上最重要的、讨论最多的是横向误差。因为横向误差如果超过了一定的范围,就会引起隧道中线几何形状的改变,甚至洞内建筑物侵入规定限界而使已衬砌部分拆除重建,会给工程造成巨大的损失。

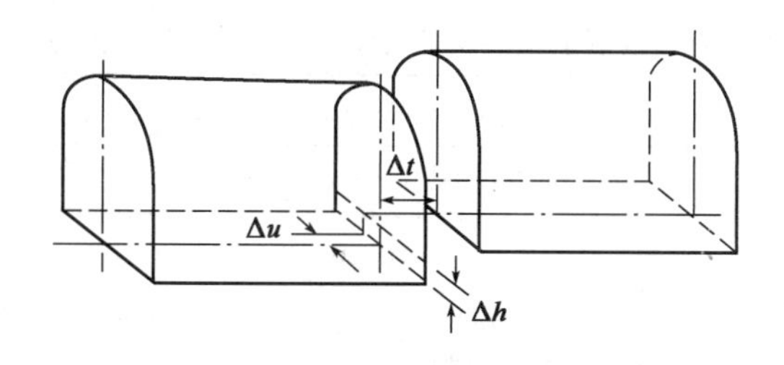

图14-1 隧道贯通误差

《既有铁路测量技术规则》(TBJ 105—1988)对于贯通误差限差的规定见表14-1。

贯通误差限差　　表 14-1

两开挖洞口长度(km)	<4	4~8	8~10	10~13	13~17	17~20
横向贯通误差(mm)	100	150	200	300	400	500
高程贯通误差(mm)	50					

对于纵向误差的限值,一般都不作明确规定,如果按照定测中线的精度要求,则应小于隧道长度的 1/2 000。

隧道施工中的控制测量分为地面控制测量与洞内控制测量,故应将上述的容许贯通误差加以适当分配。一般来说,对于平面控制测量而言,地面上的条件要较洞内为好。故对地面控制测量的精度要求可高一些,而将洞内导线测量的精度要求则适当降低。按照规定,将地面控制测量的误差作为影响隧道贯通误差的一个独立因素,而将地下两相向开挖的坑道中导线测量的误差各作为一个独立因素。这样一来,设隧道总的横向贯通中误差的允许值为 Δ,按照等影响原则,则得地面控制测量的误差所引起的横向贯通中误差的允许值为:

$$m_q = \pm \frac{\Delta}{\sqrt{3}} = \pm 0.58\Delta \tag{14-1}$$

对于通过竖井开挖的隧道,若只通过一个竖井和洞口开挖时,其影响值为:

$$m_q = \pm \frac{\Delta}{\sqrt{4}} = \pm 0.5\Delta \tag{14-2}$$

若考虑到两个竖井定向的误差,式(14-2)应为:

$$m_q = \pm \frac{\Delta}{\sqrt{5}} = \pm 0.45\Delta \tag{14-3}$$

对于高程控制测量而言,洞内的水准线路短,高差变化小,这些条件比地面好;但另一方面,洞内有烟尘、水气、光亮度差以及施工干扰等不利因素,所以将地面与地下水准测量的误差对于高程贯通误差的影响,按相等的原则分配。设隧道总的高程贯通中误差的允许值为 Δ_h,则地面水准测量的误差所引起的高程贯通中误差的允许值为:

$$m_h = \pm \frac{\Delta_h}{\sqrt{2}} = \pm 0.71\Delta_h \tag{14-4}$$

按照上述原理所算得的隧道控制测量的误差,对于贯通中误差所容许的影响值如表 14-2 所示。表中所列数值,系指由两个洞口相向开挖,中间没有工作面的情况。

无竖井隧道控制测量的误差对于贯通误差所容许的影响值　　表 14-2

测量部位	横向中误差(mm)						高程中误差(mm)
	两开挖洞口间长度(km)						
	<4	4~8	8~10	10~13	13~17	17~20	
洞外	30	45	60	90	120	150	18
洞内	40	60	80	120	160	200	17
洞外、洞内总和	50	75	100	150	200	250	25

对于城市地下铁道、水下隧道以及其他地下工程，有时要先开挖竖井至一定深度，然后再按设计的方向开挖工作面，这时就要考虑竖井联系测量的误差对贯通的影响，表 14-1 所列的各项贯通误差的分配值就应重新调整。

14.2 隧道地面控制测量

隧道工程控制测量是保证隧道按照规定精度正确贯通，并使地下各项建(构)筑物按设计位置定位的工程措施。隧道控制网分地面和地下两部分。其中地面平面控制网是包括进口控制点和出口控制点在内的控制网，并能保证进口点坐标和出口点坐标以及两者的连线方向达到设计要求。

14.2.1 平面控制测量

隧道工程平面控制测量的主要任务是测定各洞口控制点的平面位置，以便根据洞口控制点将设计方向导向洞内，指引隧道开挖，并能按规定的精度进行贯通。因此，平面控制网中应包括隧道的洞口控制点。

在资料收集的基础上，如有大比例地形图，可先在图上选点，再结合现场踏勘来选定网的布设方案。可根据定测时所确定的线路位置以及隧道的进出口、斜井与平洞等的标桩位置进行选点布网。应在每个洞口附近测设不少于三个平面控制点(包括洞口投点及其相联系的三角点或导线点)和两个水准点，作为洞内测量的起测依据。

通常，隧道地面平面控制测量有以下几种方法：

1)中线法

中线法就是在隧道洞顶地面上用直接定线的方法，把隧道的中线，每隔一定距离用控制桩精确地标定在地面上，作为隧道施工引测进洞的依据。

对于长度较短的直线隧道，可以采用直接定线法。如图 14-2 所示，图中 A、E 为定测时路线的中线点(也就是洞口控制桩)。B、C、D 为隧道洞顶的中线控制桩。由于洞口两点不通视，需要在洞顶地面上反复校核中线控制桩是否精确地在线路中线上。通常采用正倒镜分中延长直线法或拨 180°分中取平均点位的方法从一端洞口的控制点向另一端洞口的延长直线。如图 14-3 所示，设从进口控制点 A 按概略方向向出口延长直线，在洞顶地面上得到中线点 B'、C'、D'、E'，但最后出口控制 E 不在此延长线上。此时可以量出 EE' 的长度，按比例关系算出 B 点偏离中线的距离 BB'，即

$$BB' = \frac{AB'}{AE'}EE' \tag{14-5}$$

式中，AB'、AE' 的长度可用视距法测得。在 B' 按近似垂直 AB' 方向量取 BB' 长度定出点 B，再自 A 点开始，延长 AB 定出 C、D 各点，看是否通过 E 点，如有偏差仍按上述方法继续改正 B 点。经过几次趋近后，确定 C、D…各中线控制点并埋设标志，AE 准确距离可用钢尺直接丈量或采用测距仪等方法获得，但应保证其相对精度不低于 1/4 000。施工时将经纬仪(或全站仪)置于洞口控制桩 A 或 E 上，瞄准 B 或 D 点，即可向洞内延伸中线。(注意：此方法一般只适用于短的直线隧道。)

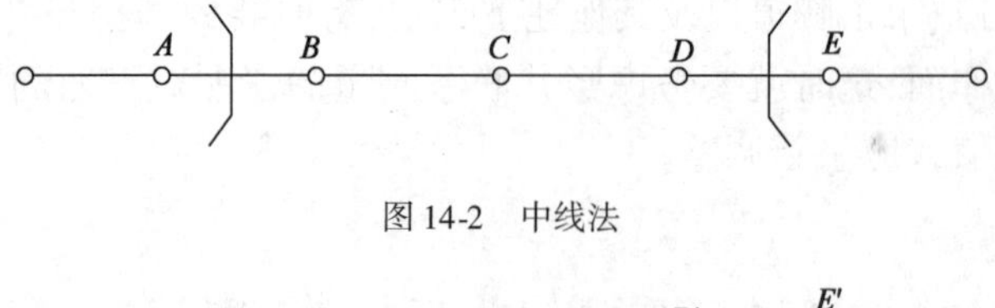

图 14-2　中线法

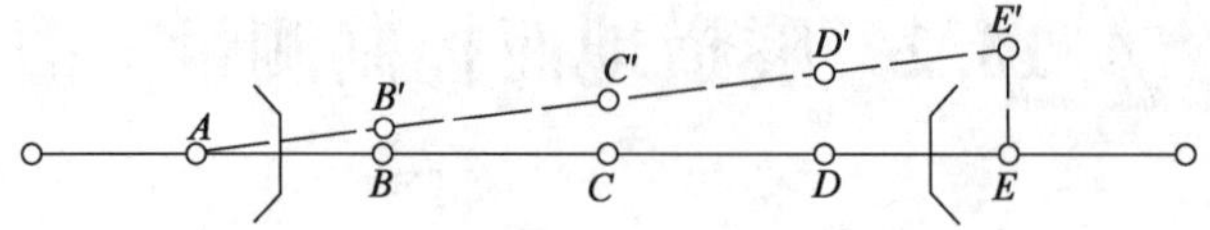

图 14-3　直接定线法

2）导线测量法

隧道洞外导线测量和经纬仪（或全站仪）导线测量方法相同，但它的精度要求较高，所以测角和量边均用较精密的仪器和方法。导线布设也必须按照隧道建筑的要求来确定。

在直线隧道的设计中，导线应尽量沿两洞口连接的方向布设成直伸形式，因为直伸导线量距误差只影响隧道的长度，而对垂直隧道中线方向上的误差（即横向贯通误差）影响较小。对于曲线隧道，可沿曲线的切线布设导线点，曲线隧道的导线还应尽可能通过洞外曲线起讫点或交点桩，这样曲线交点上的总偏角可根据导线测量结果计算出来，据此可将定测时所测得的总偏角加以修正，用得到的较精确的数值来求算曲线元素。

导线应尽可能通过隧道两端洞口及各辅助坑道口的进洞点，使这些点能够成为主导线点。有时受条件限制，辅助坑道口的进洞点不便直接联系为主导线点时，可作为支导线点，这些点至少与两个主导线点联测，以保证其精度。在确定控制点位置时，应使每个洞口不少于三个能彼此联系的平面控制点（包括洞口插点及附近的三角点、导线点），以便于进洞时进行检测，或某个点在施工过程中被破坏后，便于补测。

为了提高导线测量的精度和增加校核条件，一般都将导线布置成多边形闭合环。当量距困难时，可布设成主副导线闭合环，副导线只测其转角而不量距。如图 14-4 所示为直线隧道，在地面沿定测中线布置导线点 1、2、3、…、n，另布置副导线点 A、B 以形成主副导线闭合环。副导线不量边只测水平角，这种只是角度闭合的导线，叫半闭合导线。

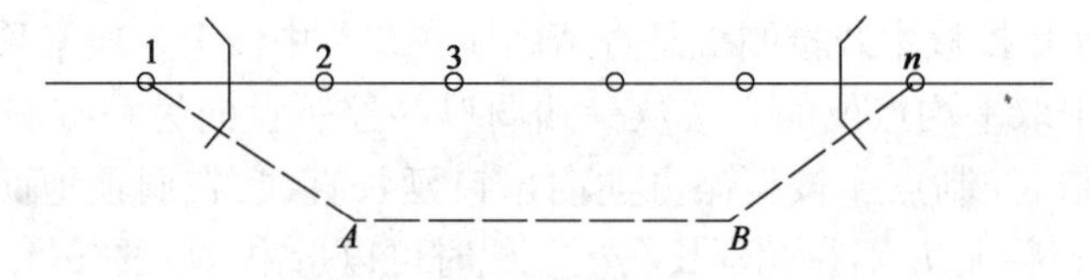

图 14-4　导线法

导线的角度通常采用 J_2 型经纬仪（或同等精度的全站仪）用测回法进行观测。

地面导线的量距精度要求较高，一般要求 1/10 000 ~ 1/5 000，可采用测距仪测距。

3）三角网法

隧道三角网一般布置成与路线同一方向延伸的三角锁。直线隧道以单锁为主，三角点尽量靠近中线，条件许可时，可利用隧道中线三角锁的一边[图 14-5a)]，以减小测量误差对横向贯通的影响。曲线隧道三角锁以沿两端洞口的连线方向布设较为有利，较短的曲线隧道可布设成中点多边形锁[图 14-5b)]，长的曲线隧道，包括一部分直线、一部分曲线的隧道可布设成任意三角形锁[图 14-5c)]。三角网法的优点是图形强度好、精度高，但对角度和基线边的精度要求较高,测角工作量较大,且易受地形条件的限制而布网困难。目前,在长大隧道的控制测量中已很少应用。

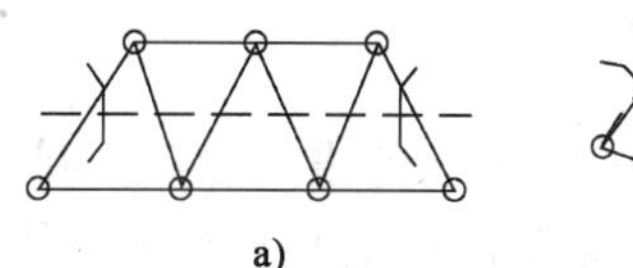

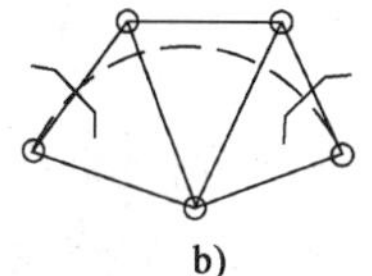

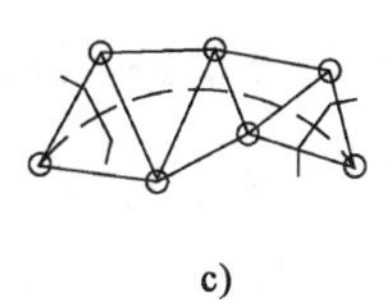

图 14-5 三角网法

4)GPS 法

用全球定位系统 GPS 技术作洞外平面控制时。只需在洞口处布点。对于直线隧道,洞口点选在线路中线上,另外再布设两个定向点,除要求洞口点与定向点通视外,定向点之间不要求通视,故不受地形条件的限制。对于曲线隧道,还应把曲线的主要控制点如始终点、切线上的两点包括在网中。选点、埋石与常规方法要求相同,主要应使所选点环境适合于 GPS 观测。网的布设一般应遵循“网中每两个点至少独立设站观测两次”的原则。此外,还取决于所具有的接收机数量、经费和精度要求等因素。如图 14-6 所示为采用 GPS 技术进行控制的一种布网方案,图中两点间连线为独立基线,该方案每个点均有三条独立基线相连,其可靠性较好。

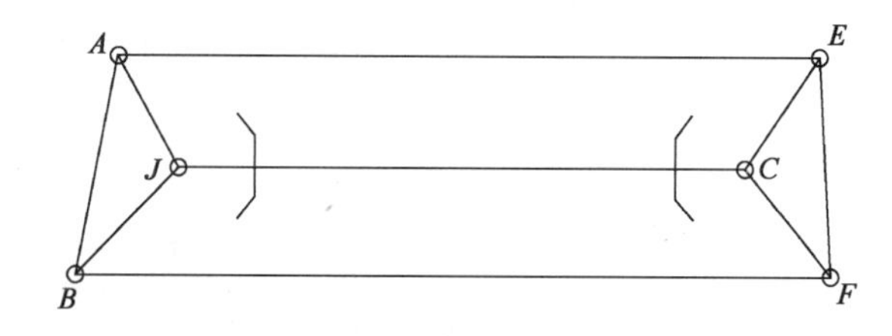

图 14-6 GPS 法

GPS 相对定位精度一般都能达到甚至高于洞外常规隧道测量的精度,加上它的其他优点如地面控制点的布设灵活方便等,使该技术在隧道洞外控制测量中得到了广泛应用,是目前大型隧道洞外控制测量的主要方法。

14.2.2 高程控制测量

隧道高程控制测量的任务,是按照规定的精度,施测隧道洞口附近水准点的高程。根据两洞口点间的高差和距离,可以确定隧道底面的设计坡度,并按设计坡度控制隧道地面开挖的高程。

水准路线应选择在连接两洞口最平坦和最短的地段,以期达到设站少、观测快、精度高的要求。水准路线应尽量直接经过辅助坑道附近,以减少联测工作量。每一洞口埋设的水准点应不少于两个,两个水准点之间的高差,以能安置一次水准仪即可联测为宜,两端洞口之间的距离大于 1km 时,应在中间增设临时水准点,水准点间距以不大于 1km 为宜。洞外高程控制通常采用三、四等水准测量方法,往返观测或组成闭合水准路线进行施测。目前,电磁波测距仪、全站仪广泛应用,用电磁波测距、三角高程测量与洞外导线测量联合作业,可以代替三、四等水准测量。进行水准测量时,利用线路定测水准点的高程作为起始高程,沿水准线路埋设水准点,水准线路应形成闭合环,或者敷设两条独立的水准线路,由已知的水准点从一端洞口测至另一端洞口。

隧道水准测量的技术要求,参考《国家三、四等水准测量规范》(GB/T 12898—2009)相应等级的规定。

14.2.3 进洞关系数据推算

地面控制测量完成后,即可根据这些观测成果指导隧道的进洞开挖。洞内的测量工作,可以用地下导线点作为控制点,再根据它们来设立隧道的中线点;也可以直接按隧道的中线方向进洞,随着隧道的开挖将中线向前延伸。所谓进洞关系数据的推算,就是根据地面控制测量中所得的洞口投点的坐标和它与其他控制点连线的方向,来推算指导隧道开挖方向的起始数据(亦即进洞的数据)。推算方法随隧道线形不同而不同,现在将直线进洞和曲线进洞的情况分别叙述如下。

1)直线进洞

(1)正洞:如图14-7a)、图14-7b)图所示,如果两洞口投点 A 和 D 都在隧道中线上,则这时可按坐标反算公式计算出两个坐标方位角 α_{AN} 与 α_{AD},它们的差数 β 就是我们所要求的进洞关系数据。在 A 点后视 N 点,拨角 β,即得进洞的中线方向。如果 A 点不在隧道的中线上[图14-7b)],这时可根据直线上的转点 ZD 与 D 点的坐标以及 A 点的坐标,算出距离 AA',然后将 A 点移至 A',再将经纬仪安置在 A',指导进洞的方向。

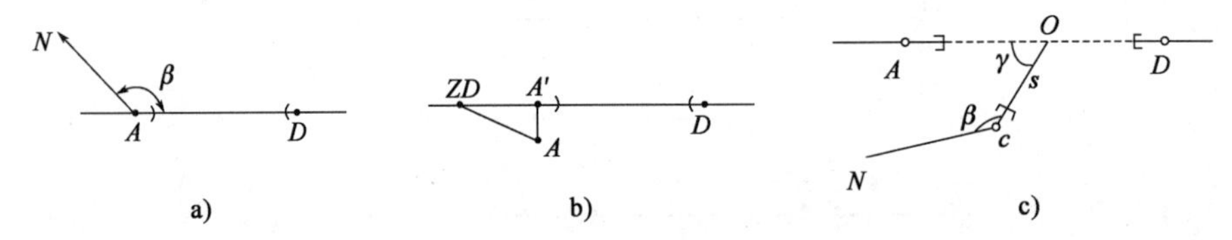

图 14-7 直线进洞的关系数据的推算

(2)横洞:如图14-7c)所示,C 为横洞的洞口投点,横洞中线与隧道中线的交点为 O,交角为 γ(其值系根据地形与地质情况由设计人员决定)。这时,β 角以及距横洞 OC 的距离 s 就是我们所要求的进洞关系数据。由图中可以看出,只要求得 O 点的坐标,即可算得 β 与 s 数值。

设 O 点的坐标为(x_0,y_0),可得:

$$\tan\alpha_{AO} = \frac{y_0 - y_A}{x_0 - x_A} \tag{14-6}$$

$$\tan\alpha_{CO} = \frac{y_0 - y_C}{x_0 - x_C}$$

式中:

$$\alpha_{AO} = \alpha_{AD}$$

$$\alpha_{CO} = \alpha_{AO} - \gamma$$

$$\alpha_{AD} = \arctan\frac{y_D - y_A}{x_D - x_A}$$

将这已知数代入上面两个式子中进行联立解算,即可求得 x_0 与 y_0,从而算得进洞关系数据 β 角和距离 s 的值。

2)曲线进洞

曲线进洞的关系较为复杂。圆曲线进洞与缓和曲线进洞都需要计算曲线的资料以及曲线上各主点在隧道施工坐标系统内的坐标。

(1)曲线元素的计算。

如图 14-8 所示,$ZD_1 \sim ZD_4$ 为在切线上的隧道施工控制网的控制点,其坐标均已精确测出,这时根据这 4 个控制点的坐标值可算出两切线间偏角 α,此 α 的数值与原来定测时所测得的偏角值一般是不相符合的。为了保证隧道正确贯通,曲线元素应根据所算的偏角值 α 重新计算。计算的位数也要增加。圆曲线半径 R 与缓和曲线长度 l_0 为设计人员所定,一般都不予改变,而只是按新的偏角 α 值, 用下列公式计算切线总长 T 与曲线总长 L。

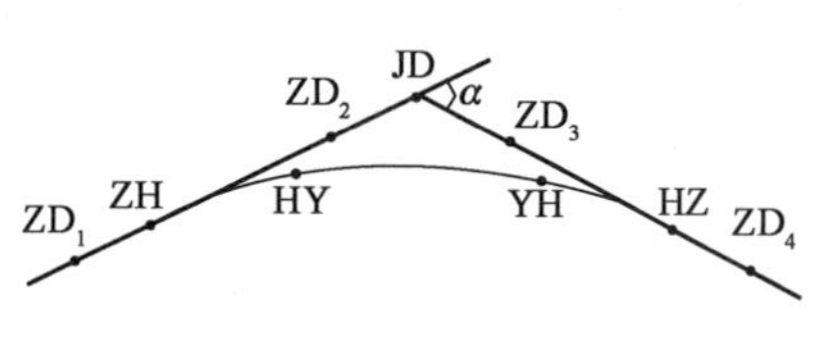

图 14-8 曲线的主点

$$T = m + (R + p)\tan\frac{\alpha}{2}$$

$$L = \frac{\pi R}{180°}(\alpha - 2\beta_0) + 2l_0 \tag{14-7}$$

式中:m——圆曲线加设缓和曲线后使切线增长的距离;

p——加设缓和曲线后圆曲线相对于切线的内移量。

按照 ZD_2 与 ZD_3 的坐标及两切线的方位角,即可算得 JD 的坐标,然后再由 T 算得 ZH 与 HZ 的坐标,由外矢距 E 与半径 R 算得圆心 O 的坐标。经过这些计算后,就将曲线上的几个主要点纳入施工坐标系统。

(2)圆曲线进洞。

由于地面上施工控制网精确测量的结果,使得圆曲线的偏角 α 与定测时的数值产生了差异。这样,按照定测时的曲线位置所选择的洞口投点 A(图 14-9)就不一定在新的曲线(隧道中线)上,而需要沿曲线半径方向将其移至 A'点。这时, 进洞关系就包括两部分的计算。第一部分是将 A 点移至 A'点的移桩数据(即图中的 β 角与 AA'的距离 s)。第二部分就是在 A'点的进洞数据,即该点的切线方向与后视方向的交角 β'。

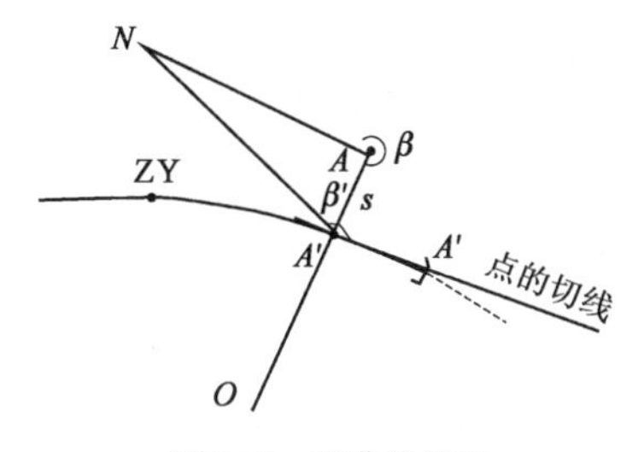

图 14-9 圆曲线进洞

移桩数据可由 A'的坐标与 A 点的坐标(已知)来计算。而 A'点的坐标则应由圆心 O 的坐标 x_0与 y_0 来推求。这时:

$$x'_A = x_0 + R\cos\alpha_{OA}$$
$$y'_A = y_0 + R\sin\alpha_{OA}$$

而

$$\alpha_{OA} = \arctan\frac{y_A - y_0}{x_A - x_0}$$

根据这些坐标的数值,即可算得移桩数据 β 与 s。

进洞方向 β'角的计算,可以用不同的方法进行。例如:

$$\beta' = \alpha_{A切} - \alpha_{A'N}$$

而

$$\alpha_{A'切} = \alpha_{A'A} + 90° = \alpha_{OA} + 90°$$

$$\alpha_{A'N} = \arctan = \frac{y_N - y_{A'}}{x_N - x_{A'}}$$

也可解算三角形ANA',从而求得β'角。

14.3 竖井联系测量

14.3.1 竖井联系测量的任务和内容

在隧道建筑中,除了开挖横洞、斜井来增加工作面以外,还可以用开挖竖井的方法来增加工作面。在矿山建设、过江隧道以及其他地下工程中,更常常通过竖井进行地下的开挖工作。这时,为了保证各相向开挖面能正确贯通,就必须将地面控制网中的坐标、方向及高程,经由竖井传递到地下去。这些传递工作称为竖井联系测量。其中坐标和方向的传递,称为竖井定向测量。通过定向测量,使地下平面控制网与地面上有统一的坐标系统。而通过高程传递则使地下高程系统获得与地面统一的起算数据。

竖井的定向误差对隧道贯通有一定的影响,其中,坐标传递的误差将使地下导线的各点产生同一数值的位移,其对贯通的影响是一个常数。方向角传递的误差,将使地下导线各边方向角转动同一个误差值,它对贯通的影响将随着导线长度的增加而增大,按照地下控制网与地面上联系的形式不同,定向的方法可分为下列四种:

(1)经过一个竖井定向(简称一井定向)。

(2)经过两个竖井定向(简称两井定向)。

(3)经过横洞(平坑)与斜井定向。

(4)应用陀螺经纬仪定向。

本节主要介绍竖井定向原理。

14.3.2 一井定向

通过一个竖井进行定向,就是在井筒内挂两条吊锤线(图14-10),在地面上根据控制点来测定两吊锤线的坐标x和y,以及其连线的方向角。在井下,根据投影点的坐标及其连线的方向,确定地下导线的起算坐标及方向角。一井定向测量工作分为两部分:一是由地面用吊锤线向隧道内投点;二是地面和地下控制点与吊锤线的连接测量。

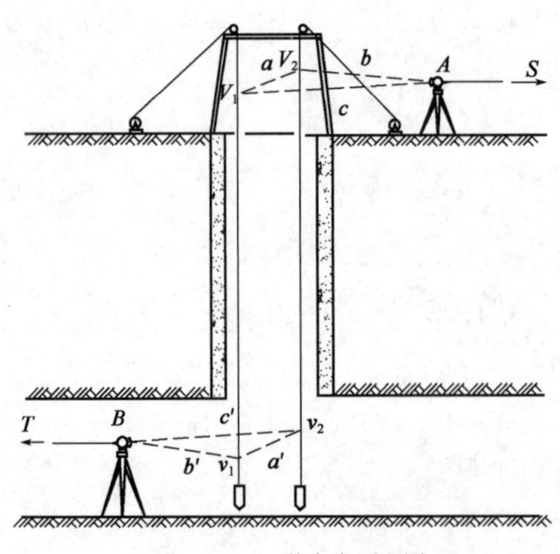

图14-10 一井定向原理图

1)投点

投点是以井筒中悬挂的两根钢丝形成的竖直面将井上的点位和方位角传递到井下。通常采用单荷重稳定投点法。吊锤的重量与钢丝的直径随井深而不同(例如当井深为100m时,锤重为60kg,钢丝直径为0.7mm)。为了使吊锤较快地稳定下来,可将其放入盛有油类液体的平静器中。投点时,首先在钢丝上挂以较轻的荷重(例如2kg),用绞车将钢丝导入竖井中,然后在井底换上作业重锤,并使它自由地放在平静器中,不与容器壁及竖井中的物体接触。

一井定向测量也可以采用激光铅直仪投点和陀螺经纬仪定向的方法进行。用激光铅直仪一次投点的最大误差为$5\times10^{-5}H$,H为竖井深度,它比吊锤线法方便。

2)连接测量

连接测量的任务是由地面上距离竖井最近的控制点敷设导线直至竖井附近,而设立近井点,由它用适当的几何图形与吊锤线连接起来,这样便可确定两吊锤线的坐标及其连线的方向角。在井下的隧道中,将地下导线点连接到吊锤线上,以便求得地下导线起始点的坐标以及起始边的方向角。

在连接测量中,常采用的几何图形为联系三角形(图14-11),图中A为地面上的近井点,V_1、V_2为两吊锤线,B为地下的近井点,即为地下导线起点。待两吊锤线稳定之后,即可开始联系三角形的测量工作。这时在地面上观测α角及连接角ω(图14-10),并丈量三角形的边长a、b及c,在井下观测α'角及连接角ω',丈量边长a'、b'和c'。观测之后,联系三角形中的β和β'角可由计算求得。根据这些观测成果和通过联系三角形的解算,便可得到地下导线起始点B的坐标及地下导线起始边BT的方向角。

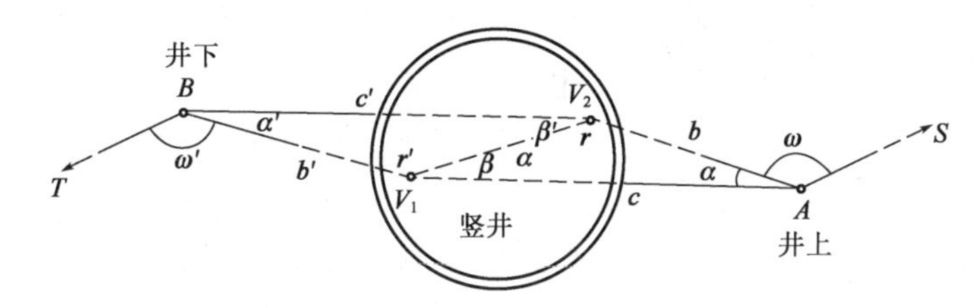

图14-11 竖井联系测量

在连接测量中,角度观测的中误差在地面上为±4″,在地下为±6″。用J_2级经纬仪以全圆测回法观测4个测回。联系三角形的边长丈量应使用具有毫米分划的钢卷尺,钢尺在使用前应进行检验,并须一定拉力悬空丈量。每边须往返丈量4次,读数应估读到0.1mm,边长丈量的中误差$m_s=0.8$mm。在连续测量中,其成果的检核方法如下:边长检核要求在地面及地下所量得的吊锤线间距离之差不超过±2mm。量得的吊锤线之间的距离$\alpha_{量}$与按余弦定理计算的同一距离$\alpha_{算}$之差应小于2mm。此外,根据计算得出联系三角形的最有利形状为:

①联系三角形应为伸展形状,角度α及β接近于零,在任何情况下,α角都不能大于3°。

②b/a与b'/a'的值要尽量小一些,一般应约等于1.5 m比较合适。

③两吊锤线之间的距离a应尽可能选择最大的数值。

④当联系三角形未平差时,传递方向应选择经过小角β的路线。

连接测量的具体工作步骤为:

(1)连接三角形的外业施测。

在地面上观测α角和连接角ω(图14-10),并丈量三角形的边长a、b、c,在井下观测α'角及连接角ω',丈量边长a'、b'、c'。

(2)连接三角形的解算。

①运用正弦定理,解算出α、β、α'、β'。

②检查测量和计算成果。首先,连接三角形的三个内角α、β、γ以及α'、β'、γ'的和均应为180°。若有少量残差可平均分配到α、β或α'、β'上。其次,井上丈量所得的两钢丝间的距离

$a_{量}$ 与按余弦定理计算出的距离 $a_{算}$ 相差应不大于 2 mm;井下丈量所得的两钢丝间的距离 $a'_{量}$ 与计算出的距离 $a'_{算}$ 相差应不大于 4 mm。

(3) 将井上、井下连接图形视为一条导线,按照导线的计算方法求出井下起始点 B 的坐标及井下起始边 BT 的方位角。

14.3.3 两井定向

两井定向是在两个井筒内各用重球悬挂一根钢丝,通过地面和井下导线将它们连接起来,从而把地面坐标系统中的平面坐标和方向传递到井下(图 14-12)。两井定向的外业测量包括投点、地面连接测量和地下连接测量。在连接测量时必须测出井上、井下导线各边的边长及其连接水平角;同时在内业计算时必须采用假定坐标系。

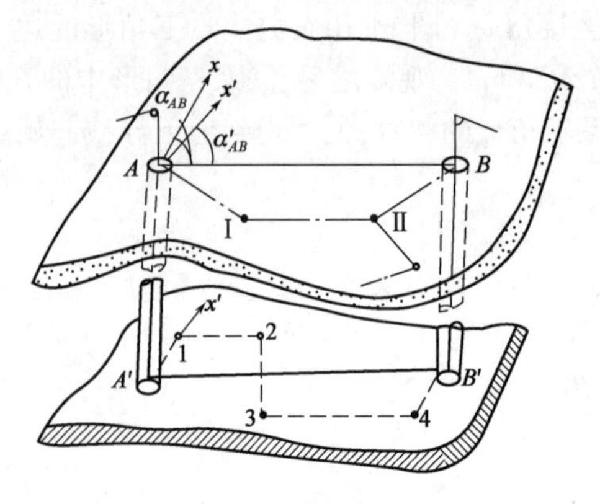

图 14-12 两井定向原理

与一井定向相比,由于两吊锤线间的距离大大增加了,因而减小了投点误差引起的方向误差,有利于提高地下导线的精度,这是两井定向的主要优点。其次是外业测量简单,占用竖井的时间较短。有条件时可以把吊锤线挂在竖井中的设备管道之间,对生产的影响更小。

1)两井定向的外业工作

(1)投点。投点所用设备与一井定向相同。两竖井的投点与连测工作可以同时进行或单独进行。

(2)地面连接测量。根据地面已知控制点的分布情况,可采用导线测量或插点的方法建立近井点,由近井点开始布设导线与两竖井中的 A、B 吊锤线连接(图 14-9)。

(3)地下连接测量。在地下沿两竖井之间的坑道布设导线。根据现场情况尽可能地布设长边导线,减少导线点数,以便减小测角误差的影响。作连接测量时,先将吊锤线悬挂好,然后在地面与地下导线点上分别与吊锤线连测。地面与地下导线中的角度与边长可在另外的时间进行测量。

2)两井定向的内业计算过程

(1)按导线计算方法,计算出地面两钢丝点 A、B 的坐标(x_A,y_A),(x_B,y_B)。

(2)计算两钢丝点 A、B 的连线在地面坐标系统中的方位角 α_{AB} 及距离 s_{AB}。

(3)以井下导线起始边 $A'1$ 为 x' 轴,A' 点(即 A 点在井内的投点)为坐标原点建立假定坐标系,根据导线坐标推算公式及地下导线的观测数据计算井下导线各连接点在此假定坐标系中的平面坐标,并设计算的 B' 点(即 B 点在井内的投点)的假定坐标为(x'_B,y'_B);

(4)计算 A、B 连线在假定坐标系中的方位角 α'_{AB}:

$$\alpha'_{AB}=\arctan\frac{y'_B-0}{x'_B-0} \tag{14-8}$$

(5)计算井下起始边在地面坐标系统中的方位角 $\alpha_{A'1}$:$\alpha_{A'1}=\alpha_{AB}-\alpha'_{AB}$

(6)根据 A 点的坐标(x_A,y_A)和计算出的 A'_1 边的方位角 $\alpha_{A'1}$,计算出井下导线各点在地面坐标系统中的坐标和方位角。

14.3.4 通过竖井传递高程的方法

将地面上的高程传递到地下去时,随着隧道施工布置的不同,而采用不同的方法。这些方法包括:经由横洞传递高程;通过斜井传递高程;通过竖井传递高程。通过洞口或横洞传递高程时,可由地面向着隧道中敷设水准线路,用一般水准测量的方法进行。当地上与地下是用斜井联系时,按照斜井的坡度和长度的大小,可采用水准测量或三角高程测量的方法传递高程。下面主要介绍通过竖井传递高程的方法。

在传递高程之前,必须对地面上起始水准点的高程进行检核。在传递高程时,应该同时用两台水准仪、两根水准尺和一把钢尺来进行,其布置如图 14-13所示。将钢尺 6 悬挂在架子 5 上,其零端放入竖井中,并在该端挂一重锤(一般为 10kg)。一台水准仪 3 安置在地面上,另一台水准仪 3′则安置在隧道中。由地面上的水准仪在起始水准点的水准尺 1 上读取读数 a,而在钢尺上读取读数 r_1。由地下水准仪 3′在钢尺上读取读数 r_2,而在水准点 2 的水准尺 4 上读取读数 b。r_1 与 r_2 必须在同一时刻观测,而观测时应量取地面及地下的温度。这时地下水准点 2 的高程 H_2 可用下列公式计算:

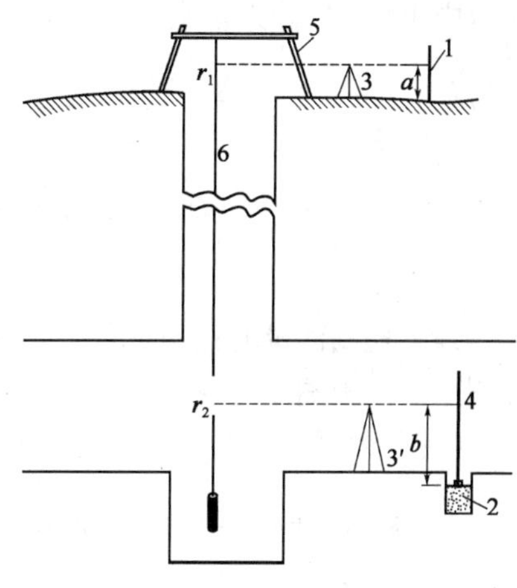

图 14-13 通过竖井传递高程

$$H_2 = H_1 + a - [(r_1 - r_2) + \Delta t + \Delta k] - b \tag{14-9}$$

式中:Δt——钢尺的温度改正数;

Δk——钢尺的检定改正数。

而

$$\Delta t = al(t_{均} - t_0)$$

式中:a——钢尺的膨胀系数,一般取其等于0.000 012 5/℃;

$t_{均}$——地面上与地下的平均温度;

t_0——钢尺检定时的温度;

l——$l = r_1 - r_2$。

如果地下与地面上的温度相差较大(如大于5℃)时,应沿着竖井下列的4个地方测量温度:地面上的仪器高处,竖井井口处,井口以下10m处,井下的仪器高处;如果上述的4个平面间的高差分别为 d_1、d_2、d_3,相邻两个平面间的平均温度分别为 t_1、t_2、t_3,则钢尺的平均值温度可用下式计算:

$$t_{均} = \frac{d_1 t_1 + d_2 t_2 + d_3 t_3}{d_1 + d_2 + d_3} \tag{14-10}$$

钢尺长度的检定,一般是在野外检定中以100N的拉力进行。而在传递高程时,则是将钢尺垂直悬挂应用,故这时除了尺长改正数($\Delta k'$)以外,还需加入垂曲改正值(Δl_1)与由于钢尺自重而产生的伸长改正值(Δl_2),亦即

$$\Delta k = \Delta k' + \Delta l_1 + \Delta l_2 \tag{14-11}$$

此时:

$$\Delta l_1 = \frac{P^2 L}{24H^2}, \Delta l_2 = \frac{r}{E} \cdot \frac{L^2}{2} \tag{14-12}$$

式中:L——钢尺的总长;

P——钢尺的总重(kg);

H——检定时的拉力(N);

r——钢的比重(一般取其为7.85);

E——钢的弹性模量(一般为2×10^6kg/cm^2)。

为了进行检核起见,应由地面上的2~3个水准点将高程传递到地下的两个水准点上。传递时应用2~3个仪器高进行观测,由不同的仪器高所求得的地下水准点高程的不符值不应超过5mm。

14.4 地下控制测量

地下控制测量的目的是以必要的精度,按照与洞外控制测量统一的坐标系统,建立洞内的控制系统。根据洞内导线的坐标,就可以放样出隧道中线及其衬砌的位置,指出隧道开挖的方向,保证相向开挖的隧道在所要求的精度范围内贯通。

14.4.1 地下平面控制测量

由于隧道是一个狭长的构筑物,不便布设成三角网或三边网等其他控制网形式,因此多采用导线环或导线网。地下导线的起始点通常设在隧道的洞口、平坑口、斜井口,而这些点的坐标是由地面控制测量测定的。

这种在隧道施工过程中所进行的地下导线测量,与一般地面上的导线测量相比较,具有以下一些特点:

(1)地下导线系随着隧道的开挖而向前延伸,因此只能敷设支导线,而不是将整条导线一次测完。支导线只能用重复观测的方法进行检核。此外,导线是在隧道施工过程中进行,测量工作时断时续,所间隔时间的长短取决于开挖面的进展速度。

(2)导线系在地下开挖的坑道内敷设,因此其形状(直伸或曲折)完全取决于坑道的形状,没有选择的余地。

(3)地下导线是先敷设精度较低的施工导线,然后再敷设精度较高的基本导线。

布设地下导线时,应考虑到在贯通面处,其横向误差不能超过容许的数值。另外还应考虑到地下导线点的位置应保持在隧道内能以必要的精度进行放样。这两个要求彼此是有矛盾的,因为要满足第一个要求,应该布设长边导线,但是为了满足第二个要求,导线点应该有一定的密度,其边长应较短。所以在隧道建设中,通常采用分级布设的方法,通常有下列三种导线:

(1)施工导线。在开挖面向前推进时,用以进行放样而指导开挖的导线测量,一部分施工导线的点子,将作为以后敷设基本导线的点子,施工导线的边长为25~50m。

(2)基本导线。当掘进100~300m时,为了检查坑道的方向是否与设计的相符合,就要选择一部分施工导线点敷设边长较长(50~100m)、精度要求较高的基本导线。

(3)当坑道掘进大于1km时,基本导线将不能保证应有的贯通精度,这时就要选择一部分基本导线点来敷设主要导线,主要导线的边长为150~800m。为了改善通视条件,主要导线点应尽量靠近隧道中线。

三种导线的布设情况如图 14-14 所示。目前地下导线的边长测量,大多采用具有红外线测距功能的全站仪或电磁波测距仪测距。地下导线布设的一般技术规则和注意事项如下:

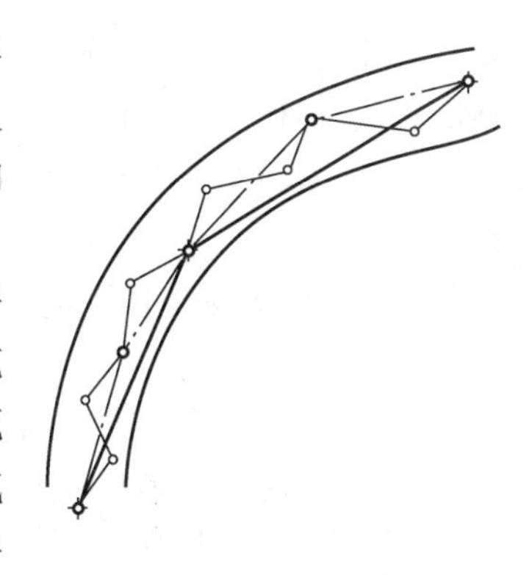

图14-14 地下导线测量

∘ 施工导线点
— 施工导线边
o 既是施工导线点又是基本导线点
-·- 基本导线边
⌖ 既是施工基本导线点又是主要导线点
— 主要导线边

(1)地下导线应尽量沿线路中线布设或线路中线平移适当距离,边长要接近等边。导线点应尽量布设在施工干扰小、通视良好且稳固安全地带,两点间视线与建筑物的距离应大于0.2m。对于大断面的长隧道,可布设成多边形闭合导线或主副导线环。有平行导坑时,平行导坑的单导线应与正洞导线联测,以资检核。

(2)长边导线(主要导线或基本导线)的边长应按贯通要求设计,当导坑延伸至两倍洞内导线边长时,应进行一次导线引伸测量。每测定一个新的导线点时,都需要对以前的导线点进行检核测量,在直线地段,只做角度检测,在曲线地段,还要同时做边长检核测量。

(3)进行角度观测时,应尽可能减小仪器对中和目标偏心误差的影响(这就需要测量人员高度细致的工作,特别在条件较差的洞内测量时应一丝不苟)。一般在测回间采用仪器和觇牌重新对中,在观测时采用两次照准两次读数的方法。若照准的目标是垂球线,应在其后设置照明的背景,边长较长时,可采用觇牌,但也应用较强的光源照准标志,以提高照准精度。

(4)边长测量中,若采用钢尺丈量边长,每尺段宜两端等高悬空丈量,并加入尺长、温度改正。若平链丈量或使用零尺段时,则应考虑下垂改正。当采用电磁波测距时,应防强灯光直接射入照准头,由于洞内空气湿度较大,应经常擦拭镜头及反射棱镜上的水雾。洞内有瓦斯时,电池盒应装防爆装置。斜井导线边长用钢尺沿斜井坡度悬空丈量时,应按弹簧秤往测时在上端(或下端)、返测时在下端(上端)的方法进行。

(5)凡是构成闭合图形的导线网(环),都应进行平差计算,以便求出导线点的新坐标值。当隧道全部贯通后,应对地下导线边导线进行重新观测和平差,用以最后确定隧道的中线。

(6)对于螺旋形隧道,不能形成边长导线,每次向前引伸时,都应从洞外复测。复测精度应一致。在证明导线点无明显位移时,取点位的平均值。

(7)对于大断面长隧道的洞内导线,由于采用电磁波测距仪测距,洞内导线在布设上有较大的改变,例如不再是支导线而是形成环状,导线点不再严格地布设在隧道中线上,而是布设在便于观测、干扰小、通视良好且坚固稳定的地方。

14.4.2 地下水准测量

地下水准测量的目的,是为了在洞内建立一个与地面统一的高程系统,以作为隧道施工放样的依据,指导隧道的开挖,保证隧道的纵向正确贯通。

地下水准测量应以洞内水准点的高程作为起始依据,通过水平坑道、竖井或斜井等处将高程传递到洞内,然后测定洞内各水准点的高程,作为施工放样的依据。

用地下水准测量控制隧道施工的高程，隧道向前掘进，每隔 10m 应设置一个洞内水准点，并据此测设腰线。通常情况下、可利用导线点作为水准点，也可将水准点埋设在洞顶或洞壁上，但都应力求稳固和便于观测。洞内水准线路也是支水准线路，除应往返观测外，还须经常进行复测。

地下水准测量的方法与地面的水准测量相同，但根据隧道的施工情况，地下水准测量具有以下特点：

(1)水准线路一般与洞内导线测量的线路相同。在隧道贯通之前，地下水准路线均为支线，因而需要用往返观测及多次观测进行检核。

(2)通常利用地下导线作为水准点。有时还可以将水准点埋设在顶板、底板或边墙上。

(3)在隧道施工过程中，洞内水准支线系随着开挖面的进展而增长，为满足施工放样的要求，一般是先测设较低精度的临时水准点(设在施工导线点上)，然后再测设较高精度的永久水准点，永久水准点的间距一般以 200 ~ 500m 为宜。

洞内水准测量的作业方法与洞外水准测量相同，常采用中间法进行工作。由于洞内视线条件差，仪器到水准尺的距离不大于 50m，并用目估法使其大致相等。水准仪可安置在三脚架上或者安置在支撑悬臂上。由于施工导线点之间的距离不长，所以，水准尺可直接立于导线点上，以便直接测量确定导线点的高程。每个观测站应在水准尺黑红面上进行读数，若使用单面水准尺，则应用两台仪器进行观测，由水准尺两个面或两个仪器所求得的高差的差数应不超过 3mm；有时由于隧道内施工场地狭小，工种繁多，干扰较大，所以洞内水准测量还常使用倒尺法传递高程，如图 14-15 所示。此时，高差计算公式仍为 $h_{AB} = a - b$，但对于倒尺的读数应作为负值计算。

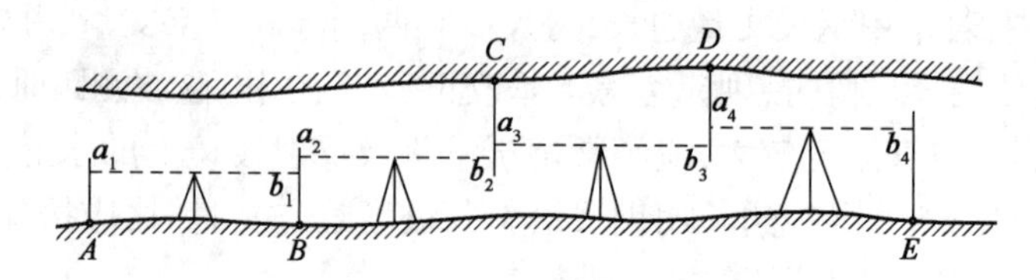

图 14-15 地下水准测量

在工作面向前推进的过程中，对于敷设的水准支线，要进行往返观测，当往返观测不符合要求的容许限差时，则取高差平均值作为其最终值，用以推算各水准点的高程。

为检查地下水准标志的稳定性，应定期地根据地面水准点进行重复的水准测量，将所测的高差成果进行分析比较。根据分析的结果，若水准标志无变动，则取所有高差的平均值作为高差成果；若发现水准标志变动，则应取最近一次的测量结果。

14.5 隧道开挖中的测量工作

在隧道施工过程中，测量人员的主要任务是随时确定开挖的方向，此外还要定期检查工程进度(进尺)及计算完成的土石方数量。在隧道竣工后，还要进行竣工测量。

确定隧道开挖方向时，根据施工方法和施工程序，一般常用的有中线法和串线法，如图 14-16、图 14-17 所示。

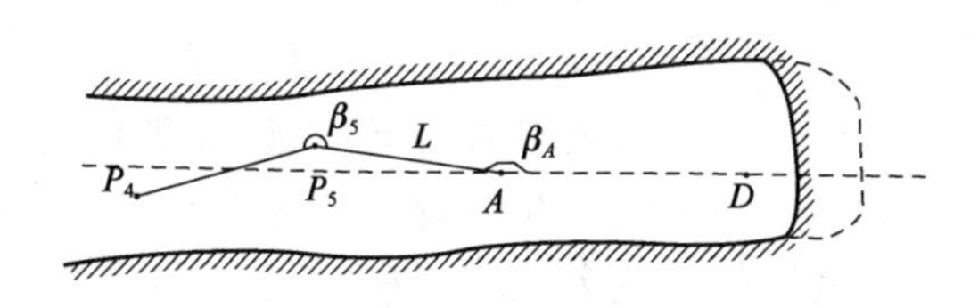

图 14-16 中先法

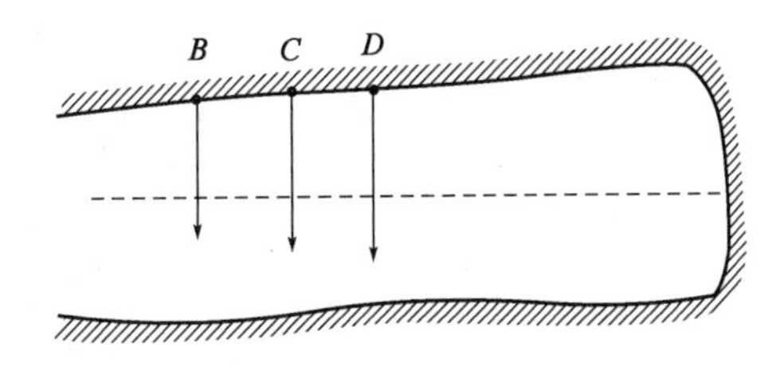

图 14-17 串线法

当隧道用全断面开挖法进行施工时,通常是采用中线法。其方法是首先用经纬仪根据导线点设置中线点如图 14-16 所示。图中 P_4、P_5 为导线点,A 为隧道中线点,已知 P_4、P_5 的实测坐标及 A 的设计坐标和隧道中线的设计方位角 α_{AD},根据上述已知数据,即可推算出放样中线点所需的有关数据 β_5、L 及 β_A。

$$\left.\begin{aligned}
&\alpha_{P_5A} = \arctan\frac{Y_A - Y_{P_5}}{X_A - Y_{P_5}} \\
&\beta_5 = a_{P_5A} - a_{P_5P_4} \\
&\beta_A = a_{AD} - a_{AP_5} \\
&L = \frac{Y_A - Y_{P_5}}{\sin a_{P_5A}} = \frac{X_A - X_{P_5}}{\cos a_{P_5A}}
\end{aligned}\right\} \tag{14-13}$$

求得有关数据后,即可将经纬仪置于导线点 P_5 上,后视 P_4 点,拨角度 β_5,并在视线方向上丈量距离 L,即得中线点 A。在 A 点上埋设与导线点相同的标志。标定开挖方向时可将仪器置于 A 点,后视导线点 P_5,拨角 β_A,即得中线方向。随着开挖面向前推进,A 点距开挖面越来越远,这时,便需要将中线点向前延伸,埋设新的中线点,如图 14-16 中的 D 点所示。此时,可将仪器置于 D 点,后视 A 点,用正倒镜或转 180°的方法继续标定出中线方向,指导开挖。A、D 之间的距离在直线段不宜超过 100m,在曲线上则需要用偏角法或弦线偏距法来测定中线点。

当隧道采用开挖导坑法施工时,可用串线法指导开挖方向。此法是利用悬挂在两临时中线点上的垂球线,直接用肉眼来标定开挖方向(图 14-17)。使用这种方法时,首先需用类似前述设置中线点的方法。设置三个临时中线点(设置在导坑顶板或底板上),两临时点和中线点间距不宜小于 5m。标定开挖方向时,在三点上悬挂垂球线,一人在 B 点指挥,另一人在工作面持手电筒(可看成照准标志)使其灯光位于中线点 B、C、D 的延长线上,然后用红油漆标出灯光位置,即得中线位置。

利用这种方法延伸中线方向时,因用肉眼来定向,误差较大,所以 B 点到工作面的距离不宜超过 30m。当工作面继续向前推进后,可继续用经纬仪将临时中线点向前延伸,再引测两临时中线点,继续用串线法来延伸中线,指导开挖方向,用串线法标定临时中线时,其标定距离在直线段不宜超过 30m,曲线段不宜超过 20m。

随着开挖面的不断向前推进,中线点也随之向前延伸,地下导线也紧跟着向前敷设,为保证开挖方向正确,必须随时根据导线点来检查中线点,随时纠正开挖方向。

在隧道开挖过程中,测量人员除指出开挖方向外,还应定出坡度,以保证高程的正确贯通,

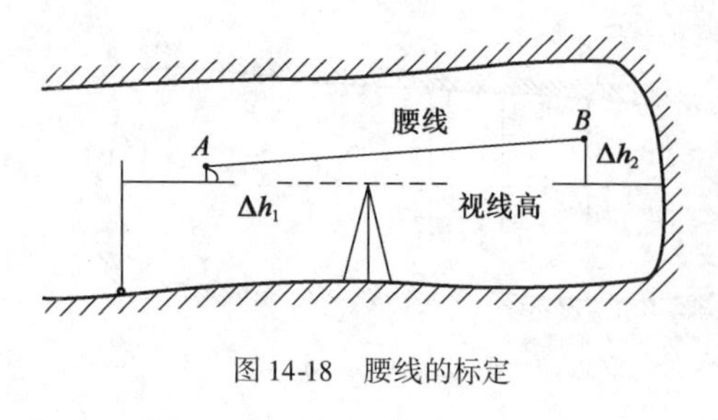

图 14-18　腰线的标定

通常是用腰线法来放样坡度及各部位的高程。此法比较简单，如图 14-18 所示，将水准仪置于欲放样的地方，后视水准点（有高程的导线点）即得仪器视线高程，根据腰线点 A、B 的设计高程，可分别求出 A、B 点与视线间的高差 Δh_1、Δh_2，便可很快在边墙上放出 A、B 两点。两点之间的连线称为腰线，故此法称为腰线法。根据腰线，施工人员便可很快地推求出其他各部位的高程及隧道的坡度。

在隧道施工过程中，还需要随时掌握完成的土石方工程量，因此，测量人员还需要随时测定隧道的断面。这样除计算工程量外，还可以检查隧道开挖断面是否合乎设计要求，以便开挖人员及时进行修补，使之合乎设计尺寸。

测定隧道开挖断面的形状，可采用长度交会法、近影摄影测量法或带免棱镜测距功能的全站仪进行测量。

14.6　隧道贯通误差的控制

隧道施工进度慢，往往成为控制工期的工程。为了加快施工进度，除了进、出口两个开挖面外，还常采用横洞、斜井、竖井、平行导坑等来增加开挖面。因此，不管是直线隧道还是曲线隧道，开挖总是沿线路中线不断向洞内延伸，洞内线路中线位置测设的误差，就逐步随着开挖的延伸而逐渐积累；另一方面，隧道施工时基本上都是采用边开挖、边衬砌的方法，等到隧道贯通时，未衬砌部分也所剩不多，故可进行中线调整的地段有限。于是，如何保证隧道在贯通时（包括横向、纵向、高程方向），两相向开挖施工中线的相对错位不超过规定的限值，是隧道施工测量的关键问题。但是，在纵向所产生的贯通误差，一般对隧道施工和隧道质量不产生影响，从我国隧道施工调查中得知，一般不超过 ±320mm，即使达到这种情况，对施工质量也无影响，因此规定这项限差无实际意义；高程要求的精度，使用一般水准测量方法即可满足；而横向贯通误差（在平面上垂直于线路中线方向）的大小，则直接影响隧道的施工质量，严重者甚至会导致隧道报废。所以一般说贯通误差，主要是指隧道的横向贯通误差。对于横向贯通误差和高程贯通的极限误差，根据《既有铁路测量技术规则》（TBJ 105—1988）的规定，隧道贯通误差的限值见表 14-1。

14.6.1　贯通误差的估算

影响横向贯通误差的主要因素有：洞外和洞内平面控制测量误差、洞外与洞内之间联系测量误差。一般将洞外平面控制测量的误差作为影响隧道横向贯通误差的一个独立因素，将两相向开挖的洞内导线测量的误差各作为一个独立的因素，按照等影响原则确定相应的横向贯通误差。贯通误差估算的方法因控制网的形式不同而异。

1）导线测量误差对横向贯通精度的影响

（1）测角误差的影响。

如图 14-19 所示，设 R_X 为地面导线点至贯通面的垂直距离（m）。

则地面导线的测角误差 m_β 对横向贯通误差的影响为：

$$m_{y\beta} = \frac{m_\beta}{\rho''}\sqrt{\sum R_X^2} \tag{14-14}$$

(2)测距误差的影响。

如图 14-20 所示，设 d_y 为地面相邻导线点在贯通面投影的相互间距离(m)，则地面导线的测距误差 m_s 对横向贯通误差的影响为：

$$m_{ys} = \frac{m_s}{s}\sqrt{\sum d_y^2} \tag{14-15}$$

则受角度测量误差和距离测量误差的共同影响，导线测量误差对贯通面上横向贯通误差的影响为 $m = \pm\sqrt{m_{y\beta}^2 + m_{ys}^2}$。

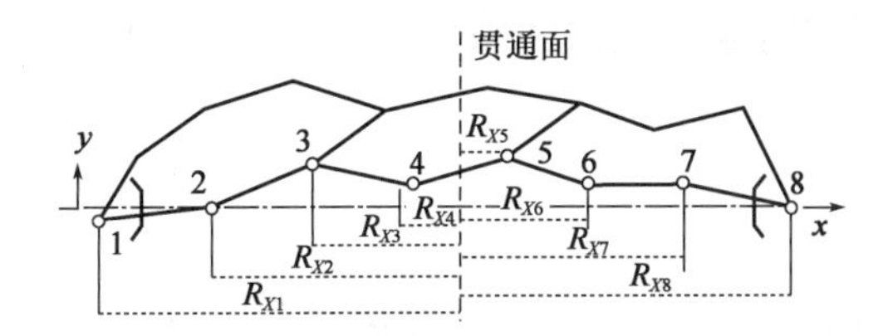

图 14-19 测角误差对贯通误差的影响

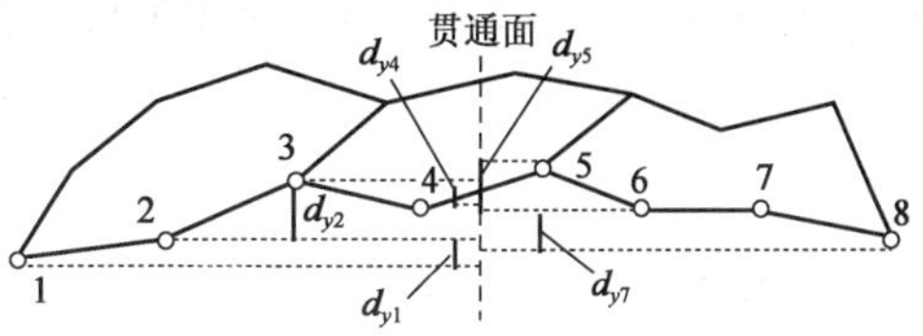

图 14-20 测距误差对贯通误差的影响

2)三角测量误差对横向贯通误差的影响估算

该项误差的估算方法有两种：第一种是按照严密公式计算，计算公式与方法见《新建铁路测量规范(条文说明)》，在此不再详述。第二种方法是按导线估算，其原理是选取三角网中沿中线附近的连续传算边作为一条导线进行计算，因为该导线精度有限，此种方法一般不提倡使用。

3)高程控制测量对高程贯通误差的影响估算

在贯通面上，受洞外或洞内高程控制测量误差影响而产生的高程中误差为：

$$m_{\Delta h} = M_\Delta \sqrt{L} \tag{14-16}$$

式中：M_Δ——每千米水准测量的偶然中误差(mm)；

L——洞外或洞内两开挖洞口间高程路线长度的千米数。

14.6.2 隧道贯通误差的测定与调整

隧道贯通后，应及时进行贯通测量，测定实际的横向、纵向和竖向贯通误差，以评定贯通精度，检查测量工作的正确性。若贯通误差在容许范围之内，就可认为测量工作已达到预期目的。不过，由于存在着贯通误差，且它将影响隧道断面扩大及衬砌工作的进行，因此，应该采用适当的方法对贯通误差加以调整，从而获得一个对行车没有不良影响的隧道中线，并作为扩大断面、修筑衬砌以及铺设路基路面的依据。

1)贯通误差的测定

(1)纵、横向贯通误差的测定。

如果是采用中线法贯通的隧道，当隧道贯通之后，应从相向测量的两个方向各自向贯通面延伸中线,并各钉一临时桩 A 和 B,如图 14-21 所示。量测出两临时桩 A、B 之间的距离,即得隧道的实际横向贯通误差;A、B 两临时桩的里程之差,即为隧道的实际纵向贯通误差。以上方法对于直线隧道与曲线隧道均适用,只是曲线隧道贯通面方向是指贯通面所在曲线处的法线方向。

如果是用导线作洞内平面控制的隧道,可在实际贯通点附近设一临时桩点 A,如图 14-19 所示,分别由贯通面两侧的导线测出其坐标。由进口一侧测得的 A 点坐标为 x_j、y_j;由出口一侧测得的 A 点坐标为 x_c、y_c,则实际贯通误差为:

$$f=\sqrt{(x_c-x_j)^2+(y_c-y_j)^2}$$

(2)方位角贯通误差的测定。

如图 14-22 所示,将仪器安置在 A 点上,测出转折角 β,将进、出口两边导线连通,就能求出导线的角度闭合差,这里称为方位角贯通误差。它表示测角误差的总影响。

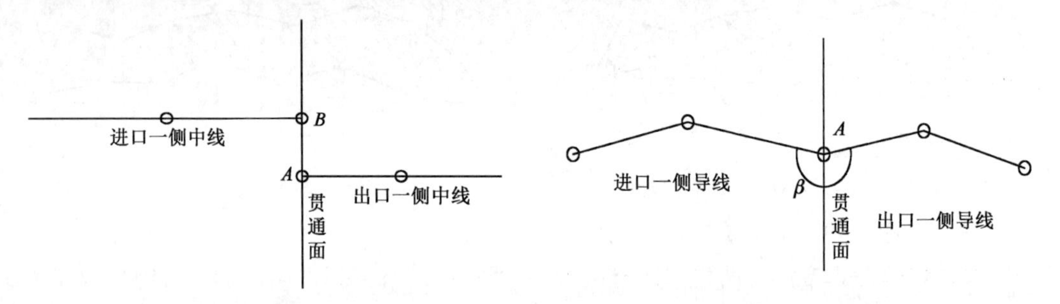

图 14-21 中线控制的贯通误差

图 14-22 导线控制的贯通误差

2)纵、横贯通误差的调整

调整贯通误差,原则上应在隧道未衬砌地段上进行,一般不再变动已衬砌地段的中线。所有未衬砌地段的工程,在中线调整之后,均应以调整后的中线指导施工。

(1)用洞内导线控制贯通的隧道。

如图 14-23 所示,自进口控制点 J 至导线点 A 为进口一端已建立的洞内导线,自出口控制点 C 至导线点 B 为出口一端已建立的洞内导线,这些地段已由导线测设出中线,并据此衬砌完毕。A、B 之间是尚未衬砌的调线地段。在隧道贯通后,以 A、B 两点作为已知点,在其间构成含贯通点 E 的附合导线。因此,在调线地段可作以下调整:

①以附和导线 A—1—2—E—3—4—B 计算角度闭合差(即方位角贯通误差),并平均分配至附和导线的角度上。

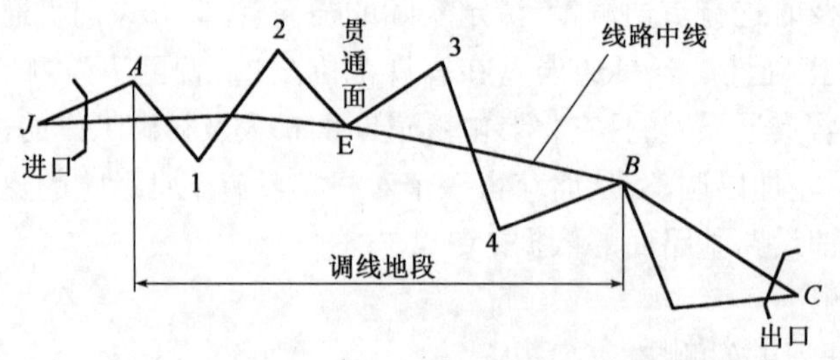

图 14-23 洞内导线贯通后的误差调整

②以调线后的角度，推算附和导线各边的坐标方位角，进而与边长推算各边的坐标增量，并计算坐标增量闭合差f_x、f_y（对于直线隧道，中线方向为x轴方位，f_x、f_y即纵、横贯通误差）。

③将f_x、f_y按边长成比例对各边的坐标增量进行改正，最后算出调整后的各点坐标。

④以调整后的坐标作为未衬砌地段施工中线放样的依据。

(2)用中线法贯通的隧道。

①调线地段为直线。

调线地段为直线，一般采用折线法进行调整。应尽量在隧道未衬砌地段内进行调整，不牵动已衬砌地段的中线。

如图14-24所示，在调线地段两端各选一中线点A和B，连接A、B而形成折线，如果由此而产生的转折角和在5′之内，即可将此折线视为直线；转折角大于5′时，应以加设圆曲线的方法来处理。

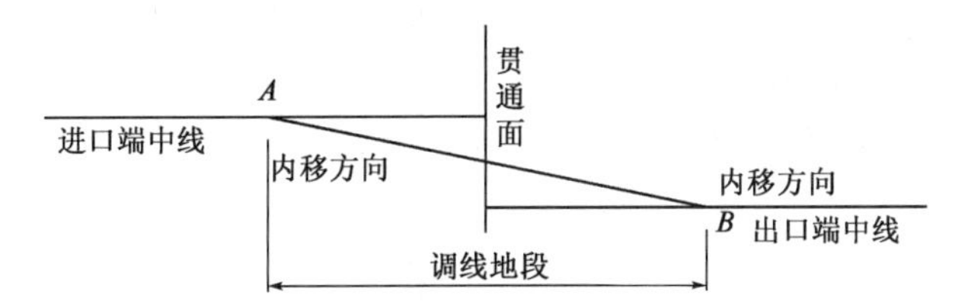

图14-24　中线法贯通调线地段为直线

如果转折角在5′~25′时，仅在转角顶点A、B向内移1个E（外矢距）值，得出中线位置即可。内移值E的大小可根据半径R和转折角β计算。若转折角大于25′，仅在顶点内移E得出一点还不够，应在反向曲线上加测一些点位（即加设半径为R的圆曲线）。

②调线地段为圆曲线。

当调线地段全部位于圆曲线上时（图14-25），以隧道一端中线A经曲线起点B到贯通面P点；以隧道另一端中线D经曲线端点C到贯通面P'点，P、P'不重合。这时可以用导线联测A、B、C、D的坐标，用这些坐标计算交点J的坐标及转角α，然后在隧道内重新放样曲线。有两种处理方法：一是不改动起点B的位置，由BJ（切线长）及转角α反求半径R，由R和转角α放样曲线，其结果曲线终点不一定与C重合，如图14-25所示；二是不顾及起点B，根据转角α和半径R（也可重新设计）放样曲线。

如果贯通面位于圆曲线的中间，应根据实际横向贯通误差，由调线地段圆曲线的两端向贯通面按长度比例调整中线位置，如图14-26所示。

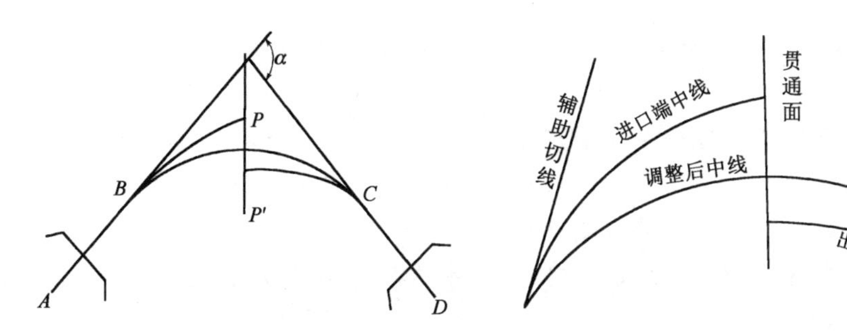

图14-25　中线法贯通调整线地段为圆曲线

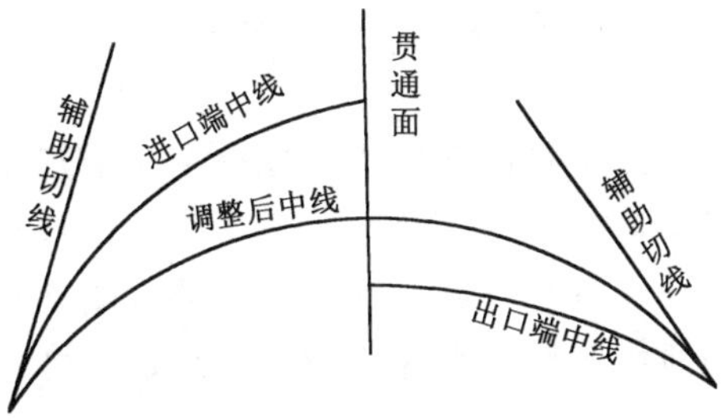

图14-26　贯通面位于圆曲线中间

③贯通点在曲线始、终点附近，调线地段有直线和曲线贯通点在曲线始、终点附近，将

曲线始、终点的切线延伸,理论上应与贯通面另一侧的直线重合。但是,由于贯通误差的存在,实际出现的情况是既不重合,也不平行。因此,通常应先将两者调整平行,然后再调整使其重合。

3)高程贯通误差的调整

实际高程贯通误差为f_h,一般在隧道贯通点两端的未衬砌地段之水准路线上调整,调整地段应有足够的长度,以保证高程贯通误差的调整对线路纵坡不产生影响。按贯通之后施工路面时,高程贯通误差可在全隧道水准路线上调整。f_h按调整地段的水准路线长度成比例分配,具体计算方法如下:

(1)贯通点的实际高程贯通误差按下式计算:

$$f_h = H_{进} - H_{出}$$

式中:$H_{进}$——按进口端水准路线计算的贯通点高程;

$H_{出}$——按出口端水准路线计算的贯通点高程。

(2)每千米水准路线高差的改正系数按下式计算:

$$k = -\frac{f_h}{\sum l_i}$$

式中:$\sum l_i$——调整地段各测段水准路线长的总和(km)。

(3)测段高差改正值计算:

$$\Delta h_i = k \cdot l_i$$

注:因实际贯通误差的符号是相对的,故出口端改正值的符号与进口端改正值符号相反。

本章小结

隧道工程测量是道路工程建设经常面临的工作,本章主要介绍了隧道工程测量的内容、方法及程序等,主要内容有:

(1)隧道工程测量的主要内容:地面控制测量、竖井联系测量、地下控制测量及隧道施工测量等。

(2)贯通误差的概念,包括横向贯通误差、纵向贯通误差、高程贯通误差及它们的允许值和测定方法。

(3)地面控制测量,包括地面控制测量步骤、地面平面控制测量方法、高程控制。

(4)竖井联系测量,包括一井定向和两井定向的概念和竖井联系测量的步骤。

(5)地下控制测量,主要是地下导线测量和高程测量。

(6)地下施工测量,包括隧道中线的标定、洞内导线布设、观测方法及步骤、洞内水准测量方法、高程放样的方法。

通过对本章的学习,应了解隧道工程测量的任务和基本内容,掌握洞内外控制测量误差对横向贯通误差影响的估算公式和方法,了解隧道控制网的主要形式,掌握竖井联系测量的方法和原理。本章重难点为竖井联系测量,洞内中线测设的方法及贯通误差的概念及其估算方法。

思考题与习题

1. 隧道工程测量主要包括了哪些测量工作？各项工作的主要作用是什么？
2. 什么是贯通误差？它有哪几种类型？
3. 试比较隧道地面控制测量各方法的优缺点。
4. 什么是一井定向？什么是两井定向？两者有何异同？
5. 简述贯通误差的测定与调整方法。

第15章

现代测绘技术简介

【本章知识要点】

本章重点内容是：了解三维激光扫描技术原理及应用；了解航空摄影测量的原理及基本概念；了解 GIS 的基本概念、系统组成和作用；了解遥感技术的基本原理和工作流程。

15.1 概　　述

随着电子技术的迅速发展及计算机技术的广泛使用，20 世纪 90 年代以来，以 GPS 定位技术为中心的测绘新科技迅速崛起，为测绘行业提供了新仪器、新技术和新方法，使测量工程仪器和技术向精密化、自动化、智能化、信息化的方向发展。尤其 3S 技术的结合与集成从整体上成为空间对地观测的理想手段，使人们可以用各种现代化方法采集、获取、量测、存储、管理、显示、传播、应用和更新与地理和空间分布有关的、随时间变化的数据和信息，并以它们为基础构成各种空间信息系统，以便于应用计算机进行资源调查、区域发展规划、国土整治、环境保护与监测、灾害预报与防治、城市规划与市政管理、房地产管理与经营等。

所谓 3S 技术是全球定位系统（Global Positioning System，GPS）、地理信息系统（Geographic Information System，GIS）、遥感（Remote Sensing，RS）的简称。3S 技术为科学研究、政府管理、社会生产提供了新一代的观测手段、描述语言和思维工具。3S 的结合应用，取长补短，是一个自然的发展趋势,三者之间的相互作用形成了“一个大脑,两只眼睛”的框架,即 RS 和 GPS 向 GIS 提供或更新区域信息以及空间定位,GIS 进行相应的空间分析,以从 RS 和 GPS 提供的浩如烟海的数据中提取有用信息,并进行综合集成,使之成为决策的科学依据。

此外,随着现代航天技术和电子计算机技术的飞速发展,摄影测量的学科领域也更加扩大了,甚至可以说只要物体能够被摄成影像,都可以使用摄影测量技术,以解决某一方面的问题,这些被摄物体可以是固体的、液体的,也可以是气体的;可以是静态的,也可以是动态的;可以是微小的(电子显微镜下放大几千倍的细胞),也可以是巨大的(宇宙星体)。这些灵活性使得摄影测量学成为可以多方面应用的一种测量手段和数据系集与分析的方法。在目前阶段,摄影测量与遥感学科随着现代化计算机技术、影像传感器技术、空间定位技术、遥感和通信技术的数字化发展,已逐步形成基于电子计算机的现代图像信息学,它由摄影测量、遥感和空间信息系统以及计算机视觉等交叉而成。目前,以无人机为主的数字摄影测量、倾斜摄影测量也获得了飞速的发展,成为摄影测量领域研究的主要热点。

在数据采集方面,以三维激光扫描技术为代表的新的测绘技术发展尤为迅速。三维激光扫描技术又被称为实景复制技术,是测绘领域继 GPS 技术之后的一次技术革命。它突破了传统的单点测量方法,具有高效率、高精度的独特优势。三维激光扫描技术能够提供扫描物体表面的三维点云数据,因此可以用于获取高精度高分辨率的数字地形模型。

本章主要介绍三维激光扫描技术、遥感、地理信息系统、航空摄影测量的基本原理、基本概念及应用等内容。

15.2 三维激光扫描技术及应用

随着科学技术的发展,测绘技术的发展,使得数据采集从利用地面测量仪器进行局部测量到利用航空数码相机、机载激光扫描、星载传感器等实现对地球的表面空间信息、物理等数据的采集;进而达到从单纯提供测量数据和资料到实时地提供随时空变化的地球空间信息,其技术和成果的应用已扩展到与空间信息有关的诸多领域。

三维激光扫描技术是一种先进的全自动高精度立体扫描技术,也称为“实景复制技术”,是继 GPS 空间定位技术后的又一项测绘技术革新,使测绘数据的获取方法、服务能力与水平、数据处理方法等进入了新的发展阶段。随着三维技术的进步,利用三维激光扫描系统在公路桥梁,特别是山区地形测量、人不能到达的区域进行快速高精度的地形测量,结合工程的特点,运用处理三维激光扫描的点云数据处理软件,将三维激光扫描数据和现有地形测量系统有机结合,更好地为工程设计提供准确基础资料;同时,配合现有数字测绘技术,提高测绘生产的作业效率和测绘产品的质量。

15.2.1 三维激光扫描定位原理

三维激光扫描技术是近年来出现的新技术,在国内越来越引起研究领域的关注。它是利用激光测距的原理,通过记录被测物体表面大量密集的点的三维坐标、反射率和纹理等信息,可快速复建出被测目标的三维模型及线、面、体等各种图件数据。由于三维激光扫描系统可以密集地大量获取目标对象的数据点,因此相对于传统的单点测量,三维激光扫描技术也被称为从单点测量进化到面测量的革命性技术突破。该技术在文物古迹保护、建筑、规划、土木工程、工厂改造、室内设计、建筑监测、交通事故处理、法律证据收集、灾害评估、船舶设计、数字城市、军事分析等领域也有了很多的尝试、应用和探索。三维激光扫描系统包含数据采集的硬件部分和数据处理的软件部分。按照载体的不同,三维激光扫描系统又可分为机载、车载、地面和手持型几类。

应用扫描技术来测量工件的尺寸及形状等原理来工作。主要应用于逆向工程,负责曲面抄数,工件三维测量,针对现有三维实物(样品或模型)在没有技术文档的情况下,可快速测得物体的轮廓集合数据,并加以建构、编辑、修改生成通用输出格式的曲面数字化模型。

三维激光扫描仪按照扫描平台的不同可以分为:地面型激光扫描系统、机载(或星载)激光扫描系统、便携式激光扫描系统。

地面型三维激光扫描系统一般由三维激光扫描仪、数码相机、扫描仪旋转平台、软件控制平台、电源及其他附件组成,如图 15-1 所示。

系统工作原理:三维激光扫描仪发射器发出一个激光脉冲信号,经物体表面漫反射后,沿几乎相同的路径反向传回到接收器,可以计算目标点 P 与扫描仪距离 S。精密时钟控制编码器同步测量每个激光脉冲横向扫描角度观测值 α 和纵向扫描角度观测值 β。地面三维激光扫描测量系统对物体进行扫描后,采集到的物体表面各部分的空间位置信息是以其自身特定的坐标系统为基准的,将这种特殊的坐标系统称为仪器坐标系统(图 15-2),X 轴在横向扫描面内,Y 轴在横向扫描面内与 X 轴垂直,Z 轴与横向扫描面垂直。获得 P 的坐标:

$$X_{\mathrm{P}} = S\cos\beta\cos\alpha$$
$$Y_{\mathrm{P}} = S\cos\beta\cos\alpha$$
$$Z_{\mathrm{P}} = S\cos\beta$$

图 15-1 三维激光扫描仪

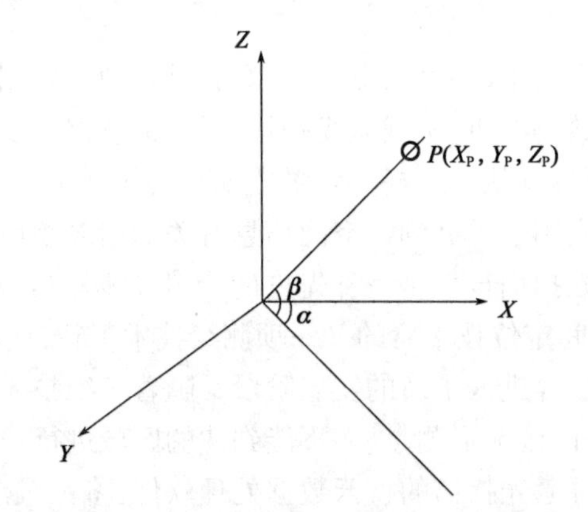

图 15-2 仪器坐标系统

公式中的距离一般由检查激光脉冲从发出到接收之间的时间延迟计算获得(图 15-3)。设发射脉冲往返时间间隔为 t_{L},目标点 P 与扫描仪距离 S 为:

$$S = \left(\frac{1}{2}\right) Ct_{\mathrm{L}}$$

式中:C——光速。

在获取物体表面每个采样点的空间坐标后,得到的是一个点的集合,称之为"点云"(Point Cloud)。点云数据是大量扫描离散点的结合,点云数据处理一般包含:噪声去除、多视对齐、数据精简、曲面重构。噪声去除是指除去点云数据中错误的数据。在扫描过程中,由于某些环境因素的影响,比如移动的车辆、行人及树木等,也会被扫描仪采集。这些数据在后处理中就要删除。多视对齐是指由于被测件过大或形状复杂,扫描时往往不能一次测出所有数据,而需要从不同位置、多视角进行多次扫描,这些点云就需要对齐、拼接,称为多视对齐。这些数据不能直接使用,必须用点、多边形、曲线、曲面等形式将立体模型描述出来,构成模型。同样的点集进行不同的连接,可能得到不同的3D 模型。

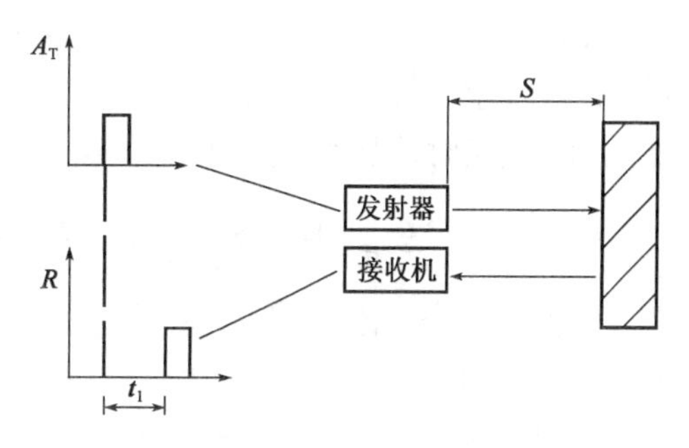

图 15-3　激光脉冲示意图

三维激光扫描的主要特点是实时性、主动性、适应性好。三维激光扫描数据经过简单的处理就可以直接使用,无需复杂的费时费力的数据后处理;其无需和被测物体接触,可以在很多复杂环境下应用,并且可以和 GPS 等结合起来实现更强、更多的应用。

要完成三维激光扫描测量技术可以快速获得物体表面每个采样点的空间立体坐标的任务,必须具有成熟的计算模型和误差模型,即确定从传感器获得的原始数据到最终结果的映像关系,以及引起误差的原因、误差的传递、对结果的影响、误差的矫正和消除,并确定有关的计算公式及相应的算法。

15.2.2　工作流程

地面三维激光扫描测量系统的工作过程,实际上就是一个不断重复的数据采集和处理过程。它通过具有一定分辨率的空间点[坐标(x、y、z),其坐标系是一个与扫描仪器有关的特定的坐标系统]所组成的点云图来表达系统对目标物体表面的采样结果。

应用地面三维激光测量技术采集数据的工作过程大致可以分为作业计划、外业数据采集及内业数据处理。

在具体工作展开之前,根据扫描对象的不同和精度的具体要求设计一条合适的扫描路线,确定恰当的采样密度,大致确定扫描仪至扫描物体的距离、设站数、设站位置等;外业工作采集数据主要包括现场设站进行数据采集、进行初步的质量分析和控制(现场分析采集到的数据是否大致符合要求)等;内业数据处理主要包括激光扫描原始数据的规则格网化,数据滤波、分类、分割,数据的压缩,图像处理及模式识别等,是最重要也是工作量最大的一环。

15.2.3　三维建模

三维空间信息获取,其实质是空间定位数据采集。空间建模是建立一定的数学模型对现实世界中几何空间对象进行简化、抽象描述和管理。根据空间模型对空间对象几何维数描述的不同,空间数据模型被分为三维数据模型和二维数据模型两大类。空间三维建模主要是将不同的模型集成在同一个系统中,通过数据转换实现两者的结合,在不同的分析和处理过程中,运用合适的数据模型,或者根据不同的现象来确定描述的模型。

三维激光扫描测量技术是最近发展迅速的一种新技术,已成为空间数据获取的一种重要技术手段,特别是机载激光扫描系统发展很快。对如何解决空间信息技术发展中信息获取的实时性与准确性的瓶颈问题起到了较为关键的作用。与传统的测量手段相比,三维激光扫描测量技术不需要合作目标,既可以作为获取地表资源、环境信息的一种重要技术手段,也可以同其他技术手段集成使用,具有自动、连续、快速的采集数据,数据量大且精度较高;具有全天候、主动性、实时性强的特点;信息传输、处理快捷等独特优势。

15.2.4 三维扫描技术的应用

作为新的高科技产品,三维激光扫描仪已经成功地在文物保护、城市建筑测量、地形测绘、采矿业、变形监测、工厂、大型结构、管道设计、飞机船舶制造、公路铁路建设、隧道工程、桥梁改建等领域中应用。三维激光扫描仪,其扫描结果直接显示为点云(Point Cloud,意思为无数的点以测量的规则在计算机里呈现物体的结果),利用三维激光扫描技术获取的空间点云数据,可快速建立结构复杂、不规则场景的三维可视化模型,既省时又省力,这种能力是现行的三维建模软件所不可比拟的。

最近几年,三维激光扫描技术不断发展并日渐成熟,三维扫描设备也逐渐商业化,三维激光扫描仪的巨大优势就在于可以快速扫描被测物体,不需反射棱镜即可直接获得高精度的扫描点云数据。这样一来可以高效地对真实世界进行三维建模和虚拟重现。因此,其已经成为当前研究的热点之一,并在文物数字化保护、土木工程、工业测量、自然灾害调查、数字城市地形可视化、城乡规划等领域有广泛的应用。

(1)测绘工程领域:大坝和电站基础地形测量、公路测绘,铁路测绘,河道测绘,桥梁、建筑物地基等测绘、隧道的检测及变形监测、大坝的变形监测、隧道地下工程结构、测量矿山及体积计算。

(2)结构测量方面:桥梁改扩建工程、桥梁结构测量、结构检测、监测、几何尺寸测量、空间位置冲突测量、空间面积、体积测量、三维高保真建模、海上平台、测量造船厂、电厂、化工厂等大型工业企业内部设备的测量;管道、线路测量、各类机械制造安装。

(3)建筑、古迹测量方面:建筑物内部及外观的测量保真、古迹(古建筑、雕像等)的保护测量、文物修复,古建筑测量、资料保存等古迹保护,遗址测绘,赝品成像,现场虚拟模型,现场保护性影像记录。

(4)紧急服务业:反恐怖主义,陆地侦察和攻击测绘,监视,移动侦察,灾害估计,交通事故正射图,犯罪现场正射图,森林火灾监控,滑坡泥石流预警,灾害预警和现场监测,核泄漏监测。

(5)娱乐业:用于电影产品的设计,为电影演员和场景进行的设计,3D 游戏的开发,虚拟博物馆,虚拟旅游指导,人工成像,场景虚拟,现场虚拟。

(6)采矿业:在露天矿及金属矿井下作业,一些危险区域人员不方便到达的区域。例如对塌陷区域、溶洞、悬崖边等进行三维扫描。

15.3 航空摄影测量基本知识及应用

摄影测量学的主要特点是对影像或像片进行量测和解译,无需接触被研究物体本身,因而很少受各种条件,如人不能到达、人不能触及等条件限制,而且可摄得瞬间的动态物体影像。像片及其他各种类型影像均是客观物体或目标的真实反映,信息丰富、图像逼真,人们可以从中获取所研究物体的大量几何和物理信息。

国际摄影测量与遥感学会(ISPRS)在1988年对摄影测量与遥感下的定义为:“摄影测量与遥感乃是对非接触传感器系统获得的影像及其数字表达进行记录、量测和解译的过程获得自然物体和环境的可靠信息的一门工艺、科学和技术。”简言之,它乃是影像信息获取、处理、分析、解译和应用的一门技术科学。

摄影测量学的主要任务是从理论上研究摄影像片与所摄物体之间的内在几何和物理关系,利用这种几何关系可以确定被摄物体的形状、大小、位置等几何特性;此外还可以判定所摄物体的性质,并作出正确的解译,以便测制各种比例尺地形图、建立地形数据库,并为各种地理信息系统和土地信息系统提供基础数据。因此,摄影测量学在理论、方法和仪器设备方面的发展都受到地形测量、地图制图、数字测图、测量数据库和地理信息系统的影响。同时摄影测量学作为影像信息获取、处理、加工和表达的一门学科,又受到影像传感器技术、航空航天技术、计算机技术的影响,并随着这些技术的发展而发展。为了实现上述目的,还需要从技术上研究和制造出摄影像片获取和处理的仪器、材料和作业方法。

摄影测量学可以从不同角度进行分类:按距离远近分,有航空摄影测量、航天摄影测量、地面摄影测量、近景摄影测量和显微摄影测量。所谓航空摄影测量是指利用飞机对地面拍摄像片,再利用摄影测量学原理及立体测图仪,将像片组成立体模型,以从事各种地图测绘及地物判读之工作。其目的是量测地物之空间关系,如坐标、高程、距离等,最后可得地形图、平面图、影像图以及三维地面模型。按用途分,有地形摄影测量与非地形摄影测量。按技术处理方法分,则有模拟法摄影测量、解析摄影测量和数字摄影测量。模拟法摄影测量是用光学和机械方法模拟摄影成像过程,通过摄影过程的几何反转建立缩小了的几何模型,在此模型上量测便可得到所需的各种图件(主要是地形原图)。解析摄影测量是用计算的方法在计算机中建立像点坐标和物点坐标之间的几何关系,所量测的结果先储存在电子计算机中,再通过数控绘图仪绘出图来。数字摄影测量则是解析摄影测量的进一步发展,包括摄影测量的数字测图和以数字(化)影像为出发点的全数字化摄影测量,是摄影测量的发展方向。

本节主要对航空摄影测量的基本知识和应用作一个简单的介绍。

15.3.1 航空摄影

1)航空摄影

采用摄影测量方法测制地形图,必须对测区进行有计划的空中摄影。将航摄仪安装在航摄飞机上,从空中一定的高度对地面物体进行摄影,取得航摄像片。运载航摄机的飞机飞行的稳定性要好,在空中摄影过程中要能保持一定的飞行高度和航线飞行的直线性(图15-4)。飞机的飞行航速不宜过大,续航的时间要长,实施飞行直至把整个航摄区域摄影完毕,经过室内摄影处理(显影、定影、水洗、晾干等),从而得到覆盖整个航摄区域的航摄像片。目前所采用的像幅大小有两种:一种是18cm×18cm的像片,另一种是23cm×23cm的像片(也称大像幅的像片)。

以测绘地形为目的的空中摄影多采用竖直摄影方式,要求航摄机在曝光的瞬间物镜主光轴保持垂直于地面。实际上,由于飞机的稳定性和摄影操作的技能限制,航摄机主光轴在曝光时总会有微小的倾斜,按规定要求像片倾角应小于2°,这种摄影方式称为竖直摄影。竖直航空摄影可分为面积航空摄影、条状地带航空摄影及独立地块航空摄影三种。面积航空摄影主要用于测绘地形图,或进行大面积资源调查。条状地带航空摄影主要用于公路、铁路、输电线路定线和江、河流域的规划与治理工程等。它与面积航空摄影的区别是一般只有一条或少数几条航带。独立地块航空摄影主要用于大型工程建设和矿山勘探部门，这种航空摄影只拍摄少数几张具有一定重叠度的像片。

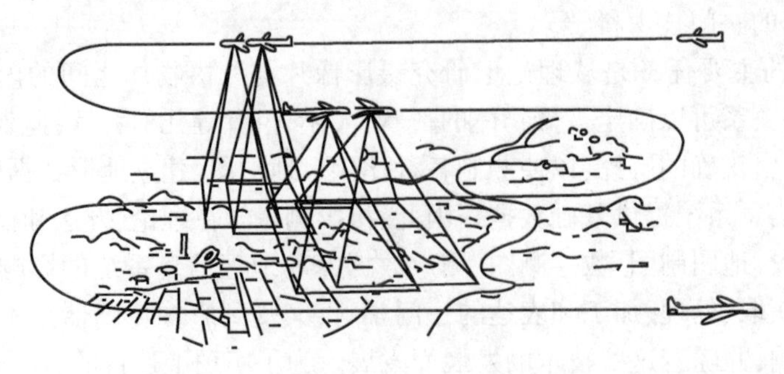

图 15-4 航摄飞行线

2）摄影比例尺的选择

摄影比例尺是指空中摄影计划设计时的像片比例尺，即航摄像片上一线段为 l 与地面上相应线段的水平距 L 之比。航摄比例尺的选取要以成图比例尺、测区地形、摄影测量内业成图方法和成图精度等因素来考虑，另外还要考虑经济性和摄影资料的可使用性。摄影比例尺可分为大、中、小三种。为充分发挥航摄负片的使用潜力，考虑上述因素，一般都应选择较小的摄影比例尺。

3）摄影测量对空中摄影的基本要求

航摄像片质量的优劣，直接影响摄影测量过程的繁简、摄影测量成图的工效和精度。因此，摄影测量要对空中摄影提出一些质量要求，即摄影质量和飞行质量的基本要求。其具体要求如下：

（1）摄影比例尺

在同一高度上进行空中摄影，所得像片的比例尺基本上是一致的。但由于空中气流或其他因素的影响，会使摄影时的飞机产生升或降，因而使摄影比例尺发生变化。如果相邻两像片的比例尺相差太大，则会影响像对的立体观察。相邻两像片的比例尺之差超出航测仪器结构的允许范围时，则无法在仪器上进行作业。为此，摄影比例尺的变化要有一定的限制范围。

（2）像片重叠度

摄影测量使用的航摄像片，要求沿航线飞行方向两相邻像片上对所摄地面有一定的重叠影像，这种重叠影像部分称为航向重叠度。对于区域摄影（即面积航空摄影），要求两相邻航带像片之间也需要有一定的影像重叠，这种影像重叠部分称为旁向重叠度。像片重叠度是以像幅边长的百分数表示。一般情况下要求航向重叠度保持在 60% ~65%，旁向重叠度保持在 15% ~30%。

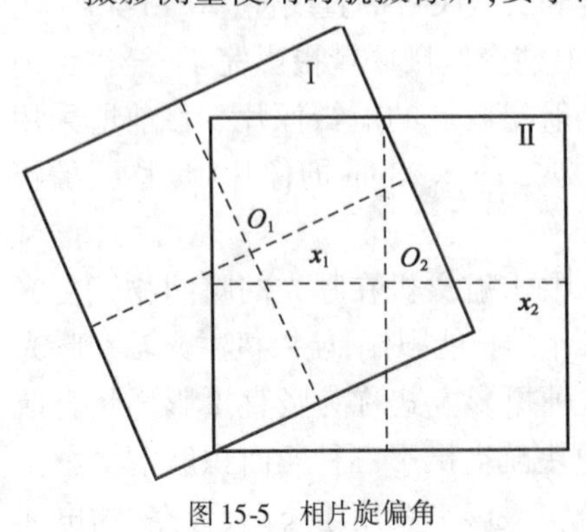

图 15-5 相片旋偏角

（3）像片旋偏角

相邻两像片的主点连线与像幅沿航带飞行方向的两框标连线之间的夹角称为像片的旋偏角，如图 15-5

所示。对像片的旋偏角,一般要求小于6°,个别最大不应大于8°,而且不能连续三片有超过6°的情况。

此外,要求航带弯曲度一般规定不得超过3%。航射仪的焦距、框标间距等数据齐全、可靠。

15.3.2 航空像片

1)中心投影与正射投影

用一组假想的直线将物体向几何面投射称为投影,其投射线称为投影射线,投影的几何面通常取平面,称为投影平面,在投影平面上得到的图形称为该物体在投影平面上的投影。由于所用投影射线组遵循规律及投影射线与投影平面相关位置的不同,投影有中心投影与平行投影两种,而平行投影中又有斜投影与正射投影之分。当投影射线汇聚于一点时,称为中心投影。当诸投影射线都平行于某一固定方向时,这种投影称为平行投影。平行投影中,当投影射线与投影平面斜交的称为斜投影;投影射线与投影平面正交的称为正射投影。测量中,地面与地形图的投影关系属正射投影。某区域的地形图为该区域的地面点在水平面(小范围内将大地水准面视为平面)上的正射投影按图比例尺缩小在图面上。摄影像片却是地面景物在像片平面上的中心投影。摄影测量要解决的基本问题,就是将中心投影的像片转换为正射投影的地形图。

2)像片上主要的点和线

由于航空摄影时,不可能严格地竖直摄影,所以像片与地面不是互相平行的。在图15-6中,设地面为E,像片为P(即像平面),两平面相交于直线TT,称为迹线。

(1)像主点。通过镜头中心S而垂直于像平面P的直线SO称为主光线,它与像平面P的交点o称为像主点。So称为航摄机的主距f。

(2)像底点。通过镜头中心S作铅垂线SN,称为主垂线,主垂线SN与像平面P的交点n称为像底点,与地面E的交点N称为地底点。SN称为摄影航高H。

(3)等角点。主光线SoO与主垂线SnN所夹的角α,称为像片倾斜角。α角的二等分线与像片的交点c称为等角点。

(4)主纵线。通过主垂线SnN与主光线SoO作一平面W,此平面称为主垂面,既垂直于像平面P,又垂直于地面E。主垂面W与像平面P的交线VV,称为主纵线。主垂面W与地面E的交线V_oV_o,称为摄影方向线。

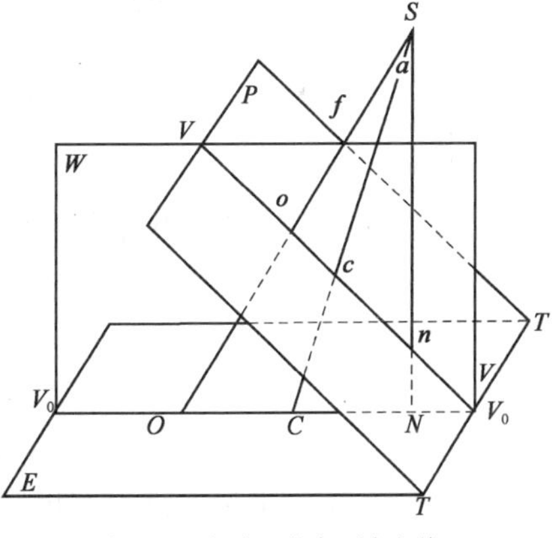

图15-6 相片上的主要点和线

航摄像片上的主要点线,常用的就是像主点、像底点、等角点及主纵线。除上述的主要点、线外,像片上还有方位线,即同一条航线相邻两张像片的像主点在同一张像片上的连线。

3)内、外方位元素

用摄影测量方法研究被摄物体的几何信息和物理信息时,必须建立该物体与航空像片之间的数学关系,为此,首先要确定航空摄影瞬间摄影中心与像片在地面设定的空间坐标系中的位置与姿态。描述这些位置和姿态的参数就称为像片的方位元素。

其中,表示摄影中心与像片之间相关位置的参数称为内方位元素,内方位元素一般视为已知,它由制造厂家通过摄影机鉴定设备检测得到,检测的数据写在航摄仪说明书上。内方位元素正确与否,将直接影响测图精度,因此必须对航摄机作定期检定。

在恢复内方位元素(即恢复了摄影光束)的基础上,确定摄影光束在摄影瞬间的空间位置和姿态的参数,称为外方位元素。一张像片的外方位元素包括六个参数。其中三个是直线元素,用于描述摄影中心的空间坐标值;另外三个是角元素,用于描述像片的空间姿态。

4)像点位移

根据像片和地面所处的位置不同,有三种情况:

(1)当像片和地面均为水平时,说明像片上各点之间的相关位置与地面上相应各点之间的相关位置都是按一定比例缩小的,此时就点的位置来说,像片具备了地形图的性质,即像片上各点间的比例尺和地形图一样是处处一致的。但是这种情况在实际作业中是少有的。

(2)当像片倾斜而地面水平时,地面上一点在两张像片上的位置就不一样,这种由于像片倾斜产生的像点移位,称为倾斜误差。这样就使像片上的比例尺处处不一致。在利用航摄像片测绘地形图的过程中,可以采用像片纠正的方法来消除这种误差。

(3)当地面有起伏而像片是水平时,由于地面起伏,地面上的点在像片上会引起像点移,称为投影误差。这种误差可根据控制点由内业采用分带纠正或分带投影转绘的方法,将投影误差限制在一定范围内。在单张像片测图中,可在测站上进行改正。

15.3.3 摄影测量中常用的坐标系统

由于摄影测量几何处理的任务是根据像片上像点的位置确定相应地面点的空间位置,因此,首先必须选择适当的坐标系统来定量描述像点和地面点,然后才能实现坐标系的变换,从像方测量值求出相应点在物方的坐标。摄影测量中常用的坐标系有两大类:一类是用于描述像点的位置,称为像方坐标系;另一类是描述地面点的位置,称为物方坐标系。

1)像方坐标系

像方坐标系用来表示像点的平面坐标和空间坐标。

(1)像平面坐标系:以主点为坐标原点的右手平面坐标系,用来表示像点在像片上的位置,但在实际应用中,常采用框标连线交点为原点的右手平面坐标系,称其为框标平面坐标系。

(2)像空间坐标系:为了进行像点的空间坐标变换,需要建立起描述像点在像空间位置的坐标系,即像空间坐标系。

(3)像空间辅助坐标系:像点的像空间坐标系可以直接从像片平面坐标得到,但由于各片的像空间坐标系不统一,给计算带来了困难,为此而建立的一种相对统一的坐标系,称为像空间辅助坐标系。其坐标原点仍取摄影中心 S,坐标可依情况而定。

2)物方坐标系

物方坐标系用于描述地面点在物方空间的位置,有地面测量坐标系和地面摄影测量坐标系两种。

(1)地面测量坐标系:地面测量坐标系通常是指空间大地坐标基准下的高斯—克吕格分带投影的平面直角坐标与定义的从某一基准量起的高程,两者结合而成的空间左手直角坐标系。摄影测量方法求得的地面点的坐标最后要以此坐标形式提供给用户。

(2)地面摄影测量坐标系:因像空间辅助坐标系是右手系,地面测量坐标系是左手系,给地面点由像空间辅助坐标系转换到地面测量坐标系带来了困难,为此,需要在上述两种坐标系之间建立一个过渡性坐标系,称为地面摄影测量坐标系。其坐标原点在测区内某一地面点上,X 轴为大致与航向一致的水平方向,Y 轴与 X 轴正交,Z 轴沿铅垂方向,构成右手直角坐标系。摄影测量中,首先将地面点在像空间辅助坐标系的坐标转换成地面摄影测量坐标,再转换为地面测量坐标系。

15.3.4 像片控制联测

摄影测量绘制地形图的方法有多种,按照摄影测量的理论,无论采用哪种成图方法都需要像片控制点,简称像控点。像控点的获取方法可以全野外布点测定,也可先在野外测定少量控制点,然后在室内用解析法空中三角测量加密获得内业测图需要的全部控制点。外业测定像控点的工作称为像控点的联测。经过野外像控点的联测与室内控制点的加密,就能按各种成图方法在各种成图仪器上确定地面点的平面位置和高程。根据需要,像控点有三种情况:仅测定平面坐标的像控点称为平面控制点,简称平面点;只测定高程的像控点称为高程控制点,简称高程点;平面和高程都测定的控制点称为平高控制点,也可简称平高点。因此,像片野外控制联测包括平面控制像片联测和高程控制像片联测。野外像片控制测量的工作过程包括:拟定平面与高程控制测量的技术计划;实施踏勘选定像控点;像控点的刺点与整饰;控制点的联测、计算;控制成果的整理等。

航摄像片由于像点坐标误差的影响使像片边缘产生的像点位移和影像变形比中心部分要严重。为了提高外业判读刺点和内业点位量测精度,像片所选像控点的位置距像片边缘要大于1~1.5cm,距离各类标志如压平线、框标标志、片号等不应大于1cm。像控点应分布在航向三度重叠和旁向重叠中线附近,距离方位线要大于3~4.5cm。

像控点的布设方案有全野外布点和稀疏布点两种:

(1)全野外布点。全野外布点是指摄影测量测图过程中所需要的控制点全部由外业测定的布点方案。

(2)稀疏布点。稀疏布点是指在外业只测定少量控制点,其余大部分的像控点要通过内业加密手段获取的布点方案。

15.3.5 像片判读、调绘与补测

像片调绘是根据地物在像片上的构像规律,在室内或野外对像片进行判读调查,识别影像的实质内容,并将影像显示的信息按照用图的需要综合取舍后,用图式规定的符号在像片上表示出来。对于像片影像没有显示而地形图又需要的地物,要用地形测量的方法补测描绘到像片上,最终获得能够表示测区地面地理要素的调绘片。这些要补绘的地物可能是摄影至调绘期间地面出现的新增地物,或者是由于比例尺过小而无法直接判读的较小地物,也可能是被云影、阴影所遮盖而未成像的地物。

调绘像片是摄影测量内业绘制地形图,建立地物和地貌,标定注记内容的依据和来源。调绘内容的准确性、影像信息综合取舍的恰当程度,将直接影响到图上地形要素的表示精度。像片调绘的传统方法是使用全野外调绘,它根据像片地物地貌的构像特征到实地对照判读出来,判读的地物、地貌要素要按照地形图图式的规定描绘在像片上,并加上注记内容,这种调绘方法主要作业都在野外实地进行,是摄影测量外业调绘作业的主要方法。

另一种像片调绘方法是综合判调法。它是室内判绘和野外调查、补绘相结合的调绘方法，先在室内采用一定手段(立体观察、影像识别等)判绘影像显示的地理要素，然后将室内判绘有疑问的或者是无法判绘的内容再到实地调查和补绘。

综合判读调绘法可以将大量外业调绘工作转入室内完成，能减轻外业调绘的劳动强度和提高像片调绘的工效，与全野外调绘相比有明显的优越之处。但是目前由于受到客观条件的限制，室内判绘的准确率还达不到全野外调绘的水平，在我国尚未广泛普及使用。

15.4 遥感基本知识及应用

15.4.1 遥感基本原理

遥感(Remote Sensing)，可通俗地理解为遥远地感知，即不与物体直接接触，便能得知物体的属性情况，通常是指通过某种传感器装置，在不与研究对象直接接触的情况下，获得其特征信息，并对这些信息进行提取、加工、表达和应用的一门科学技术。遥感的理论基础是电磁辐射理论。人类通过大量的实践，发现地球上的每一个物体，都在不停地吸收、发射和反射信息和能量，其中有一种人类已经认识到的形式——电磁波。并且发现：不同物体的电磁波特性是不同的，即“一切物体，由于其种类及环境条件不同，因而具有反射或辐射不同波长电磁波的特性”(图 15-7)，遥感技术的基本原理就是根据这个原理来探测地表物体对电磁波的反射和其发射的电磁波，从而提取这些物体的信息，完成远距离识别物体的过程。所以遥感也可以说是一种利用物体反射或辐射电磁波的固有特性，通过观测电磁波，识别物体以及物体存在环境条件的技术。

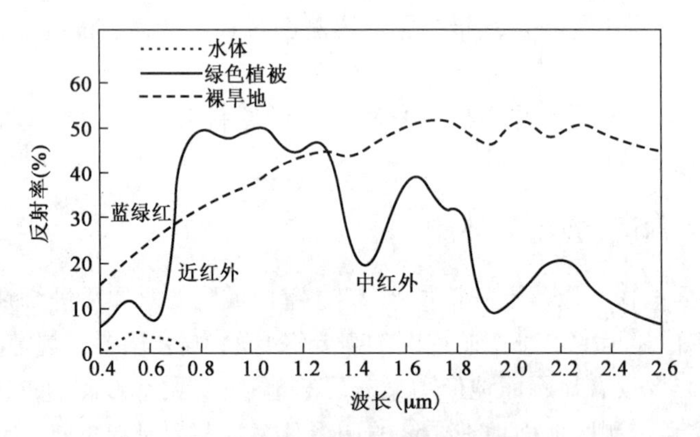

图 15-7 几种常见地物的电磁波反射曲线

作为一个术语，遥感出现于 1962 年，而遥感技术在世界范围内迅速地发展和广泛的使用，是在 1972 年美国第一颗地球资源技术卫星(LANDSAT-1)成功发射并获取了大量的卫星图像之后。近年来，随着地理信息系统技术的发展，遥感技术与之紧密结合，发展更加迅猛。

遥感与航空摄影测量的区别在于前者确定实体的物质成分，后者确定几何形态。如：一个山包，遥感可确定构成山包的物质是土或是岩石以及何种类型等，航测则确定其高程、面积及其形态等几何量。

在遥感技术中,接收从目标反射或辐射电磁波的装置叫作遥感器(Remote Sensor),而搭载这些遥感器的移动体叫作遥感平台(Platform),包括飞机、人造卫星等,甚至地面观测车也属于遥感平台。通常称用机载平台的为航空遥感(Aerial Remote Sensing),而用星载平台的称为航天遥感。

按照遥感器的工作原理,可以将遥感分为被动式遥感(Passive Remote Sensing)和主动式遥感(Active Remote Sensing)两种,而每种方式又分为扫描方式和非扫描方式,其中陆地卫星使用的MSS(Multispectral Scanner)和TM(Thematic Mapper)属于被动式扫描方式的遥感器,而合成孔径雷达(SAR-Synthetic Aperture Radar)属于主动式扫描方式的遥感器。

从遥感的定义中可以看出:首先,遥感器不与研究对象直接接触;其次,遥感的目的是为了得到研究对象的特征信息;最后,通过传感器装置得到的数据,在被使用之前,还要经过一个处理过程。如图15-8所示描述了从获取遥感数据到应用的过程。

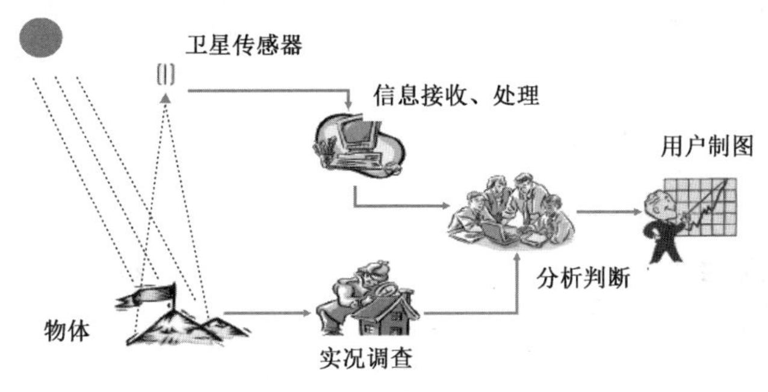

图15-8 遥感技术系统

15.4.2 遥感数据处理

遥感数据的处理,通常是图像形式的遥感数据的处理,主要包括纠正(包括辐射纠正和几何纠正)、增强、变换、滤波、分类等功能,其目的主要是为了提取各种专题信息,如土地建设情况、植被覆盖率、农作物产量和水深等。遥感图像处理可以采取光学处理和数字处理两种方式,数字图像处理由于其可重复性好、便于与GIS结合等特点,目前被广泛采用。下面简单介绍数字图像处理的主要功能。

1)图像纠正

图像纠正是消除图像畸变的过程,包括辐射纠正和几何纠正。辐射畸变通常由于太阳位置,大气的吸收、散射引起;而几何畸变的原因则包括遥感平台的速度、姿态变化,传感器,地形起伏等,几何纠正包括粗纠正和精纠正两种,前者根据有关参数进行纠正;而后者通过采集地面控制点(Ground Control Points,GCPs),建立纠正多项式,进行纠正。

2)增强

增强的目的是为了改善图像的视觉效果,并没有增加信息量,包括亮度、对比度变化以及直方图变换等。

3)滤波

滤波分为低通滤波、高通滤波及带通滤波等。低通滤波可以去除图像中的噪声,而高通滤波则用于提取一些线性信息,如道路、区域边界等。滤波可以在空域上采用滤波模板操作,也可以在频域中进行直接运算。

4)变换

变换包括主成分分析(Principal Component Analyst)、色度变换以及傅里叶变换等,还包括一些针对遥感图像的特定变换,如缨帽变换。

5)分类

利用遥感图像的主要目的是提取各种信息,一些特定的变换可以用于提取信息,但是最主要的手段则是通过遥感图像分类(Classification)。计算机分类的基本原理是计算图像上每个象元的灰度特征,根据不同的准则进行分类。遥感图像分类有两类方法,即监督分类(Supervised Classification)和非监督分类(Unsupervised Classification),前者需要事先确定各个类别及其训练区(Training Area),并计算训练区象元灰度统计特征,然后将其他象元归并到不同类别;后者则直接根据象元灰度特征之间的相似和相异程度进行合并和区分,形成不同的类别。典型的监督分类算法有最小距离法、最大似然法、平行六面体法等;而K-均值聚类属于非监督分类;将人工神经网络(Artificial Neural Network,ANN)应用于遥感分类,在有些情况下,可以达到较好的分类效果。

15.4.3 遥感技术的应用

目前遥感正处于飞速发展中,更理想的平台、更先进的传感器、效果更好的影像处理技术正在不断地发展。遥感集中了空间、电子、光学、计算机、通信和地球科学、生物学等学科的最新成就,在地球系统科学、资源与环境科学以及农业、林业、地质、水文、城市与区域开发、海洋、气象、测绘等科学和国民经济的重大领域,发挥着越来越大的作用。

遥感为地球科学提供了全新的研究手段,导致了地球科学的研究范围、内容、性质和方法的巨大变化,标志着地球科学的一场革命。和传统的对地观测手段相比,它的优势表现在:提供了全球或大区域精确定位的高频度宏观影像,从而揭示了岩石圈、水圈、气圈和生物圈的相互作用和相互关系,促进了地球系统科学的诞生;扩大了人的视野,从可见光发展到红外、微波等波谱范围,加深了人类对地球的了解;在遥感与地理信息系统基础上建立的数学模型为定量化分析奠定了基础;同时,还实现了空间和时间的转移:空间上野外部分工作转移到实验室;时间上从过去、现在的研究发展到在三维空间上定量地预测未来。遥感技术正在改变着地球科学研究的进程。

环境与资源是地球科学的主要应用研究领域,也是以遥感技术为核心的对地观测技术最具有应用潜力的领域之一。我国正面临着日益严重的环境与资源问题,21世纪初将是我国环境与资源问题最为尖锐的时期,如果处理不好,必将影响到国民经济的持续发展。因此,遥感技术已被列为国家20世纪90年代国民经济发展的35项关键技术之一。遥感技术在解决我国资源与环境问题、促进国民经济持续发展方面的作用是:

(1)为制定国民经济发展计划提供资源与环境动态基础数据。

(2)为国家重大的资源、环境突发性事件提供及时准确的监测评估数据,保证国家对这些重大问题作出正确、快速的反应。

(3)生物量估测。包括农作物产量、产草量、水面初级生产力预估和评价。

(4)为国家的重要经济领域提供信息服务。

(5)科学研究。

通过对地球表面各圈层物质,即岩石圈、水圈、生物圈和大气圈物质与电磁波辐射之间相互作用所表现出来的一系列特征及其在时间和空间上的展布与延伸;通过物理基础模型的建立和地学规律的结合,数学算法及计算机信息处理技术的发展,达到深入研究地球表层物质的类型、识别属性、区分类型。分析其时空动态变化及数量的目的。因此,以地表物质与电磁波辐射相互作用为主线,以及所产生的电磁波在各个区域,如可见光、近红外和短波红外、热红外、微波等的反射、透射、吸收发射和散射为基础,建立电磁波遥感信息在大气、水体、岩石圈土壤中的传输模型,研究遥感信息在大尺度空间分异和时间序列上的动态变化,在光谱维的延伸上研究成像光谱信息与地球科学特征的定量关系,在微波遥感方面研究其成像机理及识别地物的能力。

遥感应用的综合性是其重要的技术特征和技术优势。遥感技术在地质矿产和水资源的勘探,森林、草场资源调查与评价,海洋渔场调查,城市的规划,气象、海洋预报等领域均发挥着重要作用。它的技术发展将推动国民经济各领域信息技术进步,更好地为国家发展决策服务。

总之,利用遥感技术,可以更加迅速、更加客观地监测环境信息。同时,由于遥感数据的空间分布特性,可以作为地理信息系统的一个重要的数据源,以实时更新空间数据库。

15.5 地理信息系统基本知识及应用

15.5.1 地理信息系统的基本概念

1)信息和数据

信息(Information)是用文字、数字、符号、语言、图像等介质来表示事件、事物、现象等的内容、数量或特征,从而向人们(或系统)提供关于现实世界新的事实和知识,作为生产、建设、经营、管理、分析和决策的依据。信息具有客观性、适用性、可传输性和共享性等特征。信息来源于数据(Data)。数据是一种未经加工的原始资料。数字、文字、符号、图像都是数据。数据是客观对象的表示,而信息则是数据内涵的意义,是数据的内容和解释。例如,从实地或社会调查数据中可获取到各种专门信息;从测量数据中可以抽取出地面目标或物体的形状、大小和位置等信息;从遥感图像数据中可以提取出各种地物的图形大小和专题信息。

2)地理信息

地理信息是有关地理实体的性质、特征和运动状态的表征和一切有用的知识,它是对表达地理特征与地理现象之间关系的地理数据的解释。而地理数据则是各种地理特征和现象间关系的符号化表示,包括空间位置、属性特征(简称属性)及时域特征三部分。空间位置数据描述地物所在位置。这种位置既可以根据大地参照系定义,如大地经纬度坐标,也可以定义为地物间的相对位置关系,如空间上的相邻、包含等;属性数据有时又称非空间数据,是属于一定地物、描述其特征的定性或定量指标。时域特征是指地理数据采集或地理现象发生的时刻/时段。时间数据对环境模拟分析非常重要,正受到地理信息系统学界越来越多的重视。空间位置、属性及时间是地理空间分析的三大基本要素。

3)地理信息的特征

地理信息除了具有信息的一般特性,还具有以下独特特性:

(1)空间分布性。地理信息具有空间定位的特点,先定位后定性,并在区域上表现出分布式特点，其属性表现为多层次，因此地理数据库的分布或更新也应是分布式。

(2)数据量大。地理信息既有空间特征，又有属性特征，另外地理信息还随着时间的变化而变化，具有时间特征，因此其数据量很大。尤其是随着全球对地观测计划不断发展，我们每天都可以获得上万亿兆的关于地球资源、环境特征的数据。这必然给数据处理与分析带来很大压力。

(3)信息载体的多样性。地理信息的第一载体是地理实体的物质和能量本身，除此之外，还有描述地理实体的文字、数字、地图和影像等符号信息载体以及纸质、磁带、光盘等物理介质载体。对于地图来说，它不仅是信息的载体，也是信息的传播媒介。

4)信息系统

(1)信息系统的基本组成

信息系统是具有采集、管理、分析和表达数据能力的系统。在计算机时代信息系统部分或全部由计算机系统支持，并由计算机硬件、软件、数据及用户四大要素组成、另外，智能化的信息系统还包括知识。

计算机硬件包括各类计算机处理及终端设备；软件是支持数据信息的采集、存储加工、再现和回答用户问题的计算机程序系统；数据则是系统分析与处理的对象，构成系统的应用基础；用户是信息系统所服务的对象。

(2)信息系统的类型

根据系统所执行的任务，信息系统可分为事务处理系统(Transaction Process System)和决策支持系统(Decision Support System)。事务处理系统强调的是数据的记录和操作，民航订票系统是其典型示例之一。决策支持系统是用以获得辅助决策方案的交互式计算机系统，一般是由语言系统、知识系统及问题处理系统共同构成。

5)地理信息系统

地理信息系统(Geographic Information System 或 Geo-Information System，GIS)有时又称为“地学信息系统”或“资源与环境信息系统”，是一种特定的十分重要的空间信息系统。它是在计算机硬、软件系统的支持下，对整个或部分地球表层(包括大气层)空间中的有关地理分布数据进行采集、储存、管理、运算、分析、显示和描述的技术系统。地理信息系统处理、管理的对象是多种地理空间实体数据及其关系，包括空间定位数据、图形数据、遥感图像数据、属性数据等，用于分析和处理在一定地理区域内分布的各种现象和过程，解决复杂的规划、决策和管理问题。

通过上述的分析和定义可提出 GIS 的如下基本概念：

(1)GIS 的物理外壳是计算机化的技术系统，它又由若干个相互关联的子系统构成，如数据采集子系统、数据管理子系统、数据处理和分析子系统、图像处理子系统、数据产品输出子系统等，这些子系统的优劣、结构直接影响着 GIS 的硬件平台、功能、效率、数据处理的方式和产品输出的类型。

(2) GIS 的操作对象是空间数据，即点、线、面、体这类有三维要素的地理实体。空间数据的最根本特点是每一个数据都按统一的地理坐标进行编码，实现对其定位、定性和定量的描述，这是 GIS 区别于其他类型信息系统的根本标志，也是其技术难点之所在。

(3)GIS 的技术优势在于它的数据综合、模拟与分析评价能力，可以得到常规方法或普通信息系统难以得到的重要信息，实现地理空间过程演化的模拟和预测。

(4) GIS 与测绘学和地理学有着密切的关系。大地测量、工程测量、矿山测量、地籍测量、航空摄影测量和遥感技术为 GIS 中的空间实体提供各种不同比例尺和精度的定位数；电子速测仪、GPS 全球定位技术、解析或数字摄影测量工作站、遥感图像处理系统等现代测绘技术的使用，可直接、快速和自动地获取空间目标的数字信息产品，为 GIS 提供丰富和更为实时的信息源，并促使 GIS 向更高层次发展。地理学是 GIS 的理论依托。有的学者断言："地理信息系统和信息地理学是地理科学第二次革命的主要工具和手段。如果说 GIS 的兴起和发展是地理科学信息革命的一把钥匙，那么，信息地理学的兴起和发展将是打开地理科学信息革命的一扇大门，必将为地理科学的发展和提高开辟一个崭新的天地。" GIS 被誉为地学的第三代语言——用数字形式来描述空间实体。

GIS 按研究的范围大小可分为全球性的、区域性的及局部性的；按研究内容的不同可分为综合性的和专题性的。同级的各种专业应用系统集中起来，可以构成相应地域同级的区域综合系统。在规划、建立应用系统时应统一规划这两种系统的发展，以减小重复浪费，提高数据共享程度和实用性。

15.5.2 地理信息系统的构成

完整的 GIS 主要由四个部分构成，即计算机硬件系统、计算机软件系统、地理空间数据及系统管理操作人员，其核心部分是计算机软硬系统，空间数据库反映了 GIS 的地理内容，而管理人员和用户则决定系统的工作方式和信息表示方式。地理信息系统的组成如图 15-9 所示。

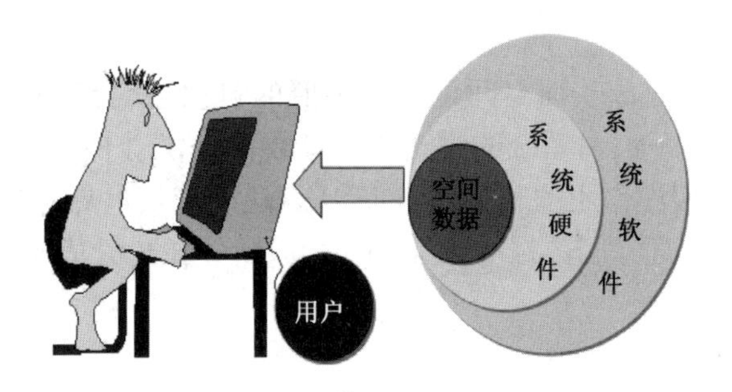

图 15-9 系统组成

1) 计算机硬件系统

计算机硬件是计算机系统中的实际物理装置的总称，是 GIS 的物理外壳，系统的规模、精度、速度、功能、形式、使用方法甚至软件都与硬件有极大的关系，受硬件指标的支持或制约。GIS 由于其任务的复杂性和特殊性，必须由计算机设备支持. GIS 硬件配置一般包括四个部分：

(1) 计算机主机。

(2) 数据输入设备：数字化仪、图像扫描仪、手写笔、光笔、键盘、通信端口等。

(3) 数据存储设备：光盘刻录机、磁带机、光盘塔、活动硬盘、磁盘阵列等。

(4) 数据输出设备：笔式绘图仪、喷墨绘图仪(打印机)、激光打印机等。

2) 计算机软件系统

计算机软件系统是指 GIS 运行所必需的各种程序，通常包括(图 15-10)。

(1) 计算机系统软件

计算机系统软件由计算机厂家提供的、为用户开发和使用计算机提供方便的程序系统，通常包括操作系统、汇编程序、编译程序、诊断程序、库程序以及各种维护使用手册、程序说明等，是GIS日常工作所必需的。

(2)地理信息系统软件和其他支撑软件

地理信息系统软件和其他支撑软件可以是通用的GIS软件,也可包括数据库管理软件、计算机图形软件包、CAD、图像处理软件等。GIS软件按功能主要有:数据输入,数据存储与管理,数据分析与处理,数据输出与表示模块,用户接口模块等。

(3)应用分析程序

应用分析程序是系统开发人员或用户根据地理专题或区域分析模型编制的用于某种特定应用任务的程序,是系统功能的扩充与延伸。

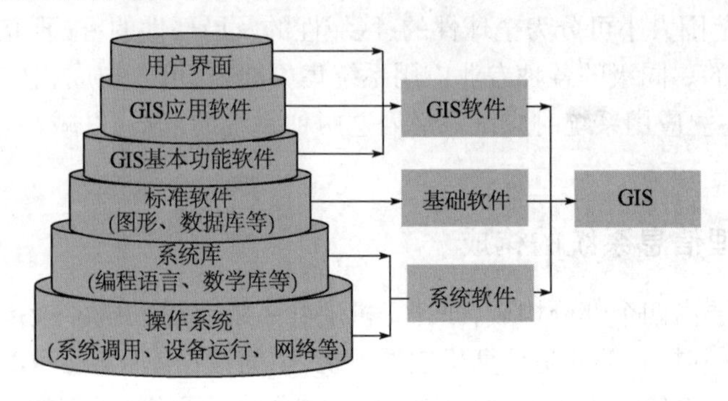

图15-10 GIS软件系统

3)地理空间数据

地理空间数据是指以地球表面空间位置为参照的自然、社会和人文景观数据,可以是图形、图像、文字、表格和数字等,由系统的建立者通过数字化仪、扫描仪、键盘、磁带机或其他通信系统输入GIS,是系统程序作用的对象,是GIS所表达的现实世界经过模型抽象的实质性内容。不同用途的GIS其地理空间数据的种类、精度都是不同的,但基本上都包括三种互相联系的数据类型:

(1)某个已知坐标系中的位置

即几何坐标,标识地理实体在某个已知坐标系(如大地坐标系、直角坐标系、极坐标系、自定义坐标系)中的空间位置,可以是经纬度、平面直角坐标、极坐标,也可以是矩阵的行、列数等。

(2)实体间的空间相关性

即拓扑关系,表示点、线、面实体之间的空间联系,如网络结点与网络线之间的枢纽关系,边界线与面实体间的构成关系,面实体与岛或内部点的包含关系等。空间拓扑关系对于地理空间数据的编码、录入、格式转换、存储管理、查询检索和模型分析都有重要意义,是地理信息系统的特色之一。

(3)与几何位置无关的属性

即常说的非几何属性或简称属性(Attribute),是与地理实体相联系的地理变量或地理意义。属性分为定性和定量的两种,前者包括名称、类型、特性等,后者包括数量和等级,定性描述的属性如岩石类型、土壤种类、土地利用类型、行政区划等,定量的属性如面积、长度、土地等级、人口数量、降雨量、河流长度、水土流失量等。非几何属性一般是经过抽象的概念,通过分类、命名、量算、统计得到。任何地理实体至少有一个属性,而地理信息系统的分析、检索和表示主要是通过属性的操作运算实现的,因此,属性的分类系统、量算指标对系统的功能有较大的影响。

地理信息系统特殊的空间数据模型决定了地理信息系统特殊的空间数据结构和特殊的数据编码,也决定了地理信息系统具有特色的空间数据管理方法和系统空间数据分析功能,成为地理学研究和资源管理的重要工具。

4)系统开发、管理和使用人员

人是 GIS 中的重要构成因素。地理信息系统从其设计、建立、运行到维护的整个生命周期,处处都离不开人的作用。仅有系统软硬件和数据还构不成完整的地理信息系统,需要人进行系统组织、管理、维护和数据更新、系统扩充完善、应用程序开发,并灵活采用地理分析模型提取多种信息,为研究和决策服务。

15.5.3 地理信息系统的功能

就 GIS 本身来说,大多数功能较全的 GIS 软件一般均具备五种类型的基本功能(其中区别于其他系统的主要功能是空间分析功能),分别是:

1)数据采集与编辑功能

GIS 的核心是一个地理数据库,所以建立 GIS 的第一步是将地面的实体图形数据和描述它的属性数据输入数据库中,即数据采集。为了消除数据采集的错误,需要对图形及文本数据进行编辑和修改。包括:人机对话窗口、文件管理功能、数据获取功能、图形编辑及窗口显示功能、参数控制功能、符号设计功能、图形编辑功能、建立拓扑关系功能、属性数据输入与编辑功能、地图修饰功能、图形几何功能、查询功能和图形接边处理功能等。

2)属性数据编辑与分析

属性数据比较规范,适应于表格表示,所以许多地理信息系统都采用关系数据库管理系统管理数据。通常的关系数据库管理系统(RDBMS)都为用户提供了一套功能很强的数据编辑和数据库查询语言,即 SQL,系统设计人员可据此建立友好的用户界面,以方便用户对属性数据的输入、编辑与查询。除文件管理功能外,属性数据库管理模块的主要功能之一是用户定义各类地物的属性数据结构。

3)制图功能

GIS 是一个功能极强的数字化制图系统,根据 GIS 的数据结构及绘图仪的类型,用户可获得矢量地图或栅格地图。地理信息系统不仅可以为用户输出全要素地图,而且可以根据用户需要分层输出各种专题地图,如行政区划图、土壤利用图、道路交通图、等高线图等。还可以通过空间分析得到一些特殊的地学分析用图,如坡度图、坡向图、剖面图等。

4)空间数据库管理功能

地理对象通过数据采集与编辑后,形成庞大的地理数据集,对此需要利用数据库管理系统来进行管理。GIS 一般都装配有地理数据库,其功效类似对图书馆的图书进行编目,分类存放,以便于管理人员或读者快速查找所需的图书。其基本功能包括:数据库定义、数据库的建立与维护、数据库操作及通信功能。

5)空间分析功能

通过空间查询与空间分析得出决策结论,是 GIS 的出发点和归宿。在 GIS 中这属于专业性,高层次的功能。与制图和数据库组织不同,空间分析很少能够规范化,这是一个复杂的处理过程,需要懂得如何应用 GIS 目标之间的内在空间联系并结合各自的数学模型和理论来制定规划和决策。由于它的复杂性,目前的 GIS 在这方面的功能总的来说是比较低下的。

15.5.4 地理信息系统的应用

地理信息系统的博才取胜和运筹帷幄的优势,使它成为国家宏观决策和区域多目标开发的重要技术工具,也成为与空间信息有关各行各业的基本工具。以下简要介绍地理信息系统的一些主要应用方面:

1)测绘与地图制图

地理信息系统技术源于机助制图。地理信息系统(GIS)技术与遥感(RS)、全球定位系统(GPS)技术在测绘界的广泛应用,为测绘与地图制图带来了一场革命性的变化。集中体现在:地图数据获取与成图的技术流程发生的根本的改变;地图的成图周期大大缩短;地图成图精度大幅度提高;地图的品种大大丰富。数字地图、网络地图、电子地图等一批崭新的地图形式为广大用户带来了巨大的应用便利。测绘与地图制图进入了一个崭新的时代。

2)资源管理

资源清查是地理信息系统最基本的职能,这时系统的主要任务是将各种来源的数据汇集在一起,并通过系统的统计和覆盖分析功能,按多种边界和属性条件,提供区域多种条件组合形式的资源统计和进行原始数据的快速再现。以土地利用类型为例,可以输出不同土地利用类型的分布和面积,按不同高程带划分的土地利用类型、不同坡度区内的土地利用现状以及不同时期的土地利用变化等,为资源的合理利用、开发和科学管理提供依据。再如,美国资源部和威斯康星州合作建立了以治理土壤侵蚀为主要目的的多用途专用的土地 GIS。该系统通过收集耕地面积、湿地分布面积、季节性洪水覆盖面积、土壤类型、专题图件信息、卫星遥感数据等信息,建立了潜在威斯康星地区的土壤侵蚀模型,据此,探讨了土壤恶化的机理,提出了合理的改良土壤方案,达到对土壤资源保护的目的。

3)城乡规划

城市与区域规划中要处理许多不同性质和不同特点的问题,它涉及资源、环境、人口、交通、经济、教育、文化和金融等多个地理变量和大量数据。地理信息系统的数据库管理有利于将这些数据信息归并统一到系统中,最后进行城市与区域多目标的开发和规划,包括城镇总体规划、城市建设用地适宜性评价、环境质量评价、道路交通规划、公共设施配置以及城市环境的动态监测等。这些规划功能的实现,是以地理信息系统的空间搜索方法、多种信息的叠加处理及一系列分析软件(回归分析、投入产出计算、模糊加权评价、0-1 规划模型、系统动力学模型等)加以保证的。我国大城市数量居于世界前列,根据加快中心城市的规划建设,加强城市建设决策科学化的要求,利用地理信息系统作为城市规划、管理和分析的工具,具有十分重要的意义。

4)灾害监测

利用地理信息系统,借助遥感遥测的数据,可以有效地用于森林火灾的预测预报、洪水灾情监测和洪水淹没损失的估算,为救灾抢险和防洪决策提供及时准确的信息。1994 年的美国洛杉矶大地震,就是利用 ARC/INFO 进行灾后应急响应决策支持,成为大都市利用 GIS 技术建立防震减灾系统的成功范例。通过对横滨大地震的震后影响作出评估,建立各类数字地图库,如地质、断层、倒塌建筑等图库。把各类图层进行叠加分析得出对应急有价值的信息,该系统的建成使有关机构可以对像神户一样的大都市大地震作出快速响应,最大限度地减少伤亡和损失。再如,据我国大兴安岭地区的研究,通过普查分析森林火灾实况,统计分析十几万个气象数据,从中筛选出气温、风速、降水、温度等气象要素、春秋两季植被生长情况和积雪覆盖程度等14个因子,用模糊数学方法建立数学模型,建立微机信息系统的多因子的综合指标森林火险预报方法,对预报火险等级的准确率可达73%以上。

5)环境保护

利用GIS技术建立城市环境监测、分析及预报信息系统;为实现环境监测与管理的科学化自动化提供最基本的条件;在区域环境质量现状评价过程中,利用GIS技术的辅助,实现对整个区域的环境质量进行客观地、全面的评价,以反映出区域中受污染的程度以及空间分布状态;在野生动植物保护中的应用,世界野生动物基金会采用GIS空间分析功能,帮助世界上最大的猫科动物改变它目前濒于灭种的境地,都取得了很好的应用效果。

6)国防

现代战争的一个基本特点就是"3S"技术被广泛地运用到从战略构思到战术安排的各个环节,它往往在一定程度上决定着战争的成败。如海湾战争期间,美国国防制图局为战争的需要在工作站上建立了GIS与遥感的集成系统,它能用自动影像匹配和自动目标识别技术,处理卫星和高空侦察机实时获得的战场数字影像,及时地将反映战场现状的正射影影像叠加到数字地图上,数据直接传送到海湾前线指挥部和五角大楼,为军事决策提供24h的实时服务。

7)宏观决策支持

地理信息系统利用拥有的数据库,通过一系列决策模型的构建和比较分析,为国家宏观决策提供依据。例如系统支持下的土地承载力的研究,可以解决土地资源与人口容量的规划。我国在三峡地区研究中,通过利用地理信息系统和机助制图的方法,建立环境监测系统,为三峡宏观决策提供了建库前后环境变化的数量、速度和演变趋势等可靠的数据。

本章小结

本章主要介绍了三维激光扫描技术、遥感原理、地理信息系统原理及应用及航空摄影测量的基本知识等。

(1) 三维激光扫描技术又被称为实景复制技术,是测绘领域继GPS技术之后的一次技术革命。它突破了传统的单点测量方法,具有高效率、高精度的独特优势。三维激光扫描技术能够提供扫描物体表面的三维点云数据,因此可以用于获取高精度高分辨率的数字地形模型。

(2)GIS是一个专门管理地理信息的计算机软件系统,它不但能分门别类、分级分层地去管理信息;而且还能对它们进行各种组合、分析、再组合、再分析等;还能查询、检索、修改、输出、更新等。GIS还有一个特殊的"可视化"功能,就是通过计算机屏幕把所有的信息逼真地再现到地图或遥感像片上,成为信息可视化工具,清晰直观地表现出信息的规律和分析结果,同时还能动态地在屏幕上监督"信息"的变化。总之,对于GIS,我们可以通俗地理解为信息的"大管家"。

(3)航空摄影测量是利用飞机对地面拍摄像片,再利用摄影测量学原理及立体测图仪,将像片组成立体模型,以从事各种地图测绘及地物判读等工作。摄影测量工作的目的是量测地物的空间关系,如坐标、高程、距离等,最后可得地形图、平面图、影像图以及三维地面模型。

(4)遥感(RS)通常是指通过某种传感器装置,在不与被研究对象直接接触的情况下,获取其特征信息(一般是电磁波的反射辐射和发射辐射),并对这些信息进行提取、加工、表达和应用的一门科学和技术。遥感技术包括传感器技术,信息传输技术,信息处理、提取和应用技术,目标信息特征的分析与测量技术等。遥感与航空摄影测量的区别在于前者确定实体的物质成分,后者确定几何形态。

(5)GIS、RS、GPS 三者集成利用,构成整体的、实时的和动态的对地观测、分析和应用的运行系统,提高了 GIS 的应用效率。在实际的应用中,较为常见的是 3S 两两之间的集成,如 GIS/RS 集成、GIS/GPS 集成或者 RS/GPS 集成等,但是同时集成并使用 3S 技术的应用实例则较少。总之,3S 集成技术的发展,形成了综合的、完整的对地观测系统,提高了人类认识地球的能力;相应地,它拓展了传统测绘科学的研究领域。

思考题与习题

1. 简述三维激光扫描技术的原理。
2. 三维激光扫描技术主要应用于哪些领域?
3. 什么叫摄影测量学? 摄影测量的任务是什么?
4. 什么是遥感? 它的主要任务是什么? 它与航空摄影测量的区别在哪里?
5. 简述 GIS 的概念、组成部分及其作用。
6. 简述 3S 技术的相互关系。

参 考 文 献

[1] 许娅娅,雒应. 测量学[M]. 北京:人民交通出版社,2009.
[2] 钟孝顺,聂让. 测量学[M]. 北京:人民交通出版社,1997.
[3] 胡伍生,潘庆林,等. 土木工程测量[M]. 南京:东南大学出版社,2016.
[4] 孔祥元,等. 大地测量学基础[M]. 武汉:武汉大学出版社,2004.
[5] 刘玉珠. 土木工程测量[M]. 广州:华南理工大学出版社,2002.
[6] 朱爱民,郭宗河. 土木工程测量[M]. 北京:机械工业出版社,2005.
[7] 徐绍铨,等. GPS 测量原理及应用[M]. 武汉:武汉测绘科技大学出版社,1998.
[8] 曹智翔,邓明镜,等. 交通土建工程测量[M]. 成都:西南交通大学出版社,2014.
[9] 朱述龙,张占睦. 遥感图像获取与分析[M]. 北京:科学出版社,2000.
[10] 王侬,等. 现代普通测量学[M]. 北京:清华大学出版社,2001.
[11] 杨松林. 测量学[M]. 北京:中国铁道出版社,2002.
[12] 李生平. 建筑工程测量[M]. 北京:高等教育出版社,2002.
[13] 熊春宝,姬玉华. 测量学[M]. 天津:天津大学出版社,2001.
[14] 张永生. 数字摄影测量[M]. 北京:解放军出版社,1997.
[15] 王兆祥. 铁道工程测量[M]. 北京:中国铁道出版社,2001.
[16] 刘静宇. 航空摄影测量学[M]. 北京:解放军出版社,1995.
[17] 潘正风,等. 数字测图原理与方法[M]. 武汉:武汉大学出版社,2004.
[18] 华一新,等. 地理信息系统原理与技术[M]. 北京:解放军出版社,2001.
[19] 张正禄. 工程测量学[M]. 武汉:武汉大学出版社,2002.
[20] 潘正风,等. 数字地形测量学[M]. 武汉:武汉大学出版社,2015.
[21] 高伟星. 全球导航卫星系统(GLONASS)[J]. 测绘通报,2001(3:6).
[22] 杨正尧. 测量学[M]. 北京:化学工业出版社. 2005.
[23] 李仕东. 测量学[M]. 北京:人民交通出版社,2002.
[24] 张序. 测量学[M]. 2 版. 南京:东南大学出版社. 2013.
[25] 朱爱民,杨永寿. 工程测量[M]. 北京:机械工业出版社,2016.
[26] 覃辉. 土木工程测量[M]. 上海:同济大学出版社,2011.
[27] 王晓明,殷耀国,等. 土木工程测量[M]. 武汉:武汉大学出版社,2013.